U0364748

LIANGSHI JIAGONG JIXIEHUA JISHU

粮食加工机械化技术

石林雄 主编 康清华 副主编

图书在版编目（CIP）数据

粮食加工机械化技术 / 石林雄主编. -- 兰州：甘
肃科学技术出版社，2020.6
ISBN 978-7-5424-1997-2

Ⅰ．①粮… Ⅱ．①石… Ⅲ．①粮食加工机械 Ⅳ.
①TS210.3

中国版本图书馆CIP数据核字（2020）第092500号

粮食加工机械化技术

石林雄　主　编
康清华　副主编

责任编辑　杨丽丽
封面设计　陈妮娜

出　　版　甘肃科学技术出版社
社　　址　兰州市城关区曹家巷1号
网　　址　www.gskejipress.com
电　　话　0931-2131576　（编辑部）　0931-8773237　（发行部）

发　　行　甘肃科学技术出版社　　印　刷　甘肃城科工贸印刷有限公司
开　　本　710毫米×1020毫米 1/16　印　张　29.75　插页2　字　数465千
版　　次　2021年11月第1版
印　　次　2021年11月第1次印刷
印　　数　1~1 000
书　　号　ISBN 978-7-5424-1997-2　　定　价　120.00元

编 委 会

前　　言

民为国基，谷为民命。粮食事关国运民生，粮食安全是国家安全的重要基础。党的十八大以来，以习近平同志为核心的党中央把粮食安全作为治国理政的头等大事，提出了"确保谷物基本自给、口粮绝对安全"的新粮食安全观，走出了一条中国特色粮食安全之路。

粮食加工是粮食生产储备的重要环节，粮食加工机械化是农业机械化的重要组成部分，是转变粮食产业发展方式，延伸粮食产业链、提升价值链、打造供应链，确保粮食安全的重要基础，是实施乡村振兴战略的重要支撑。《国务院关于加快推进农业机械化和农机装备产业转型升级的指导意见》中明确提出：到2025年，农机装备品类基本齐全，农产品初加工机械化率总体达到50%左右。

凡益之道，与时偕行。为切实做好新时代粮食加工机械化工作，甘肃省农业机械化技术推广总站组织有关技术人员编写了《粮食加工机械化技术》，全面系统介绍了粮食清理、小麦制粉、稻谷加工、玉米干法加工、杂粮加工和种子加工等技术方法、技术原理、工艺流程以及机械设备等内容，旨在帮助各级农机部门、农机工作者和广大农民了解、掌握粮食加工机械化技术的主要内容和适用机具，便于在工作中借鉴和生产中应用。

本书由石林雄担任主编，负责全书的统编定稿；康清华担任副主编，负责全书的策划统稿。具体撰写分工为李德鑫撰写第一章、第三章、第五章（共计 8.3 万字）；郑书雅撰写第二章（共计 11.1 万字）；王一珺撰写第四章（共计 10.2 万字）；康清华撰写第六章、第七章（共计 16.9 万字）；马生庆、陈隆豪、闫秀梅、张俊清、马继宁、林小飞等参加了本书资料收集、数据校对等工作。

本书在编写中参考和引用了相关专家及粮食加工机械企业的有关文献资料，借鉴并引用了部分有价值的资料及研究成果，在此表示诚挚的谢意。由于笔者水平和经验有限，内容多有不足和疏漏之处，敬请广大读者不吝赐教、批评指正！

编　者

2021 年 9 月

目　录

第一章　概　述

谷物加工机械是将原粮清理除杂、脱壳、去皮或研磨、筛选，使其成为不同等级的粒状或粉状成品粮的机械设备。

一、工艺流程

谷物加工的工艺流程可分为两大类：一类是把稻谷、高粱、粟、黍等原粮脱壳、去皮，碾成粒状成品粮；另一类是把小麦、玉米、大麦、荞麦、莜麦等原粮去掉皮层和胚芽，研磨成成品粉。

二、加工过程

原粮先经圆筒初清筛，再经往复振动筛、高速振动筛、比重去石机和磁选设备等（见粮食清理机械）清除各种杂质后，进入砻谷机，脱去并分离稻壳。排出的谷糙混合物送入谷糙分离机。在中国，主要发展平面回转谷糙分离筛，利用稻谷和糙米在粒度、比重、摩擦系数和弹性等方面的差异，将未脱壳的稻谷分离出来并送回砻谷机；糙米则进入碾米机碾制成白米。然后经成品整理，除去糠及碎米，即得成品白米。我国农村常用碾米机直接将稻谷加工成白米，但出米率较低，碎米较多。小麦等加工的过程是原粮由初清筛初步清理后，经振动筛、打麦机、精选机和洗麦机等清除各种杂质和黏附在麦粒表面的泥垢污物。清理后的净麦再经磁选设备除去磁性杂质后进入磨粉机研磨成粉，经平筛筛理后提取面粉，中间物料再进入另一台磨粉机研磨，如此反复提取面粉，最后将麸皮经刷麸机和圆筛处理后排出。在制作特等或上等面粉时，还使用清粉机，从磨粉机和平筛排出的中间物料中分离出纯的和较纯的胚乳颗粒，进一步研磨成特等和上等面粉。

三、国内粮食加工机械化技术的发展趋势

(一) 向可靠性和稳定性方向发展

设备的性能稳定性和可靠性差已成为突出问题，产品有效使用寿命较短，无

论是主机设备，还是清理、输送等设备平均无故障时间仅为进口设备的20%~30%，易损件的有效寿命仅为进口产品的30%~40%，这是多数加工企业不愿选用国产设备而不惜重金购置进口设备的重要原因之一。随着粮食加工装备安全性、可靠性研究的不断深入，粮食加工装备的可靠性和稳定性也将进一步得到提高。

（二）向大型化、成套化和自动化方向发展

我国粮食加工企业向大型化、规模化和现代化发展的需要，粮食加工机械装备也要向大型化、成套化和自动化方向发展。从大型、绿色、安全的角度出发，根据"高效、节能、清洁加工"的要求定位产品，深入开展粮食绿色加工大型自动化机械装备的研制，如大型高效粮食组合清理装备、大型高效粮食加工主机装备（包括大型智能磨粉机、新型高效清粉机、新型智能化高方筛）等。在结构设计上，应使设备的机械结构符合粮食安全卫生要求，设备选材上，也应确保材质符合粮食安全卫生要求。在线检测技术也要向数字化、智能化方向发展。生产过程中检测方法与传感器等装备技术急需突破，开展能综合考虑原料特点、不同生产工艺要求及成套设备间关系的控制技术研究，采用智能化控制技术进行在线监测及控制，其中传感器手段和知识库建立是技术关键。

（三）采用先进制造技术，开展产品创新

当今世界范围内机械制造业的竞争日趋激烈，人们对于产品的质量要求越来越高，产品的生命周期越来越短，基于产品质量、研发时间和产品价格的竞争成了企业占领市场、击败对手的重要策略。粮食加工机械制造企业的机械制造技术水平直接影响着产品的质量，同时也是企业竞争能力的一个基本标志。企业应加强机械制造基础设施软硬件建设，通过综合运用先进制造技术，全面提高企业的柔性自动化水平。坚持绿色制造理念，将环境和资源因素结合到生产制造过程中，采用环保、高效的制造技术降低能耗、降低污染、降低成本。构建低碳制造体系，在绿色制造理念的推动下，实现整个制造过程的低碳化。

目前，粮食加工机械制造企业产品品种较多，而真正有技术含量的产品却较少。只有通过技术创新，不断提高粮食装备自主创新能力，开展粮食加工机械装备共性技术创新研究，加大产品的技术含量，才能切实优化产品结构，实现企业高质量发展目标。

第二章　粮食清理机械化技术

谷物在选种、栽培、收获、烘干、运输和贮存等过程中，不可避免地混入各种各样的杂质，对产品质量和加工过程造成不利影响，所以，对谷物进行清理除杂是加工过程中不可缺少的作业工序。

清理谷物中杂质的方法很多，主要是利用杂质与谷物在物理性质上的差异进行分选除杂。不同种类的杂质与谷物在物理性质方面的差异各不相同，应根据两者之间最明显的差异采用相应的技术和机械设备来进行杂质分离。目前清理除杂的一般方法有风选法、筛选法、精选法、比重分选法、磁选法、表面处理法、调质处理法和搭配法等。

第一节　风选法

根据粮食和杂质空气动力学性质的差别，通过一定形式的气流，使谷物和杂质以不同方向运动或飞向不同区域，使之分离，从而达到清理目的的方法称为风选法。

风选是粮食加工过程中非常重要的除杂分级方法，对保证粮食加工过程安全、保证其他加工设备工艺效果及提高成品质量起着主要的作用。

一、风选的类型

按照气流的运动方向，风选可分为垂直气流风选、水平气流风选和倾斜气流风选三种（如图2-1-1所示）。

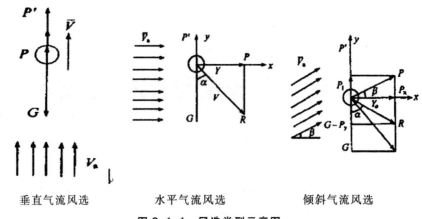

垂直气流风选　　　　　水平气流风选　　　　　倾斜气流风选

图 2-1-1　风选类型示意图

二、风选的应用

（1）采用垂直气流风选，可以除去粮食中的泥土灰尘、瘪谷、芒、带芒稗子等轻型杂质。

（2）采用水平或倾斜气流风选，不仅能够分离轻型杂质，还可以分离粮食中的并肩石等重型杂质。

（3）采用风选将轻重不同的粮食籽粒和杂质进行分级，从而为进一步进行分离或加工做好准备。

（4）有些中间产物，如碾米厂稻壳与稻谷、糙米的分离，糠、碎米的分离，也常常采用风选法。

三、风选设备

风选法所用设备主要有垂直吸风道风选器、循环气流风选器和组合式风选器等，用于清除谷物中的轻型杂质，包括不完善粒和未成熟粒。

（一）垂直吸风道风选器

1.结构组成

垂直吸风道风选器主要由机架、喂料斗、振动电动机、垂直吸风道、风量调节装置和照明装置等组成，如图2-1-2所示。

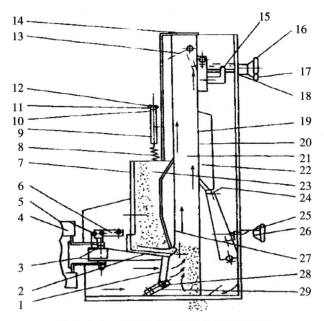

图 2-1-2　垂直吸风道风选器结构示意图

1.限位杆　2.橡胶衬板　3.丝杆　4.振动电机　5.橡胶块　6.支承装置

7.检查窗　8.弹簧　9.螺杆　10.胶垫　11.螺母　12.蝶形螺母　13.蝶阀

14.吸风口　15.小轴　16.手轮　17.手轮　18.小轴　19.观察窗　20.胶垫　21.吸风道

22.隔板　23.进料箱　24.手轮　25.小轴　26.手轮　27.喂料槽　28.滚轮　29.限位器

2.工作原理

垂直吸风道风选器工作时，物料由喂料斗进入淌板，淌板在振动电动机的作用下不停地水平振动，使物料均匀地分布在整个淌板上，呈薄物料层喂入风道。气流穿透物料流，借助于风的作用，利用不同物料悬浮速度的差异，使物料中的尘土、皮壳及轻杂质、病谷物等随气流从吸风道吸走，从而达到清理谷物的目的。通过调节风道的间隙大小、改变气流的速度，从而对不同物料进行分离，达到最佳分离效果。

3.主要工作部件

垂直吸风道风选器的主要工作部件有振动喂料装置和吸风道。

（1）振动喂料装置：振动喂料装置是垂直吸风道风选器的重要组成部分。喂料槽在振动机构驱动下做一定频率和振幅的振动，促进均匀给料。振动喂料装置由进料箱、喂料槽和振动电动机等组成。振动电动机转动时，带动喂料槽在水平方向上振摆，使物料在整个吸附道宽度方向上均匀分布，以便使吸风道的气流均匀地穿过物料流，并带走物料中的轻型杂质。喂料槽装有用于均匀物料的溜板。溜板与喂料斗之间的间隙可通过两侧弹簧、橡胶吊杆及溜板下方制动器的钢丝拉索调整，以使喂料箱内有10cm左右厚度的物料，这样既有利于均匀给料，也可防止气流由此进入吸风道。

振动电动机用橡胶轴承与喂料槽连接在一起，并通过弹簧悬吊在机架上。振动电动机的安装形式如图2-1-3所示。

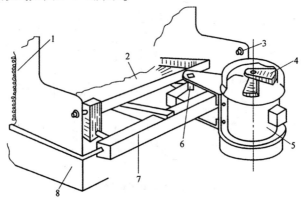

图2-1-3 振动电动机的安装形式示意图

1.吊簧 2.溜板 3.橡胶吊杆 4.扇形偏重块
5.振动电动机 6.橡胶轴承 7.振动支架 8.吸风道机架

垂直吸风道可与同样工作宽度的振动筛或平面回转筛等配套，由于进入分离区的物料来自振动筛面，在风选器上不必再安装振动喂料装置。

（2）吸风道：吸风道由钢板和有机玻璃制成。透过可调玻璃板观察吸风道内物料的状况，通过上、下调节手轮将可调玻璃板推入或拉出，从而分别改变风道上部和下部截面的厚度，以调整稳定区和分离区的上升气流速度。风道的风量则有手轮调节风道中的蝶阀来控制。

4.技术参数

TFDZ系列垂直吸风道风选器的主要技术参数见表2-1-1。

表2-1-1 TFDZ系列垂直吸风道风选器的主要技术参数

型号＼技术参数	产量（t/h）	需用风量（m³/h）	外形尺寸（mm）
TFDZ-50	4~5.9	2220	1460×585×947
TFDZ-75	5~10	3330	1460×835×947
TFDZ-100	8~12	4440	1460×1085×947

（二）循环气流风选器

1.结构组成

循环气流风选器主要由喂料装置、吸风道、循环风道、分离器、离心风机和集尘排料系统组成，如图2-1-4所示。

喂料装置由喂料斗、振动导板、偏心机构等部分组成。振动导板通过弹簧悬挂在机架上，偏心机构带动喂料器做水平振动。垂直风道内设有调节风板，可通过调节手轮改变吸风道上部或下部截面的厚度，并控制吸风道内风速。圆筒分离器和栅状导风弧板等组成轻杂质分离器，圆筒分离器下半部是栅状导风板，分离圆筒的一端与离心风机的进风口相接，经分离器净化后的空气由导风栅板处进入分离圆筒内被风机吸走，然后通过回风道返回垂直风道循环使用。

2.工作原理

循环气流风选器的基本工作原理与垂直吸风道风选器相似，其特点是自带风机，采用内部循环气流进行风选，不需要再匹配外部风网。循环气流风选器工作时，物料落入喂料斗内，当堆积到一定高度时，由于重力的作用，使喂料导板克服弹簧拉力下降，喂料斗与喂料槽板间的卸料槽打开，物料在喂料槽的振动作用下从卸料槽均匀地流入吸风道内。密度相对较大的物料垂直降落，经重力活门排出机外。在垂直风道中垂直气流的作用下，轻型杂质被带到分离器的狭窄通道内，由于惯性作用，轻型杂质沿圆筒分离器的外壁落入空间突然增大的集尘器中自然沉降，然后通过螺旋输进器送到端部的压力门闭风器而排出机外。

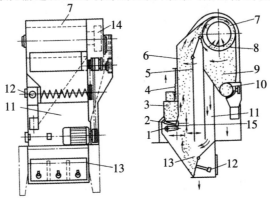

图 2-1-4　循环气流风选器结构示意图

1.偏心机构　2.振动导板　3.喂料斗　4.弹簧　5.调节风板　6.垂直风道　7.圆筒分离器
8栅状导风弧板　9.集尘器　10.螺旋输进器　11.回风道　12.重力活门　13.料斗　14.离心风机　15.卸料槽

3.技术参数

循环气流风选器的主要技术参数见表2-1-2。

表 2-1-2 循环气流风选器的主要技术参数

项目 型号	生产能力 （t/h）		补充风量 （m³/h）		动力 （kW）	外形尺寸 （mm）
	清理	初清	清理	初清		
TFXH60	9	40	240	480	2.25	1030×1074×2240
TFXH100	16	65	360	600	2.25	1420×1074×2240
TFXH150	24	100	480	720	3.75	2140×1074×2240

(三) 与设备组合的风选器

1.振动筛吸风装置

（1）结构组成：振动筛吸风装置主要由进料箱、前后吸风道、前后沉降室、吸风口和收集槽等组成，如图2-1-5所示。

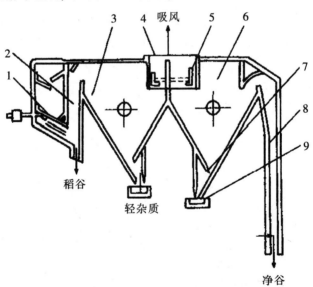

图 2-1-5 吸风沉降室分离器结构示意图

1.进料机构 2.前吸风道 3.前沉降室 4.吸风口

5.风门 6.后沉降室 7.活门 8.后吸风道 9.收集槽

（2）工作原理：振动筛吸风装置工作时，粮粒自进料箱到筛选前经前吸风道，被垂直上升的气流进行第一次风选，筛选后的粮流在落向出料口时进入后吸风道进行第二次风选，前后吸风道的含尘气流分别进入前后沉降室。由于沉降室的截面面积比吸风道大得多，含尘气流进入沉降室后，流速突然下降到小于轻杂质和灰尘的悬浮速度，气流失去了托持轻杂质和灰尘的能力，轻杂质和灰尘得以沉降并集中，经由收集槽排出；而初步得到净化的气流进入机外除尘风网进一步处理。

2.卧式预吸风分离器

卧式预吸风分离器是面粉厂中小麦处理的辅助设备，用来分离打麦机、清理筛及其他风选设备吸风中的杂质和灰尘，降低面粉中的灰分含量，以保证面粉质量，减轻后路除尘设备的工作负荷，提高除尘效果。

（1）结构组成：卧式预吸风分离器主要由外锥筒、内锥体、沉降筒、出风口、下出口等组成，如图2-1-6所示。各部件焊接而成，牢固可靠。内外筒均为锥形，所以其内外筒之间形成锥形空间，以便物料得以更好地分离。

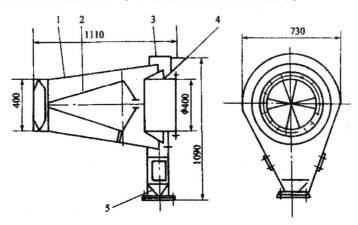

图 2-1-6　卧式预吸风分离器结构示意图

1.外锥筒　2.内锥体　3.沉降筒　4.出风口　5.下出口

（2）工作原理：卧式预吸风分离器工作时，当含杂空气由进风口进入外锥筒时，由于叶片的作用，它们与轴线成一定的角度运动，由于离心力与杂质颗粒重量成正比，重颗粒被甩到外锥体内壁，依靠惯性而落入下出口，达到分离效果，而小尘粒随气流运动到出风口。

（3）技术参数：卧式预吸风分离器的主要技术参数见表2-1-3。

表 2-1-3　卧式预吸风分离器的主要技术参数

技术参数 型号	需用风量（m³/min）	进口直径（mm）	重量（kg）	外形尺寸（mm）
TYFW25	26	250	50	810×500×700
TYFW30	40	300	60	900×575×827
TYFW35	52	350	80	1010×650×960
TYFW40	80	400	150	1110×730×1090
TYFW45	100	450	180	1205×810×1210

3.轻杂质分离器

轻杂质分离器是清除轻杂质的专用设备，适用于从各种谷物中分离皮、壳、秸秆、不实粒、尘土等轻型杂质，有利于提高其他处理设备的工作效率和产品质量。该设备具有结构简单紧凑、进风均匀、运转平稳、操作简单、性能可靠、处理效率高等特点。

（1）结构组成：轻杂质分离器主要由中间筒体、上下两端的锥体、倒锥体和风扇等组成，如图2-1-7所示。分离器上下锥体与风网的风管连接，下部锥体与出料管连接，进料管斜插进分离器上部中间，圆筒中间安装一组16个叶片组成的并可做水平旋转的风扇叶片。

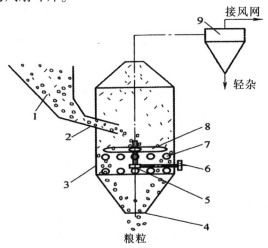

图 2-1-7　轻杂质分离器结构示意图

1.进料斗　2.进料管　3.分离筒　4.出料口　5.距离调节机构　6.手轮　7.进风口　8.风扇叶片　9.刹克龙

（2）工作原理：分离器与集中风网相连，当气流从侧向和下方进入时，能驱使风扇叶片转动。斜插进分离器上部中间的进料管，正处在风扇叶片的上方，当物料从进料口下落时，由于风扇叶片旋转产生的离心力作用，使物料均匀地抛撒，发布到圆筒四周，遇内套筒受阻而落下。正好与从进风口流进的气流相遇，物料中的轻杂质、灰尘和皮壳便被气流带走而谷粒从出料口排出。

分离器是负压工作。风扇叶片具有匀料的作用，使物料在接受气流作用之前，物料与物料之间和物料与轻杂质之间能均匀地分散开，加之气流是从圆周的360°方向均匀地进入，提高了对轻杂质的分离效率。风扇叶片与进料管末端之间的竖向距离可通过轴向手轮调节，风速的大小可通过风管上的风门来调节，使分离器内的风速大于轻杂质的悬浮速度。

（3）技术参数：轻杂质分离器的主要技术参数见表2-1-4。

表 2-1-4　轻杂质分离器的主要技术参数

型号 ＼ 技术参数	需用风量（m³/min）	处理能力（t/h）	风压（Pa）	除杂效率（%）
QZZ-500	1300~1400	6	230~280	99
QZZ-600	1400~1500	8	250~300	99
QZZ-700	1600~1800	12	250~350	99
QZZ-800	1800~2000	15	250~400	99

四、影响风选设备工艺效果的因素

（一）进机原料

原料所含的轻杂质与粮粒之间悬浮速度差异的大小影响分选效果，差异越大，则越易分选；差异小，分选效果就差。原料含杂情况将影响除杂效率，含杂量较高时，应考虑适当降低进料量，并尽可能提高吸风量。当原料粒度不均匀特别是小粮粒多时，应适当降低风量以减少下脚含粮的数量。在原料含杂情况较复杂时，在处理流程中应采取多道风选。

（二）单位流量

设备单位工作幅宽、单位时间的处理物料量叫做单位流量。风选器的单位流量一般为80~100kg/(cm·h)；对分选效果要求较高时，可取50~70kg/(cm·h)。通常单位流量不可过大。对于已经定型的风选器，其工作流量不应大于设备的设计流量，否则分离区的物料层过厚，设备阻力增加、风压下降，轻杂质还未吸出就被物料夹带流走。

（三）风速和风量

风选的效率与风道内平均风速成正比相关。吸风道的风速应小于完整粮粒悬浮速度的下限值，一般为6~7m/s，振动筛前吸风道风速为3~5m/s，后吸风道风速为5~7m/s。过高易带走粮粒。工作过程中通过调节风门来选择合适的风速。

（四）物料进入风选器的状态

物料沿工作宽度均匀展开并连续稳定地进入分离区，是保证风选效果的重要条件，因此对喂料的效果必须给予重视。物料进入分离区的速度不宜过大，方向也应尽量接近水平，这样有利于上升气流穿透料层带走杂质。

（五）吸风道结构尺寸

吸风道结构尺寸对物料沿风道的分布和气流作用于物料的时间有密切关系。风道的宽度与设备的生产能力和单位流量密切相关，应根据生产能力和单位流量来确定，以保证风选效果。

风道厚度与单位吸风道宽度流量和轻杂质去除率有关。一般情况下，单位流量随风道厚度增加而增加。适当增大风道厚度，能提高轻杂质去除率，但厚度增加到一定值后，风选效果呈降低趋势。风道厚度一般为80~150mm，调节下段风道的厚度可影响分离区的工作效果，调节上段的风道厚度可控制稳定区的二次分选效果。根据生产经验，不同生产能力、不同单位流量，吸风道的厚度见表2-1-5。

表2-1-5 不同生产能力、不同单位流量的吸风道厚度

生产能力（t/h）	单位流量 [kg/(cm·h)]	风道截面（cm）	
		宽度	厚度
10	100	100	25~30
5	50	100	15~30
5	30	100	12~18

风道的高度与气流稳定性有关。如果风道过窄，因气流方向急速改变而产生涡流，使气流速度在风道中分布不均匀，容易夹带粮粒。适当提高风道高度，能使气流稳定，提高风选效果。根据实际生产，风道高度应保持在0.8~1.5m。

五、风选设备的使用

（1）开机前应检查风选器的风道是否畅通，风网的密闭是否良好；检查自衡

振动给料系统能否形成良好的自由振动，检查振动电动机相对支架能否沿横向形成自由振动。

（2）开机时先启动风机，待运行稳定后再进料；开机后需透过玻璃板观察，检查进入分离区的物料左右是否厚薄一致，给料是否连续稳定。

调节风道尺寸，使分离区内的轻质物料可上升，而完整的小粮粒可落下去。在下脚中无完整粮粒的前提下，尽量开大风门，以保证较高的除杂效率。

（3）停机时应先断料，然后关闭振动电动机。若停机时间较长，要排空喂料斗的积料。

（4）定期检查风机的工作状态，检查风选器的吸风量与设备阻力。可在风选器的吸风道上连接U形压力机以便随时观察。

（5）振动电动机连续使用4个月后应清洗并更换润滑油，连续运行1年若发现有较大噪声时，应更换电动机两端的轴承；若给料器或振动电动机出现异常振动，应全面检查各橡胶轴承及吊杆的完好情况。

第二节　筛选法

筛选是利用谷物与杂质在粒度和粒形上的差异，通过运动适宜、筛孔形状和大小都合理的筛面，使之分别成为筛上物和筛下物，从而达到分离清理目的的方法。

一、筛选的基本条件

在筛选过程中，如要达到除杂或分级的目的，必须具备三个条件：一是筛下物必须与筛面接触，使之有机会穿过筛孔；二是选择合理的筛孔形状和大小；三是保证筛选物料与筛面之间具有适宜的相对运动速度。

二、筛选工作面

（一）筛面的种类

筛面主要有栅筛面、冲孔筛面和编织筛面三种类型。

1. 栅筛面

采用具有一定截面形状的金属棒料或圆钢，按一定间隙排列，各棒料间通过焊接或螺栓连接而成（图2-2-1）。栅条截面宽度或直径一般不少于5mm，栅条间的缝隙在15mm以上，呈长条形筛孔。栅筛面具有筛理能力强、处理量大、制造简单、耐用等特点，主要适用于粮食接受部位的下粮井，以去除原粮中较粗大的杂质，改善粮食的散落性，提高粮食清理效率，避免设备堵塞。

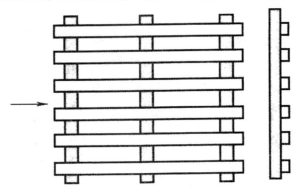

图 2-2-1　栅筛面结构示意图

2.冲孔筛面

冲孔筛面有平板冲孔筛面和波纹形冲孔筛面两种。

平板冲孔筛面多由0.5~1.5mm厚的薄钢板冲制而成，其特点是坚固、耐磨、筛孔形状尺寸准确、分级精度高，但筛面利用率相对较低。

波纹形冲孔筛面（沉孔筛面）如图2-2-2所示。它有圆形和长形两种筛孔，整个筛面呈波浪形。圆形筛孔冲压成上大下小的圆锥形，宛如漏斗，对需要直立穿过筛孔的物料可起辅助引导作用，使其容易穿过筛孔，而且筛孔间距离缩小，几乎不存在物料滑过去的"通道"，从而可避免物料失去穿过筛孔的机会。长形筛孔冲压成上宽下窄的斜槽型，可对物料沿长轴运动起导向作用，使其容易穿过筛孔。波纹形冲孔筛面的刚性好，筛孔尺寸可比平板冲孔筛面小一点，因而筛选精度更高，筛孔不易堵塞，单位流量较大。

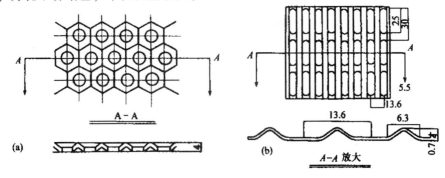

图 2-2-2　波纹形冲孔筛面

（a）圆形筛孔　（b）长方形筛孔

平板冲孔筛面多用于振动筛、平面回转筛上，波纹形冲孔筛面则多用于高速振动筛和圆筒回转筛上。

3.编织筛面

编织筛面一般由金属丝编织而成，常用镀锌钢丝和弹簧钢丝。编制筛面的材料有低、中、高碳钢丝和合金弹簧钢丝。低碳钢丝的特点是抗拉强度较低，伸长率较高，质地软、不耐磨，只能用于负荷不大、磨损不严重的筛选设备，如平筛筛面、淌筛筛面等；中、高碳钢丝的特点是抗拉强度较高，伸长率低，质地较硬，并且高碳钢有较高的耐磨性，可用于往复振动筛、高频振动筛等；合金弹簧钢丝的特点是强度高，弹性好，伸张率低，质地硬、耐磨，主要用于比重去石机、比重分级机的去石板面和打麦机、玉米脱胚机的机筒。不锈钢丝和有色金属丝常用于处理高水分的物料。

编织筛面的筛孔有长方形、正方形和菱形三种，常用的编织方法有平纹、斜纹及交织三种。如图2-2-3所示。

平纹编织是将经、纬筛丝每隔一根交叉一次，可编织成正方形或长方形筛孔。一般筛孔在120目以下的筛面采用平纹编织，超过120目就需要斜纹编织。斜纹编织则是将经、纬筛丝每隔2根以上交叉一次；交织是在筛孔的每个节点处筛丝交织，可有正方形、长方形和菱形筛孔，交织筛面多用于高速振动筛或回转筛，菱形筛孔只用于网带式初清筛。编织筛面的筛孔形状和大小常常由于筛丝的滑动而不准确，为避免筛丝移动应采取措施使其固定。目前筛丝的固定方法有2种：一是将编织好的筛网浸入熔融的焊锡或者漆、胶之中，待取出后各筛丝交点被焊牢或粘牢；二是预先将筛丝经冲压变形成为波浪状或凹槽，然后进行编织。

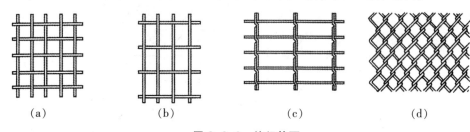

（a）　　　　　　（b）　　　　　　（c）　　　　　　（d）

图 2-2-3　编织筛面

（a）平纹方孔　（b）平纹长孔　（c）编织长孔　（d）编织菱形筛孔

编织筛面制造简单，成本低，筛孔面积百分率较高，圆形钢丝比较光滑，物料容易穿过筛孔，且能减少筛孔堵塞现象，同时由于钢丝相互交织，筛面凹凸不平,对物料产生的摩擦系数较大,有助于物料自动分级形成,有利于处理。不足之处是编织筛面筛丝移动引起的筛孔变形将会影响筛选的准确性。

(二) 筛孔形状与大小

最常用的筛孔形状有圆形、长形、方形、三角形等。圆形筛孔是按颗粒的宽度进行分离,长形筛孔是按颗粒的厚度进行分离,三角形筛孔主要是根据筛选物料截面形状的不同进行分离。当颗粒直径小于三角形筛孔内切圆半径或颗粒截面呈三角形而小于筛孔时就能穿过筛孔,反之留存于筛面上。另外,筛孔形状还有正方形和菱形,它们也都是按颗粒大小进行分离,但不能准确地按颗粒的宽度和厚度进行分离。筛孔大小的表示方法直接用筛孔实际尺寸,以mm表示。

(三) 筛孔的排列

筛孔排列方式有直行和交错排列两种,如图2-2-4所示。

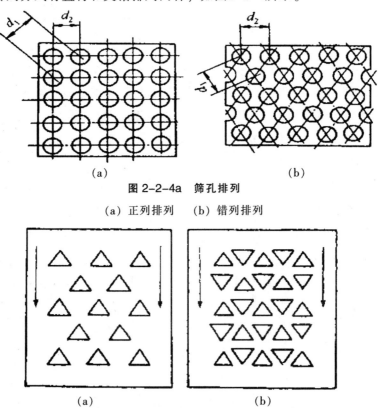

(a)　　　　　　　　　　　　　(b)

图 2-2-4a　筛孔排列

(a) 正列排列　　(b) 错列排列

(a)　　　　　　　　　　　　　(b)

图 2-2-4b　三角形筛孔的排列

(a) 同向交错排列　　(b) 异向交错排列

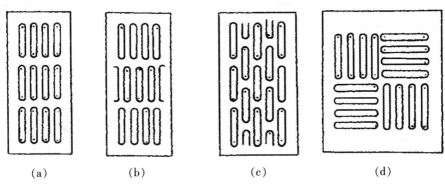

图 2-2-4c　长方形筛孔的排列

　（a）直行排列　　（b）直行纵向交错　　（c）直行横向交错　　（d）顺序旋转排列

(四) 筛面的组合

实际生产中为了将各种粒度的混合物通过筛分成若干个粒度级别，需要采用多层不同筛孔的筛面组合起来使用。根据筛选原料的性质不同，合理地选择筛面组合方式，对提高筛选工艺效果起着重要的作用。常用的筛面组合方式有筛上物法、筛下物法和混合法三种。

（1）筛上物法：筛上物连续筛理，各层筛面的筛下物分别提取，如图2-2-5 (a) 所示。筛面的筛孔尺寸由上层至下层逐渐加大，筛选产品的粒度分级由细到粗（Ⅰ<Ⅱ<Ⅲ<Ⅳ，$d_1<d_2<d_3$），即先提细粒，后提粗粒。筛上物法的优点是大粒物料筛选路线长，筛面检查、处理、维护方便。缺点是所有大粒物料都要从每层筛面流过，不但筛面容易磨损，而且多数大粒物料阻碍细小颗粒接触筛孔，影响筛选效率。筛上物法筛面组合通常用于可筛过物颗粒含量高而大颗粒含量少、下脚整理及筛选结合冷却的场合。

（2）筛下物法：筛下物连续筛理，分离出各层筛面的筛上物，如图2-2-5 (b) 所示。筛孔尺寸由上层至下层依次变小，筛选产品的粒度由粗到细（Ⅰ<Ⅱ<Ⅲ<Ⅳ，$d_1>d_2>d_3$），即先提粗粒，后提细粒。筛下物法的特点是首选提出大粒物料，使筛面负荷减轻，有助于提高筛选效率，同时小颗粒物料筛程长，能得到充分筛选，并且筛面配置紧凑。筛下物法筛面组合通常用于粗粒多、细粒少的除杂筛选。

（3）混合法：筛上物法和筛下物法混合配置的筛面组合方法，如图2-2-5 (c) 所示。筛孔尺寸交叉配置（$d_3>d_1>d_2$），筛选产品的粒度大小为Ⅰ>Ⅱ>Ⅲ>Ⅳ。混合法综合了前两种方法的优点，因此流程灵活，容易满足各种筛选设备的需要。

不同的筛选物料，都要根据其具体的特点、粗细粒含量的多少和筛选要求，来确定筛面的组合方式。

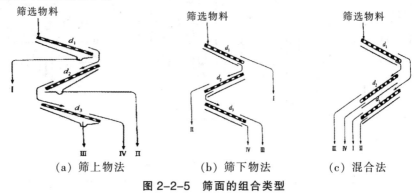

（a）筛上物法　　　　（b）筛下物法　　　　（c）混合法

图 2-2-5　筛面的组合类型

三、筛选工作面的运动形式

在筛选机械的工作过程中必须使物料与筛面具有相对运动。相对运动的产生主要是借助筛面本身的运动速度和加速度，对于固定筛面，则需要物料具有初速度或借重力作用产生相对滑动。其形式主要有静止筛面、往复运动筛面、垂直圆运动筛面（高速振动筛面）、平面回转筛面、旋转筛面等，如图2-2-6所示。

（一）静止筛面

静止筛面通常倾斜放置，物料依靠自身重力在筛面上做直线运动，若改变筛面倾角，可以改变物料的运动速度和在筛面上的逗留时间。由于物料在筛面上的筛程较短，所以筛选效率低，生产率低。当筛面比较粗糙时，物料在运动过程中会产生离析作用。这是最简单而原始的筛选装置。

（2）往复运动筛面

筛面做往复运动，物料相对于筛面做正、反两个方向的滑动。筛面的往复运动能促进物料产生自动筛选，并使物料在筛面上运动的总行程（筛程）较长，所以可以得到较好的筛选效率和较高的生产率。

（3）垂直圆运动筛面（高速振动）

筛面在垂直平面内做频率较高的圆形或椭圆形轨迹的平动，其效果与高频率的往复运动筛面相似，物料在筛面上不断地跳动翻滚，因此不会产生自动筛选，且颗粒不易堵塞筛孔，它适宜处理难筛粒含量多的物料。

（4）平面回转筛面

筛面在水平面内做圆轨迹平动，物料也相对于筛面做圆周运动，若筛面倾斜一定角度，物料的运动则是圆轨迹运动和直线运动的合成。平面回转筛面能促进物料产生自动分级，物料在这种筛面上的相对运动筛程最长，而且物料颗粒所受水平惯性力在360°的范围内周期地变化方向，所以不易堵塞筛孔，筛选效率和生产率均较高。这种筛面常用于粉料和粒料的分级和除杂，在处理作业中除小杂质的效果较好。

（五）旋转筛面

筛面呈圆筒形或六角圆形，绕水平轴或倾斜轴旋转，物料在筛筒内相对于筛面运动。筛面的旋转使物料在其内不停地翻滚，无法产生自动分级。所以，它适合于处理难筛粒多的物料。由于重力作用，任何瞬间只有小部分筛面接触物料，故筛面利用率相对较小，生产率低，在粮食加工厂中常用来处理下脚物料。

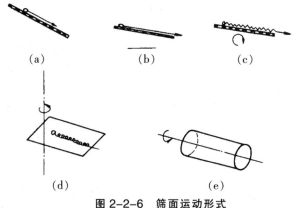

图 2-2-6 筛面运动形式

（a）静止 （b）往复振动 （c）高速振动 （d）平面回转运动 （e）旋转运动

四、筛选的应用

筛选是利用物料间粒度的不同进行除杂或分级的，因此，凡是在粒度上有差异的物料，均可采用筛选的方法进行分离。谷物加工过程中，筛选除用于清除原粮中的杂质以外，也常将已脱壳籽粒与未脱壳籽粒混合物、糠秕混合物、出机米等进行分级。筛选用途十分广泛。

五、筛选设备

筛选是谷物加工使用最广泛的一种清理方法，所用设备主要有初清筛、振动筛、高速振动筛、平面回转筛、圆筛、小方筛、组合筛等。在清除大、中和小杂质的同时，也清除了轻杂质。

（一）圆筒初清筛

初清筛是用于粮食接收入库或粮食加工厂毛谷仓前的初步清理设备，专门分离粮食中的秸秆、绳头、砖石、泥块等大型杂质。它对提高原料入库质量、提高后续清理设备除杂效率及防止管道堵塞等起着重要的作用。初清筛的工作原理，主要是按颗粒大小不同，利用一定规格的筛网与谷物发生相对运动，一般大杂质不能通过筛网，而谷物则在重力作用下穿过筛网，以获得初步清理。

初清筛的种类很多，常用的有圆筒式初清筛和振动式初清筛。圆筒式初清筛一般分为单筒圆筒式初清筛和双层圆筒式初清筛。

1.单筒圆筒初清筛

（1）结构组成：单筒圆筒初清筛主要由筛筒、传动机构、进料装置和机架等部分组成，其主要工作部件是筛筒，如图2-2-7所示。

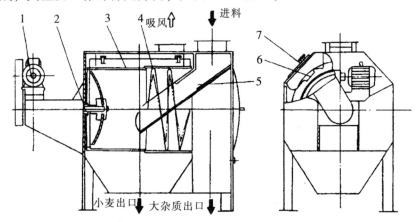

图 2-2-7　单筒圆筒初清筛结构示意图

1.电动机　2.传动轴　3.筛筒　4.螺旋　5.进料管　6.清理刷　7.检修门

（2）工作原理：单筒圆筒初清筛的筛筒水平安装，筛孔略大于被处理粮食的粒径，当粮食进入旋转的筛筒后，在摩擦力作用下随筛筒旋转，当摩擦力小于或等于粮食重力时，粮食就与筛筒产生向下相对滑动，若粮食粒径小于筛孔时，就穿过筛孔流向粮食出料口，而大杂质颗粒或长度大于筛孔的颗粒，不能（或不易）穿过筛孔，留存在筛面上随筛筒一起旋转，在推料螺旋作用下经检查段送至大杂口，从而分离出大杂质。

筛筒呈水平悬臂状安装于传动端的主轴上。主轴由带涡轮减速器（或摆线针轮减速器）的电动机驱动。进料管从大杂出口端伸入筛筒内，其安装位置有两种，一种是进料管直接进入筛筒中间位置，另一种是让进料管有一偏转角，使落料点向筛筒旋转的下行方向偏移，有利于提高产量和分离效率。在筛筒旋转的上行方向装有清理刷，以清理筛面。

吸风的任务主要是避免灰尘外逸，污染环境，使机内保持负压状态。

2.双层圆筒初清筛

层圆筒初清筛设置有内外两层筛筒，利用粮食与杂质颗粒大小的不同，可分离原粮中的大小杂质，适用于原粮的头道处理。

（1）结构组成：双层圆筒初清筛主要由筛筒、传动机构、进料装置和机架等组成，如图2-2-8所示。

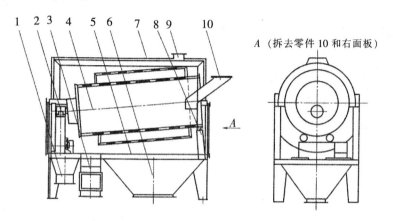

图 2-2-8　双层圆筒初清筛结构示意图

1.大杂出口　2.减速装置　3.成品出口　4.筛筒　5.机架

6.细杂出口　7.顶盖　8.托轮装置　9.抽风口　10.进料口

（2）工作原理：双层圆筒初清筛工作时，物料送入连续旋转的筛筒，处理分离出来的粮食中大于内层筛孔孔径的大杂质和小于外层筛孔孔径的细杂质，达到初清效果。内筛筒有导向螺旋，引导筛面上大杂质等筛上物从出杂口排出，同时还起到阻挡物料不随杂物一同排出的作用。筛筒倾斜一定角度安装，一般为5°~7°，前端有两只托轮用来支撑筛筒转动，调整两只托轮的位置可实现筛筒倾角的调节，以改变物料在筛筒内的下滑速度，从而改变筛选效率及生产率。圆筒轴于转动轴之间配置万向联轴器连接，其目的是使筛筒处于不同倾角时均能自由旋转。

由于双层圆筒初清筛的筛筒尺寸较长，所以物料与筛面实际接触时间较长，筛理流程较长，除杂效果较好。物料出口配置有风选风机，风量大小可调节，使成品物料再次经过风选，分离筛后粮食中的轻杂质、颖壳、粉尘、灰渣等并排出机外。筛筒顶部设有吸风口，与风选系统相连，负压环境确保灰尘不外扬，清洁卫生生产。双层圆筒初清筛具有传动平稳、结构紧凑、维修方便、能耗低、处理量大等优点，目前被广泛用于面粉厂、米厂、饲料厂及其他行业的原料初处理。

（3）技术参数：圆筒初清筛的主要技术参数见表2-2-1。

表2-2-1 圆筒初清筛的主要技术参数

型 号	TCQY-63	TCQY-80	TCQY-85/160	TCQY-100/250	TCQY-100/350
筛筒直径×长度（mm）	630×800	800×950	850×1600	1000×2500	1000×3500
筛孔形状和规格(mm) 方形	20/15,20/13	16/11,13/11	1.6~1.8/20	1.6~1.8/20	1.6~1.8/20
产量（t/h）	20~50	55~85	50~80	55~100	80~120
筛筒转速（r/min）	20~25	12~14	18	18	18
吸风量（m³/min）	8~10	8~10	8~10	8~10	8~10
配备动力（kW）	0.75	1.10	1.5	2.2	2.2
外形尺寸（mm）	1735×840×1240	1735×840×1240	2712×3512×3580	3500×1520×2532	4574×1766×2907

（二）高效振动筛

1.结构组成

TQLZ型高效振动筛主要由进料装置、筛体、出料机构、振动电动机驱动装置及机架等组成，如图2-2-9所示。其主要作用是清除原粮中的大、中、小杂质，若配置吸风分离装置还可进行风选，以清除轻杂质及灰尘。采用振动电动机传动，结构简单，性能优越，不仅除杂效率高，产量大，筛面不易堵孔，而且筛体的振幅、振动方向等均可在生产中根据需要方便地进行调整。

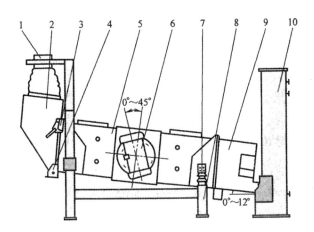

图 2-2-9　TQLZ 型高效振动筛结构图

1.进料口　2.进料箱　3.挡栓机构　4.铰链支座　5.筛体
6.振动电动机　7.橡胶弹簧　8.机架　9.出料斗　10.风选器

2.工作原理

TQLZ型高效振动筛工艺流程如图2-2-10所示，物料由进料口偏心锥管通过软布套筒落入进料箱，经可调均料闸门和分料板，沿筛宽方向均匀分布，调节均料板可控制料层厚度。物料进入第一层筛面筛选后，筛上物为大、中型杂质，从筛体尾部侧面大杂出口排出，筛下物落至第二层筛面上继续进行筛选；第二层筛面是除小杂筛面，筛孔直径较小，筛下物为小杂质，直接落到底板上由小杂出口排出，而筛上物则是物料主流，从卸料口送出机外。在高效振动筛的出料端通常配置有风选设备，物料则由卸料口直接进入风选器进行吸风分离，清除轻杂质。

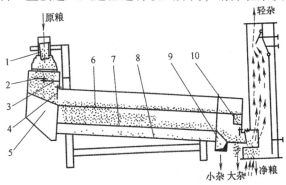

图 2-2-10　TQLZ 型高效振动筛工艺流程图

1.接料管　2.匀料闸门　3.分料板　4.均料板
5.进料箱　6.上层筛　7.下层筛　8.底板　9.小杂出口　10.大杂出口

3.主要工作部件

TQLZ型高效振动筛主要工作部件有进料装置、筛体、驱动装置、出料机构及机架等。

（1）进料装置：进料装置由进料管、软布套筒和进料箱组成。进料管固定在机架上，通过软布套筒与进料箱连接。进料管内设有偏心锥形圆筒，旋转偏心锥形圆筒可改变物料落点位置，其作用是引导物料落入进料箱的中心部位。进料箱安装在筛体上，与筛体一起振动，可提高喂料的均匀性。进料箱内固定有分料板，分料板中部垂直于箱壁，两侧微微向下倾斜，匀料闸门在分料板中间，可进行伸缩调节，以使物料沿筛面宽度均匀分布。为了便于抽插筛格，进料箱可以翻转或拆卸。进料箱是通过底部铰链支座和中部锁紧机构与筛体刚性连接，设备运转前必须确保该两处已紧固。

（2）筛体：筛体由钢板焊接及螺栓连接而成，通过中空橡胶弹簧支承在机架上。筛体内装有两层抽屉式筛格，由导轨支承，冲孔薄钢板筛面固定在木制筛格上，用于小麦和稻谷处理时，第一层筛面为直径7.5mm的圆孔，第二层筛面为边长3mm的三角形孔或直径2.5mm的圆孔，筛面采用橡皮球清理。筛格通过压紧机构锁紧固定，如图2-2-11所示，更换筛面时需松开压紧机构，抽出筛格。

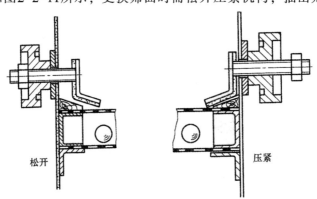

松开　　　　　　　　　　　　压紧

图 2-2-11　筛格压紧机构

筛面倾角可以根据需要在0°~12°范围内调节，调节方法是通过改变筛体前端支承装置位置的高低来实现，如图2-2-12所示。由于筛体支承装置是利用螺栓固定于上机架，因此只要调整上下机架的相对位置便可改变筛面倾角。调节筛面倾角必须在停机状态下进行，松开固定上下机架的螺栓时，筛体会受重力作用下沉，应采用千斤顶支承筛体。通常用于初清筛选大、中型杂质时，筛面倾角为8°~12°；用于处理中、小杂质时，筛面倾角为6°~8°。

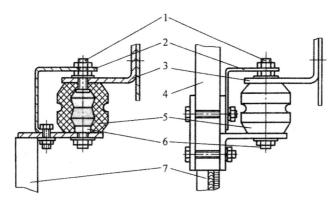

图 2-2-12　筛体支承装置

1.上螺栓　2.安全夹板　3.筛体角架　4.上机架　5.橡胶弹簧　6.定位螺栓　7.下机架

（3）驱动装置：振动电动机驱动装置安装在筛体两侧，与筛体重心位置重合，电动机通过四只螺栓固定于安装圆盘上，松开安装圆盘的固定螺栓可使电动机同圆盘一起绕其中心轴旋转，改变电动机安装角度，即可实现振动方向角的调节，一般振动方向角可在0°~45°范围内调节。

筛体振幅及振动方向均可利用筛体两侧的振动指示盘显示。根据处理物料性质的不同，振幅的大小可通过改变振动电动机轴端两偏重块的相对位置来调节，两偏重块重叠部分越多，筛体的振幅越大。反之，振幅减小。振幅调节如图2-2-13所示。

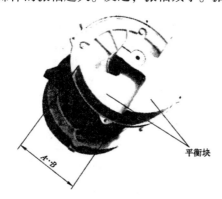

平衡块

图 2-2-13　振幅调节

（4）出料机构及机架：出料机构用螺栓连接于筛体上，随筛体一起振动，能将分离出来的各种物料分别排出机外。

机架采用型钢焊接或钢板压制而成，筛体通过四组橡胶弹簧支承在机架上，调节机架支承弹簧座的高度可改变筛面倾角。

4.技术参数

TQLZ型高效振动筛的主要技术参数见表2-2-2。

表 2-2-2　TQLZ 型高效振动筛的主要技术参数

型号 项目	TQLZ60	TQLZ80	TQLZ100	TQLZ150
产量（t/h）	3~5	6~15	8~20	12~30
吸风量（m³/h）		3000~3300	4000~4400	6000~6600
配套动力（kW）	0.2×2	0.25×2	0.35×2	0.6×2
振幅（mm）	2.5~3.5			
振动角	0°~45°			
筛面倾角	0°~12°			
筛面长度（mm）	1000	1500	2000	2000
筛面宽度（mm）	600	800	1000	1500
外形尺寸（mm） （长×宽×高）	1670×1140×1865	2500×1300×1500	2690×2540×1865	2690×2040×1865
筛体重量（kg）	300			
整机重量（kg）	600			

5.振动筛的使用

（1）检查调整：启动前必须先卸掉机器运输时附加的安全夹板，并确保筛体与橡胶弹簧支承及机架的连接可靠。检查进料箱与筛体的连接，锁紧止动挡栓。筛格压紧机构一定要锁紧。振动电动机与筛体的连接螺栓应紧固，不得有丝毫松动。两振动电动机的安装角度必须保持一致，两振动电动机偏重块的相对位置同样应保持一致。

空载启动后检查运转是否正常，有无碰撞等异常声响。试运行10~15min后停机，利用扳手重新拧紧驱动机构的所有螺栓。

带料运转后检查喂料情况，如不满意可调节进料管内的偏心锥筒及进料箱内的匀料闸门，使物料沿整个筛宽方向均匀分布。

（2）常见故障排除：TQLZ型高效振动筛常见故障排除方法见表2-2-3。

表 2-2-3　TQLZ 型高效振动筛常见故障排除方法

故障现象	故障原因	排除方法
运行中物料走单边	进料口内物料未落到进料箱中部	调整偏心锥形套筒，使物料落在进料箱中部匀料闸板上；调节匀料闸板，控制物料的分流状况
	沿下料斗宽度方向下料不匀	调节进料箱
	筛体横方向不水平	检查机架安装是否水平，四只橡胶弹簧左右是否一样高
运转时筛体运动有扭摆现象	四个支承点受力不匀	检查机架是否水平，橡胶弹簧左右是否一致
	橡胶弹簧损坏	更换橡胶弹簧
	电动机扇形偏重块相位角不同	调整电动机扇形偏重块，使其相位角保持一致，并拧紧固定螺栓
	两侧电动机安装角度不一致	调整两侧电动机安装角度使其保持一致
	一侧电动机没有运转	检查电动机电路
运动时有异常声响	盖板、底板、进料斗、电动机等处固定螺栓可能松动	拧紧螺栓
	筛格可能松动	调节压紧机构
	进、出料斗内的耐磨衬板螺栓松动产生钢板间碰撞	上紧耐磨衬板螺母
	进料箱挡栓的张紧力太小	调整挡栓盘形弹簧，增大张紧力
除杂效率低、产量小	振幅大小不适宜	调整振幅
	振动方向角大小不适当	调整振动方向角
	筛面倾角偏大或偏小	调整筛面倾角
	筛孔堵塞	清理筛面
	进料箱匀料板或出料口阻风板位置太低	把匀料板或阻风板调高，增大间隙
下层筛下物有饱满粮粒	筛网破损	调换筛面
	进料箱与筛格间有缝隙	更换密封条或加厚密封条
	压条与筛格间有间隙,筛格太薄或太厚	调节压筛机构，增减筛格压条厚度

(三) MTRC型振动分级机

1.结构组成

MTRC型振动分级机主要由进料装置、振动电动机、出料装置、吸风装置、分料挡板、上层筛面、下层筛面和收集槽等组成，如图2-2-14所示。

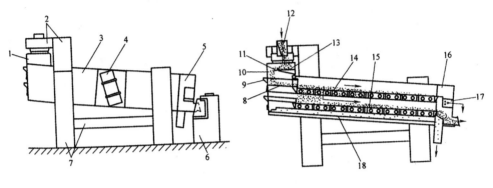

(a) 结构示意图　　　　　　　(b) 工艺流程图

图2-2-14　MTRC型振动分级机示意图

1.进料装置　2.横梁　3.筛箱　4.振动电动机　5.出料装置　6.吸风装置

7.机架　8.进料口底板　9.L层抽屉　10.进料口　11.滑板　12.进料装置

13.分料挡板　14.上层筛面　15.下层筛面　16.大杂出口　17.收集槽　18.底板

2.工作原理

MTRC型振动分级机进料装置内设置有可旋转的偏心锥筒，当调节旋转偏心锥筒的角度时，可改变落料点位置，以引导物料落入进料箱的正中位置。进机物料经过分料挡板和滑板流入上层筛面进料口底板上，分料挡板、滑板、进料口底板均同筛体一起振动，能有效提高喂料均匀性。滑板的位置直接影响物料在整个筛面上的分配情况，若其相对于分料挡板的位置得当，则物料能够均匀分布于整个筛面上。当出现筛面中间物料流入较多而两边物料较少时，应将滑板向外调节拉出；反之，当筛面两边物料流入较多而中间物料较少时，就应当调节滑板向里推入，直至物料沿筛面宽度均匀分布。

3.技术参数

MTRC型振动分级机的技术参数见表2-2-4。

表 2-2-4　MTRC 型振动分级机的主要技术参数

项目　型号	MTRC100/200	MTRC150/200
筛面宽度（mm）	1000	1500
筛面长度（mm）	2000	
筛面倾角	清理 6°，初清 12°	
抛料角度	清理 20°，初清 25°	
行程（mm）	5~5.5	
产量（t/h）	清理 16，初清 66	清理 24，初清 100
配套动力（kW）	0.3×2	0.75×2
外形尺寸（mm）（长×宽×高）	2743×1608×1800	2743×2178×188
机器重量（kg）	1030	1340

（四）TQLM型平面回转筛

1.结构组成

TQLM型平面回转筛主要由进料装置、筛体、传动机构、机架及吸风系统等组成，如图2-2-15所示。

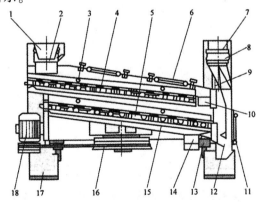

图 2-2-15　TQLM 型平面回转筛的结构示意图

1.进料口　2.布筒　3.压紧机构　4.分级筛　5.精选筛　6.观察门　7.吸风管　8.布筒　9.吊杆　10.大杂出口　11.观察门　12.吸风道　13.限振器　14.小杂出口　15.筛体　16.振动器　17.机架　18.电动机

2.工作原理

TQLM型平面回转筛工作时，物料由进料装置均匀地沿整个筛面宽度进入筛面，经上、下两层筛面的筛选，第一层筛面筛上物为大杂质，筛下物落入第二层筛面，砂石和小杂穿过第二层筛面，由底板引导从小杂出口排出，第二层筛面的筛上物作为主流，送入出料口处的吸风室内，通过自下而上的逆向气流进行风选，去除轻杂质和灰尘，最后排出机外。

3.主要工作部件

TQLM型平面回转筛的主要工作部件有机架、筛体、传动机构、垂直吸风道等。

（1）机架：该机采用开式机架，它是由前、后支架及中间两个侧板连接而成，便于操作与维修。机架可以整体吊装，也可以拆开后安装。前、后支架及侧板均采用钢板冲压或折弯成形后焊接制成，具有刚性好、重量轻、外形美观等特点。

（2）筛体：筛体有单筛体和双筛体两种，为全封闭式结构。双筛体的两筛箱可完全分开，以方便制造安装。筛体由四组吊杆或钢丝绳吊挂在机架上。筛体内装两层抽屉式筛格，筛格分前后两段，由进料端抽出或推入，压紧机构采用偏心压紧，可避免筛格与筛体之间嵌入谷粒或杂质。筛格装拆方便、省力、紧固可靠。筛面采用薄钢板冲孔筛面。第一层筛面若用于分级异种粮时，可选用长筛孔，除大杂时则选择圆形筛孔；第二层筛面通常配用圆形孔或三角形孔，筛孔交叉排列。筛面采用中等硬度的橡皮球清理，堵孔率低。

（3）传动机构：传动采用惯性振动机构。电动机固定在筛体进料端的下部，筛体底部中间位置的支座上安装带有偏重块的带轮，带轮内扇形偏重块的重量，可根据所需筛体回转半径的大小增减。启动后，电动机通过V带驱动偏重带轮，由偏重块旋转产生的离心惯性力使筛体做平面回转运动。这种传动机构结构简单、紧凑、运转平稳，但在启动和停机的瞬间振幅较大，因此在筛体底部前、后两端机架上装有限振装置。

（4）垂直吸风道：垂直吸风道直接装在筛体的出料端，随筛体一同振动。清理后的物料，通过匀料板进入垂直吸风道内进行风选，调节挡板至适当位置，采用窄风道，以改善风选效果，能有效地将轻杂质和尘土分离出来。

4.技术参数

TQLM型平面回转筛的主要技术参数见表2-2-5。

表 2-2-5　TQLM 型平面回转筛的主要技术参数

项目　　　　　型号	TQLM63	TQLM80	TQLM100	TQLM125	TQLM75×2
筛面宽度（mm）	630	800	1000	1250	750×2
筛面长度（mm）	1250	1500	1500	1500	1500
筛面倾角	8°				6.9°/7.7°
筛体回转速度（r/min）	400				386
筛体回转直径（mm）	13.5~14.5				12~15
吸风量（m³/h）	1800	2275	2840	3550	1890
产量（t/h）	3.2	4.8	6.0	7.5	18
单位流量[kg/(cm×h)]	50.7	60			120
配套动力（kW）	0.37	0.6	0.8	1.1	1.1
外形尺寸（mm）（长×宽×高）	1756×930×1250	2000×1113×1400	2000×1313×1400	2000×1563×1400	1939×2011×1336
机器重量（kg）	600	680	750	860	900

5.平面回转筛的使用

由于平面回转筛工作在振动状态，所以应有坚实的基础，并应水平安装在混凝土基础或木地板的横梁上。启动前，必须拆下运输时附加的安全夹板。

安装时，应调整好钢丝绳的长短，必须使四根钢丝绳高度保持一致。钢丝绳的调整过程是通过将水平仪放在偏重块上找水平，来判断钢丝绳的长短是否合适，钢丝绳的调节用机架上悬吊装置的调节螺栓来完成，调节完后用螺母锁紧。还必须检查阻尼器与筛体之间的间隙，此间隙一般为2~3mm。

阻尼器是用来减小开、停机过程中可能出现的共振，防止筛体和机架之间发生碰撞。阻尼器的缓冲力应大小适宜，否则力太小起不到缓冲作用，力太大时，则使筛体长时间与阻尼器碰撞，因此要恰当地调节阻尼器弹簧的压力，以达到理想的阻尼效果。

回转半径的调节是通过增减偏重块或改变偏重块的重叠面积来实现的，同时，筛体的回转速度也应做相应的调整。

风量大小的调节，主要是通过风道内所设可调挡板调整风道的宽度，由调节手柄、重砣控制风道内吸风速度的大小，以获得良好的清理效果。

开机前应检查所有紧固件，确保各处连接可靠。

先空载试车10~15min，检查有无异常噪声和撞击声，空载试车正常后方可投料做负载试车。

使用中，应经常检查吊挂装置是否有松动，四根钢丝绳高度是否一致；定期检查传动带松紧情况；检查筛面及清理橡皮球的工作状况等。设备中轴承应定期加润滑油。

（五）TQLMz型平面回转振动筛

1.结构组成

TQLMz型平面回转振动筛主要由机架、筛体、驱动装置和垂直吸风分离器等组成，如图2-2-16所示。它主要用于清理原粮中的大、小、轻杂质，同时还可清除原粮中的磁性杂质。

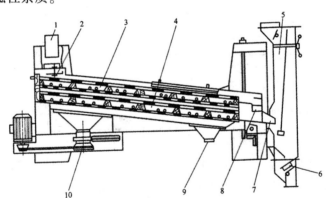

图2-2-16 TQLMz型平面回转振动筛的结构示意图

1.进料口 2.分料淌板 3.上层筛 4.下层筛 5.吸风分离器

6.磁选装置 7.粮食出口 8.大杂出口 9.小杂出口 10.传动装置

2.工作原理

TQLMz型平面回转振动筛工作时，物料由进料口进入，落在可调分料淌板上。由于筛体前部做回转运动，所以能迅速将物料均匀散开，分布在整个筛面宽度上进行筛选。第一层筛面的筛上物为大杂质，由大杂出口排出。第二层筛面的筛上物是粮粒，在筛体尾部往复直线运动的作用下，很快由粮食出口排出筛体，并进入垂直吸风分离器内进行风选除去轻杂质。净粮在排出设备前通过设在垂直吸风道出料口处的磁选装置，除去金属磁性杂质，最后排出机外。第二层筛面的筛下物为小杂质，由小杂出口排出。

3.主要工作部件

TQLMz型平面回转振动筛采用开式机架全封闭式筛箱，筛体由四根钢丝绳悬吊；传动装置包括电动机、塔形V带轮、V胶带及两块扇形偏重块等组成。偏重传动带轮安装于靠近筛体进料端的下部，偏离筛体重心较远，筛体出料端的下部有一弹性限位装置，限制其横向运动自由度，强迫筛体尾部做近似的直线往复振动。改变V胶带在塔轮上的位置，可以改变筛体的转速，但同时两偏重块的相互重叠位置也应做相应的调整，以取得适宜的振幅。

筛体出料口处配有带磁选装置的垂直吸风分离器，用来清除物料中的轻杂质和金属磁性杂质。

4.技术参数

TQLMz型平面回转振动筛的主要技术参数见表2-2-6。

表 2-2-6　TQLMz 型平面回转振动筛的主要技术参数

型号 项目	TQLMz80	TQLMz100	TQLMz125
产量（小麦 t/h）	7~9	10~14	16~20
产量（稻谷 t/h）	6	8	12
产量（玉米 t/h）	36	48	72
筛面倾角	6°	6°	6°
主轴（r/min）	300	400	500
风量 （小麦、稻谷 m³/min）	40~50	50~60	60~80
风量（玉米 m³/min）	55	65	80
配套动力（kW）	0.55	0.75	0.75
外形尺寸（mm） （长×宽×高）	2158×1490×1100	2396×1690×1205	2660×1940×1205

六、影响筛选设备工艺效果的因素

(一) 原料

谷物的粒度、均匀度、含杂种类和数量以及谷物与杂质间粒度差异的大小，都直接影响到筛选设备的工艺效果。如果谷物品种混杂，均匀度低，含杂质多，而且其粒度与谷物相近，筛孔配备困难，清理效率就会大大降低。

(二) 筛孔形状和大小

筛孔形状和大小，应根据待筛理物料的粒度、设备的产量和清理工艺要求等来确定。清理大杂时，筛孔配备过大，除杂效率降低；过小，虽除杂效率较高，但下脚含谷也会增多。清理小杂质时，筛孔配备太小，除杂效率降低；放大筛孔虽可提高除杂的效率，但下脚中含谷也会增多。清理稗子时，筛孔越大除稗效率越高，但筛上物提取率低。用于撇谷，可选较大的筛孔；用于提稗时，可选较小的筛孔。

(三) 筛面尺寸

筛面宽度和长度与设备的生产能力和筛理效率有密切的关系。一般情况下，在其他条件相同时，生产能力主要取决于筛面宽度，筛选效率取决于筛面长度。当单位筛宽流量一定时，筛面越宽，产量越大。但筛面过宽，难于确保均匀喂料，而使筛理效率降低，同时还会增大设备的体积，不便于操作维修。因此，筛选设备筛面宽度一般在500~1600mm。筛面长度决定物料的筛理路程，筛面愈长，物料筛理路程也愈长，筛理效率相对较高。但筛面长度达到一定限度后，继续加长筛面，筛理效率提高很少，因此，筛面长度应根据物料筛选的难易程度和清理工艺的要求来确定。当采用较大筛孔筛理大杂时，筛面可短一些。用较小的筛孔筛理小杂时，筛面可长一些。

(四) 筛面倾角、转速和振幅

筛面倾角、转速和振幅是决定物料运动状态和速度的主要因素，三者密不可分，相互制约。在其他条件确定的情况下，物料的流动速度与筛面倾角、转速和振幅成正比关系。筛面倾角越大，或转速越高，或振幅越大，物料流动速度就越快。物料流动的速度增大，虽有利于提高设备的生产能力，但物料在筛面上停留时间短，筛理不充分，筛理效率下降。物料流速过慢，容易造成筛面上物料堆积，物料层过厚，从而减少物料接触筛面的机会，筛理效率降低，同时不利于设备生产能力的提高。因此，应选择适宜的筛面倾角、转速和振幅，使物料具有适宜的流动速度，以确保良好的筛理效果。

（五）流量

流量影响筛上物料的厚度，在筛体转速、振幅和筛面倾角等一定的情况下，增加流量，会使料层加厚，影响物料的自动分级，使物料接触筛面的机会减少，导致筛理效率降低。流量过小，料层过薄，物料容易产生跳动，不利于物料的自动分级，不仅影响筛理效果，而且降低设备的产量。清理大杂时，单位筛宽流量为40kg/(cm·h)，清理稗子时，单位筛宽流量为17~21kg/(cm·h)。

（六）筛面清理

在筛选过程中，良好的筛面清理，是确保较高筛选效率的重要条件之一。因此，在生产操作中，应经常检查筛面清理机构的效果，并定期进行人工清理，确保筛孔畅通。对于高速除稗筛而言，定期检查筛面张紧程度是防止筛孔堵塞的有效措施。

第三节　比重分选法

比重分选是根据物料之间比重、容重、摩擦系数以及悬浮速度等物理性质的不同，利用它们在运动过程中产生的自动分级，借助适当的工作面进行分选的。

根据所使用介质的不同，比重分选可分为干法和湿法两类。干法比重分选是以空气为分选介质，利用物料之间比重、容重、表面摩擦系数以及悬浮速度的不同进行分选。湿法比重分选是以水为分选介质，利用物料之间比重、沉降速度等不同进行分选。

一、比重分选的工作面

比重分选工作面按其表面特性可分为三种类型。

（一）鱼鳞孔筛板

1.结构组成

鱼鳞孔筛板是采用1.2~1.5mm厚的薄钢板冲制而成，它不起筛选作用，只是对气流进行导向，并阻止石子下滑。鱼鳞孔的凸起高度、冲孔面积的大小以及排列是否均匀，都直接影响去石效果。目前使用的筛孔形状有单面凸起鱼鳞孔筛板和双面凸起鱼鳞孔筛板（如图2-3-1所示）。单面凸起鱼鳞孔筛板的工艺效果优于双面凸起鱼鳞孔筛板。其因一是由于筛孔的截面尺寸大，有利于阻止石子的下滑；二是诱导的气流运动方向几乎平行于筛面，有利于石子的输送。单面凸起鱼鳞孔筛板的使用寿命较长，它的最大缺点是制造技术要求高。

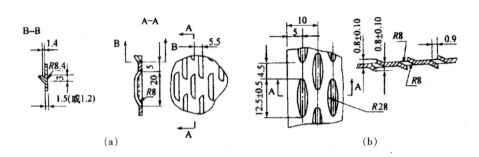

图 2-3-1　鱼鳞孔形状

（a）单面凸起鱼鳞孔　　（b）双面凸起鱼鳞孔

2.工作原理

当去石机工作时，物料进入鱼鳞孔筛板的中部，由于筛面有规律地进行往复直线运动，使物料产生初步的自动分选并分层，比重小的粮粒浮于上层，比重大的石子沉于筛面组成下层。同时由于自下而上穿过物料的气流作用，使得上层比重小的粮粒呈半悬浮状态，降低了与比重大的石子间的正压力和摩擦力，更促进了自动分选，从而使比重小的上层物料在重力、惯性力、气流作用下和连续进料的推力作用下，相对于去石筛面下滑至净粮出口，而下层比重大的砂石在筛面摩擦阻力、惯性力和气流的作用下相对于筛面向上滑至出石口。

（二）编织筛网板

1.结构组成

编织筛网板由直径0.8~1.0mm的不锈钢丝编织成平纹方孔网，如图2-3-2所示。这种平纹方孔网具有网孔大小均匀、连接牢固、平度好、长期使用不变形等特点，在工艺应用中，气流均匀垂直向上，不易堵孔。图中d为钢丝直径，a为筛孔净尺寸。筛网的规格一般为12目，这样当d=1mm时，a=1.12mm。在编织过程中，纬丝为波纹形弯曲钢丝，用于阻挡石子的下滑，经丝为有微量弯曲的圆形直丝。微量弯曲的目的是固定孔形。

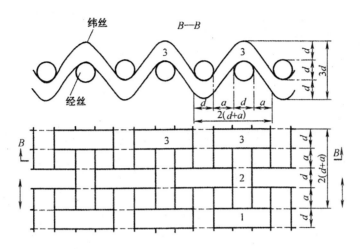

图 2-3-2　弯曲钢丝编织筛网的编织方法

2.工作原理

去石机工作时，进机物料在筛面往复直线运动和穿过编织筛网空气气流的综合作用下，首先按比重大小分层，上层以粮粒为主，比重大的砂石及部分粮粒沉到料流的下部与去石筛面接触成为下层。去石筛面对上层料呈"下行体制"，对下层料呈"纯上跳体制"。当筛面做正向加速运动时，石子因受到向上惯性力的作用，借助于气流的上推力，使砂石沿着筛面的凸起向上跳跃爬行，并越过凸起；当筛面做反向加速度运动时，则受到筛面凸起的阻挡，难以向下滑动。如此不断交替，使砂石逐步向上跳动至出石口排出，粮流在去石筛面惯性力、气流作用下及进机物料的推力作用下，沿倾斜筛面下滑至出料口排出。

（三）粗糙面筛板

粗糙面筛板是在一定厚度的薄钢板上冲压成各种形状的袋孔或凸台（图2-3-3）而形成的，袋孔和

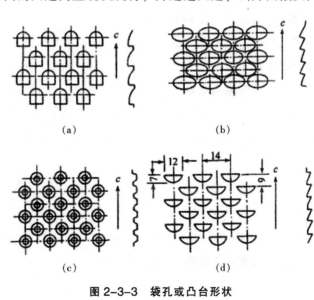

图 2-3-3　袋孔或凸台形状

（a）（b）袋孔　（c）（d）凸台

凸台的主要作用是增加工作面的粗糙度，给与工作面接触的物料一定的上行推力。

在上述三种工作面中，鱼鳞孔板与编织筛板都具有气流导向作用，故称之为通风工作面。粗糙面板则不具有气流导向作用，称之为非通风工作面。

无论是鱼鳞孔板，还是编织筛板或粗糙面板，其运动形式都为往复振动。物料在工作面往复振动的作用下产生自动分级，比重大、表面光滑、粒度小的物料沉于底部，并与筛面相接触，而比重小、表面粗糙、粒度大的物料则浮于上层，若辅之以气流的作用，则呈现为悬浮或半悬浮状态。因物料的连续流入，上层的谷物在往复振动、自身重力及进料的推挤力等作用下，沿倾斜工作面流向下出料口，而沉于底层的物料则沿倾斜工作面，随筛面推力的作用向上出料口爬行，从而实现物料的分离。

二、比重分选的应用

正是因为比重分选是利用物料之间比重、摩擦系数及悬浮速度等性质的不同进行分离的，对于粒度相近而比重、摩擦系数及悬浮速度等方面差别较大的物料有较好的分离效果。目前，在谷物加工厂，比重分选主要用于去除并肩石（与谷物粒度相近的石子）、谷糙分离、谷物比重分级和玉米提胚等工序。

当谷物中的石子与谷物在粒度上差别较小时，使用筛选法很难将石子去除。而谷物与并肩石在比重和空气动力学特性等方面存在着较为明显的差异，因此，可以采用比重分选法将并肩石去除。

当稻谷品种混杂严重、均匀度差时，稻谷脱壳后的糙米中很大一部分，其粒度比稻谷还大，用筛选法很难达到谷糙分离所要求的工艺指标。而稻谷与糙米的比重、容重和摩擦系数等差异较大，使用比重分选法则可达到较好的分离效果。

谷物分级主要是根据其比重及容重不同进行分级的，其中以小麦的分级和谷物种子精选较为典型和重要，利用筛板的往复振动和气流的综合作用实现小麦分级或种子精选。

提胚、去皮是玉米干法加工中提高胚、皮和玉米胚乳纯度的关键技术。由于玉米胚乳、胚、皮三者在比重、悬浮速度等方面都存在差异，因此可利用这些物理特性的差异实现有效的分离。

三、比重分选设备

干法比重分选法所用设备主要有比重去石机、重力分级去石机等，其主要用于清除谷物中的并肩石等重杂质，也用于谷物和在制品的分级。

（一）比重去石机

比重去石机主要用于清除谷物中所含的并肩石等杂质。比重去石机按供风方式分为吹式比重去石机、吸式比重去石机和循环式比重去石机三种。

1.吹式比重去石机

（1）结构组成：QSC型吹式比重去石机主要由进料装置、筛体吊挂装置、筛体、偏心连杆传动机构、机架等组成，如图2-3-4所示。

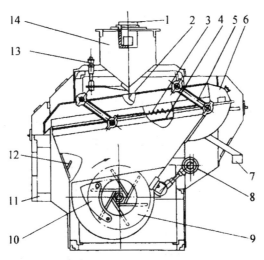

图 2-3-4　QSC 型吹式比重去石机结构图

1.进料口　2.缓冲匀料板　3.去石筛面　4.匀风板　5.吊杆　6.精选室　7.出石口
8.偏心传动机构　9.风机　10.风量调节装置　11.出料口　12.导风板　13.流量调节装置　14.进料斗

（2）主要工作部件：QSC型吹式比重去石机主要工作部件有进料装置、筛体吊挂装置、筛体、偏心连杆传动和机架等。

①进料装置：进料装置由接料管、料斗、缓冲匀料板、流量调节装置等部件组成。接料管与进料溜管相连接，接料管的两侧有两个出口，目的是将物料横向分流均匀，以避免溜管进料时物料冲向料斗的一侧，装配时一定要注意两个出口的位置是沿筛面横向的。料斗出口与进料门采用铰接，要求开度一致，不能使落料口两端出现宽窄不等的现象。进机流量可通过机箱顶盖上的手轮调节。料斗盖上安装有操作活门，以便于检查和清除异物。进料门下面的匀流板是起缓冲和横向匀流作用的，以保证物料沿筛面横向的料层厚度一致。

②筛体吊挂装置：QSC型吹式比重去石机的筛体采用刚性吊杆悬挂于机体上，

吊杆的材质为圆钢或铸铁，吊杆转动部位采用橡胶轴承，其结构简单，减振性好，耐磨损，机器运转平稳，噪声小。

③筛体：筛体由去石筛板、风机、匀风板、弧形风量调节板等机构组成。QSC型吹式比重去石机采用的是双面鱼鳞孔筛板，其筛孔规格为12.5mm×0.9mm×0.8mm（长×宽×高）。

去石筛板的结构组成如图2-3-5所示。

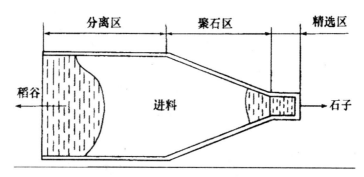

图 2-3-5 去石筛板

QSC型吹式比重去石机去石筛板的精选室由圆孔筛板和弧形调节板组成，如图2-3-6所示。从风机吹入的气流，一部分穿过直径1.5mm的圆形筛孔，使精选室的物料呈疏松状态，粮粒悬浮于石子的上部，并通过弧形调节板将吹入精选室的气流转向为反向气流。反向气流吹过悬浮的粮粒将其吹回到聚石区。改变弧形调节板的位置可以增减反向气流的速度，从而控制石子中的含粮数。只要风机的风量稳定，反向气流的气流量也相对稳定，它几乎不受筛面上物料层厚度变化的干扰，因而去石机效率也相对稳定。

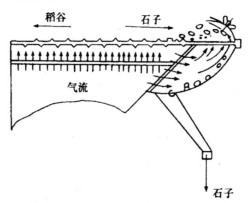

图 2-3-6 精选室风量调节示意图

风机采用低压、阔口式，为便于制造，叶片形式为六片直叶式。风机的机壳与筛体直接相连并与筛体一起振动。风机的出口装有导风板，呈方齿条形。导风板与机壳前壁的夹角一般为45°~60°，如图2-3-7所示，导风板起正确分配前后端风量和气流的导向作用。风机的后壳装有一块冲孔的梯形板，用以控制和分配去石板和精选室的风量。匀风板装在去石筛板的下面，其作用是使风机产生的气流，通过匀风板后均匀地穿过去石筛板。匀风板为冲孔板面，中部冲有直径为4mm的圆孔，以孔距为8mm交错排列。后部冲孔直径为5.4mm，为达到各处风量均匀的目的，匀风板两边冲孔直径也增大至5.4mm。为了防止匀风板堵塞，在使用过程中应加强检查并及时清理。

气流从风机出口吹出后，经匀风板、去石筛面穿过物料后排放到机箱内再循环使用。风量的大小可以通过风口的风量调节装置来控制。

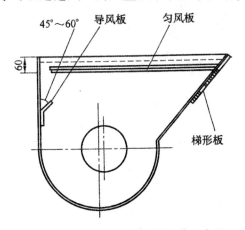

图2-3-7　风机导风板调节示意图

④偏心连杆传动：QSC型吹式比重去石机采用一个偏心连杆传动机构，安装于筛体左右对称的中心线上，以保证筛体的平衡和运动轨迹的稳定。采用偏心轴结构，可简化安装程序，保证安装精度。

⑤机架：机架是去石机的总体支撑件，由框架、腹板、盖板、罩壳等组成。当去石筛面的宽度在710mm以内时，机架采用由小型钢和薄钢板焊接的结构；当去石筛板的宽度大于850mm时，采用铸铁件框加腹板的结构，以增加刚度，减小变形。机架上盖设有观察窗，前后均有活络门，以便于检修和清理。

QSC型吹式比重去石机的特点是自带风机，单机即可完成去石工序的任务，但机内处于正压状态，如密闭不严，有灰尘外逸。

2.吸式比重去石机

（1）QSX型吸式比重去石机：

①结构组成：QSX型吸式比重去石机主要由进料吸风装置、存料斗、筛体、筛体支承装置、偏心连杆机构、机架等部分组成，如图2-3-8所示。

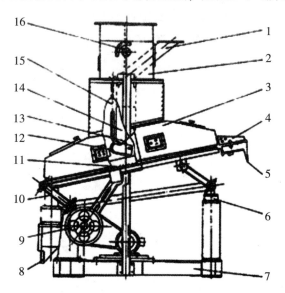

图2-3-8　QSX型吸式比重去石机结构示意图
1.进料管　2.吸风装置　3.吸风罩　4.精选室　5.出石口　6.垫板　7.机架　8.出料口
9.偏心传动机构　10.撑杆　11.去石筛面　12.缓冲槽　13.压力门　14.料斗　15.拉簧　16.调风门

②主要工作部件：QSX型吸式比重去石机主要工作部件有进料吸风装置、筛体、筛体支承装置、偏心连杆传动和机架等。

进料吸风装置：进料吸风装置主要包括进料管、存料斗、流量调节机构、导料溜板和出料口阻风门等部件。整个装置设在筛体的中部，以利于物料和气流的分布。工作时物料由进料管进入存料斗，流量的大小由弹簧压力门控制，压力的调节借助拉紧或放松螺旋拉簧来调整。实际操作中，存料斗中应有一定的存料，以保证喂料连续，避免漏风。对于筛面宽度超过850mm的去石机，为保证整个筛面上进料均匀，采用双管进料，在主料管上设置拨斗用来分配双进料管的物料量。在落料口处装有一个与筛体一起振动的缓冲槽以减少落料的冲力，降低落料对自动分选的影响。吸风罩及吸风口的截面尺寸较大，且吸风罩距离去石筛板有一定的高度（250mm左右），使得去石筛板上的负压值相对接近，穿过去石筛板的气流均匀。在吸风罩顶盖的前后，设有观察门，便于观察落料情况，清理筛板。进料吸风装置有支架支承，吸风罩与筛体采用气密性良好的柔性连接，使得筛体振动时进料吸风装置不受影响。

筛体：筛体由鱼鳞孔形去石筛板和精选排石装置组成。QSX型吸式比重去石机的去石筛板为1.2~1.5mm的薄钢板冲制成单面向上凸起的鱼鳞孔形，筛面设有分离区、聚石区和精选区，当筛面的宽度大于850mm时，采用双聚石区使聚石区的收缩角较小，有利于石子的集中。

精选排石装置是利用反向气流来控制石中含粮量的装置。由单面向下凸起的鱼鳞孔筛板、有机玻璃罩、调风板等组成。筛孔的规格与去石板相同，孔口朝向与出石方向相反，当气流穿过筛面时为逆向气流，可以将浮于石子上层的粮粒吹回聚石区，调风板用以调节精选室的风量。

筛体支承装置：筛体由摇摆机构支承，摇摆机构由三根摇杆组成，分别布置在筛体的去石端中部和出料端的两侧。摇杆的铰支点采用橡胶轴承，其结构简单，减振性好，耐磨损。筛体倾角的调节可以利用增减去石端撑杆下垫块的厚度来实现，垫块每增减8.8mm，筛体的倾角增减0.5°。筛体倾角的变化范围为10°~14°。前撑杆中轴与后撑杆之间用连杆连接，目的是在调节筛面倾角时使前后撑杆保持平行。

偏心连杆传动：QSX型吸式比重去石机采用偏心连杆传动机构，对于筛面宽度小于850mm的去石机，采用一个偏心连杆传动机构，并安装于筛体左右对称的中心线上，以保证筛体的平衡和运动轨迹的稳定。筛面宽度大于850mm的去石机，采用双偏心连杆传动机构。用偏心套结构简化了加工程序。

机架：采用底座上伸脚的方式，结构简单，制造方便。底座框架和脚可用型钢焊接，也可用铸铁铸造。

QSX型吸式比重去石机的特点是本身不带风机，体积较小；允许产量有一定的波动，机内处于负压状态，无灰尘外逸，且操作维修方便，但需单独配备风网。

③技术参数：QSC型和QSX型比重去石机的主要技术参数见表2-3-1。

表 2-3-1　QSC 型和 QSX 型比重去石机的主要技术参数

项目＼型号	QSC-56	QSC-100	QSX-56	QSX-85	QSX-100
产量（t/h）	2.5~2.8	5.5~6.8	3~3.5	5.5~6.3	6.5~7.5
筛面有效尺寸（mm）（长×宽）	520×825	950×1175	510×970	800×1175	950×1175
筛面倾角	10°	10°	10°~14°可调(小麦为12°)		
筛孔形状（mm）	12.5×0.9×0.8 双面凸起鱼鳞孔		20×3×1.4 单面向上凸起鱼鳞孔		
精选室筛孔形状（mm）	Φ1.5 薄板冲孔		20×3×1.4 单面向下凸起鱼鳞孔		
撑(吊)杆与水平夹角	30°		35°		
偏心距（mm）	4.5		5		
转速（r/min）	410		450~460		
吸风量（小麦 m³/min）			2100~2300	3200~3400	3800~4100
机内全压（Pa）			120~250	400~500	
配套动力（kW）	1.5		0.6	0.8	0.8120
风机转速（r/min）	1200	1250			

（2）TQSX型吸式比重去石机：

①结构组成：TQSX型吸式比重去石机的去石筛板为弯曲钢丝编织筛网，其供气方式为吸式。主要由进料装置、吸风装置、筛体、筛体支承装置、传动装置等部件组成，如图2-3-9所示。

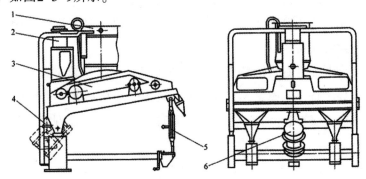

图 2-3-9　TQSX 型比重去石机结构示意图

1.吸风口　2.进料箱　3.筛体　4.筛体支承装置　5.筛面角度调节装置　6.传动装置

②主要工作部件：TQSX型吸式比重去石机主要工作部件有进料装置、吸风装置、筛体、筛体支承装置和传动装置等。

进料装置：进料装置由进料管、进料箱和淌料板等部件组成，进料管与进料箱之间采用挠性件连接，整个进料装置与筛体一起振动，这种结构优于静止进料结构，可以促使物料均匀分布。物料由进料管进入进料箱，箱内有淌料板起缓冲作用，并设有进料压力门，调整进料箱外拉簧的拉力可以控制料门的开启大小。操作中应保证进料箱中有一定的存料以保持连续供料和避免漏风。进料箱的下方设有淌料斗，可以改变淌料斗的角度来达到均匀分流的目的。

吸风装置：吸风装置由吸风管、挠性连接件、吸风罩和反吹风调节装置等部件组成。吸风管和吸风罩之间用挠性软管连接。吸风管上设有风门调节机构，外部设有刻度盘，用以操作时参考，在机架上装有U形管，可直接观察到机内的负压大小。一般空车时机内的负压值为750~800Pa，正常工作时机内的负压值为1200Pa。吸风罩为玻璃钢材质，采用大截面变异形状，以保证筛面上各处的风量均匀，吸风罩上设有大观察窗、操作门，内设照明灯，便于操作和观察筛面上物料的运行情况。反吹风调节装置主要是控制石子中的粮食含量，反吹风的风门为有机玻璃板，有平面和曲面两种结构形式，在实际应用中曲面更能使得精选区域内的风力均匀。一般在开机前将反吹风的风门调节到距离筛面25mm的高度，来料后，要及时调整反吹风门，使得其风门前的料层厚度维持在5mm左右，并保证有50~100mm的积石区。在风网设计时为了避免吸风网络的相互干扰，要求配有单独的吸风系统。

筛体：筛体由去石筛板、匀风格、匀风板和筛格压紧装置组成，去石筛板由不锈钢弯曲钢丝编织而成，具有耐磨、穿风均匀的特点，去石筛板的下部设有50mm×50mm的匀风格和孔距为12mm、孔径为8mm的匀风板，以增加匀风效果，这三者连成一体，组成筛格。筛面若堵塞后，千万不要敲打，以防筛面变形，可以用钢刷清理，筛面磨损后应及时更换。更换时松开压紧螺栓和托板，筛格即可抽出。在安装时应留有足够的空间以确保筛格的抽出。

筛体支承装置：筛体采用弹性支承。在出料端用两组螺旋弹簧支承，每组为两根，呈八字形。在出石端采用左右螺纹、长度可调的撑杆支承，撑杆铰接处采用中空橡胶弹簧，用以吸振并实现撑杆的摆动。在撑杆上设有刻度尺，可以在调节筛体倾角时做参考用。一般筛面倾角的调节范围为5°~9°，处理小麦时为7°。

传动装置：TQSX型吸式比重去石机采用振动电动机传动，振动电动机固定在上下摆杆上，摆杆的另一端利用橡胶轴承与传动架的短轴固定，传动架用两个骑马螺栓固定在筛体的主轴上。振动电动机轴的两端对称位置上装有重量相等、方位可调的偏重块，偏重块由两块或两块以上的偶数块薄片组成，调整块数，可以改变偏重块的重量，从而改变振动电动机振动时产生的激振力的大小。由于采用的是单个振动电动机传动，激振力沿筛体横向的分量被弹簧和橡胶轴承的横向变形所吸收，使筛体受到的横向分力很小，纵向的分力传给筛体，使得筛体在垂直于筛体主轴的方向上做往复直线运动。松开骑马螺栓旋转传动架可以改变筛体的振动抛角（振动方向与筛体的夹角），抛角的调节范围为30°~40°，一般去石机在出厂前抛角调整为35°。

TQSX型吸式比重去石机的特点是采用振动电动机传动，结构简单，采用编织筛网，成本低且不易堵孔，去石效率高，操作维修方便，机内处于负压状态，无灰尘外逸，但仍需单独配备风网。

（3）技术参数：TQSX型吸式比重去石机的主要技术参数见表2-3-2。

表 2-3-2　TQSX 型吸式比重去石机的主要技术参数

型号	产量（t/h）	吸风量（m³/h）	振动电动机功率（kW）	电动机转速（r/min）	振幅（mm）	筛面倾角	机内阻力（Pa）
TQSX71	4~4.5	3200~3500	0.3	930	3~5	5°~9°	1100~1200
TQSX132	5~9	4800~6300	0.4	930	3~5	5°~9°	1100~1200
TQSX190	10~14	7200~9800	0.4	930	3~5	5°~9°	1100~1200

3.循环气流去石机

（1）结构组成：循环气流去石机主要由进料装置、去石装置、传动装置、气流循环系统和机架等组成，如图2-3-10所示

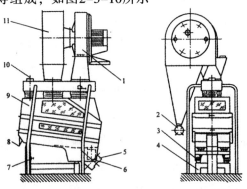

图 2-3-10　循环气流去石机结构示意图

1.风机　2.闭风器　3.橡脉弹簧　4.机架　5.振动电机　6.出料口

7.倾角调节装置　8.出石口　9.去石装置　10.进料装置　11.空气分离器

循环气流去石机最大特点是不需要组织外界除尘风网，自带气流循环分离系统，减少占地面积和动力消耗。

循环气流去石机的主要工作部件是一个密封的去石装置，内设上、下两层编织筛网工作面，上层为分级筛面，用于物料分级，下层为去石筛面，用于去除混入物料中的砂石。

进料装置在去石装置前上方，用以控制物料的流量，并形成均匀喂料。出石端有一调风板，可调节反吹气流的大小。

筛面的倾角可通过位于机架前端的倾角调节装置进行调节，调节范围为5°~9°。

采用振动电机作为振动源，可用1台振动电机驱动，也可采用2台振动电机驱动。

气流循环系统包括风机、风量调节装置及空气分离器等，空气分离器与风机吸风口相连接，气流从去石装置上部吸入，先经空气分离器分离出轻杂质后，再入风机，然后又由风机吹回去石装置内，空气得以循环利用。

（2）工作原理：循环气流去石机工作时，物料经进料口，由喂料装置均匀地进入第一层筛面，在往复运动和上行气流的综合作用下，物料产生自动分级。较轻的物料浮于上层，呈半悬浮状态，沿筛面方向流动至出口排出。较重的含石物料沉到下层与筛面接触，穿过第一层筛面再流到第二层筛面上，物料在第二层筛面上再次形成自动分级，上层物料不断下滑从出口排出。与筛面相接触的砂石等在筛面的作用下，进入石子检查区，石子由出石口排出，混在石子中的粮粒在反吹气流作用下，被吹回分离区。

经空气分离器分离的轻杂质，经闭风器排出机外，净化后的空气由风机送回去石筛面进行循环利用。

（3）技术参数：循环气流去石机的主要技术参数见表2-3-3。

表2-3-3　MTSC 循环气流去石机的主要技术参数

型　号	筛面尺寸宽× 长（mm）	产量 （t/h）	振幅频率 （次/min）	振幅 （mm）	功率 （kW）	风量 （m³/h）	长×宽×高（mm）
MTSC-65	650×1200	6~5	930	4.5~5.5	6.05	500	1750×1420×3045
MTSC-120	1200×1200	12~22	930	4.5~5.5	11.85	193	1750×1800×3325

4.比重去石机的使用

（1）比重去石机的维护：

①开机前应进行全面检查。如各连接部位的螺栓是否拧紧，检查进料箱压力门、风门的开启是否灵活；关闭风门，检查筛面和风机内是否有异物；检查传动带的张紧程度，运转部位的润滑情况等。如一切正常就可以开机了。

②对于吸式比重去石机，开机时应先打开风机，待运转正常以后，再打开风门，同时打开去石机的传动电动机或振动电动机，并开始进料。

③进料后首先要调节进料压力门的大小，在保证物料沿筛面宽度均匀下落的同时，要保证进料箱内有一定的存料。流量的波动范围应不超过额定产量的±10%。

④去石筛板、匀风板、进风门、反吹风道要保持气流畅通。如筛孔堵塞，可用清理刷清理，切勿敲打，以免引起筛板的变形，影响去石效率。如筛面有磨损，应及时更换。双面凸起鱼鳞孔筛板可翻面使用。

⑤定期检查轴承的升温情况，一般温升不应超过室温25℃，轴承要定期清洗和换油。

⑥经常检查谷物中的含石量和石中含粮量，如发现异常，分析原因，及时采取相应的措施。一般石中含粮量应控制在1%以下。

⑦停机时应先停料，后停风，再关机，最后关闭风门。停机后，去石筛板上应保留一层物料，以利于下次开机时能立即正常排石。

⑧机器在拆装检修过程中，应注意防止零部件的丢失和变形，检修时应尽量少拆零部件。装配时，必须以机架的纵向中心线为对称轴，将原件按原来的位置装配。筛体的中心线应与机架中心线重合，偏心轴、偏心连杆上轴、摆杆上下轴、振动电动机传动架芯轴都应水平且相互平行。各轴的水平中心线与筛体的纵向中心线垂直，去石筛板沿筛板宽度方向上应水平。

⑨QSX型比重去石机的精选室筛板鱼鳞孔方向不得装反，为单面向下凸起的鱼鳞孔筛板，筛孔的规格与去石筛板相同，孔口朝向与出石方向相反。

⑩检修装配后空车运转应平稳，不得歪扭或颠簸。校正时可在去石筛面靠出料端宽度方向的中间或两边同时放入大小一样的重杂质，如均能同时向上运动即属正常；再进行投料试验，观察物料运动和排石情况；然后中断进料，这时在出石端附近有局部吹穿现象，正常情况下，吹穿的形状很对称。如发生走单边、有

漩涡和死角等现象，应立即校正。

（2）常见故障及原因分析：TQSX型吸式比重去石机常见故障原因分析见表2-3-4。

表 2-3-4　TQSX 型吸式比重去石机常见故障原因分析

故障现象	故障原因分析
物料跑偏	去石筛板宽度方向上不水平
	筛板不平整，有翘曲
	沿筛面宽度方向进料不均匀
	风机外壳相对于叶轮位置偏移一边，导风板夹角不一致，顶端与叶轮间隙不等
	风门调节不当
物料中石子分离不出来	筛体运动严重不正常
	吸风量过小，物料悬浮不起来
	流量过小
	风机转速过小，总风量和精选室反向气流速度过大
	吹式去石机外壳相对于叶轮前移，导风板夹角不当，造成机内前段风量小，机内后段风量大
石中含粮过多	精选区筛板有堵塞
	总风量减少，精选区反吹风气流速度过小或有漏风
	吸风量过小，集石区未形成
	去石筛板倾角过小
	传动带松弛打滑，电压降低过大，风机转速降低
筛体有不规则振动、颠簸、扭摆现象	安装基础刚度不够或地脚螺栓松动
	偏心传动部分及摆动机构中连接有松动
	滚动轴承、橡胶轴承损坏或其他构件损坏
	拆修装配不正确或更换零件精度不够
	两偏心连杆运动不同步
	两振动电动机有差异，偏重块或轴承有松动，支承弹簧损坏

（二）重力分级去石机

重力分级去石机的工作原理与比重去石机的工作原理相类同，是利用谷物和杂质之间的比重和空气动力学性质的差异，在气流和筛面振动的综合作用下，将谷物分离成重质料、轻质料、轻杂质和石子泥块四种物料。

目前国内应用的重力分级去石机有TQSF型和TFQX型两种机型。

1.TQSF型重力分级去石机

（1）结构组成：TQSF型重力分级去石机主要由进料装置、吸风装置、筛体、筛体支承装置、传动装置和机架等组成，如图2-3-11所示。其中进料装置、吸风装置和筛体支承装置与TQSX型吸式比重去石机的结构类似。

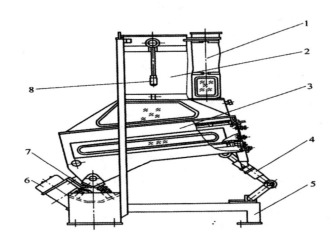

图 2-3-11　TQSF型重力分级去石机结构示意图

1.进料口　2.吸风口　3.筛体　4.筛面倾角调节机构
5.机架　6.传动装置　7.筛体支承装置　8.风门调节机构

（2）工作原理：如图2-3-12所示，TQSF型重力分级去石机工作时，物料经进料管首先进入进料箱，使物料均匀地进入第一层筛面，由于物料与杂质的比重和悬浮速度不同，在筛面往复运动和穿过筛面及物料的空气气流的综合作用下，使物料进行充分自动分选，轻杂质和轻质物料浮于料流的上面，部分轻杂质和灰尘等从吸风管吸出，轻质物料成为上层筛面的筛上物，从出料口排出；比重大的物料和砂石穿过第一层筛面进入第二层去石筛面，砂石沿去石筛面向上运动，并形成集石区，依次从出石口排出，比重大、质量好的小麦沿去石筛面向下滑动，从出料口排出。

分离出的重质料和轻质料的比例，可根据原料的含杂情况，通过调节吸风量和筛孔大小的配备来获得。一般质优、容重大、无杂质的重质料占进机原粮流量的70%~95%。

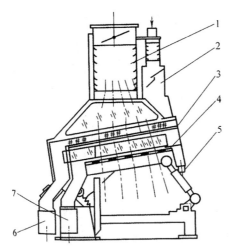

图2-3-12　TQSF型重力分级去石机工作原理示意图

1.吸风管　2.进料箱　3.第一层筛面　4.第二层筛面　5.石子出口　6.轻质物出口　7.重质物出口

（3）主要工作部件：

①筛体：TQSF型重力分级去石机的筛体由2~4mm厚的冷轧板焊接而成，内有两层抽屉式筛框，即分上、下两层筛面。第一层筛面为分级筛，主要起重力分级的作用。分选筛分为三段，第一段为弯曲钢丝编织筛网，利用直径为0.8mm的不锈钢丝编织成平纹方孔网，筛网规格为15目，长度为340mm。该段筛面为预分区，不起筛选作用，只是促使物料的自动分选。第二段为冲孔筛板，长圆孔，规格为6mm×20mm。第三段为冲孔筛板，圆形孔，直径为8mm，交错排列。这两段筛板主要起筛选分级作用，重质料和石子穿过筛面落至去石板。筛面与筛格框固定在一起，组成筛格，筛格具有一定的刚度，依靠楔形块压紧。第二层为去石板，主要起去石作用，由不锈钢丝编织制成，我国多采用圆形截面钢丝（国外设备纬丝截面为方形），编织时纬丝预先弯曲成波浪形，经丝稍做弯曲以固定孔形（国外设备为直丝）。

筛体的前后左右各安装一块指示牌，筛体的振幅、抛角可以从振幅、抛角指示牌上显示出来。

②传动装置：TQSF型重力分级去石机采用双振动电动机传动，振动电动机固

定在筛体的主轴上。工作时两振动电动机相向旋转，共同产生激振力，其中激振力沿筛体横向的分量由振动电动机本身相抵消，纵向的分力传给筛体，使得筛体在垂直于筛体主轴的方向上做往复直线运动。松开振动电动机的固定螺栓，旋转振动电动机可以改变筛体叠振动抛角（振动方向与筛体的夹角），抛角的调节范围为30°~40°，一般去石机在出厂前抛角调整为35°。在操作调整中，应保持两振动电动机转速同步、转向相反，同时也必须保证两振动电动机的偏重块重量相同。

TQSF型重力分级去石机的特点是一机具备两种功能，可简化工艺流程，双振动电动机传动，横向分量可以自动平衡，传动平稳、结构简单，编织筛网成本低且不易堵孔，去石效率高，操作维修方便，机内处于负压状态，无灰尘外逸，但仍需单独配备风网。

（4）技术参数：TQSF型重力分级去石机的主要技术参数见表2-3-5。

表 2-3-5　TQSF 型重力分级去石机的主要技术参数

项目　　　　型号	TQSF63	TQSF80	TQSF126
产量（t/h）	4~5	8~9	12~16
振动频率（r/min）	930	930	930
振幅（mm）	4~5	4~5	4~5
筛面倾角	5°~9°	5°~9°	5°~9°
第一筛面尺寸（mm）		800×1020	1260
第二筛面尺寸（mm）		795×995	
吸风量（m³/h）	5000	6000	12000
机内阻力（Pa）	294~588	176~294	177
配备动力（kW）	0.2×2	0.37×2	0.55×2
机重（kg）	220	345	
外形尺寸（mm）	1560×840×1875	1450×1030×1894	

2.TFQX型重力分级去石机

（1）结构组成：TFQX型重力分级去石机主要由进料装置、吸风装置、筛体、筛体支承装置、传动机构和机架等组成，如图2-3-13所示。

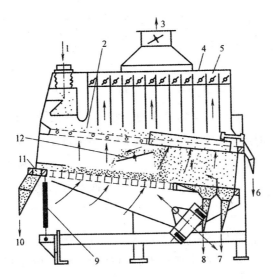

图 2-3-13　TFQX 型重力分级去石机结构示意图

1.进料箱　2.第一筛板　3.吸风口　4.吸风室　5.调风口　6.轻杂出口　7.混合物出口
8.重质物出口　9.角度调节装置　10.石子出口　11.第二筛板　12.重质物比例调节门

（2）工作原理：TFQX型重力分级去石机工作时，物料从进料管通过进料箱均匀分布于筛面的全宽，在第一层筛面前段，物料在由上而下的气流作用下，产生自动分选。重质物料和石子沉到下层首先穿过筛面，直接落到第二层筛面去石，经分离后石子从出石口排出，重质物料由出料口排出；接着穿过筛面的是轻重质混合物，这部分物料基本不含石，可按预定的比例，通过分料装置将其中部分物料并入重质料由出料口排出，其余部分则同第一层筛上物合并由出料口排出。轻杂质和灰尘等从吸风管吸出。

（3）主要工作部件：TFQX型重力分级去石机主要工作部件有进料装置、吸风装置、筛体、筛体支承装置和传动装置等，其进料装置的结构形式与TQSX型比重去石机基本相同。

①吸风装置：吸风装置由吸风管、挠性连接件、吸风罩、吸风室和反吹风调节装置等部件组成。吸风管和吸风罩之间用挠性软管连接。吸风管内设有蝶阀控制风门，用于调节该机的总风量；吸风室由8块隔板隔成9个小吸风道，每个吸风道均设有插板式风门，并由调节螺杆直接控制开启大小，这种结构能有效地保证整个筛面的气流均匀。一般空车时机内的负压为650~900Pa，吸风室上设有观察窗、操作门，开关方便，便于吸风室和筛面清理维修，也有利于观察筛面上物料

的运行情况。在去石筛面的出石端设有反吹风调节装置，其调节方法同TQSX型。在工艺配置中该机要求配有单独的吸风系统。

②筛体：筛体由上、下两层筛格和分料装置组成，上层筛面用于分选，下层筛面用于去石。上层筛面采用的是冲孔筛板，由等宽段和收缩段组成，等宽段的孔形为3.4mm的等边三角形，呈交错排列。收缩段为直径8mm和11mm的圆孔，呈交错排列。其中收缩段的长度可以随产量的大小来调节。两层筛格之间设有分料装置，调节分料装置由四个分料板组成，分料板面一致，调节时刻参考手柄的位置。如果需要增大重质料的比例，可将分料板调至垂直位置，一般通过调节可获得70%~80%的重质料，20%~30%的轻质料。

③筛体支承装置：筛体采用弹性支承，在出料端用中空橡胶弹簧支承，在出石端采用左右螺纹长度可调的撑杆支承，撑杆铰接处采用橡胶轴承，用以吸振并实现撑杆的摆动，在撑杆上设有刻度尺，可以在调节筛体倾角时做参考用。筛面倾角的调节范围为5°~9°，正常生产时筛面倾角为7°~8°。

④传动装置：采用振动电动机传动，当筛面的宽度小于660mm时采用单振动电动机传动，电动机的固定结构与TQSX型相一致，大于660mm时采用双振动电动机传动，电动机与筛体主轴的连接方法与TQSF型相一致。

TFQX型重力分级去石机与TQSF型在结构上的最大区别是吸风室被分成了若干个小风室，这样调节起来容易使得整个筛面的气流均匀，而且在筛体支承装置中采用了中空橡胶弹簧代替螺旋压簧，使结构更加简单，但该机的操作较TQSF型复杂，对操作工人的素质要求较高。

（4）技术参数：TFQX型重力分级去石机的主要技术参数见表2-3-6。

表2-3-6　TFQX型重力分级去石机的主要技术参数

型号\项目	TFQX66	TFQX120
产量（t/h）	4~10	12~22
振动频率（r/min）	930	930
振幅（mm）	4~5	4~5
筛面倾角	7°~8°	4°~5°
第一筛面尺寸（mm）	660×1690	
第二筛面尺寸（mm）	660×1258	

续表

型号 项目	TFQX66	TFQX120
吸风量（m³/h）	5100	9000
配备动力（kW）	0.35	0.35×2
机重（kg）	530	755

3.TQFX 型循环风比重分级去石机

（1）结构组成：循环风比重分级去石机的结构与重力分级去石机相似，在重力分级去石机的基础上增加了风机、惯性卸料器、关风器和空气循环风道。

（2）工作原理：如图2-3-14所示，TQFX型循环风比重分级去石机工作时，物料由进料口经进料装置均匀地进入筛面，上层筛面为分级筛面，下层筛面为去石筛面，气流由下而上穿过两层筛面，使流动状态的物料自动分级。轻质物料浮于上层不与筛面接触，从轻质料出口排出。重质料和砂石沉到下层与筛面接触并穿过筛孔，直接落到去石筛面去石，去石后的重质料由出料口排出，石子由出石口排出。

循环风比重分级去石机的最大特点是空气可以循环使用。自带风网，不必为其专门配置风网，减少了设备投资，降低了建厂成本。

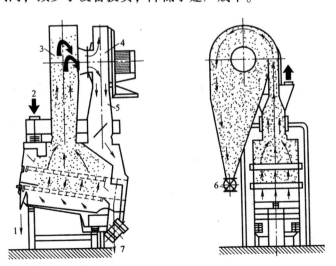

图 2-3-14　TQFX 型循环风比重分级去石机工作原理示意图

1.出石口　2.进料口　3.除尘器　4.风机　5.空气循环系统　6.关风器　7.物料出口

（3）TQFX型循环风比重分级去石机对循环系统的要求：

①风机提供的风量应能满足谷物分级和去石的需要，风机提供的压力应能克服空气循环流动过程的压力损失。

②惯性卸料器应保持一定的分离效果，至少应保证纤维杂质的分离排出，否则纤维杂质将随循环空气进入去石筛面的底部，堵塞筛面使分级去石不能进行。如果惯性卸料器不能保证分离出全部纤维杂质，则应考虑设置二级分离或筛面清理机构。

③空气循环系统中，接近风机进口部位压力一般为负值，而风机出口部位压力为正值，为消除含尘空气的泄出而污染车间空气，应考虑对正压部位进行吸风，以消除正压，防止粉尘外溢。

（4）技术参数：TQFX型循环风比重分级去石机的主要技术参数见表2-3-7。

表2-3-7 TQFX型循环风比重分级去石机的主要技术参数

型号	产量（t/h）	动力（kW）			筛面宽度（mm）	外形尺寸（mm）（长×宽×高）	机重（kg）
		风机	去石机	关风器			
TQFX-50	4~6	2.2	0.25×2	0.25	500	1450×1320×2820	670
TQFX-65	5~7	4	0.25×2	0.25	650	1450×1480×2820	720
TQFX-80	7~9	5.5	0.25×2	0.25	800	1450×1620×2820	780
TQFX-100	9~12	7.5	0.25×2	0.25	1000	1450×1820×2880	860
TQFX-125	12~18	11	0.37×2	0.37	1250	1450×2080×2880	1190

4.MTSD型去石机

（1）结构组成：MTSD型去石机主要由进料装置、吸风装置、筛体、筛体支承装置、传动装置和机架等组成，如图2-3-15所示。

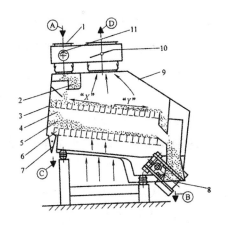
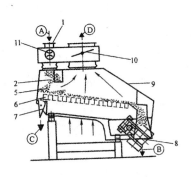

图2-3-15 MTSD型去石机结构示意图

1.进料口 2.喂料装置 3.预分级筛面 4.出口 5.最终分离区
6.去石板 7.出石口 8.出料口 9.吸风罩 10.节流阀 11.压力表

（2）工作原理：如图2-3-15所示，MTSD型去石机工作时，物料首先进入进料口，通过喂料装置均匀分布到预分级筛面上。由于物料与杂质的比重和悬浮速度不同，在振动和自下而上气流的综合作用下，物料流在预分级筛面上按比重分层：上层为轻质物料，沿"Y"方向运动，流向谷物出料口；下层分布的重质物料及石子，沿"X"方向流动，并通过出口流到去石板上面。在去石板上物料继续按比重分层：上层较轻的物料仍沿"Y"方向流至谷物出料口；下层重质物料及石子向出石口方向运动，石子从出石口排出，重质物料则在最终分离区受到反吹气流作用，返回去石板面并随去石板上的谷物一起流向谷物出料口。对于单层机器MTSD-65/120E，物料从供料装置直接进入最终分离区，物料在去石板上按比重分层，上层物料流向谷物出料口排出，石子在去石板上被输送至出石口。空气流量通过节流阀调节，应使物料呈略微"沸腾"，即半悬浮状态，分离效果好。吸风罩中的负压可以通过压力表检查得到。

（3）主要工作部件：MTSD型去石机的主要工作部件有进料装置、筛体、传动装置等。

①进料装置：进料装置由进料管、套环和喂料装置等部件组成，在进料口接管与进料管上装有套环，进料口接管上安装了一个离心锥，可根据进料分布情况旋转锥体，实现物料流均匀分布，此操作可在去石机运行期间进行。喂料装置连接于筛体内，随筛箱一起振动，促使物料沿整个机器宽度均匀分散，其中淌料板

主要起缓冲作用，以减少物料对预分级筛面的冲击及磨损。MTSD-120/120去石机设有可调节的分料板，当旋转调节锥体后，物料仍达不到满意的分布情况时，应停机调节改变分料板位置，直至物料均匀分布于预分级筛面。

②筛体：MTSD型去石机筛体由钢板焊接而成，内装上、下两层抽屉式筛格，上层为预分筛，主要起分级作用，下层为去石板，完成去石作用。筛格依靠压紧螺栓固定于筛体。上、下两层筛面均由弯曲钢丝编制而成，横向钢丝（即垂直于物料输送方向）为大波浪形，粗糙的筛网表面有助于物料产生自动分级，筛面下设有匀风格和匀风板，与木制筛框及筛面一起组成筛格，匀风板由钢板冲孔制成，安装时孔口锥形侧必须朝外，否则气流穿过时会产生较大的呼啸声。筛面清理采用方形橡胶块。去石板上方前端设有石子最终分离装置，通过调节滑阀来调节该装置与去石板之间的间隙，以改变反吹气流大小，使出石口仅有石子和零星谷粒排出。整个筛体由橡胶弹簧支承在机架上。筛面倾角可以通过安装在机架前端的调节装置实现5°~9°的调节，一般筛面倾角为6.5°~8°。筛体侧面安装有振动指示牌，筛体的振幅、抛角均可以在指示牌上读取和测量。

③传动装置：采用振动电动机驱动，当筛面宽度为650mm时采用单振动电动机传动，大于650mm时采用双振动电动机传动，振动电动机的安装倾角出厂时已准确校准，其端面与水平方向夹角为43°。振动电动机的驱动原理及安装同前所述。

MTSD型去石机的应用领域广泛，除了对小麦、稻谷、黑麦和玉米等进行清理去石外，还可以用于燕麦、荞麦、大麦、饲料小麦和小米的加工，能够高效分离出物料中的石子、石块、玻璃以及其他高密度杂质，有效降低杂质异物对下道生产工序设备的磨损。

（4）技术参数：MTSD型去石机的主要技术参数见表2-3-8。

表 2-3-8　MTSD型去石机的主要技术参数

型号	产量 (t/h)	动力配备 (kW)	所需风量 (m³/min)	筛面宽度 (mm)	外形尺寸（mm） （长×宽×高）	机重 (kg)
MTSD65/120E	0~6	0.3	70	650	1600×1000×1545	310
MTSD65/120	6~12	0.3	70	650	1600×1000×1805	400
MTSD120/120	12~22	0.3×2	130	1200	1600×1540×1805	600

5.重力分级去石机的使用

（1）操作维护：重力分级去石机与比重去石机的工作原理是一致的，因而在操作使用上有很多相同点，但因结构的差别，操作使用中还需注意以下几点：

①筛体振幅的调整。一般设备出厂时振幅调到3.5~5mm，使用过程中行程不能超过5.5mm，以免损坏设备。

在重力分级去石机的前后两侧各装配有一个振动指示盘，盘上刻有厘米刻度线（粗实线）、行程线、调节线（点画线）和振动角刻度，如图2-3-16所示。当设备运转时可以通过指示盘了解到设备的振动参数。当筛体振动方向与调节线一致，即调节线上的小圆圈在同一条直线时（如不在同一直线上，应旋开振动指示盘上的固定螺钉旋转指示盘调节至一条直线为止），这时厘米刻度线与行程刻度线交叉，出现可见阴影，其交点所对应的厘米刻度即为振幅值。四个振动指示盘上所显示的振幅误差不得超过0.5mm，如果超过则需调整。

如果行程超过5mm或小于3.5mm，必须及时校正，校正的方法是改变固定在振动电动机两端的偏重块的位置，如图2-3-17所示。当两偏重块夹角θ变小时，行程增大，反之行程减小。调整偏重块位置时应特别注意，振动电动机两端的偏重块位置及相位角要完全一致，两振动电动机的调整也要完全一致。

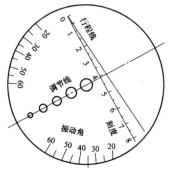

图 2-3-16　振动参数调节盘示意图

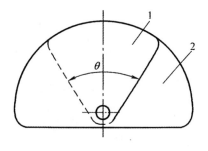

图 2-3-17　振动电动机偏重块的调节示意图
1.偏重块　2.偏重块

②筛体振动角的调整。在设备运转时，指示盘的调节线上的小圆圈位于同一直线时，这时指示盘上20°~60°的刻度线之间任意一个数值对准筛体上的垂直刻度线，此值即为振动角的读数。

设备出厂时已将振动角调到35°~45°，如要改变振动角需停车进行。首先松开固定振动电动机的四个螺栓，向上转动，振动角变小；向下转动，振动角变大。

筛体两侧的四个振动指示盘上显示的振动角度数差不得超过5°，如果超过仍需调整。

③筛面倾角的调节。筛面倾角的调节可以在运转中进行，只需旋转出左端的螺旋撑杆，即可改变筛面的倾角。

④开机前必须进行全面检查。如各连接部位的螺栓是否拧紧，检查进料箱压力门、吸风管中的风门的开启是否灵活，反吹风导风板的调节是否灵活，振动电动机的运转情况等，如一切正常就可以开机了。

⑤开机时应先关好风门，待风机运转后再慢慢打开风门，同时启动振动电动机，开始进料。进料时调节进料压力门和风门，使物料铺满去石筛面，并使去石筛面的物料呈"沸腾"状态运动。

⑥停车时应先停止进料，再停电动机，最后关闭风机，要防止筛面上物料积存过多而引起筛面的堵塞。

（2）常见故障及原因分析：重力分级去石机的常见故障原因分析见表2-3-9。

表 2-3-9　重力分级去石机的常见故障原因分析

故障现象	故障原因分析
重质料中含石多	进机物料含杂过多
	筛面磨损或筛孔堵塞
	风量过大，料层被吹穿
	风量过小，料层不"沸腾"
	去石筛面料层过厚
轻质料中含石多	轻质料的比例过大，超过范围
	吸风量过小，物料悬浮不起来
	料层太厚
石中含粮过多	反吹风导风板调节不当
	风量过小，反吹风气流速度小，未形成集石区
	筛体密封不严，有漏风
	去石筛板倾角过小
筛体振动混乱	安装基础刚度不够或地脚螺栓松动
	电动机锁紧螺母松动或摆动机构中连接有松动
	螺旋压簧或中空橡胶弹簧损坏
	两振动电动机转速有差异，偏重块重量不同，偏重块或轴承有松动

四、影响比重分选设备工艺效果的因素

（一）原料

原料水分、粒度、均匀性、含杂的种类和数量等是影响比重分选设备工艺效果的主要因素，如果进机物料中含大杂，会影响进料机构的正常喂料，使料层厚度不一。如果物料中含小杂，筛孔则容易堵塞，破坏物料的自动分级，使分离效率下降。

（二）筛面倾角

筛面倾角与物料的流动速度有关。其他运动参数一定时，增大倾角，比重小的物料容易下滑，而比重大的物料上行的阻力增大。减小倾角，物料在筛面上向下流动的速度也减小，影响设备产量，而且不利于确保重质物料的纯度。

（三）振幅与振动频率

振幅与振动频率都是影响物料在工作面上运动速度的重要因素。振幅大、频率高，物料运动速度快，自动分级作用强，有利于分离效率及设备产量的提高。但振幅过大，频率过高，工作面振动剧烈，物料易产生跳动，破坏物料的自动分级，因而降低分离效率。反之，物料在筛面上运动缓慢，料层加厚，也不利于物料的自动分级，不仅影响分离效率，而且影响设备的产量。

（四）流量

物料在筛面上应具有一定的料层厚度。料层太薄，不易产生良好的自动分级，且易被气流吹穿，使气流在筛面上分布不均，降低分离效率。料层太厚，气流阻力增加，物料分级不充分，比重大的物料与筛面接触机会减少，同样降低分离效率。

（五）气流速度

一般情况下，气流穿过筛面的平均风速为1.2~1.3m/s。气流速度过小，会降低气流对物料的作用力，物料在筛面上不易形成悬浮或半悬浮状态，物料自动分级差，降低分离效率。气流速度过大，去石工作面上料层易被吹穿，气流分布不均，破坏物料自动分级，同样使分离效率降低。

第四节　精选法

　　谷物清理除杂过程中，利用谷物和杂质在粒形和粒度上的差异，通过开有袋孔的、旋转的圆盘（碟片）或圆筒，由袋孔带走球状或短圆小粒杂质，使之分离，从而达到清理目的方法叫做精选法。

一、精选工作面

　　精选工作面是精选设备的主要工作部件，精选工作面上有许多一定形状的袋孔，当工作面与物料间产生相对运动时，利用工作面上的袋孔提取谷物中的短粒。常用的精选工作面有碟片和滚筒两种结构形式。

(一) 碟片精选面

1.结构组成

　　碟片是碟片机的主要工作部件，为一圆环形铸铁盘，采用耐磨铸铁精密铸造而成，如图2-4-1所示。

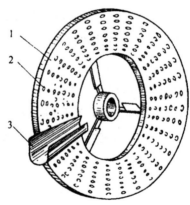

图 2-4-1　碟片及其工作原理

1.碟片　2.袋孔　3.收集槽

2.工作原理

　　在碟片的两端面分布有许多凹孔，称之为袋孔。工作时，碟片沿水平轴线做旋转运动，由于碟片下半部分埋在粮堆中，通过粮粒与碟片的反复接触，可使粮堆中短粒物料嵌入袋孔，随碟片转到一定高度后，由于袋孔的工作位置发生变化，短粒物料受自身重力的作用便从袋孔中倒出，落入收集槽中。而粮堆中的长粒物料则因长度大于袋孔深度，虽有可能嵌入袋孔，但其重心仍然在袋孔外面，还未随碟片转到一定高度就从袋孔中滑出，回到长粒群体中去。根据此原理而达到把短粒物料与长粒物料分离的目的。

（二）滚筒精选面

1.结构组成

滚筒是滚筒精选机的主要工作部件，由厚2~2.5mm的薄钢板在其内表面压制许多袋孔后卷制而成，表面经强化处理。如图2-4-2所示，滚筒内设有短粒收集槽。

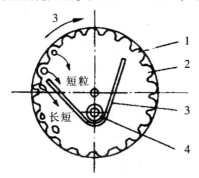

图 2-4-2　滚筒及其工作原理

1.滚筒　2.袋孔　3.收集槽　4.输送螺旋

2.工作原理

工作时滚筒沿自身轴线做旋转运动。物料从滚筒的一端进入滚筒后，随滚筒一起旋转。粮粒与滚筒内表面接触，粮堆中的短粒物料嵌入袋孔，随滚筒转到一定高度后，由于袋孔的工作位置发生变化，短粒物料受自身重力的作用脱离袋孔，落入收集槽中。而粮堆中的长粒物料则因与滚筒内表面的摩擦力的作用，虽也上升一定高度，但其高度总是低于短粒物料的提升高度，长粒物料仍然回落到滚筒内，在进料的压力下和滚筒本身倾斜的作用下，长粒物料从滚筒的另一端排出，达到把短粒物料与长粒物料分离的目的。

二、精选设备

精选法所用设备主要有碟片精选机、滚筒精选机、碟片滚筒组合精选机等。它们主要用于小麦中荞籽的清除，也用于大米加工中的碎米精选。

小麦处理流程中，精选机作业一般安排在去石机之后、打麦机之前。由于这时小麦中的杂质及砂石已基本去除，可减少对袋孔的堵塞和磨损，且由于未经大麦机处理，碎麦较少，精选效果较好。在碾米工艺流程中，精选机多用于成品整理中的白米分选和碎米分离。

（一）碟片精选机

碟片精选机按其作用不同可以分为荞籽碟片精选机、大麦碟片精选机和荞籽、大麦碟片精选组合机三种。

1.结构组成

如图2-4-3所示为荞籽碟片精选机的结构。它主要由机壳、进料装置、装在主轴上的碟片组、螺旋输送绞龙和传动机构等组成。碟片在同一主轴上安装成两组，一组为主要工作部分，另一部分为检查部分，两组碟片用带孔的隔板分开。主要工作部分碟片较多，袋孔尺寸较大。检查部分碟片数较少，袋孔尺寸略小，主要用来检查已分离出来的荞籽中混有的小麦。碟片的轮辐上装有叶片，相当于输送绞龙，其作用是将机内小麦推向出口，叶片的数量和斜度可根据精选程度和产量要求来调节。检查部分由于流量较少且要求推进速度慢，所以碟片上的叶片为单片，靠近主要工作部分和最尾端的一个叶片，因输送物料方向不同而反向安装。主轴的另一端安装有链传动装置，通过链传动再带动绞龙转动。在机器底部装有活门，用来人工清理机内底部集尘。

工作时，物料从进口流入机内，其流量可通过闸板控制。当小麦在机内堆积到一定深度后，由碟片上的叶片将其推向小麦出口，被袋孔分离出来的荞籽先落到收集槽上，经小活门落入荞籽出口。若某一碟片分离出的荞籽中含有小麦，可转动相应位置上的小活门，使其落入绞龙，送到检查部分再进行分离。检查部分清理出来的荞籽，视含麦情况或送到荞籽出口或送入绞龙，小麦则经隔板上的孔

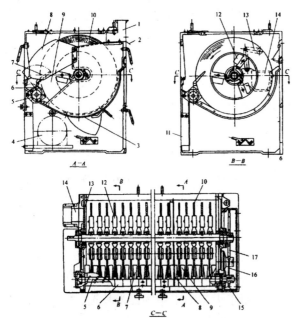

图 2-4-3 荞籽碟片精选机的结构

1.进料口 2.闸板 3.活门 4.电动机 5.输送螺旋 6.小活门
7.收集槽 8.隔板 9.孔 10.碟片 11.荞籽出口 12.叶片
13.出口调节装置 14.小麦出口 15.小链轮 16.链条 17.大链轮

重新返回到主要工作部分。

大麦碟片精选机是用来分离小麦中的大麦和燕麦的，一般由一组碟片组成，不设检查部分。其结构与荞籽碟片精选机基本相同，只是碟片上袋孔有区别，如图2-4-4所示。大麦碟片精选机的袋孔尺寸比小麦长，但比大麦短，所以袋孔选出来的是小麦［图2-4-4 (a)］；而荞籽碟片精选机的袋孔尺寸则比荞籽长，比小麦短，所以袋孔选出来的短粒是荞籽［图2-4-4 (b)］。

荞籽、大麦碟片精选组合机的结构与荞籽碟片精选机基本相同，主要用来分离小麦中的荞籽和大麦。它在同一主轴上安装两组碟片，一组用来分离大麦（燕麦），另一组用来分离荞籽，无检查部分。

(a)   (b)

图 2-4-4 袋孔形式的区别

2.工作原理

碟片精选机主要依靠碟片两面的袋孔提取短粒，借助袋孔有利的形状，配合适当的碟片转速，使短粒嵌入并将其带到一定高度后抛向收集槽，而长粒则留在袋孔外机筒内，从而使长短粒得以分离。

3.技术参数

碟片精选机的主要技术参数见表2-4-1。

表 2-4-1 碟片精选机的主要技术参数

碟片直径（mm）		380		630		
碟片数量（片）		15	22	17	23	27
除荞产量	（t/h）	0.6	1.1	2.75	3.8	4.6
	kg/（片·h）	40	50	142	165	170
除大麦产量	（t/h）	1.25	1.9	4.1	6.5	8.25
	kg/（片·h）	83	86	240	280	305
转速（r/min）		55.5	55.5	57	57	57
功率（kW）		0.6	0.8	1.5	2.2	2.2

(二) 滚筒精选机

滚筒精选机按作用不同可分为荞籽滚筒精选机、大麦滚筒精选机和分级滚筒精选机，若按滚筒旋转速度又有快速和慢速之分。它们的结构基本相同。

1.结构组成

滚筒精选机主要由滚筒、短粒收集槽、调节装置、输送螺旋、搅动器和传动机构等组成，如图2-4-5所示。

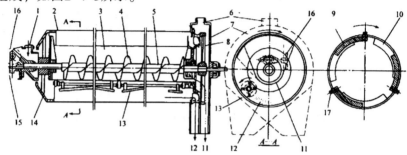

图 2-4-5　滚筒精选机的结构

1.进料口　2.滚筒　3.收集槽　4.输送螺旋　5.主轴　6.吸风口

7.卸料端护罩　8.端盖接头　9.可调挡板　10.固定挡板　11.短粒出口

12.长粒出口　13.搅动器　14.端盖接头　15.指示盘　16.手轮　17.螺钉

如图2-4-6所示为滚筒组合精选机，它有三层滚筒，每层滚筒的袋孔形状和尺寸不同，功能也不同：上层滚筒将物料按大小初步分级；中层是圆形谷粒分选滚筒；下层滚筒有两个，左边一个用来分选长粒谷物，右边一个用来将圆形谷粒再分级。主要产品从中层滚筒和下层左边滚筒中分离出来。根据物料含杂情况，调整其收集槽与滚筒的相对位置，即可达到理想效果。

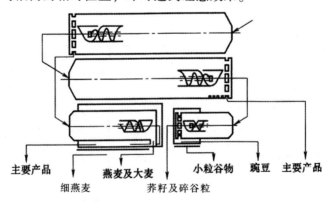

主要产品　　　燕麦及大麦　　　小粒谷物　豌豆　主要产品

细燕麦　　　荞籽及碎谷粒

图 2-4-6　滚筒组合精选机

2.工作原理

滚筒精选机工作时，物料由进料口送入滚筒，在滚筒转动过程中短粒不断嵌入袋孔，被带到一定高度后在自身重力作用下落入收集槽，由输送螺旋送至短粒出口；长粒物料位于滚筒底部，依靠搅动器或滚筒本身的倾斜送至长粒出口。根据产量需要还可将多个滚筒并联安装在一起使用。

滚筒精选机是利用袋孔将物料按长度不同分选的。袋孔提取短粒送入收集槽，长粒则留在孔外，从而使长短粒得以分离。

3.技术参数

滚筒精选机的主要技术参数见表2-4-2。

表 2-4-2　FJXG 系列滚筒精选机的主要技术参数

型号		FJXG·60	FJXG·60×2	FJXG·60×2	FJXG·71×2
产量（t/h）	除荞籽	2~2.5	4~5	6~8	8~10
	除大麦	1.5~2	3~4	4.5~7	6~7
转速（r/min）		45~55	45~55	40~50	40~50
功率（kW）		1.1	2.2	3	4
风量（m³/h）		500	800	1000	900
设备阻力（Pa）		200	200	200	200

（三）碟片滚筒组合精选机

碟片滚筒组合精选机是集碟片精选机和滚筒精选机于一体的精选设备。它综合了二者的优点，能够缩短工艺流程，充分发挥设备的效能，提高了分选精度和设备的产量。

1.结构组成

如图2-4-7所示，碟片滚筒组合机主要由上部同轴安装的两组碟片和下部平行并列的两个滚筒及传动、输送机构等组成。物料从设备进料口进入A组碟片，由A组碟片将物料分为两部分：一部分是中、短粒小麦和荞籽，另一部分是长粒小麦、大麦和燕麦的混合物。前者进入B组碟片处理，后者进入滚筒C。B组碟片选出物是荞籽和短粒小麦，再进入滚筒D处理，留下物是干净的中粒小麦，即该机主流。滚筒C选出物是长粒小麦，留下物是大麦和燕麦。滚筒D的选出物是荞籽和小杂质等，留下物是短粒小麦。

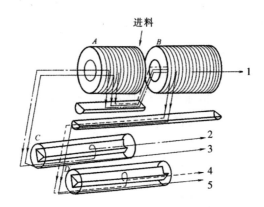

图 2-4-7　碟片滚筒组合精选机的工作示意图

1.中粒小麦　2.长粒小麦　3.大麦或燕麦　4.荞籽等短粒杂质　5.短粒小麦

2.技术参数

碟片滚筒组合精选机的主要技术参数见表2-4-3。

表 2-4-3　碟片滚筒组合精选机的主要技术参数

项目	型号	FJXZ-63-YQ
产量（t/h）		8~10
碟片规格	A 组	直径 630mm，孔径 8mmA 型 5 片，孔径 8mmB 型 10 片
	B 组	直径 630mm，孔径 12mmA 型 12 片，孔径 5.5mmB 型 6 片
滚筒规格		直径 500mm，长 2284mm
碟片转速（r/min）		54~56
滚筒转速（r/min）		54~56
风量（m³/h）		900
设备阻力（Pa）		4

三、影响袋孔（碟片、滚筒）精选机工艺效果的因素

(一) 设备

袋孔的形式、大小和完好程度，对精选效果有很大影响。如选用袋孔不当，则产量和工艺效果都会降低。单位工作面积袋孔的多少，对工艺也有影响。袋孔多，短粒进入袋孔的机会多，有利于提高分选效果。袋孔磨损后，装进去的物料容易滑

落，影响分选效果，甚至完全不起作用，所以在生产中应该及时检查并予以更换。

（二）原料

原料的整齐度、含杂质的多少及其性质对精选效果影响最大。如果进机小麦的籽粒不均匀，或长短粒杂质的分布曲线重叠区过大，就不易分离清楚。如含泥沙等细小杂质甚多，落入袋孔内就会减少短粒杂质进入袋孔的机会，降低精选效果。同时，砂石也容易磨损袋孔，减少碟片或滚筒的使用寿命。

（三）流量

袋孔精选机的产量和精选要求主要依靠流量来控制。流量过大，不仅短粒进入袋孔的机会减少，分离不清，而且由于料层表面增高，长粒容易混入短粒中。流量过小，对碟片精选机来说，因料层表面过低，短粒分离受影响，工作表面得不到充分利用，产量下降。

四、精选机的使用

（一）开机前的准备

（1）检查进入精选机的原料质量情况。尽量减少进机物料中砂石、泥块等杂质的含量，以提高精选效率，延长滚筒或碟片的使用寿命。

（2）检查精选机袋孔的形状与尺寸，形状与尺寸的选择要适合所分离杂质的特性。对于滚筒精选机，常用袋孔直径为：分离荞籽用4.25~5mm，分离大麦、燕麦用8~10mm，荞籽检查用3~4mm，大麦、燕麦检查用9~11mm。对于碟片精选机，常用袋孔直径为：分离荞籽用4~6mm，分离大麦、燕麦用8~9mm，荞籽检查段的袋孔尺寸应比工作部分尺寸小。

（3）检查精选机袋孔的完好程度。滚筒精选机袋孔形状应为半球形，当磨损使袋孔形状改变较大时，应予以更换；对于碟片精选机，当碟片上袋孔磨损超过30%时，应予以更换。对袋孔磨损不大的碟片，一般可放在小麦出口处。碟片安装、检修更换时，应保证袋孔尺寸从小麦进口向出口处逐渐加大。

（4）空运转检查。检查整机的运行情况，各个部件运转是否平稳、有无振动等。

（二）作业中的操作和维护

（1）合理控制进机物料流量：流量过大或过小对精选效果及产量都会产生影响。流量过大，短粒进入袋孔的机会减少。对碟片精选机来说，由于料层表面增高，长粒也易混入短粒之中，造成分离不清。流量过小，产量势必降低，同时因料层表面太低，工作表面得不到充分利用，影响短粒分离。一般地，滚筒精选机精选荞籽时，流量控制在750~850kg/(m²·h)；精选大麦和燕麦时，流量控制在550~650kg/(m²·h)；碟片精选机精选荞籽时，流量控制在800~900kg/(m²·h)；精选大麦和燕麦时，流量控制在650~750kg/(m²·h)；机内小麦高度应保持在进口闸板下100~120mm。

（2）合理调整工作转速：对于滚筒精选机，滚筒转速高低影响长粒与短粒从筒壁上开始下滑的位置，两者相位差越大精选效果越好。一般地，快速滚筒精选机转速为40~50r/min，慢速滚筒精选机转速为13~17r/min。对于碟片精选机，碟片转速过高，短粒就不会脱离袋孔，达不到分离的目的，转速过低，产量降低。实际生产中，碟片转速应控制在：精选荞籽时55~57r/min，精选大麦和燕麦时57~60r/min。

（3）定期给各个转动部位注润滑油脂。

(三) 常见故障排除方法

1.滚筒精选机常见故障排除

滚筒精选机常见故障排除方法见表2-4-4。

表 2-4-4　碟片精选机常见故障排除方法

故障现象	故障原因	排除方法
分离出的荞籽中含小麦粒多	袋孔尺寸过大	袋孔直径应根据不同用途，在常用范围内取小值
	滚筒转速过快	滚筒圆周速：快速 0.95~1.4m/s，慢速 0.4~0.5m/s，荞籽含小麦多时，转速应取小值
	收集槽位置过低	调高收集槽位置
精选清除大麦效果差	袋孔尺寸过大	袋孔直径应根据不同用途，在常用范围内取小值
	滚筒转速过快	清除大麦时效果差，应在正常转速范围内取小值
	收集槽位置过高	调低收集槽位置
分离出的大麦中小麦粒多	物料流量过大	适当调低流量
	袋孔堵塞、磨损	加强清理，更换袋孔
	转速过低	应在转速范围内取大值
	收集槽位置太低	根据精选效率指标，调节收集槽位置

2.碟片精选机常见故障排除

碟片精选机常见故障排除方法见表2-4-5。

表2-4-5　碟片精选机常见故障排除方法

故障现象	故障原因	排除方法
清除荞籽效果差	物料流量过大	调整到合理流量
	袋孔堵塞	加强袋孔清理
	袋孔磨损严重	及时更换碟片
	桨叶推进物料速度过快	正确调整桨叶及出料口扇门位置
	物料进机前含杂过多	物料进机前，应经过筛理
	机内积攒杂质泥沙过多	定期排放积尘，一班一次
分离出的荞籽中含小麦粒多	主体部分袋孔尺寸过大,检查段又没有相应缩小	袋孔尺寸：长 4~5.2mm，宽 4~4.5mm,深 2~2.5mm。荞籽中小麦粒多时应取小值
	碟片转速过快	碟片转速范围：70~75r/min，应取小值
	桨叶推进物料速度太慢，使小麦堆积过高，被带入荞籽收集槽中	正确调整桨叶及出料口扇门位置
清除大麦效果差	袋孔尺寸过大	袋孔尺寸：长 8~9mm,宽 8~9mm,深 4~5mm，清除大麦效果差时，尺寸应取小值
	碟片转速过快	降低碟片转速
	桨叶推进物料速度太慢	正确调整桨叶
分离出的大麦中含小麦粒多	物料流量过大	适当调低流量
	袋孔堵塞、磨损严重	加强袋孔清理，及时更换碟片
	桨叶推进物料速度过快	正确调整桨叶及出料口扇门位置
	物料进机前含小杂质过多	物料进机前，应经过筛理
	机内泥沙多	定期排放积尘

第五节　磁选法

磁选法就是利用谷物和杂质在导磁性上的差异，通过磁场构件吸住磁性杂质，而谷物自由通过，从而将磁性杂质从谷物中清理出来的方法。

一、磁选的应用

粮食从收获到加工要经过许多环节，往往会混入铁钉、螺丝、垫圈等各种金属物。这些金属物如不预先清除，随粮食进入高速运转的粮食加工机器中，将会严重损坏机器部件，甚至因碰撞摩擦而发生火花，造成粉尘爆炸事故。

粮食在加工的过程中，由于机械零件的磨损和氧化，也会产生一些金属碎屑和粉末，如不清理而混入粮食加工成品中，会危害人体健康；混入粮食加工副产品中，作为饲料也会对饲养的牲畜造成不利影响。所以，在粮食加工过程中，需要设置磁选工序，清除原粮和成品中的磁性金属杂质，以保证安全生产和粮食产品的质量。

二、磁选的要求

谷物通过磁选，磁性金属杂质的去除率需大于95%。成品物料通过磁选，应达到质量规定指标。国家规定每千克面粉含磁性金属杂质不得超过3mg（磁性金属杂质颗粒的粒径一般不大于200μm）。

三、磁选设备

磁选法所用设备主要有磁选器、永磁筒、永磁滚筒等。其不仅用在谷物清理环节，还用于谷物加工的其他工序中，主要用在重要的、工作压力大和高速运转的设备之前，以及成品打包之前。

（一）平板式磁选器

1.结构组成

平板式磁选器无需动力，体积小。常用的TCXP磁力分选器主要由进料装置、永久磁钢、淌板和罩壳等组成，如图2-5-1所示。

进料装置为重砣式压力门，用来稳定物料流量，使流经磁场的物料层均匀。永久磁钢是用极高磁场强度的材料制成的，与非磁性不锈钢板固定在一起，组成淌板，并与罩壳的底板相连，形成一个平滑的倾斜表面。磁钢淌板架在罩壳内壁的小轴上，可以方便地取出，以便定时清理吸附住的磁性杂质。工作时，物料由进料装置均匀地流过磁钢淌板，混在其中的磁性杂质被磁钢吸住，而谷物和粉料等非磁性物料穿过磁场流出，从而达到清理的目的。

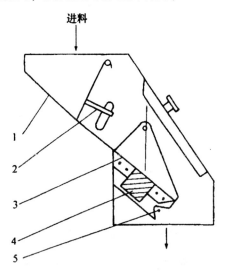

图 2-5-1　平板式磁选器结构示意图

1.罩壳　2.进料装置　3.淌板　4.永久磁钢　5.小轴

2.技术参数

TCXP系列平板式磁选器的主要技术参数见表2-5-1。

表 2-5-1　TCXP 系列平板式磁选器主要技术参数

项目	型号	TCXP30	TCXP40	TCXP50
产量（t/h）	稻谷	10	12	16
	小麦、大麦	10	14	15
	麦粉	8	12	17
工作宽度（mm）		300	400	500
磁体磁感应强度（T）		0.22~0.25		

3.安装和使用

（1）一般安装在原料进场后和成品出厂前及全部高速运转的机器之前。来料溜管在满足自溜条件情况下倾角一般不宜超过下列数值：稻谷40°，小麦35°，麸皮60°，用以控制物料的流速。

（2）在磁选器安装、搬运、使用过程中，不得撞击、敲打、剧烈运动，避免因摩擦造成过热，以免退磁或磁体破碎。

（3）使用前首先调节匀料板上的配重锤，保证物料均匀平稳通过磁场区。

（4）每班至少检查清理磁选器两次，以免磁性杂质积集过多，又被料流冲走。清理出来的金属磁性杂质应放在有盖的专用容器中，避免散落再度混入物料中。

（二）永磁筒

永磁筒是一种体积小、无需动力的磁选设备，使用时可直接接在其他工艺设备的物料进口，也可串联在物料溜管之中。

1.结构组成

永磁筒主要由机筒、圆锥磁体及检查门等组成，如图2-5-2所示。机筒通过上下法兰盘连接在物料输送管道中，构成管道的一部分。磁体由高效磁块装配在一起并和不锈钢锥形罩筒组成。磁体固定在机筒的观察门上，磁体可随活门的开启而转移到机筒外进行清理。为防止已被吸附的磁性杂质又被物料冲走，在磁体上设有挡磁环，物料由进料口流入永磁筒，通过磁体上部的锥面缓流下并散开，从磁体与机筒之间的环形间隙中流过，在磁场的作用下，混杂在物料中的金属磁性杂质被吸附在永磁体表面。

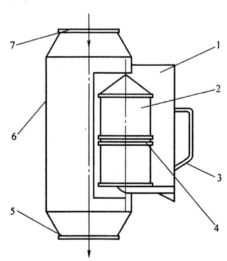

图2-5-2 永磁筒的结构示意图

1.观察门 2.磁体 3.把手 4.挡磁坏 5.法兰盘 6.机筒 7.法兰盘

2.技术参数

永磁筒的主要技术参数见表2-5-2。

表 2-5-2　永磁筒的主要技术参数

型号项目		TCXT16	TCXT19	TCXT22
产量（t/h）	小麦	7	15	30
	麦粉	2	5	10
进口直径（mm）		160	190	220
筒径（mm）		266	310	348
磁体磁感应强度（T）		>0.28		

3.安装和使用

（1）永磁筒一般安装在初清筛之后，以防止大杂质进入设备后导致堵料。

（2）为保证物料在磁体周围流动分布均匀，永磁筒必须垂直安装。机筒上部的法兰盘连接管应有一段直管（不小于500mm），避免物料在环形间隙中跑偏。管道中物料对设备的冲击较大时，设备上方应设缓冲装置。

（3）每月至少检查磁体一次。每班至少清理磁体表面两次，以免磁性杂质堆积过多，被物料冲走。清理出来的金属杂质应置于有盖容器中，避免散落而再度混入粮食之中。

（4）磁块质脆易碎，永磁筒在移动、使用过程中严禁碰磁、振动和倒置。

（5）永久磁体不得直接装于导磁性金属架上或料管中，以免磁力散失影响分离效果。由于磁体磁性极强，所以四周禁止放置电工仪表、手表等易被磁化的物品。

（6）长期停机时，要用5~6mm厚铁片放置在两磁极之间，使磁路闭合，以保证磁性。

（三）永磁滚筒

永磁滚筒是一种具有自排杂能力、除杂效果好（95%）的磁选设备。有自带动力和无动力两种类型。

1.结构组成

永磁滚筒主要由进料机构、旋转滚筒、磁体、传动机构和机壳等组成，如图2-5-3所示。

由锶钙铁氧体永久磁块和铁隔板按照一定的顺序排成170°的扇形磁体，安装在固定轴上。磁体静止不转动，其圆弧表面与旋转滚筒的内表面间隙小于2mm，以减少气隙磁阻。旋转滚筒无磁性，且不被磁化，由非磁性有色金属（青铜、黄铜或不锈钢等）制成。为减轻磨损和延长使用寿命，在旋转滚筒的表面涂以无毒耐磨材料（聚氨酯等）做保护层。

永磁滚筒的喂料机构简单，其为重砣式压力门机构，使物料在料门上适当堆积，展开成薄层，流过同向转动的旋转滚筒的表面，粮食颗粒落入谷物出口。工作时，物料由进料斗均匀地进入机内，物料中的磁性杂质被吸附于滚筒表面上，当滚筒旋转过磁场（扇形磁体影响到170°范围）后，磁性杂质失去磁力的吸引，自动落入磁性金属杂质出口处的收集盒内，从而与粮食物料分离。

自带动力类型的永磁滚筒，电动机通过涡轮蜗杆机构带动旋转滚筒匀速转动。磁体固定不动、滚筒旋转的结构形式，具有转动惯量小、节省动力的特点。无动力类型的永磁滚筒，旋转滚筒在物料带动下慢速转动，实现自动排杂。

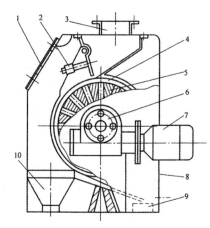

图2-5-3　永磁滚筒结构示意图

1.观察窗　2.重砣　3.进料装置　4.旋转滚筒　5.磁体
6.传动机构　7.电动机　8.机壳　9.收集盒　10.谷物出口

2.技术参数

永磁滚筒的主要技术参数见表2-5-3。

表2-5-3　永磁滚筒的主要技术参数

型号 项目	TCXY25	TCXY50	TCXY180	TCXY-2011	TCXY-2015	TCXY-2025
产量（t/h）	6~6.5	20	50	2~4	6~8	10~15
工作转速（r/min）	38	26	–	–		
配套动力（kW）	0.6	0.6	0.75	–		
磁场分布区	170°			约170°		
滚筒表面磁感强度（T）	≥0.125			0.27		

3.安装和使用

（1）进机物料流速过高时，要在进料溜管中设置缓冲接头，避免物料走单边现象，防止除杂效率下降和下脚含粮增多。缓冲接头直管长度应在300mm以上。

（2）如果下游设备堵塞，会造成永磁滚筒机内堵料，旋转滚筒极易卡死而导致传动机构或电动机损坏，所以需要对电动机做过载保护。

（3）进料前，先空载试运行，机器各部分不得有振动、松动现象。机器开动正常后，根据产量要求，调节压力门，控制料层厚度，并保证物料的流向和滚筒转动方向一致。

（4）涡轮减速器中采用N46HL液压油润滑，油位达到油表的1/2处，注意定期清理与更换。滚动轴承采用4号钙基润滑脂润滑，必须定期更换和清理轴承。

（5）永磁滚筒的表面要定期检查和清扫。定期检查磁体效果，当永磁滚筒表面的磁性强度小于1000Gs（0.1T）时，应重新充磁或更换磁体。充磁时应注意方向性，即一组N向充磁，另一组则应S向充磁。

（6）永久磁体在安装、使用、搬运过程中，严禁撞击、敲打、摩擦和受高温，以免磁性消退。

4.常见故障排除

永磁滚筒常见故障排除方法见表2-5-4。

表 2-5-4　永磁滚筒常见故障排除方法

故障现象	故障原因	排除方法
堵机	进料门调节过大，下料太多	堵料清除后，调小喂料量
	后续设备故障	检修后续设备
	进入大杂质	清除大杂质
吸铁效果差	物料流量太大	调整压力门，减小料流
	原料含金属磁性杂质过多	采用多道磁性
	磁力减退	重新充磁或更换磁体

四、影响磁选设备工艺效果的因素

（一）磁体的性能与材料

目前常用的永磁材料有永磁合金和永磁铁氧体。永磁合金磁性受温度影响较小，结构坚实，但不宜做多极磁系，而且价格较贵。永磁铁氧体受振动影响较小，适用于大平面多极磁系，且价格便宜，但性脆易碎，不宜直接与磁性杂质相接触。常用永磁合金（镍钴磁钢、铝镍钴磁钢等）、永磁铁氧体和锶钙铁氧体等作永磁材料。

（二）物料与磁极面的距离

在开放性磁场中，磁场强度和磁场梯度越大，磁性杂质所受的磁力越大。磁场强度最大的部位在磁极面附近，因此磁性杂质与磁极面的距离越近就越容易被吸住。为使磁性杂质距磁面不致过远，物料在磁面上的流层不宜过厚，当使用永磁滚筒时，料层厚度不宜超过16mm。

（三）物料流过磁面的速度

物料运动速度越快，所需磁力就越大，因此，在磁力吸力一定的条件下，如果物料流过磁面的速度过快，则磁性杂质分离效率降低。因为物料在斜面上的流速与倾斜角度有关，生产中常用控制溜管倾角来控制物料的流速。

（四）磁极面的清理

在磁钢的磁面上，若磁性杂质积集过多，又得不到及时清理，则易被料流带走，重新混入物料中，影响分选效果。因此，应定时清理磁面，每班至少清理两次。清理出来的磁性杂质应妥善处理，避免再度混入物料流中。

第六节　表面清理法

表面清理是利用谷物与其表面（包括沟纹）黏附杂质在结构强度上的差异，通过旋转的机械构件施加一定的机械作用力，破坏杂质结构强度以及杂质与谷物的结合结构强度，从而迫使谷物表面杂质脱离，使之分离，达到清理目的的方法。粮食表面清理主要用于小麦的表面清理、玉米的脱胚以及大米的表面处理。

表面清理在清理流程中一般安排在筛选、去石之后，以免过多的杂质对筛板产生严重磨损。表面清理主要有干法清理和湿法清理两种方法，干法清理主要包括打击与撞击、碾削和擦刷等方法，湿法清理一般采用表面清洗。

一、打击与撞击

（一）基本原理

打击是根据谷物和杂质的强度不同，在具有一定技术特性的工作筛筒内，利用高速旋转的打板对谷物进行打击，使谷物与打板、谷物与筛筒、谷物与谷物之间反复碰撞和摩擦，从而达到谷物表面杂质与谷物分离的目的。

撞击是利用高速旋转的转子对谷物的撞击、谷物与撞击圈之间的撞击以及谷物与谷物之间反复碰撞和摩擦，从而使谷物表面杂质与谷物分离或使谷物破碎。

(二) 打击与撞击的应用

打击与撞击主要用于小麦的表面清理和玉米脱胚。在小麦清理中一般采用两道打麦，如采用湿法清理，也可采用一道打麦。若采用两道打麦，一般在水分调节前轻打，水分调节后重打。这是因为小麦着水前干而硬，质地较脆，重打容易产生过多碎麦、打掉麦胚，影响后续清理设备效果和水分调节。小麦着水后皮层韧性增加，采用重打，有利于表面清理。在每道打麦（撞击）之后应配合筛选和风选，以提高表面清理效率。也可用于制粉部分，起辅助研磨、辅助筛理、松粉和杀虫作用。

(三) 打击与撞击设备

打击与撞击设备主要有打麦机和撞击机。

1.打麦机

(1) FDMW卧式打麦机：

①结构组成：FDMW卧式打麦机主要由出料口、机架、打板、筛体、进料口、转子和传动装置等组成，如图2-6-1所示。

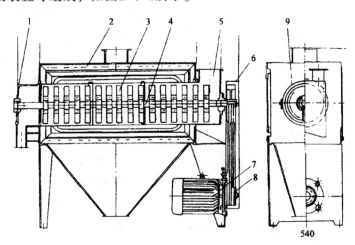

图 2-6-1　FDMW 卧式打麦机结构示意图

1.出料口　2.机架　3.打板　4.主轴　5.进料口　6.皮带轮　7.电动机　8.电动机带轮　9.筛筒

②工作原理：FDMW卧式打麦机工作时，物料进入打板和带筛面的圆筒组成的打麦机工作部件后受到一定速度旋转的金属打板的打击，从而获得了一定的运动速度，产生了一定的运动能量，使物料与筒体、物料与物料之间发生碰撞和摩

擦，从而将麦沟中的泥沙、麦毛等杂质打下，并将强度较弱的病虫粒和泥块打碎。由于物料在机内紧贴筛面沿螺旋线前进，在此过程中打下的杂质由圆筛筒筛出并排出机外，使物料的表面得到处理。同时可杀灭虫害，去除虫卵，减少细菌含量。打击力的强弱除了取决于打板旋转的速度以外，打板的形式、打板与筛筒的间距大小等都是影响因素。

③技术参数：FDMW卧式打麦机主要技术参数见表2-6-1。

表 2-6-1　FDMW 卧式打麦机主要技术参数

型号 项目		FDMW (XL) −32×63	FDMW (XL) −32×63	FDMW (XL) −30×150	FDMW (XL) −40×150
圆筒参数	直径×长度（mm）	320×630	320×1250	320×1500	320×630
	材料	不锈钢丝网和花铁筛	不锈钢丝网和花铁筛	不锈钢丝网	冲孔筛板 $\delta=1.5mm$
	筛孔尺寸	10 目/25.4mm 1.2×1.2	10 目/25.4mm 1.2×1.2	17±1.5×0.9	1.5×14
	面积（m²）	0.63	1.25	1.41	1.9
产量（t/h）		2~2.5	4~5	硬麦 4.5~7 软麦 8~12	8~10
打板轴转速（r/min）		400~1000	400~1000	850~1200	810±20
打板外径线速度（m/s）		6~15	6~15	13~18	17
打板外径与筛筒的间隙（mm）		10~20	10~20		15±2
单位能耗(kW/t)		0.6~0.9	0.6~0.9		≤0.5
配用动力（kW）		3	5.5	9~11	7.5

④FDMW卧式打麦机的使用：

第一，打麦机应安装在坚固的平地上，安装时须先校正水平再拧紧螺母。安装结束后，检查机内有无异物，各连接部位有无松动现象，然后用手慢慢转动带轮，观察转动是否轻松，是否有卡壳现象，是否有异常声响，有异常情况应及时处理。

第二，进行空车试运转，并观察运转情况，应无摩擦声和其他异常声响。确保机内无异物，各连接部位无松动。注意转子的转动方向应与转向标牌一致。

第三，进机物料应进行初清、筛选、去石及磁选处理，要杜绝金属杂质进入机内，以防损伤筛面和打板。停机时，应先将进料门关闭，待机内物料走空后，再切断电源。再次开机时，若机内存有较多的物料，应先将物料排出，否则启动时负荷过大容易烧坏电动机。运转过程中可根据工艺效果适当调节物料的流量，但必须密切注意电流的变化情况。

⑤常见故障及原因分析：FDMW卧式打麦机的常见故障原因分析见表2-6-2。

表2-6-2　FDMW 卧式打麦机的常见故障原因分析

故障现象	故障原因分析
运转中机器噪声增加，有异常声响出现，电流急剧上升	主轴轴承损坏
	有金属杂质进入机内
	机内物料堵塞
运转中机器出现不正常振动	转子不平衡，若打板磨损，需及时更换。更换后应校正
	打板上的螺栓松动或脱落
出灰口出现完整麦粒	筛面磨穿，需要换筛面
	筛框连接处紧固件松动，间隙增大
满载时主轴转速显著降低	传动带打滑，需调整张紧力

（2）MHXT卧式打麦机：MHXT卧式打麦机主要用于谷物加工的第一次处理和第二次处理工段，可对多种谷物进行强力表面处理。MHXT卧式打麦机主要有MHXT-30/60型和MHXT-45/80型两种型号，而每种型号又可分为标准规格、D规格和V规格等三种类型。其中，标准规格机型适用于处理软质小麦、黑麦和普通硬质小麦，D规格机型适用于处理需要强力抛光的硬质小麦，而V规格机型则适用于处理有磨蚀性的物料和含沙物料。

①结构组成：MHXT卧式打麦机主要由转子、抛光罩（又称定子）、出料调节装置、转动装置及机架等组成，如图2-6-2所示。

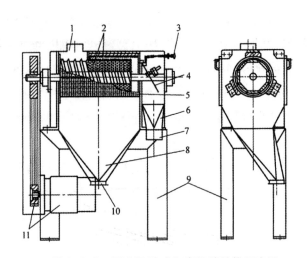

图2-6-2 MHXT卧式打麦机的结构示意图

1.进料口 2.转子 3.加紧装置 4.出料口 5.抛光罩
6.积料斗 7.出料口 8.集杂斗 9.机架 10.出杂口 11.传动装置

②工作原理：MHXT卧式打麦机工作时，物料经进料口从切线方向进入工作机筒，落在带有凸齿和螺旋凸筋的转子上，在转子连续旋转作用下，物料进入转子与抛光罩组成的工作区域并均匀铺开，随着转子的连续旋转运动，麦粒不断被密集的凸牙阻挡、撞击和揉搓，同时被众多螺旋凸筋推进、撞击和揉搓，于是在麦粒与麦粒之间、麦粒与转子及抛光板之间、麦粒与弧形筛板之间产生摩擦打离作用，从而使麦粒的表面得以清理。调节机器出口处的出料调节装置可以控制打麦的强度和产量。工作过程中，打离、打碎及搓掉的杂质及时穿过弧形筛板，经机体下方的集杂斗从出杂口排出机外。经打麦表面处理后的物料由出料口排出。吸风系统可以有两种组合形式：一种是在物料出口处直接连MVSI垂直吸风道；另一种是与循环风选器MVSR组合。

打麦主要通过三个方面的相互作用实现：一是转子凸齿和筛板之间对小麦的相互作用；二是固定的凸齿和转子凸齿之间对小麦的相互作用；三是旋转和固定的凸筋之间对小麦的相互作用。

③技术参数：MHXT卧式打麦机主要技术参数见表2-6-3所示。

表 2-6-3　MHXT 卧式打麦机的主要技术参数

型号	转子直径 (mm)	转子长度 (mm)	电动机功率 (kW)	产量 (t/h)		重量 (kg)		外形尺寸长×宽×高 (mm)
				干物料	湿物料	净重	工作重量	
MHXT-30/60	300	600	5.5	<8	<6	450	530	1210×600×1505
			7.5	8~11	6~8			
			11	11~15	8~11			
			15	–	11~15			
MHXT-45/80	450	800	11	15~22	–	730	830	1480×800×1675
			15	22~30	15~20			
			18.5	–	20~25			
			22	–	25~30			

④MHXT卧式打麦机的性能特点：

第一，打麦效果出色，使产品达到最佳卫生状况。MHXT卧式打麦机可有效清除灰尘、沙粒、泥块等附着于谷物的杂质，为谷物研磨做好理想的准备工作；MHXT卧式打麦机通过减少微生物数量（细菌、真菌等）以及最大限度地减少虫卵或虫子肢体，显著提高了物料的卫生标准；在MHXT卧式打麦机的卸料口处通常配备MVSI吸风道或MVSR循环风选器，能够有效分离脱去的谷壳碎片或粮食表面的污染物。

第二，转子加筛网的设计，使其应用相当广泛。MHXT卧式打麦机不仅可用于小麦的表面处理，装配合适的转子或筛套后，也可成功用于燕麦加工过程中的强力打麦。

第三，加工能力强，所需空间小。MHXT卧式打麦机的设计非常节省空间，能够出色地整合到现有工厂中；MHXT卧式打麦机拥有强大的处理能力，每小时最多可处理30t小麦。

2.撞击机

（1）结构组成：撞击机主要由立式电动机、进料箱、甩盘、撞击圈、锥形筒、散落盘、下料斗、吸风系统等组成，如图2-6-3所示。

立式电动机与主轴直联，甩盘与主轴固定，甩盘由上下两片钢板组成，并由销柱沿上下甩片圆周交错均匀排列固定，销柱的数量由甩盘的直径大小决定，销柱材料为白刚玉（即95瓷），甩盘外固定的是用白口铸铁铸成的撞击圈，撞击圈下部是锥形筒，其上浇有金刚砂，锥形筒与散落盘间形成环形出料通道，通道间隙可调，散落盘与机体间形成吸风通道，可以吸走撞下的轻杂质。

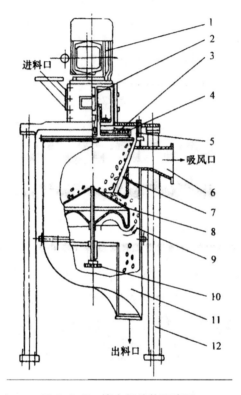

图 2-6-3　撞击机结构示意图

1.电动机　2.主轴　3.甩盘　4.销柱　5.撞击圈　6.吸风口
7.锥形筒　8.散落盘　9.吸风道　10.调节手轮　11.下料斗　12.机架

（2）工作原理：物料进入撞击机后，落在高速旋转的甩盘上，在甩盘离心力的作用下，获得一定的运动能量，使物料与甩盘间的销柱、物料和撞击圈、物料和锥筒、物料和物料之间发生高速碰撞和摩擦，从而将黏附在物料表面、嵌入麦沟中的泥沙及麦毛等杂质撞下，撞下的轻杂质及灰尘由吸风系统吸出，从而达到清理物料的目的。撞击机的工艺效果取决于甩盘的转速、撞击圈上金刚砂的粒度、销柱的耐磨性等。

（3）技术参数：撞击机的主要技术参数见表2-6-4。

表 2-6-4　撞击机的主要技术参数

项目 \ 型号		DMZ-40	DMZ-60	FZJL-43
产量（t/h）		5	10~12	12
直径（mm）		400	600	430
销柱	直径（mm）	16	18	400
	长度（mm）	25	25	25
	数量（只）	56	64	80
主轴转速（r/min）		1430	960	2980
吸风量（m³/h）		1700	2400	2080
配用动力（kW）		3	4	7.5

（4）撞击机的使用：

①撞击机在安装时必须保证甩盘水平。可将水平仪放在机体顶盖上，调整4个撑脚，使顶盖处于水平后，方可固定撑脚螺栓。

②安装时考虑下料斗装拆方便，下料斗处的管接头应做成可拆卸的。

③安装完应检查机内有无异物，各连接部位有无松动现象，有异常情况时应及时处理。

④检查调整以后，必须进行空车试运转，检查有无异声或振动现象，轴承温升是否正常。

⑤在正常生产中，应先开机，后进料，停机时应先停料，后切断电源，以防止在启动和停机时因堵料而烧坏电动机。

⑥在生产中不能有异物（如橡皮球、螺栓、螺母等）进入机内，以防止撞坏耐磨套管或异物卡在甩盘上下片间，引起甩盘不平衡，造成振动，严重影响生产或损坏机器工作部件。

⑦使用一段时间以后，需拆下甩盘，将磨损后的销柱调换一个方向，以延长销柱的使用寿命，但必须注意，甩盘拆装后必须重新进行静平衡校验。

⑧改变电动机的接线方向，使甩盘顺向、逆向两个方向旋转，也可以调整销

柱的磨损情况，但只能调换一次，第二次必须拆下甩盘重新调整。

⑨半年需将轴承清洗换油一次，一年需将电动机拆下清洗换油一次。

3.影响打击与撞击设备工艺效果的因素

（1）麦粒的工艺品质：硬质小麦的硬度高，脆性较大，生产中产生的碎麦较多。软质麦则与之相反。

小麦水分含量高，麦粒强度大，打麦过程中产生的碎麦少；水分含量低，麦粒脆性大，打麦过程中易产生碎麦。

（2）设备的参数配置：设备的转速高，打击作用强，打麦后灰分降低率高，但同时碎麦率也高；设备转速低，与上述情况相反。打板扭转角大，物料被推进的速度快，在机内滞留时间短，受打击作用弱，灰分降低率低，碎麦率低；扭转角小，物料被推进的速度慢，在机内滞留时间长，受打击作用强，灰分降低率高，碎麦率高。

二、碾削清理

碾削清理就是通过碾削作用对小麦表面进行清理，其基本原理是利用小麦表面的灰尘等杂质与小麦的结合强度较低、小麦的皮层有一定韧性，借助旋转的粗糙工作构件和圆筒，使小麦在圆筒内保持一定的密度和压力，通过工作构件对小麦进行碾削和摩擦，使小麦表面的灰尘等杂质和部分皮层被碾去，借助吸风系统吸走碾下的杂质，达到碾削清理的目的。

（一）碾削清理的应用

碾削清理是近年来随着小麦制粉新工艺而出现的一种清理方法。它主要是通过碾削、摩擦作用，使小麦表面和腹沟的灰尘、细菌和麦毛被清除，同时也可碾去部分麦皮。碾削清理对于提高成品质量、降低成品中细菌和农药含量及对于劣质小麦（如霉麦、芽麦等）的利用方面都有很大优势。

通过碾削去除小麦最外部的部分麦皮，其作用：一是可以缩短润麦时间。因为小麦皮层中的珠心层透水性很差，碾去这部分麦皮可以缩短润麦时间，降低润麦仓仓容。二是可以缩短粉路，降低成品面粉的灰分。因为部分麦皮已被碾去，可以减少研磨道数，同时麦皮磨碎混进面粉的可能性也被降低，有利于保证成品质量，降低成品灰分。

碾削清理需要皮层保持一定韧性。实践证明，小麦的皮层吸水后韧性会增强。因此在碾削清理前必须采用喷雾着水的方法给小麦加一定的水分，使小麦部分膨胀，表皮韧性增强，脆性降低，有利于碾削过程中表皮与麦粒分离开。实际生产过程中，喷雾着水量一般控制在进机流量的0.5%~1.0%。

碾削清理工艺为：毛麦→筛选、去石、精选→加水0.5%~1.0%→碾麦→水分调节→净麦入磨。

通过碾麦机的碾削作用，可碾去小麦皮层5%~8%，由于碾去了部分麦皮，使水分调节的时间可缩短至2~4h。但碾削后麦粒的部分胚乳已外露，着水后在润麦仓中易板结，因此采用该工艺时，小麦在润麦仓中不能久留，最好采用动态润麦的方法。

(二) 碾削清理设备

1.碾麦机

碾麦机是一种特殊的小麦表面清理设备，这里介绍的NZ18型组合碾麦机，用于小麦喷雾着水后麦皮碾脱及刷光作业，也可满足其他谷物着水后的脱皮和精加工。

(1) 结构组成：碾麦机主要由进料口、碾脱室、刷麦室等组成，如图2-6-4所示。

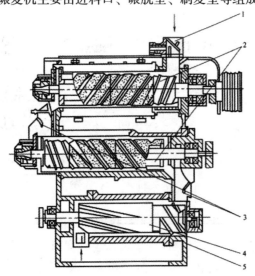

图 2-6-4　碾麦机结构示意图

1.进料口　2.碾脱室　3.分路器压力门　4.刷麦室　5.机架

(2) 工作原理：NZ18型组合碾麦机工作时，小麦由着水机进料口进入，经喷雾着水后，由绞龙旋转推动麦粒翻转前进，进行着水润麦作业，而后经由碾麦脱皮机进料斗进入头碾室，被绞龙送到砂辊与筛片之间，并沿砂辊表面螺旋槽前进，经受金刚砂粒的磨消及小麦"自碾"、"互碾"的摩擦，完成头碾湿态脱皮，然后进入二碾室，以相同的工作原理进行湿态脱皮。最后进入刷麦室进行外表刷光，形成表面洁净光滑的麦粒。

（3）技术参数：NZ18型组合碾麦机的技术参数见表2-6-5。

表 2-6-5　NZ18 型组合碾麦机的技术参数

项目　　　　　　　　　　　　型号		NZ18
产量（t/h）		1500~2000
碾麦辊（mm）		螺-砂直径 195×150-直径 180×615
刷麦辊（mm）		螺-砂直径 195×126-直径 180×624
绞龙（mm）		上直径 200×815，下直径 280×1000
转速（r/min）	绞龙	40
	头碾	1410
	二碾	1810
	刷麦	1000
存气（mm）	径向	10
	轴向进出料端	10
电动机型号、动力配备(kW)、转速(r/min)	着水机	XWD0.75~4,0.75,1470
	碾脱	Y200L2-4,30,1470
	刷麦	Y100L2-4,3,1420
外形尺寸（长×宽×高）（mm）		1960×1300×2090
重量(kg)	着水机	150
	碾脱机	1100

（4）碾麦机的使用：

①碾麦机必须安装在坚固的水泥或地板上，并需要校正水平。

②电动机转动方向必须符合螺旋方向或绞龙输料的规定方向。

③为了维修的需要，在轴线方向，机体带轮一侧必须留有3m的空间，以便大检修时将碾脱辊整体抽出。

④安装时，地脚螺栓留出地面高度180mm，麦粒、麸皮出口均与底座为同一水平面，如设备安装于楼层上，可在楼板上开溜管孔；如安装在地平面上，则需要把整机抬高或挖坑排料，整机就位后应先校准水平，再固定地脚螺栓。

⑤碾麦脱皮机安装后，再把着水机用螺栓固定在其上方，着水机的出料端与

碾麦脱皮机的进料端相对应。

⑥原麦加水量一般为0.6%左右，不得超过1%，否则不符合工艺要求，易发生黏结和堵塞。

⑦开机前，用手转动带轮，检查机内有无异物和不正常声响，如有则应排除后方能开机。开机时，应先开碾麦机，再开着水机。

⑧开机后，待设备空运转正常后，方可进料。压力门的压砣要先挂轻些，然后根据小麦品种和碾脱精度要求再进行调整。在加强碾脱时，注意动力负荷不可超载。

⑨开机后，最先流出的一部分不符合碾脱精度要求的小麦应回机重碾。

⑩停机时，必须先停止进料，等机内没有小麦出来时再停机。最后出来的小麦应下次回机重碾。停机时，应先停着水机，后停碾麦机。

2.加湿光麦机

（1）结构组成：加湿光麦机主要由进料机构、光麦室、出料口及传动机构组成，如图2-6-5所示。

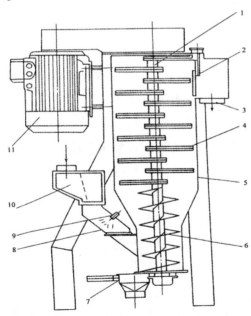

图2-6-5 HYDEC型加湿光麦机结构示意图

1.主轴 2.挡板 3.出料口 4.立式转子 5.工作圆筒

6.喂料螺旋 7.插板 8.淌板 9.喷雾装置 10.进料箱 11.电动机

①进料机构：进料机构设在设备的下方，由进料箱、淌板和喷雾装置组成。

进料箱可以控制流量，帮助物料均匀进入。喷雾装置对物料实行喷雾着水，增加麦皮韧性，便于碾麦。

②光麦室：光麦室由立式转子、喂料螺旋和工作圆筒组成。立式螺旋将底部物料送入工作室。立式转子在工作室内对物料进行搅拌、打击和揉搓，使麦粒之间产生摩擦运动，从而使表皮与麦粒脱开。碾麦室底部装有插板，用于清理机内的残留异物。

③出料口：出料口内设有挡板，可以通过挡板控制机内压力和出机流量，改变光麦效果。

④传动机构：传动机构由电动机、皮带轮和立式主轴组成。电动机通过皮带轮、立式主轴转动，电动机固定在机架上方。

（2）工作原理：加湿光麦机工作时，小麦从进料箱均匀进入，在淌板中流动时由喷雾装置进行着水。着水后的小麦在机身下部螺旋喂料器的作用下进入工作室。进入工作室内的小麦达到一定密度后，在打板的作用下被搅拌和撞击，麦粒之间相互摩擦和揉搓，最后在机内压力的作用下被挤向出料口，从出料口排出。光麦加湿机一般和风选器相连，使打下的麦皮在风选器内被吸走。

小麦经加湿光麦机处理后润麦时间可以减少30%，小麦总细菌减少60%，面粉总细菌下降80%，小麦灰分降低约0.03%。

（三）影响碾削清理设备工艺效果的因素

1.小麦水分

小麦水分过低，会使麦粒和皮层脆性增大，碾麦时容易将小麦碾碎，碾麦效果差，故碾麦前必须进行喷雾着水。一般使麦皮水分控制在13%左右，水分过高，易发生黏结和堵塞。

2.砂辊砂粒粗细

砂辊砂粒过粗，会使小麦表面刮痕较深，碾麦效果不均匀；砂粒过细，碾削作用不强，小麦皮层碾去较少，碾麦效果差。

3.出料口压力

出料口压力过大，会使机内压力过大，小麦在碾麦室内容易被挤碎，碾麦效果差；出料口压力过小，小麦在工作室内揉搓、摩擦作用小，碾麦效果也降低。

三、擦刷

（一）擦刷的基本原理

擦刷设备主要是利用刷毛的擦刷作用清理谷物表面，即通过刷毛与麦粒的接触及相对运动对麦粒表面进行净化处理。刷掉的灰尘和皮屑借助吸风加以分离。

（二）擦刷的应用

擦刷主要用于小麦和豆类的表面清理，也用于擦除白米表面的糠粉。

刷麦是在打击与撞击、清洗、碾削等表面处理基础上，对小麦表面进行进一步清理，其目的是将附着在麦粒表皮和腹沟内的残余杂质刷掉，同时刷掉部分表皮和麦胚等。刷麦所用设备称刷麦机，一般用在光麦清理后段入磨之前，效果最佳。小麦经水分调节后，表皮易脱落，如进入粉间研磨会影响面粉质量。对于生产优质面粉时，刷麦机显得尤为重要。

擦刷用于大米表面处理时称为擦米。经碾米机碾制成的白米，表面黏附有部分糠粉，通过擦米擦除白米表面的糠粉，提高成品的外观色泽，不仅可以提高成品的质量和商品价值，还有利于大米的储藏，提高大米的食用品质。

擦刷设备也可用于小宗谷物、豆类的表面清理，使谷物及豆类表面清洁光亮。

（三）刷麦机

SM型刷麦机是小麦制粉过程中原料清理的主要设备，它用于清除附着在麦粒表皮上及腹沟内的泥灰、麦毛等杂质。SM型刷麦机还可用于碾米厂刷米工序，是精制米的必需设备。

1.结构组成

SM型刷麦机主要有进口、出口、机壳、弧形定刷、动刷、定刷调节螺杆及检查门等组成，如图2-6-6所示。

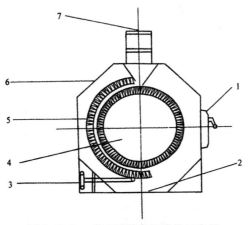

图2-6-6　SM型刷麦机结构示意图

1.检查门　2.出口　3.调节螺杆　4.动刷　5.定刷　6.机壳　7.进口

2.工作原理

SM型刷麦机工作时，小麦或大米由进口进入后，由转动刷把物料带入定刷与动刷之间的间隙，高速（6~8 m/s）刷理后由出口排出。调节杆可调节定刷和动刷间隙以满足刷麦（米）的工艺要求。SM型刷麦机另一种机型，是将定刷改为筛板，此时刷下的灰尘自动排出。定刷为毛刷时，刷下的灰尘和小麦一同由出口排出，需进一步风选。

3.技术参数

SM型刷麦机主要技术参数见表2-6-6所示。

表 2-6-6　SM 型刷麦机主要技术参数

型　号	产量（t/h）	功率（kW）	刷筒尺寸 （直径×长度）　（mm）	转速（r/min）	机重（kg）
SM-75	3~5	2.2	400×750	410	250
SM-100	6~7	3	400×1000	410	360
SM-150	8~10	4	400×1500	410	500

四、表面清洗

表面清洗是利用水的溶解和冲洗作用净化谷物表面的方法。常用的清洗设备一般还有去石功能，它是根据谷物和砂石的比重、大小、形状及在水中的沉降速度不同，分离出石子和有害粮粒。

（一）表面清洗的原理

不同颗粒在水中不仅受重力的作用，而且还受水的浮力和阻力的作用。比重比水大的颗粒在水中下落时，在最初的瞬间，颗粒受重力的作用加速沉降。由于阻力随着速度的增加而迅速增加，重力、浮力和运动阻力经短暂的时间就达到平衡。于是颗粒作等速运动，此时的运动速度称为该颗粒在水中的终点沉降速度。根据沉降速度的不同，将物料分成几种等级的过程称为水力分级。水力分级和风力分级有类似的地方，颗粒在水中的沉降速度其意义相当于颗粒在气流中的悬浮速度，区别在于介质的比重和黏度不同。

影响颗粒沉降速度的因素很多且复杂：颗粒的粒度、比重和表面形状；介质的比重、黏度；小麦腹沟中附着的小气泡，使本身重量减轻，沉降速度减小。此外，颗粒在介质中的分布密度也影响其运动阻力。由于水的比重和黏度比空气大很多，因此颗粒在水中的运动状态较在空气中有显著不同，小麦和杂质在水中表现出来的性质差异比在气流中大。体积相同而比重不同的颗粒，其重量比值在水中和在空气中相差若干倍，因此，单从去石角度看，用水选比风选更为有效。

（二）表面清洗的应用

清洗也称湿法清理，主要用于小麦的清理。常用清洗设备主要有立式洗麦机和去石洗麦机。去石洗麦机具有清洗谷物表面杂质、去石和着水等多种功能，是典型的一机多用型设备，且具有很好的清理效果。其缺点是用水量大、污水需净化处理。

为保证清洗和石子分离效果，入机小麦应先通过筛选。小麦的清洗用在毛麦清理的后段，着水润麦之前。

（三）清洗设备

1.结构组成

典型表面清洗设备是去石洗麦机，主要由进料装置、洗槽、甩干机、传动机构和供水系统组成，如图2-6-7所示。

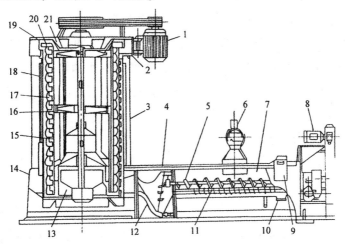

图 2-6-7　去石洗麦机结构示意图

1.电动机　2.顶盖　3.挡水外壳　4.浮运箱　5.小麦输送螺旋　6.进料装置　7.洗槽
8.电动机　9.盛砂盒　10.集砂斗　11.石子输送螺旋　12.小麦喷嘴　13.进风孔
14.机座　15.甩片　16.支架　17.风片　18.筛面圆筒　19.排气孔　20.刮板　21.进风孔

（1）进料装置：进料装置包括进料管和进料箱。进料管下部做成球形，装于进料箱上，进料箱起缓冲减速和分流作用，并可在洗槽上移动以调节洗程长度。

（2）洗槽：洗槽箱体用钢板焊接而成，内装两对输送螺旋（小型洗麦机只装一对）。上面为小麦输送螺旋，叶片直径较大，采用桨叶式。当小麦落入翻转波动的水中还未下沉时，便被小麦输送螺旋送往浮运箱，被水送入甩干机。下面为石子输送螺旋，直径较小，采用满面式叶片，用于将沉降的石子送往集砂斗。小麦输送螺旋与石子输送螺旋的转动方向相反，不在一条直线上布置，如图2-6-8所示，这样有利于分离石子和洗涤小麦。

（3）甩干机：甩干机由机座、筛面圆筒、甩板叶轮、顶盖、立柱和金属外壳组成。筛面圆筒固定不动，下部为横向排列的长形筛孔，上部为竖向排列的鱼鳞筛孔。甩板叶轮由固定于主轴上的支架、垂直安装于支架上的角铁及角铁内外的风叶和甩片组成。甩片从底部到上部呈螺旋形，以便将麦粒从底部成螺旋形向上推送到顶盖附近，由刮板把麦粒从上盖的出料口按切线方向排出。装于角铁内的风叶将空气从顶盖上部和底座下部中间的进风孔吸入，从鱼鳞孔排出，以吹干麦粒和吹穿筛孔。

在甩干机顶盖上安装一主电动机，带动甩干机。在洗槽的出石端安装一小电动机，通过减速箱带动小麦输送螺旋和石子输送螺旋。

（4）供水系统：供水系统由水阀、水泵、喷砂管、集砂斗、喷淋管等部件组成（图2-6-9），主要用于喷运小麦、喷砂、喷淋管供水和消除泡沫供水，作用是保持洗槽内水的清洁，除去漂浮在水面上的轻杂质，排出污水，补充净水，冲洗甩干机的筛板圆筒。

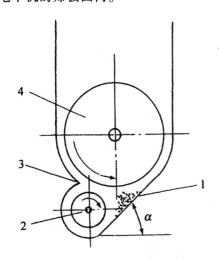

图2-6-8　洗槽内输送螺旋的位置示意图
1.分离区　2.石子输送螺旋
3.尖角　4.小麦输送螺旋

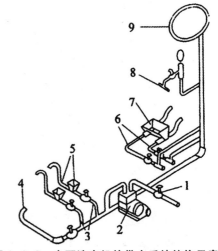

图2-6-9　去石洗麦机的供水系统结构示意图
1.水阀　2.水泵　3.喷砂管　4.进水管　5.集砂斗
6.喷麦管　7.集麦管　8.消除泡沫水管　9.喷淋管

2.工作原理

去石洗麦机工作时，从洗槽进入甩干机底部的小麦，由于甩板的旋转，一方面在离心力的作用下将麦粒抛向筛面圆筒内壁，将附着在麦粒表面的水和细小杂质从鱼鳞孔甩出，另一方面将麦粒从底部呈螺旋形向上推送到顶盖附近，由刮板把麦粒从上盖的出料口按切线方向排出。装于角铁内的风叶，将空气从顶盖上部和底座下部中间的进风孔吸入，从鱼鳞筛孔排出，起吹干麦粒和吹穿筛孔作用。空气最后从顶盖上部的排气孔排出（有的则从挡水板上部百叶窗式的排气孔排出）。分离出来的水可放出机外或送回水箱，经过沉淀后继续使用。

3.技术参数

去石洗麦机主要规格和技术参数见表2-6-7。

表 2-6-7　去石洗麦机主要技术参数

型号		XMS-40×100	XMS-60×130	XMS-70×150	XMS-90×150
产量（t/h）		0.8　　1	2.5　　3	3	6.8
甩干筒	直径（mm）	400	600	700	900
	高度（mm）	1000	1300	1500　1210	1500
	转速（r/min）	650　650　650	550	450	400
小麦输送螺旋	转速（r/min）	240　　200	166　175	170　163	185
	叶片直径（mm）	120	150	152　160	152
功率（kW）	甩干机	1.5　　3	4　5.5	5.5	11
	输送螺旋	0.55　0.6　0.8	0.6　1.5	2.2	2.2
机重（kg）		520　600	1500　1720	2800　1950	2720

第七节　调质处理法

通过水热处理改善谷物加工品质和食用品质的方法称为谷物的调质。

一、调质的基本原理

（一）谷物的吸水性能

谷物的吸水性能是进行谷物调质的基础。由于谷物各组成部分的结构和化学成分不同，其吸水性能也不同。胚部和皮层纤维含量高，结构疏松，吸水速度快且水分含量高；胚乳主要由蛋白质和淀粉粒组成，结构紧密，吸水量小，吸水速度较慢。因此，水分在谷物各组成部分的分布是不均匀的。胚部水分最高，皮层次之，胚乳的水分最低。

蛋白质吸水能力强（吸水量大），吸水速度慢，淀粉粒吸水能力弱（吸水量小），吸水速度快，故蛋白质含量高的谷物具有较高的吸水量和较长的调质时间。调质处理时，应根据谷物的内在品质和水分高低合理选择调质方法和调质时间。

（二）水热导作用

谷物是一种有毛细管的多孔体，在这种毛细管多孔体中，水分的扩散转移总是由水分高的部位向水分低的部位移动。在热力的作用下，水分转移的速度会明显加快，这种水分扩散转移受热力影响的现象，称为水热传导作用。谷物调质就是利用水扩散和热传导作用达到水分转移的目的，水分的渗透速度与温度有着直接的关系，加温调质比室温调质更迅速更有效。

（三）谷物组织结构的变化

调质过程中，皮层首先吸水膨胀，然后糊粉层和胚乳相继吸水膨胀。由于三者吸水先后、吸水量及膨胀系数不同，在三者之间会产生微量位移，从而使三者之间的结合力受到削弱，使胚乳和皮层易于分离。

由于胚乳中蛋白质与淀粉粒吸水能力、吸水速度不同，膨胀程度也不同，引起蛋白质和淀粉颗粒之间产生位移，使胚乳结构变得疏松，脆性提高，便于破碎。

谷物的加工方式对调质时结构的变化要求不一。小麦制粉时要求皮层和胚乳既易于分离，又使胚乳便于破碎；稻谷加工和小麦剥皮则只要求皮层和胚乳易于分离。因此，应根据谷物加工要求选择调质设备和调质时间，使谷物满足不同的加工要求。

二、调质的应用

（一）小麦水分调节

1.小麦水分调节的作用

小麦的水分调节，就是通常所说的对小麦进行着水和润麦处理，即利用水、热作用和一定的润麦时间，使小麦的水分重新调整，改善其物理、生化和加工性能，以便获得更好的工艺效果。

小麦加水后，发生如下物理和生化变化：

（1）皮层吸水后，韧性增加，脆性降低，增加了其抗机械破坏的能力。在研磨过程中利于保持麸片完整，有利于提高面粉质量。

（2）胚乳强度降低。胚乳主要由蛋白质和淀粉组成。着水过程中，蛋白质吸水能力强，吸水速度慢；淀粉粒吸水能力弱，吸水速度快。由于二者吸水能力和吸水速度不同，吸水后膨胀的先后和程度不同，在蛋白质和淀粉颗粒之间产生位移，使胚乳结构疏松，强度降低，易研磨成粉，有利于降低电耗。

（3）麦皮和胚乳易于分离。麦皮、糊粉层和胚乳三者吸水先后不同，吸水量不同，吸水后膨胀系数也不同，使麦皮和胚乳间产生微量位移，利于把胚乳从麦皮上剥刮下来。

（4）使入磨小麦水分适合制粉性能要求，麦堆内部各粒小麦水分均匀分布，且水分在麦粒各部分中有一定的分配。

（5）湿面筋的出率随小麦水分的增加而增加，但湿面筋的品质弱化。

从以上变化结果可以看出，小麦经水分调节后，制粉工艺性能改善，能相应提高出粉率和成品质量，并降低电耗。

2.小麦水分调节的效果

小麦经水分调节后，应达到以下工艺效果：

（1）使入磨小麦有适宜的水分，以适应制粉工艺的要求，保证制粉过程的相对稳定，便于操作管理。这对提高生产效率、出粉率和产品质量都十分重要，要求水分不均匀性在0.2%以内。

（2）保证面粉水分符合国家标准或市场要求。

（3）使入磨小麦有适宜的制粉性能。小麦经水分调节后，皮层韧性增加，胚乳内部结构松散，皮层及糊粉层和胚乳之间的结合力下降，有利于制粉性能的改善。但小麦水分过高，会使制粉过程中在制品流动性下降，造成筛理困难和管道堵塞，影响正常生产。故从改善制粉性能考虑，入磨小麦水分应控制在适宜的范围。

3.小麦水分调节的方法

小麦水分调节分为室温水分调节和加温水分调节。室温水分调节是在室温条件下，加室温水或温水（<40℃）；加温水分调节分为温水调质（46℃）、热水调质（46℃~52℃）。加温水分调节可以缩短润麦时间，对高水分小麦也可进行水分调节，一定程度上还可以改善面粉的食用品质，但所需设备多、费用高。广泛使用的小麦水分调节方法是室温水分调节。

小麦水分调节（着水和润麦）可以一次完成，也可二次、三次完成，一般在经过毛麦清理以后进行。也可采用预着水、喷雾着水的方法。

（1）预着水：为使收购的小麦达到通常小麦的水分含量或在某种工序前需进行的着水（如碾削清理前）。

（2）喷雾着水：在入磨前进行喷雾着水，以补充小麦皮层水分，增加皮层韧性，提高面粉的色泽。喷雾着水的着水量为0.2%~0.5%，润麦时间30min左右。

生产中普遍应用的是一次着水，随着对入磨小麦要求越来越高，二次着水越来越受到重视，特别是在润麦效果较差的寒冷天气。三次着水，一般在加工高硬度小麦（如杜伦小麦）时应用。

4.影响小麦水分调节的因素

（1）加水量：

①影响加水量的因素：原粮的水分和类型。小麦的原始水分有差异，国产小麦水分在12.5%左右，进口小麦的原始水分相对较低。新麦水分较高，陈麦水分较低。小麦的类型分为硬麦和软麦。

制粉工艺上对硬麦和软麦的入磨水分有不同的要求。硬麦吸水量大，需要加入较多的水才能使胚乳充分软化；软麦只需加入较少的水就能使胚乳充分软化，如果加水过多，则会出现剥刮和筛理困难等问题。

小麦粉的水分要求。小麦粉的水分要求有两方面的意义：一是符合小麦粉标准中的水分要求，不能超过，但也不能过低，它直接关系到企业的经济效益；二是要求考虑到小麦粉的安全贮存，特别是高温、潮湿的季节和地区。

加工过程中的水分损耗。小麦胚乳有一定的抗机械破坏力，将胚乳研磨成粉要耗用相应的能量，并损耗相应的水分。小麦制粉过程中影响水分损耗的因素很多，如喷雾着水、制粉工艺（粉路的复杂程度、有无面粉后处理）、研磨的松紧程度、小麦的类型（硬麦还是软麦）、磨辊的新旧、剥刮率和取粉率的大小、气力输送、风量和混合比、小麦粉的粗细度要求等；小麦的入磨水分越高，蒸发量越大；另外气候条件（温度和湿度）对水分损耗也有一定的影响。

小麦粉的加工精度要求。水分较低的小麦制粉时，麦皮易破碎而混入面粉中，粉色差灰分高。而水分较高的小麦制粉时，麦皮破碎少，粉色好而灰分低；同时，加工高等级面粉时一般采用的粉路较长，加工过程中耗水量也大，所以加工质量较高的等级粉与专用粉时，宜采用较高的入磨小麦水分；加工质量较低的小麦粉时，可采用较低的入磨小麦水分。

②加水量的计算：入磨小麦水分和小麦的原始水分一旦确定，可采用下式计算加水量：

$$G_1=G_2\left(\frac{100-W_1}{100-W_2}-1\right)$$

式中：G_1——加水量（kg/h）；

G_2——小麦流量（kg/h）；

W_1——着水前小麦的水分（%）；

W_2——着水后小麦的水分（%）。

（2）润麦时间：着水后的小麦，麦粒与麦粒之间的水分是不均匀的。例如，小麦着水后平均水分为14%，其中绝大多数麦粒的水分为13.5%~14.5%，不仅如此，即使在同一粒小麦中，由于各部分的组成成分不同，水分分布也很不均匀，如图2-7-1所示。因此着水后的小麦，必须在一定的时间条件下，进行水分的重新分配，一方面要使各麦粒之间水分均匀分布，另一方面，还要求水分渗透到皮层和胚乳中，在麦粒内部进行分布，使麦粒发生物理和化学变化，使之达到制粉工艺的要求。使水分重新分配的过程就是润麦。

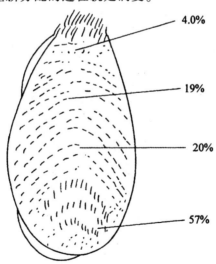

图 2-7-1　麦粒各部分吸水情况

润麦时间主要决定于水分渗入麦粒的速度。影响水分渗入麦粒速度的因素主要有：

①原粮情况：小麦原始水分高，加水量少，水分渗透时间短。当原始水分为

9.6%时，水分平衡要15~18h才能完成；当水分为12%时，完成水分平衡时间则为6~12h。即使在同一水分情况下，水分渗透速度也不同，这主要是小麦胚乳蛋白质含量的不同而造成的。电子扫描技术发现，粉质胚乳结构杂乱无章，显示出混有空气的开放式结构，而玻璃质胚乳结构紧凑，淀粉粒包围着蛋白质分子，使水分不易进入胚乳内部。由此可见，水分向高蛋白质含量的硬质小麦胚乳内部渗透速度慢，向低蛋白质含量的粉质小麦胚乳内部渗透速度快。

②水分渗透的路线：对于结构完好的小麦籽粒而言，水分渗透的主要路线是：水分→胚→内子叶、糊粉层→胚乳。次要路线是水分→麦粒皮层→内果皮→管状细胞层→种皮→珠心层→糊粉层→胚乳。但在小麦加工工艺上，水分渗透的主要路线是：水分→表皮→内果皮→管状细胞层→种皮→珠心层→糊粉层→胚乳。

可见，水分在小麦中的迁移方式和速度，与小麦经受的清理过程（麦皮有无破损）有关。小麦用打麦机清理时，外果皮受到破坏，因此，水分比较容易渗透到外果皮下面去，尤其是麦粒麦毛一端的背部。另外，紧随打麦处理之后，吸收的水分会沿麦粒背部迅速进入邻近麦皮的胚乳之中。打擦过的小麦胚乳这一部分要花5h达到平衡，而未打擦过的小麦要花15h。

润麦前先将小麦压裂或对小麦进行碾削清理，可使水分迅速渗透到小麦籽粒中，可以降低小麦粉灰分含量、改善面筋性质，特别是使水分较低的小麦大大缩短润麦时间，可减少润麦仓仓容。

（3）麦粒的温度：水分在麦粒中的渗透速度，与温度的高低有着密切的联系。不同温度的水，对不同品种、不同质地的小麦，渗透速度也不同。

（4）空气介质：空气介质（主要指车间的温度和湿度）对水分调节有一定的影响。小麦和空气介质不断地进行水分交换，因此水分调节往往受到车间温度和湿度的影响。温度高时，水分渗透快。温度低时，水分渗透慢。湿度大时，小麦的水分蒸发少；湿度小时，小麦表皮水分有部分要蒸发到空气中去。因此，在高温、多雨季节要少加水和减少润麦时间，而在气候干燥、气温较低的情况下，则应多加水并增加润麦时间。

5.最佳入磨水分和实际润麦时间

（1）最佳入磨水分：经过适当润麦后，研磨时耗用功率最少，成品灰分最低，出粉率和产量最高，此时的小麦工艺性能最佳。最佳入磨水分有两个含义：一是麦堆内部各粒小麦水分分布均匀；二是水分在麦粒各部分中有一定的分配比例，皮层水分>胚乳水分>原料小麦水分，一般希望皮层水分和胚乳水分之比为（1.5~2.0）:1。

硬麦的最佳入磨水分：15.5%~17.5%。软麦的最佳入磨水分：14.0%~15.0%。

（2）实际润麦时间：生产中对润麦时间要求比较严格。润麦时间太短，胚乳不能完全松软，胚乳结构不均匀，研磨时轧距不容易调节，会出现研磨不透、筛理困难的现象。润麦时间太长，会导致小麦表皮水分蒸发，使小麦表皮变干，容易破碎，影响制粉性能。

（二）糙米调质

1.糙米调质的作用

糙米是稻谷加工过程中的中间产品，稻谷经清理、脱壳和谷糙分离就得到纯净的糙米。糙米营养丰富，维生素、矿物质的含量比白米高得多。但糙米口感很差，植物酸、粗纤维含量高，消化率低，所以很少直接食用未经处理的糙米。把糙米的皮层碾掉，就得到白米。去皮程度是衡量大米加工精度的主要依据。由于糙米皮层与胚乳结合很紧密，要把糙米所有的皮层都碾掉比较困难，特别是一些水分含量很低、贮藏时间比较长的糙米，达到比较高的加工精度会产生很多的碎米，严重影响加工企业的经济效益和稻谷资源的合理利用，所以，糙米调质日益受到重视。

通过加水或蒸汽调质后，糙米会发生以下物理和生化变化：

（1）由于糙米皮层与胚乳中各种成分的不均匀分布，其吸水速度和能力、吸水后的膨胀先后也就不同，在界面上产生一定程度的位移，使皮层与胚乳的结合力下降，皮层易碾除。

（2）皮层吸水后，变得湿润和松软，在较低的碾白压力下即能被碾除，使碾白过程中的电耗降低，整米率提高，碎米率降低。

（3）皮层湿润后，糙米表面的摩擦系数增加，在同样的压力下擦离作用增加，更易碾白。

（4）通过水分调节，尤其是水蒸气处理，糙米所含蛋白质分解酶活性、脂肪分解酶活性增强，游离氨基酸含量、还原糖含量会发生一定程度的变化，对改善大米食用品质有一定作用。

（5）通过水分调节，糙米含水量较为稳定，使碾米工艺过程和操作得以稳定进行，从而确保大米的质量、出米率和生产效率。

（6）保证大米的水分含量符合国家标准，不会因糙米的水分过低而造成大米的水分过低，从而使国家和企业免受经济损失。

（7）用水、蒸汽或调质剂处理，对于陈稻谷及水分过低的稻谷，效果更为明显。

2.糙米调质的方法

糙米调质的关键是准确掌握着水量及润糙时间。着水量的确定必须以糙米入碾的最佳水分为依据。所谓最佳入碾水分是指在此水分下，糙米碾白时的糙出白率最高、出碎率最低、电耗最省、产品质量最好。最佳水分与碾白工艺、产品的质量要求、操作习惯和气候条件等有关。碾白的最佳水分一般为15%左右，着水量的大小以最佳水分与糙米原始水分的差值为依据。如果脱壳后的糙米的水分已接近最佳水分，只需加0.5%左右的水，目的是使皮层湿润，并补充在碾白过程中的水分损失。

为保证着水的均匀，调质用水必须雾化成为微小的漂浮雾状水滴。因此，着水设备可采用喷雾着水机。若采用热水调质，可用热水器加热调质水。润糙可在净糙仓中进行，净糙仓有调质及贮存两个功能。为防止润糙不均匀，仓的出口应设计成多出口。

润糙时间与调质条件、糙米的吸水速度等因素有关，必须有足够的时间保证糙米吸水并使水分按梯度分布，使糙米之间的水分均匀分布。如果使用冷水调质，需1h左右的润糙时间；使用热水，则可缩短润糙时间。

（三）玉米调质

玉米的水汽调节是玉米加工过程中的重要工序。玉米加工时，用水或水蒸气湿润玉米籽粒，增加玉米皮和胚的水分，造成与胚乳的水分差异，使皮层韧性增加，与胚乳的结合力降低，容易与胚乳分离，胚乳容易被粉碎；而玉米胚吸水后，体积膨胀，质地变韧，在机械力的作用下，易于脱下，并保持完整。润汽能够提高温度，加快水分向皮层和胚乳渗透的速度。

三、调质设备

（一）着水设备

小麦着水设备类型很多，包括最原始和简单的水龙头、可根据小麦流量变化自动调整加水量的水杯着水机、带有加水量控制装置的着水混合机和强力着水机、进行精准控制并微量着水的喷雾着水机以及兼有小麦表面清理和去石作用的洗麦机等。洗麦对于改善小麦粉的粉色和降低小麦粉灰分都是有益的。洗麦机需要耗用大量的水，为避免污染环境，洗麦水必须经过处理后才能排放，使用成本较高，所以大、中型小麦粉加工企业大都不采用洗麦的方法。

1.着水混合机

着水混合机是一种连续式的高效着水设备，能把一定量的水准确地加入到小麦当中，并通过螺旋输送器的充分搅拌，使水分均匀地分布在每一粒小麦上。着水混合机通常与微波自动水分控制仪或湿度测量水分控制系统配套使用，能自动而精确地控制着水量。着水混合机结构轻巧简单，动力消耗低，与蒸汽配合使用，着水量可达7%。在不用蒸汽的情况下，一次着水量可达到4%~5%。对低水分小麦可一次着水达到工艺要求，不必进行二次着水。

（1）结构组成：着水混合机主要由进料管、着水喷管、工作圆筒、扇形桨叶、出料管、传动装置和着水系统等组成，如图2-7-2所示。

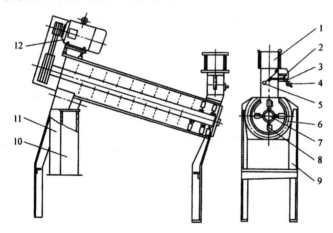

图 2-7-2　着水混合机的结构示意图

1.进料口　2.感应开关　3.均流调节板　4.重锤　5.着水喷管
6.工作筒体　7.主轴　8.扇形桨叶　9.机架　10.水分测量管　11.出料管　12.电动机

（2）工作原理：着水混合机工作时，小麦从进料口进入料筒，小麦压下均流调节板，感应开关动作，使着水系统的电磁阀打开，水流经过管道进入着水喷管，小麦经均流调节板均匀地落入着水腔，着水喷管对麦流进行喷水，着水后的麦流按切线方向进入向上倾斜20°的工作筒体内。扇形桨片按螺旋形排列在低速旋转的主轴上，形成扇形桨叶式绞龙，起到对物料的搅拌、混合和输送作用。

当桨叶翻动物料时，物料被推向出口，但由于圆筒向上倾斜，部分物料因重力作用而落下，再次混合、搅拌以及回流，使麦粒之间接触充分，从而使水分均匀分布于每颗麦粒上，达到良好的着水效果。改变桨叶的安装角度，可调节物料推进的速度和圆筒内料层的深度。着水后的小麦主流部分经出料管进入润麦绞龙送到润麦仓，分流部分进入水分测量管，经水分测量仪测量后也进入润麦仓。

着水混合机的着水系统如图2-7-3所示。着水系统的工作过程是，水经进水口浮球进入恒位水箱，经管道通过截止阀、电磁阀、自动调节阀、流量调节阀、转子流量计，从出水管进入着水混合机的着水喷管，对小麦进行着水。

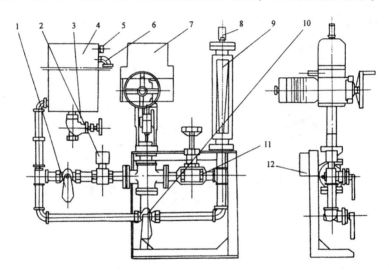

图 2-7-3　着水混合机的着水系统示意图

1.截止阀　2.电磁阀　3.进水阀　4.水箱　5.浮球阀　6.回水管

7.调节阀　8.出水管　9.转子流量计　10.调节阀　11.流量调节阀　12.均流调节板

（3）技术参数：着水混合机的主要技术参数见表2-7-1。

表 2-7-1 着水混合机的主要技术参数

项目\型号	FZSQ25×125	FZSQ32×180	FZSQ40×200	FZSQ40×250
产量（t/h）	5	10	15	20
最大着水量（%）	4	4	4	4
增碎率（%）	<0.2	<0.2	<0.2	<0.2
着水精度（%）	≤±0.5	≤±0.5	≤±0.5	≤±0.5
筒体直径（mm）	250	320	400	400
筒体长度（mm）	1250	1800	2000	2500
筒体角度	20°±5°	20°±5°	20°±5°	20°±5°
主轴转速（r/min）	690	490	410	410
配套动力（kW）	2.2	3	5.5	7.5
外形尺寸（长×宽×高）(mm)	1535×420×1668	2110×490×1760	2325×570×2050	2825×570×2140
机重（kg）	420	460	500	550

（4）着水混合机的使用：

①开机前检查主轴桨叶、打板等与槽壁有无碰撞、摩擦现象，同时检查传动带的张紧程度。待空机运转正常后再供料，并保持进料流量稳定。

②开机后应先进料再加水。关机时，先断水再停料，待走空后再关机。

③为保证有料加水，无料断水，必须注意经常检查料流检测开关与电控水阀的工作状态。必要时应打开电控水阀，清除阀芯上的积垢，使之动作灵活可靠。定期清理转子流量计锥管和转子上的水垢，以使指示准确、清楚。

④着水自控系统是精密的电子设备，必须受过专门培训的人员精心维护和操作，应该按照说明书要求定期对容量测量系统、水分测量系统、稳定测量系统进行检测，如有误差要及时调整，出现故障时应由专业人员维修。

2.强力着水机

强力着水机是用于替代洗麦机作为干法处理小麦的新型设备。它应用先进的电子技术，实现对小麦加水的自动控制，具有着水量大而且均匀、着水效果稳定的特点，对小麦的加工品质有明显的改善，有助于提高小麦粉的商品率。

（1）结构组成：强力着水机主要由筒体、打板叶轮、进水管和水分检测管等组成，如图2-7-4所示。

　　强力着水机的筒体是一内径440mm、长2423mm的钢板圆筒。在钢板圆筒的两端由螺栓和墙板连接，进料口在双头螺旋推进器上方，出料口在出料端的下部。打板叶轮由主轴、螺旋推进器、打板架、打板和打板叶片等组成。在主轴上用螺栓固定着4个打板架，打板以60°的倾角分别焊接在连接打板架的8个金属板上，组成四头螺旋线的八角形打板叶轮。进水管在进料口内，是一根表面钻有许多小孔的钢管，并和水源连接。水通过进水管呈滴状加入小麦中，水分检测管安装在出料口处，即把出料口分为两部分，主流物料从出料口流出，另一小部分通过水分检测管，作为副流，由装在管上的微波测湿仪检测加水后的小麦的水分，测后的小麦和主流物料一起进入润麦仓。

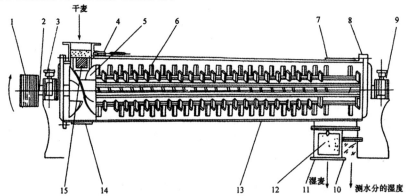

图 2-7-4　强力着水机的结构示意图

　　1.传动轮　2.主轴　3.进口端轴承盖　4.进水管　5.螺旋推进器　6.打板叶片　7.活络门
8.出口端盖　9.出口端轴承盖　10.水分检测管　11.出料口　12.观察窗　13.筒体　14.卸料门　15.观察窗

　　强力着水机的加水自控系统是一个单回路、闭合恒值调节系统，包括加水装置、湿麦水分检测装置、调节装置、电机过载保护及报警装置。它根据小麦流量的变化、原始水分的高低，自动调节着水量，以保证着水后小麦水分稳定在工艺要求的范围之内。在调节过程中，一般把着水后的小麦水分认为是"被调值"，给水阀是"调节机关"，水为"被调介质"，而工艺规定的着水后的小麦水分称为"给定值"。

　　强力着水机自动调节原理如图2-7-5所示。

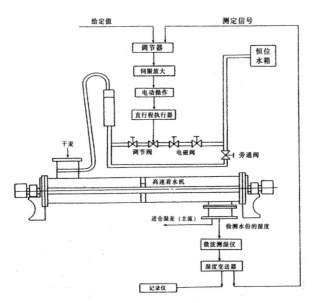

图 2-7-5 强力着水机水分自动调节系统原理图

（2）工作原理：强力着水机的主要工作部件是一个密闭的筒体和置于筒体内高速旋转的打板叶轮。由于打板数目众多，并以16~19m/s线速度旋转，小麦和水切向进入圆筒之后，被打板连续地打击，并将小麦沿工作圆筒抛洒，形成一个环状的"物料流"。在这样的环境中，每粒小麦都能受到多次强烈的撞击和摩擦，使表皮软化和部分撕碎。这为水分快速均匀地渗透到麦粒的各个部位创造了条件。而加入的水在打板高速旋转所产生的离心力的作用下，均匀撒开，与小麦充分混合接触，渗入麦粒中，以达到高速着水的目的。

（3）技术参数：SJQ45强力着水机的主要技术参数见表2-7-2所示。

表 2-7-2 SJQ45 强力着水机的主要技术参数

项目	参数	项目	参数
打板叶轮直径和长度（mm）	φ450，2423	水分误差（%）	±0.2
推进器直径和长度（mm）	φ450，225	着水量（%）	4.5
打板线速度（m/s）	16~19.3	配套动力（kW）	7.5
主轴转速（r/min）	720~870	主机（长×宽×高）（mm）	3300×600×1000
打板角度	63°	自控柜（长×宽×高）（mm）	560×520×1600
产量（t/h）	18	机重（kg）	980

3.喷雾着水机

喷雾着水机是在小麦入磨前提高皮层水分含量的专用设备。由于着水量较小，且润麦过程较短，所以采用喷雾的方法来提高着水的均匀度。

（1）FZSW型喷雾着水机：FZSW型喷雾着水机主要由喂料系统、喷嘴和机壳组成，如图2-7-6所示。

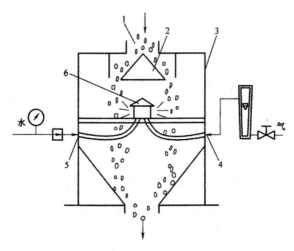

图 2-7-6　FZSW 型喷雾着水机的结构示意图

1.进料口　2.分料盘　3.机筒　4.进气口　5.进水口　6.喷嘴

在分料盘的分流作用下，原料进入设备后呈环状均匀下落。位于设备中部的喷嘴在压缩空气的推动下，向四周喷出粒径小于100μm的雾状水滴，使雾滴均匀飘洒分布在麦粒表面。

FZSW型喷雾着水机的着水量较小，其着水流量=小麦流量×（0.2%~0.5%）。

FZSW型喷雾着水机着水后的润麦通常在净麦仓中完成，润麦时间为20~40min。时间不可过长，以免加入的水分被胚乳吸收而使皮层水分回落。为保证着水的均匀性，需使物料沿垂直方向进入机内；压缩空气的压力应达到设备要求，以保证水滴的雾状。

（2）SJM型喷雾着水机：SJM型喷雾着水机主要由雾化滴头、搅拌输送机和水汽控制装置等组成，如图2-7-7所示。

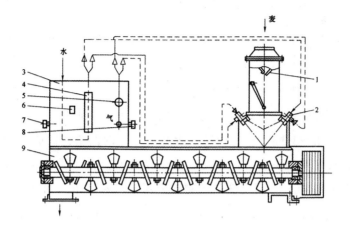

图 2-7-7　SJM 型喷雾着水机结构示意图

1.挡板　2.雾化喷头　3.水汽控制装置　4.流量计

5.气压计　6.水汽指示灯　7.水量控制阀　8.气压调节阀　9.搅拌输送机

小麦进入料筒后，推动挡板向下转动，启动水汽电磁阀的微动开关，使雾化喷头开始工作，将水雾化喷洒麦粒。着水后的小麦落入搅拌输送机，被搅拌与水充分接触的同时向出料端移动。桨叶式的叶片，可增加物料在机筒内停留的时间，以便提高着水均匀度。

SJM型喷雾着水机具有雾化效果好、着水精度高、着水均匀等特点，可以实现有料供水、无料断水的控制，但着水量需要人工调节。

SJM型喷雾着水机主要技术参数见表2-7-3。

表 2-7-3　SJM 型喷雾着水机主要技术参数

型号 项目	SJM×2	SJM×4
产量（t/h）	5	10
主轴转速（r/min）	105	
气压（Pa）	2×105~4×105	
水压（Pa）	4.9×104~7.84×104	
喷头个数（个）	2	4
喷头直径（mm）	2.1	
雾滴粒度直径（μm）	<100	
雾滴扇形宽度（mm）	180~200	
配套动力（kW）	1.5	
外形尺寸（mm）	1745×730×907.5	1735×770×1185

（二）润麦仓

小麦着水后，需要一定的时间让水分向小麦内部渗透以使小麦各部分的水分重新调整，这个过程在麦仓中进行，这种麦仓叫做润麦仓。润麦仓一般采用钢筋混凝土、砖混结构、钢板或木板制成。

润麦仓一般采用钢筋水泥结构。仓的截面大都是方形的，一般润麦仓的截面为2.5m×2.5m或3.0m×3.0m。仓的内壁要求光滑，仓的四角应做成15~20cm的斜棱，以减少麦粒膨胀结块的机会。由于湿麦的流动性差，仓底要做成漏斗形，斗壁与水平夹角一般为55°~65°。润麦仓的出料口有单出口和多出口两种。出料口大小为250mm×250mm。为了便于进仓检查和清仓工作，仓顶应设进入孔，仓内壁设爬梯。进入孔一般为600mm×600mm，爬梯通常采用预埋的铁爬梯，材料可用直径16~20mm的圆钢。为了及时了解和显示润麦仓中物料的多少，以利组织生产和实现生产过程的自动化，必须在仓的上部、中部和下部设置料位器。

由于小麦籽粒的饱满程度和质量的差异，小麦入仓时会出现自动分级。较重的麦粒落在仓的中心部位，较轻的麦粒落在仓的四周。卸料时，料仓中心部分的籽粒比靠近筒壁的物料更容易流动，靠近四周的物料则因受到较大的摩擦力以及离仓中心较远流动更困难，使得仓中心的小麦先行流出，在中心部位流出后，上部近壁的小麦逐渐向中心补充，而底部仓壁四角的小麦最后流出，产生后入仓先出仓现象，造成润麦时间不匀。如果小麦进仓时已有自动分级现象，饱满的小麦

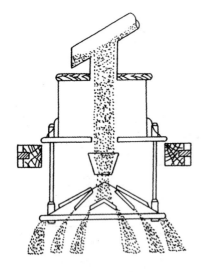

图 2-7-8 仓顶分散器

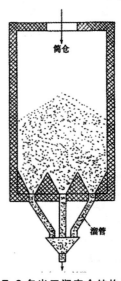

图 2-7-9 多出口润麦仓结构示意图

落在仓的中心，大部分轻质麦和轻杂堆积落在靠近仓壁处，结果是早期流出的小麦比后期流出的小麦容重高，杂质少，通常仓内最后1/4的小麦，其品质差异相当显著。仓越大，自动分级造成的影响越严重，影响生产和产品质量的稳定。

为了克服小麦入仓时产生自动分级现象，可在麦仓入口处装置分散器（图2-7-8）。在仓顶入口处下方，吊装圆锥形分散器，当麦粒进仓时，撞在圆锥上向四周流出，防止小麦的自动分级现象。

为克服小麦出仓时中心部位首先流出现象，一般采用多出口麦仓。多出口麦仓在一定程度上可以克服单出口润麦仓的后进先出缺陷，使仓四周的小麦和中心的小麦具有相同的流动特性，做到先进先出，防止产生自动分级，保证润麦时间和小麦品质的一致性。多出口润麦仓有4出口、9出口、16出口等几种形式，其结构如图2-7-9所示。每一个出口的溜管直径150mm左右。所有溜管成一定斜度均布在圆锥形汇集斗的圆周上。汇集斗的上部中心设置检查孔。每一根溜管上应装设玻璃观察管，以观察溜管内物料的流动情况。汇集斗的结构如图2-7-10所示。

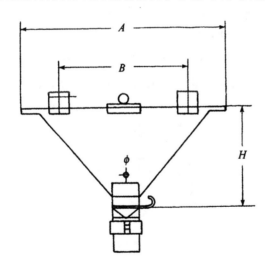

图2-7-10　多出口润麦仓汇集斗结构示意图

润麦仓容量大小，影响润麦时间的长短，应根据所需的润麦时间和生产线的产量来确定润麦仓容量的大小。每个润麦仓的仓容不宜过大，仓的数量不能太少，一个生产线至少要有3只润麦仓，以便于各种小麦分开存放和周转。正常生产时，有一个仓在进麦，有一个仓在出麦，两个仓只起一个仓的作用。润麦仓的数量可按下式计算：

$$Z=\frac{(Q \cdot t)}{(V \cdot \gamma)}+\frac{A}{2}$$

式中：Z—润麦仓数量（个）；

Q—产量（kg/h）；

t—润麦时间（h）；

V—每个仓的有效体积（m³，约为实际体积的80%）；

γ—小麦的容重（kg/cm³）；

A—同时进、出仓的仓数（取最大数）。

为了及时了解和显示润麦仓中物料的多少，以利组织生产和实现生产过程的自动化，一般在仓的上部、中部和下部设置料位器。料位器基本上分为接触式检测和非接触式检测两大类。接触式检测即检测时料位器探头与被测物料相接触，如γ-射线料位器、微波料位器、激光料位器、超声波料位器等，能随时测出料仓中料位的高度。

润麦仓使用的料位器大多是机电式料位器，主要用作空仓和满仓的定点检测。TLWJ系列料位器是最为普通的机械式料位器，由微型电机、壳体、接线柱、传动齿轮、转座轴、翼板、发讯微动开关、转座罩壳、微电机电源切换微动开关等构成，可用于颗粒状或粉状物料料位的检测。TLWJ系列料位器的结构如图2-7-11所示。

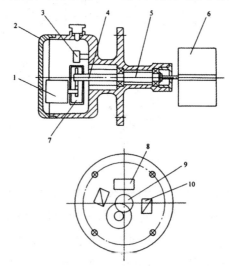

图 2-7-11 TLWJ 系列料位器结构示意图
1.微型电机 2.壳体 3.接线柱 4.转座轴 5.主轴 6.翼板
7.传动齿轮 8.发讯微动开关 1×K 9.转座罩壳 10.微电机电源切换微动开关 2×K

当电源接通，微型电机开始旋转，经传动齿轮减速后，带动主轴和翼板转动。此时，转座通过弹簧拉力压住发讯微动开关，而微电机电源切换微动开关处于自由状态。当被测物料上升至翼板，翼板旋转受阻，使过负载检测部分围绕主轴作微量转动，而使转座罩壳离开发讯微动开关，使其发讯或报警。接着另一侧推动微电机电源切换微动开关，切断电机电源，使电机停止旋转，并维护此状态，即满仓状态。当料位下降时，翼板失去阻挡，过负载检测部分依靠返回弹簧作用恢复到原来位置，微动开关也回到原来状态，电机供电回路接通，翼板恢复自由转动。由于发讯微动开关也回到原来状态，所以能够指示出料位的降低。

第八节　搭配法

将多种不同类型的小麦按一定配比混合加工的方法称为小麦搭配。将不同小麦分别先加工成面粉，再按相应比例搭配混合的方法称为面粉搭配。

一、搭配的目的

（1）合理利用原料，保证产品质量。

（2）使入磨小麦加工性能一致，保证生产过程相对稳定。

（3）保证产品质量的前提下，尽量降低原料及生产成本。

（4）保证产品质量的长期稳定，即保证不同批次生产的同一品种同一等级的面粉质量相同。专用小麦粉尤其要保证质量的稳定。

二、搭配的应用

（一）毛麦搭配

即先将准备进行搭配的小麦分别送到不同的毛麦仓中，按设定的搭配比例分别调整好出仓的小麦流量，然后同时开启几种搭配小麦的麦仓出口，出仓后的多种小麦流入螺旋输送机混合并输送至提升机。

（二）润麦仓下搭配

为避免毛麦搭配的弊端，一些面粉厂将搭配用的小麦分别清理、着水和润麦之后，在润麦仓下进行搭配。毛麦清理阶段采用一条或两条平行的清理流程。

润麦仓下搭配的优点是使不同类型的小麦都达到适宜的制粉性能。不足之处：一是需设置较多数量的润麦仓；二是当只有一条清理流程时，原料变换频繁；三是操作管理难度增加。

三、搭配设备

小麦搭配时，需将分别存入不同麦仓中的若干种小麦按预定搭配比例同时放出，控制各麦仓出口小麦流量的设备为配麦器。配麦器一般放置在麦仓出口下方、螺旋输送机之上，按不同比例出仓的多种小麦经螺旋输送机混合均匀，如图2-8-1所示。配麦器有容积式和重力式两种形式。

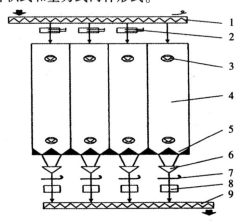

图 2-8-1 小麦搭配流程

1.仓上螺旋输送机 2.控制阀门 3.料位器 4.麦仓
5.出料口 6.收集斗 7.出仓控制阀 8.配麦器 9.仓下螺旋输送机

（一）容积式配麦器

1.结构组成

容积式配麦器主要由可调整容积大小的转子和机壳组成，如图2-8-2为TPLR型容积式配麦器的结构示意图，该机的主要工作部件为一具有袋状定量腔的转子和设在进口处的若干个不同宽度的插板。插板下方对应的定量腔容积比例分别为2%、8%、38%、32%、16%和4%。按搭配比例调节不同插板的启闭，可控制通过的小麦流量。当定量转子出现故障时，打开总开启插板，使小麦从旁路通道排出，以保证连续生产。

2.流量

小麦从进料口落入转子和机壳之间的工作空间内，随着转子转动至下方出料口排出，其流量的计算公式如下：

$$G = n \times i \times \varphi \times \gamma$$

式中：G—容积配麦器流量（kg/h）；

n—转子转速（r/min）；

i—配麦器工作容积（L/r）；

φ—充满系数（小麦一般取0.8）；

γ—小麦容重（g/L）。

由上式可知，容积配麦器的流量与配麦器的转子转速、工作容积、充满系数和小麦容重有关，并随上述参数的增大而增加。

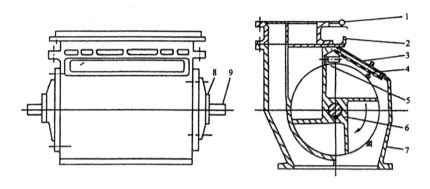

图 2-8-2　TPLR 型容积配麦器结构示意图

1.总开启插板　2.配比插板　3.观察窗　4.安全网罩
5.刮板　6.定量转子　7.箱体　8.轴承座端盖　9.驱动轴

当设定的转子转速较低时，容积配麦器的流量与转速呈线性关系；当转速增大至一定值后，继续增大转速，因小麦来不及充满容积空间导致充满系数下降，反而使流量减小。因此容积配麦器设置有最大工作转速。使用前一般根据产量大小在最大转速范围内设置一个固定转速值。

当转子转速为定值、小麦容重和充满系数也一定时，配麦器的流量随工作容积的变化而改变。

实际生产中，搭配的各批小麦其形状、饱满程度、含杂种类、含杂量以及水分不尽相同，因而容重和充满系数存在差异，影响到通过容积配麦器的小麦流量，进而对搭配比例的精确程度造成一定影响。所以确定各麦仓配麦器的容积调节比例时，应考虑上述因素。

容积配麦器结构简单，设备高度较低，占据空间高度小，易在流程中安置，搭配比例调节方便灵活，价格相对也较低。

TPLR型容积配麦器的主要技术参数见表2-8-1。

表 2-8-1　TPLR 型容积配麦器的主要技术参数

型号	TPLR30	TPLR20
叶轮直径（mm）	300	200
容积（L/r）	17	5
最大转速（r/min）	40	50
最大产量（t/h）	50	20
配麦精度（%）	±2	±2
功率（kW）	0.75	0.75
长×宽×高	780×440×506	780×360×406

（二）重力式配麦器

1.结构组成

重力配麦器又叫流量控制器，主要由微电脑智能测控系统、气动控制系统和机械执行机构等组成。微电脑智能测控系统包括流量感应板、重力传感器和智能控制仪表等，其中智能控制仪表与主机分开安装，可同时控制几个重力配麦器，设定和控制不同麦仓的出料流量，气动控制系统包括气泵、电磁阀及节流阀等，用来控制进料闸门的开启程度。TKZL型重力配麦器的结构组成如图2-8-3所示。

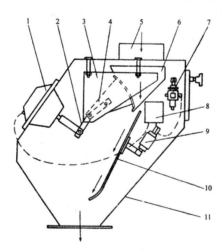

图 2-8-3　TKZL 型重力配麦器

1.气泵　2.连接板　3.支撑架　4.闸门　5.进料口　6.料斗

7.减压阀　8.气动控制箱　9.传感器　10.流量感应板　11.箱体

2.工作原理

重力式配麦器工作时，料斗中小麦经流量控制闸门落到流量感应器板上，感应板把获得的冲力信号送给板下的传感器，传感器将冲力信号转换成电信号传递给智能控制仪表。小麦的冲击力与流量呈线形关系，小麦流量小于设定流量时，气动控制箱内的进气电磁阀处于导通状态，通过气泵使进料闸门开大，流量增大。反之，控制出气的电磁阀导通，流量减小。当小麦流量达到设定值时，进料闸门处于平衡状态，停留在一个与设定值相应的开度上，达到动态平衡位置，仪表显示即时的动态流量。

3.技术参数

TKZL型重力配麦器的主要技术参数见表2-8-2。

表 2-8-2 重力式配麦器的主要技术参数

型号	TKZL
流量控制（t/h）	1~10，10~20
精度（设定值）（%）	±1
功率（kW）	0.04
工作气压（MPa）	0.3~0.6

重力式配麦器的优点是不受小麦品质、含杂和水分的影响，保持恒定的重量百分比，自动化程度高。但因机电一体化，电子元件较多，结构复杂，需精心操作和维护。

在实际应用中，流程中不设自动控制的面粉厂，多采用容积式配麦器；采用毛麦仓下搭配且进行生产自动控制的面粉厂，可使用重力式配麦器；若清理流程中既可在毛麦仓下搭配也可在润麦仓下搭配，可在毛麦仓下配置重力式配麦器，在润麦仓下配置容积式配麦器。

第三章　小麦制粉机械化技术

第一节　概　述

小麦制粉过程主要包括研磨、撞击、清粉和筛理等工序。

研磨的目的是利用机械作用力把小麦籽粒剥开，然后从麸片上刮净胚乳，再将胚乳磨成一定细度的小麦粉。磨粉的主要设备是辊式磨粉机。

撞击的目的是利用高速旋转体及构件与较纯净的小麦胚乳颗粒之间产生反复而强烈的碰撞打击作用，使胚乳撞击成一定细度的小麦粉。撞击设备主要有撞击磨、强力撞击机、撞击松粉机、打板松粉机等。

清粉的目的是通过气流和筛理的联合作用，将研磨过程中的麦渣和麦心按质量分成麸屑、带皮的胚乳和纯胚乳粒三部分，以实现对麦渣、麦心的提纯。单纯的筛理是不能实现清粉的。所以，在磨制高等级小麦粉并要求有较高出粉率的小麦粉厂，清粉机是必不可少的。

筛理的目的在于把研磨撞击后的物料混合物按照颗粒的大小和比重进行分级，并筛出小麦粉。常用的筛理设备有平筛、圆筛，打麸机和刷麸机也属于筛理设备。

一、小麦制粉的方法

小麦制粉的方法根据生产规模、产品种类和质量等，一般可分为一次粉碎制粉和逐步粉碎制粉两种。

（一）一次粉碎制粉

一次粉碎制粉是小麦经过一道粉碎设备粉碎后，直接进行筛理并制成小麦粉。一次粉碎制粉很难实现麦皮与胚乳的完全分离，胚乳粉碎的同时也有部分麦皮被粉碎，而麦皮上的胚乳也不易刮干净。因此一次粉碎制粉的出粉率低、小麦粉质量差，适合于磨制全麦粉或工业用小麦粉，不适合制作高等级的食用小麦粉。一次粉碎制粉是一种最简单的制粉方法，其特点是只有一次粉碎过程。

（二）逐步粉碎制粉

逐步粉碎制粉是现代小麦粉加工采用最广泛的制粉方法，根据加工过程从简到繁可以分为简化分级制粉和分级制粉两种。

1.简化分级制粉

将小麦进行研磨后筛出小麦粉，剩下的较大的颗粒混在一起继续进行第二次研磨，这样重复数次，直到获得一定的出粉率和小麦粉质量。此种方法不提取麦渣和麦心，因此单机就能生产。我国农村目前还采用此种生产方法的辊式磨粉机或盘式磨粉机，也有用几台磨粉机组成的小型机组。

2.分级制粉

（1）提取麦渣麦心，但不进行清粉的分级制粉方法。将小麦经过前几道研磨系统研磨后产生的物料分离成麸片、麦渣、麦心和粗粉，再根据它们的质量和粗细度分别送入各自相应的系统研磨。我国以前广泛采用的"前路出粉法"生产标准粉基本属于这一类型，这种方法通常采用5~10道研磨和筛理系统。心磨一般采用齿辊，小麦粉碎粒度较粗，能生产高出粉率（>85%）的小麦粉，也能够生产不同质量的等级粉，但上等粉的出粉率较低，其制粉过程的原理如图3-1-1所示。

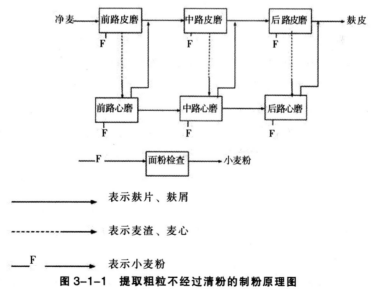

图 3-1-1　提取粗粒不经过清粉的制粉原理图

（2）提取麦渣、麦心并进行清粉的制粉方法。提取麦渣、麦心并进行清粉的制粉方法如图3-1-2所示。这是一种复杂的制粉方法，用于生产高等级小麦粉并具有较高的出粉率。在前几道研磨系统尽可能多地提取麦渣、麦心和粗粉，而且将提取出的麦渣、麦心送往清粉机根据颗粒大小和质量进行分级提纯。同时采用渣磨系统对连皮的麦渣进行轻微剥刮，从而有效地实现了麦皮与胚乳的分离。精选出的纯度高的麦心和粗粉送入心磨系统磨制高等级小麦粉，而精选出的质量较次的麦心和粗粉则送往相应的心磨系统磨制质量较低的小麦粉。

由于前几道研磨系统的重点在于提取麦渣、麦心和粗粉，因出粉的重点放在心磨系统，所以这种制粉方法也叫做"中路出粉法"。这种制粉方法高等级的出粉率较高，在20世纪90年代小麦加工厂得到广泛采用。这种制粉方法中，心磨一般采用光辊，以挤压力为主，尽量避免麸皮破碎，并辅以撞击机、松粉机以松开粉片并提高取粉率。

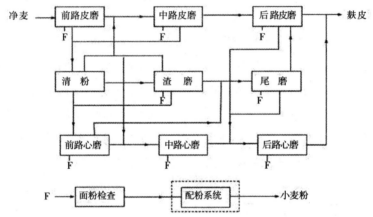

图 3-1-2 提取麦渣、麦心并进行清粉的制粉原理图

二、制粉过程中的各个系统

在分级制粉过程中，按照生产先后顺序中物料种类的不同和处理方法的不同，将制粉系统分为皮磨系统（B）、渣磨系统（S）、清粉系统（P）、心磨系统（M）和尾磨系统（T），它们分别处理不同的物料，并完成各自不同的功能。

（一）皮磨系统

将麦粒剥开，分离出麦渣、麦心和粗粉，保持麸片不过分破碎，以便使胚乳和麦皮最大限度地分离，并提出少量的小麦粉。

（二）渣磨系统

渣磨系统是处理皮磨及其他系统分离出的带有麦皮的胚乳颗粒，它提供了第二次使麦皮与胚乳分离的机会，从而提高了胚乳的纯度。麦渣分离出麦皮后生成质量较好的麦心和粗粉，送入心磨系统磨制成粉。

（三）清粉系统

清粉系统是利用清粉机的筛选和风选双重作用，将在皮磨和其他系统获得的麦渣、麦心、粗粉及连麸粉粒和麸屑的混合物相互分开，再送往相应的研磨系统处理。

（四）心磨系统

心磨系统是将皮磨、渣磨、清粉系统取得的麦心和粗粉研磨成具有一定细度的小麦粉。

（五）尾磨系统

尾磨系统位于心磨系统的中后段，专门处理含有麸屑质量较次的麦心，从中提出小麦粉。

三、在制品的分类

在制品是指制粉过程中各研磨系统中间物料的总称。在现代分级制粉法中，如何有效地把在制品按照质量、大小和纯度进行分级以及分级效果的好坏已经成为决定小麦粉质量的关键因素之一。在制品的分级主要通过不同规格的筛网来实现。

（一）筛网的分类

筛网根据制造材料的不同可分为金属丝筛网和非金属丝筛网，其特点和应用各不相同。

1.金属丝筛网

金属丝筛网通常由镀锌低碳钢丝、软低碳钢丝或不锈钢钢丝制成。

2.非金属丝筛网

目前小麦面粉厂使用的非金属丝筛网主要有尼龙筛网、化纤筛网、蚕丝筛网和蚕丝与绵纶交织筛网等。图3-1-3所示为常见筛网的编制方法。

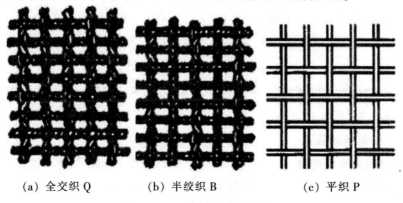

(a) 全交织 Q　　　　(b) 半绞织 B　　　　(c) 平织 P

图3-1-3　常见筛网的编制方法

(二) 在制品的分类

1.按物料分级要求的分类

（1）粗筛：从皮磨磨下的物料中分出麸片的筛面。

（2）分级筛：将麦渣、麦心按颗粒大小分级的筛面。

（3）细筛：指在清粉前分离粗粉的筛面。

（4）粉筛：筛出成品小麦粉的筛面。

2.按粒度大小的分类

在制品按粒度大小可分为麸片、粗粒（麦渣、麦心）和粗粉（硬粗粉、软粗粉）。

（1）麸片：连有胚乳的片状皮层，粒度较大，且随着逐道研磨筛分，其胚乳含量将逐道降低。

（2）麸屑：连有少量胚乳呈碎屑状的皮层，此类物料常混杂在麦渣、麦心之中。

（3）麦渣：连有皮层的大胚乳颗粒。

（4）粗麦心：混有皮层的较大胚乳颗粒。

（5）细麦心：混有少量皮层的较小胚乳颗粒。

（6）粗粉：较纯净的细小胚乳颗粒。

四、在制品的表示方法

(一) 粒度的表示方法

在制粉流程中，物料的粒度常用分式表示，分子表示物料能穿过的筛号，分母表示物料留存的筛号。

例如：18W/32W，表示该物料能穿过18W，留存在32W筛面上，属麦渣（18W，每英寸筛网长度上有18个筛孔）。

(二) 数量和质量的表示方法

在编制制粉流程的流量与质量平衡表时，在制品的数量和质量用分式表示，分子表示物料的数量（占1皮的百分比），分母则表示物料的质量（灰分百分比）。

例如：1皮分出的麦渣，在平衡表中记为17.81/1.67，表示麦渣的数量为17.81%，灰分为1.67%。

五、小麦制粉流程图

(一) 粉路图及其内容

制粉流程是将各制粉工序组合起来，对净麦按规定的产品等级标准进行加工的生产工艺流程。制粉流程简称粉路。

粉路图是一种表示制粉流程的示意图，通常用图形符号表示各种设备，再用线条把各种设备连接起来，表示物料的流向。粉路图中包括下列内容：

（1）各种设备的数量、规格、技术特性和各系统设备的分配。

（2）工艺流程中各种设备的联系和在制品的流向。

（3）各系统所得成品的分类及其检查。

（二）粉路图中的图形符号和代号

1.磨粉机

在粉路图中磨粉机用代表磨辊的一对圆圈表示，圆圈中有斜线的表示齿辊，无斜线的表示光辊。如图3-1-4所示，2×800表示该系统有2对800mm长的磨辊；$Z=4$表示齿数，即每厘米磨辊圆周长度上有4牙；1:10表示磨齿斜度；2.5:1表示快辊与慢辊的速比；35°/60°表示磨齿齿型；$F-F$表示磨辊的排列为锋对锋；$D-D$表示磨辊的排列为钝对钝。

2.平筛

平筛的图形符号为长方形，如图3-1-4所示，按照筛面的种类将长方形分割成几层，并注明其层数和筛绢型号；3/4表示该系统占用4仓式平筛的3仓，还可用仓数×筛格数表示；对高方平筛内的筛面配备用仓数×筛格数表示（如1×24）；5×20W表示有五层20W的粗筛，留存20W的为麸片，送往2皮磨；穿过20W留存在32W的为麦渣，送往1渣磨或清粉机，穿过32W留60GG的麦心，送入粗心磨，穿过60GG的为细麦心，送入细麦心磨或清粉机，穿过12XX为小麦粉。

3.清粉机

清粉机的图形符号，如图3-1-5所示，1台复式（2×450mm宽）双层的清粉机用以精

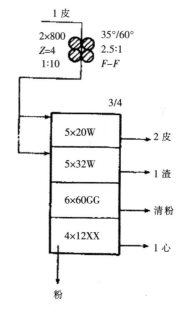

图 3-1-4　磨粉机与平筛的图形符号

选麦渣，上层筛号为26、22、20、18GG，下层筛号为28、24、22、20GG，前段筛下物送往1心磨，后段筛下物送往1渣磨，筛下物入3皮细磨。

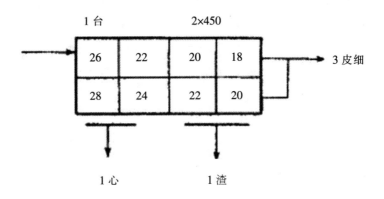

图 3-1-5　清粉机的图形符号

4.刷麸机和打麸机

刷麸机和打麸机的图形符号，如图3-1-6所示，图中的40W为刷麸机配备的筛号，穿过40W的为刷麸粉，未穿过筛面的为麸皮。打麸机采用孔径1mm花铁筛面，穿过筛孔的为麸粉。

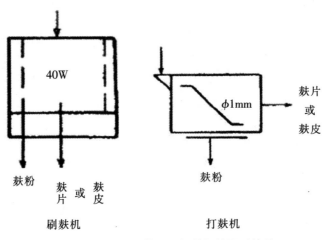

图 3-1-6　刷麸机、打麸机的图形符号

5.松粉机、圆筛

心磨系统的物料如经光辊研磨，则需用松粉机处理，松粉机、圆筛的图形符号如图3-1-7所示。

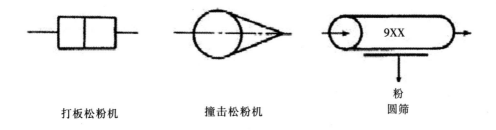

打板松粉机　　　　撞击松粉机　　　　　　粉
　　　　　　　　　　　　　　　　　　　　圆筛

图 3-1-7　松粉机、圆筛的图形符号

(三) 绘制粉路图

在绘制粉路图之前应该首先制定出流量平衡表，再根据各系统设备的流量指标，推算出各系统所需的磨辊长度、筛理面积、所需设备的台数，最后按照在制品流向的顺序将用符号表示的各设备联系起来，即成粉路图。

绘制粉路图时应注意：

(1) 绘制粉路图时，以筛理设备（包括刷麸机和打麸机）和清粉机为单元，不需要将所有的设备连接成一个整体，以便保持粉路图的清晰、明了。

(2) 在粉路图绘制完成以后，应检查是否存在回路，若存在，应及时调整粉路。

第二节　研　磨

研磨的任务是通过磨齿的互相作用将麦粒剥开，从麸片上刮下胚乳，并将胚乳磨成具有一定细度的面粉，同时还应尽量保持皮层的完整，以保证面粉的质量。

一、研磨的基本方法和原理

(一) 基本方法

研磨的基本方法有挤压、剪切和撞击三种。

1.挤压

挤压是通过两个相对的工作面同时对小麦籽粒施加压力，使其破碎的研磨方法。挤压力通过外部的麦皮一直传到位于中心的胚乳，麦皮与胚乳的受力是相等的，但由于小麦籽粒的各个组成部分的结构强度有很大的差别，所以在受到挤压力以后，胚乳立即破碎而麦皮却仍然保持相对较完整，因此挤压研磨的效果比较好。水分不同的小麦籽粒，麦皮的破碎程度以及挤压所需要的力会有所不同。一般而言，使小麦籽粒破坏的挤压力比剪切力要大得多，所以挤压研磨的能耗比较大。

2.剪切

剪切是通过两个相向运动的锋面对小麦籽粒施加剪切力，使其断裂的研磨方法。剪切比挤压更容易使小麦籽粒破碎，所以剪切研磨所消耗的能量较少。小麦籽粒最初受到剪切作用的是麦皮，随着麦皮的破裂，胚乳也逐渐暴露出来并受到剪切作用。因此，剪切作用能够同时将麦皮和胚乳破碎，从而使面粉中混入麸星，降低了面粉的加工精度。

3.剥刮

在挤压和剪切力的综合作用下产生的摩擦力，通过带有特殊磨齿形状并在一定速比下，对小麦籽粒产生擦撕，称为剥刮。剥刮的作用是在最大限度地保持麸皮完整的情况下，尽可能多地刮下胚乳粒，送入心磨系统或其他系统处理。

（二）基本原理

研磨的基本原理是通过对小麦的挤压、剪切、摩擦和剥刮作用，使小麦逐步破碎，从皮层将胚乳逐步剥离并磨细成粉。研磨的主要设备是辊式磨粉机和撞击机。

二、辊式磨粉机

辊式磨粉机的磨粉部件是一对以不同速度相向旋转的圆柱形磨辊，待磨物料被喂入两辊之间研磨成粉。

（一）磨粉机的分类

（1）根据磨辊数量的不同可以分为对辊磨粉机、三辊磨粉机、四辊磨粉机、五辊磨粉机、六辊磨粉机和八辊磨粉机。

（2）根据磨辊长度L，辊式磨粉机分为大（L≥800mm）、中（500≤L<800mm）、小（L<500mm）型，大、中型的磨辊直径采用250mm或300mm，小型的采用220mm或250mm。

（3）按每台辊式磨粉机独立工作单元的数量，可分为单式和复式两种。一个独立的工作单元可以是一对磨辊，也可以是上下串联的多对磨辊。单式磨粉机只有一个独立的工作单元，主要是小型磨粉机采用。复式磨粉机具有两个独立的工作单元，中、大型磨粉机都是复式结构。

（4）按磨粉机的离合轧是人力操作还是自动操作，可分为手动和自动两种。根据自动离合轧动力的性质，还可分为液压、气压和电动三种。

（二）磨粉机的工作原理和结构组成

1.工作原理

辊式磨粉机的工作原理是利用一对相向差速转动的等径圆柱形磨辊，同时对均匀地进入研磨区的小麦产生一定的挤压力和剪切力，由于两辊转速不同，所以小麦在经过研磨区域时，受到挤压、剪切、搓撕等综合作用，使小麦破碎。

小麦进入研磨区后，在两辊的夹持下快速向下运动。由于两辊的速差较大，紧贴小麦侧的快辊速度较高，使小麦加速，而紧贴小麦另一侧的慢辊则对小麦的加速起阻滞作用，这样在小麦和两个辊之间都产生了相对运动和摩擦力，从而使麦皮和胚乳受到剥刮分开。

2.结构组成

辊式磨粉机主要由磨粉部分、筛粉部分、传动部分和机架等组成，如图3-2-1所示。

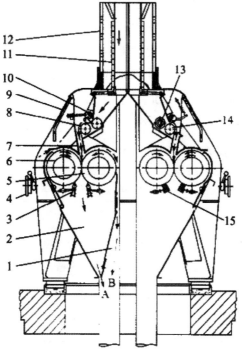

图 3-2-1 MDDK 型磨粉机的结构示意图

1.吸风系统　2.集料斗　3.可调式刮刀　4.轧距调节手柄　5.慢辊　6.快辊　7.物料通道
8.喂料辊　9.上磨门　10.喂料活门　11.传感器　12.玻璃进料筒　13.匀料绞龙　14.喂料辊　15.磨辊清理刷
A—物料流动路线　　B—轧距吸风流向

（1）磨粉部分：磨粉部分是磨粉机的主要工作部分，由进料斗、流量调节机构、快与慢磨辊、磨辊间距调节机构与机体等组成。磨辊通常有两种形式：一类是在磨辊表面刻有不同几何参数的细槽（拉丝），称为齿辊；另一类是光滑的圆柱表面，称为光辊。目前我国农村所用的辊式磨粉机，不管是辊式磨粉单机组，还是面粉加工成套设备均采用齿辊。一对磨辊的表面线速度可以不同，齿槽也有不同形状，因而可以获得不同的粉碎过程，并适用于不同性质和要求的物料。磨粉机的进料和磨辊离合机构有手动控制和自动控制两种。传统的自动控制大多是液压的。

（2）筛粉部分：有平筛和圆筛两种类型。平筛是由若干不同传动筛孔的木质筛格叠合而成，采用振动式筛理。圆筛采用回转式筛理。

（3）传动部分。由电动机及电动机传动轮、圆筛带轮、快辊传动轮、慢辊齿轮和快辊齿轮等组成。工作时电动机上的电动机传动轮通过快辊V带，首先带动磨头上的快辊，由快辊二联传动轮经过圆筛V带，通过圆筛传动轮转动圆筛。

3.技术参数

MDDK型和MDDL型磨粉机的主要技术参数见表3-2-1。

表 3-2-1　MDDK 型和 MDDL 型磨粉机的主要技术参数

项　目		MDDK（L） 6×2	MDDK（L） 8×2	MDDK（L） 10×2	MDDK（L） 12.5×2	MDDK（L） 15×2
磨辊（直径×长度） （mm）		250×600	250×800	250×1000	250×1250	250×1500
快辊转速（r/min）		350~800,常用 450、500、550、600				
快慢辊速比		齿辊（1.5×3.0）：1　光辊（1.05~1.5）：1				
磨辊使用直径范围		φ250~225				
快辊传动带直径 （mm）		335，具有 4、6、8 条带槽，适用于 SPA 窄 V 带 335，具有 4、6 条带槽，适用于 SPB 窄 V 带				
压缩 空气	工作和控制 压力(MPa)	0.6				
	空气耗用量 （m³/h）	2				
功率（kW）		B 磨：最大 50，M 磨：最大 22 常配 7.5、11.15、18.5、22.30、37				

4.特点

辊式磨粉机结构复杂，体积大，自重大，占地面积大，设备的价格高，与其他磨粉机相比，具有研磨时间短、加工质量好、运行消耗少、自动化程度高等优点，广泛地应用于面粉及其他粮食加工领域。

(三) 辊式磨粉机的使用

1.检查和调整

(1) 机器使用前，应检查安装是否牢固和端正。

(2) 应定期对润滑部件进行润滑处理，如磨辊轴承、圆筛轴承、张紧轮轴承等每个季度要拆洗一次并涂润滑脂。

(3) 新机出厂时，已将间隙和尺寸调整到正确位置，除特殊情况下一般不调整，但应查零件有无损失或丢失，并按下述方法检查或复检：

①运转前的检查：检查传动轮的松紧和安全防护装置的可靠性；检查各部件的紧固螺钉是否松动；检查润滑情况；检查磨辊间隙是否一致。

②空载运转检查：启动电动机，查看传动轮的转向是否正确，速度是否符合要求；调节手轮，使磨辊有一定的间隙，把手柄合闸，查看离合是否正常；是否有空车窜动、敲击声等不正常的情况。

③停车的检查：检查筛绢是否完好。

(4) 新机安装调试后，应先用少量的麸皮在磨辊内试磨0.5h，待磨辊内的脏物清洁后，再开始磨面粉；转动微量调节手柄，使滑块移动到所需位置；将需磨制物料放入料斗内；按电钮（或三相闸刀）开关使机器运转；缓慢地推动操作手柄至工作位置，并检查物料破碎程度及下料情况，分别调节大手轮和小手轮。

(5) 磨粉机在正常使用中应经常检查，确保锁紧螺母将轴承内圈压紧。

(6) 研磨工作结束后，应除去机器内部存渣，打开磨门及磨窗通风，让里面的热气散去，同时让圆箩继续工作若干分钟，以免有过多的面粉和麦渣存在筛内。

(7) 每班结束后，拆下箩箩进行清理，用毛刷刷去筛绢上和圆箩壳内的面粉。

(8) 严防将铁钉、金属块、硬石块等混入磨中。

(9) 严禁空转时将磨辊推向工作位置空研磨辊，料磨完后应立即脱闸。

2.维护和保养

(1) 操作维修与保养。磨粉间的操作人员认真观察设备运转状况，能有效预防故障发生，维护设备正常运行。因此操作人员必须确保做好以下工作：

①开机前的准备。保证进入磨粉机的气缸工作压力稳定，即要维持一定的负载量。

②喂料机构的调整。要根据流量的大小调整限位螺杆的位置，以保证磨粉机工作流量的相对稳定。

③进料要均匀，流动速率要稳定。

④要注意物料的温度是否上升，注意吸风机构的调整，适时降低物料温度。

⑤注意轧距的调整。主要是由工作人员根据工艺要求来调节，通过转动单调手轮来调整轧距，然后锁紧手轮锁紧。

⑥注意要及时清理磨辊的表面，用刷子清理辊面上的残留物。

在其他情况下可以通过自动化操作和电流表来观察能量消耗的变化，红外线温度计可以测量磨辊表面、轴承和电机的温度。

在驱动系统中，通过机油、润滑油和传送带的气味可以发现部件温度的升高。磨辊轴承、皮带、其他机器零部件的异常情况可以通过机器的振动表现出来，这种振动可以在运转的磨辊中感觉到。

（2）电机维护：用一台电动机带动多个磨辊给监控单个磨辊的能量消耗带来很大困难，但是却方便了测量整个磨辊组在负载量下的能量消耗。需要对每一台电动机监控，并不断地检查每道工序的负荷量以便及时发现异常情况。

在运转中检测电动机的温度有助于保证电动机不过热，对磨辊表面温度的红外线检测可以发现存在的隐患。旧电动机需要用合适的润滑剂以提高效率，最有效的办法是更换新机，这样效率会更高，选用的新电机应不小于原电机的额定功率。磨间的电控柜和磨粉机上的控制器应该进行多方面的检查，比如在冷热方面、是否有振动、因时间而老化、是否有灰尘覆盖等。这些封漆应在出现失效的迹象时及早更换，以免增加维修费用及延长停工时间。

（3）部件维护：传送带和齿轮的校正对磨粉机的运行和保养很重要，如果安装不合适将导致驱动带、齿轮、轴承过早老化，会增加能量的消耗，降低效率。传送带须在额定的负荷下工作，过大的张紧力、磨损等都会降低使用寿命，润滑油不能涂抹在传送带上，否则会加速传送带的老化。齿轮和轴承润滑油最好是按规定加入，油道必须密封以免污染环境，润滑油的选择必须不能腐蚀金属。更换磨辊时，不能单辊拆装，这样会增加成本，应该成组装配，可大大缩短装配时间，通常装配大概只需15min。机械系统装置的调整有喂料门的安装、磨辊间隙的调整，以及磨辊清理器包括控制杆、弹簧、计量器等的调整，还有电子探测器和电动机，对正常运转的机器来讲，其电子控制装置系统必须固定在某一位置。磨辊刷和刮刀要定期检查和维护，刷子要满足要求，这样操作工人可以不用接触磨辊表面就进行操作，刷子和刮刀要以最低的压力清洁磨辊表面，力量过大会损伤刷子以及刮刀和磨辊表面。

（4）卫生设施：首先清理磨粉机内如进料斗、下料斗和磨膛等部位积存的麦粒和面粉。通常下料口、出物料的漏斗易发生堵塞。这些部位必须定期检查。旧的磨粉机有单独的吸风装置，进口必须保证通畅，以便气流顺利通过。适当的吸风装置对碾磨过程中排除水分和热量是很重要的，否则将会引起面粉凝结并易滋生霉菌。卫生隐患问题容易发生在电子控制设备、驱动装置和排出装置的物料积聚处。要保证这些设备表面的清洁，定期清理，及时发现问题并加以解决。应把热量积聚和消除作为重要的工作任务，及时清除潜在的可燃源。

（5）安全问题：对探测器和开关的检查是很重要的，它可以确保设备在使用前处于正常状态，并保证工作人员的安全，不能使用的设备必须及时更换。设备的防护装置应固定在一定的位置，确保使用方便，如需移动它们维修设备，维修目的应明确。辊式磨粉机是工厂的核心部分，如不按步骤进行合理的保养将会损失巨大，因此必须采取以下3个步骤：

①明确哪些原因使设备不能正常有效运转。

②制定策略和计划，通过合理的培训、计划和执行，改正那些缺点。

③制定计划后，当机器的不正常运转使产品的质量和效率降低时，要确保维修和保养能够得以实施。

三、辅助研磨设备

（一）松粉机

在小麦制粉过程中，从皮磨系统获得的粗粒和粗粉，经磨粉机光辊研磨，受到挤压力和剪切力，不仅粉碎成能穿过9XX筛网的面粉，而且形成一定数量的粉片和预破损的胚乳颗粒。后者通过松粉机的打击和撞击作用，便可进一步得到粉碎，较容易地研磨成面粉。因此，在中路出粉的制粉厂，对粗粒和粗粉的研磨，采用两阶段研磨，物料先经磨粉机光辊加工，再进入松粉机进一步研磨，这样可提高粗粒和粗粉的成粉率，缩短研磨道数，降低动力消耗。

松粉机分为撞击松粉机和打板松粉机两类。

1.撞击松粉机

（1）结构组成：ZJ43型撞击松粉机结构组成如图3-2-2所示。

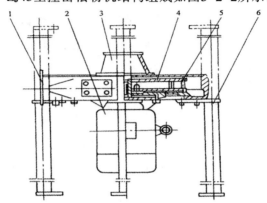

图 3-2-2　撞击松粉机结构示意图

1.撞击座圈　2.电机　3.进料筒　4.甩盘　5.柱销　6.柱脚

（2）工作原理：ZJ43型撞击松粉机工作时，物料进入撞击机，由于离心力的作用，物料由中心向四周甩出并在旋转盘的柱销之间产生强力撞击，且将物料甩出，再与撞击座圈四周摩擦碰撞后，使物料粉碎，同时杀死虫卵。经过处理后的物料从环形料槽沿切向出口离心甩出由出料口处排出。

2.打板松粉机

（1）结构组成：打板松粉机的结构组成如图3-2-3所示。

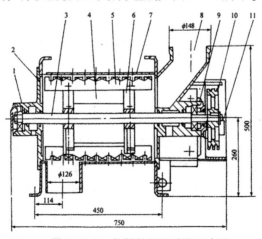

图 3-2-3　打板松粉机结构示意图

1.轴承　2.轴承座　3.轴　4.门　5.打板　6.星形轮　7.壳体

8.进料口　9.电动机　10.大皮带轮　11.电动机皮带轮

在铁制的机架内，装置有高速旋转的打板和工作圆筒，打板通过支架固定在主轴上，由传动轮带动，打板为长条形，有四块，具有较高的圆周速度（15.7m/s）。

（2）工作原理：打板松粉机工作时，物料由进料口进入机内，在高速旋转的打板作用下，物料被打击在工作圆筒上，受到强烈的撞击和摩擦，使粉片和预损伤的胚乳得到粉碎。长条打板呈锯齿形，使物料从进口推向出口排出。瑞士布勒公司制造MDL-300型打板松粉机，转速为1000r/min，产量1500~3000kg/h，功率2~4kW。

（3）技术参数：打板松粉机的主要技术参数见表3-2-2。

表 3-3-2 打板松粉机的主要技术参数

参数型号	转子直径（mm）	转子转速（r/min）	电动机功率（kW）	产量（t/h）	长×宽×高（mm）
FSJD30-1.5	300	700	1.5	1	670×350×660
FSJD30-2.2	300	700	2.2	1.5	670×350×660
FSJD30-3	300	700	3	2	670×350×660
FSJD29-3	290	710	3	1~1.2	845×365×710
FSJD29-4	290	710	4	1.3~1.6	845×365×730
FSJD29-5.5	290	710	5.5	1.3~2.2	845×365×780

3.松粉机的使用

（1）安全操作：

①磨粉机投料前，先空载启动松粉机；待松粉机运转正常后再启动磨粉机进料。

②严防金属物进入机内，避免发生设备、人身事故。在机器运行时，当机器内有异物或转子装配件与机器其他部位有摩擦、碰撞产生强烈振动时，必须停机打开机器进行检查。

③工作过程中发生堵塞时，必须停机，打开机盖进行清理。严禁在工作过程中用手或其他工具从出料口进行排堵操作，以免发生设备、人身事故。

④排堵完成后，应先让机器空转两三分钟，将甩盘上的物料甩出。

⑤磨粉机停止供料后，应使松粉机多运转几分钟，尽量将机器内的物料排空。

突发事故停机时，机内易积累物料引起阻塞。再次使用时，要确保阻塞物料消除，以免带料启动使电动机过热或烧坏。

（2）安装：

①安装方式：图3-2-4所示为松粉机常见的安装方式。进料口可以向上、向下或者侧向安装。无论哪一种安装方式，都必须保证机体水平或垂直。

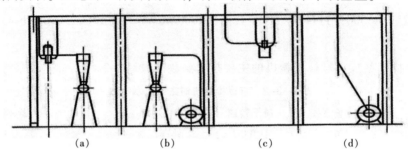

（a）　　　　　（b）　　　　　（c）　　　　　（d）

图3-2-4　撞击松粉机常见的安装形式

第一，撞击松粉机用三角支架固定在墙上［图3-2-4（a）］，或吊挂在顶棚下，出料口与卸料器进料口等高，省去大弯头。安装时可靠车间墙安装，也可安装在车间中央。此方法是目前最常见的一种安装方法，优点是节省了大弯头，减小了风阻，不易堵塞。缺点是操作维修不便。经过实践证明，此种安装方法取粉率低于图3-2-4（c）和图3-2-4（d）两种安装方式。

第二，撞击松粉机座装在楼板上［图3-2-4（b）］，维修保养方便，但增加了大弯头，阻力损失增大，并且占用了一定的操作空间。

第三，撞击松粉机吊装在磨粉机下［图3-2-4（c）］，用焊接平台支承。物料从磨下自动流进机体，加速度由很小或基本为零瞬时加速，被高速甩出，在机体内受到的打击次数和强度较图3-2-4（a）和图3-2-4（b）两种安装方式提高5%~10%的取粉率。但缺点在于操作维修不便，且易堵塞，动力消耗较高。

第四，撞击松粉机座装在地面上或用三脚架支承在墙上［图3-2-4（d）］。此种方法与图3-2-4（c）安装基本相同，其操作维修方便，但占用了一定的操作空间。

图3-2-4（c）和图3-2-4（d）所示两种安装，均易因物料流量的波动引起堵塞，严重的会烧毁电动机，所以必须设置旁通管道，进出口开设排堵活门。

②安装注意事宜：

第一，安装位置最好加减振装置，管道的连接也最好用软连接。

第二，在进出机体的管道上设计活门，以方便排堵。

第三，撞击松粉机安装时建议接一个旁通支管，以方便检修。

第四，撞击松粉机出口与风运管连接处加设调节风量的管段，此段调风管上应均布40mm长、10~15mm宽的进气孔10~12个。当吸风管风量超过7m³/min时，调风管上的进气孔应打开。也可在进料口管道上加设补风调节器，以保证撞击松粉机正常工作。

撞击松粉机的用途和用法很多，但必须根据工艺的实际情况，具体问题具体分析，灵活运用，有针对性和创造性地发挥和使用，使之为制粉工艺的先进性提供必要的保障。

（3）维护保养：

①打板松粉机要定期调整打板与筛筒之间的间隙，以免由于打板过度磨损造成松粉效果下降，或由此引起的振动。要定期检查销柱连接情况，紧固松动的销柱。

撞击松粉机中的销柱及连接盘在使用过程中不断被磨损，当磨损到一定程度时必须更换。修复或更换转子时一定要做动平衡实验，动平衡精度等级要求为G16。

②松粉机在工作时如遇停电，再次启动时，必须将机内物料清理干净，以免烧坏电动机；同时要按电动机生产厂家要求定期对电动机进行维护。

③进机物料要经过磁选。

(二) 撞击磨

撞击磨的意义在于它可以在一定范围内大幅度地增加取粉率，从而大幅度地提高研磨效果，甚至可以部分取代辊式磨粉机。一般来说，撞击磨的取粉率能达到40%~70%。撞击磨分为麦心撞击磨和麸皮撞击磨两种。

1.工作原理

撞击磨的工作原理与撞击松粉机基本类似，即利用高速旋转的叶轮、销柱以及撞击圈，使物料旋转，获得巨大的离心力，让物料在叶轮、销柱以及撞击圈之间连续进行撞击，使物料被研磨粉碎，有较高的出粉率。为了避免物料升温，撞击磨还配有空调冷却装置。如图3-2-5为撞击磨的结构示意图。

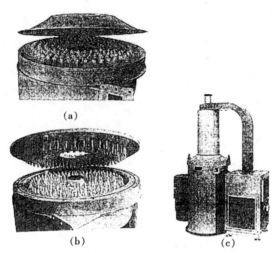

(a)

(b)　　　　(c)

图 3- 2-5　撞击磨的结构示意图

2.技术参数

撞击磨的主要技术参数见表3-2-3。

表 3- 2-3　撞击磨的主要技术参数

型　号	甩盘直径（mm）	甩盘转速（r/min）	电动机功率（kW）	产量（t/h）
GZ43-1	430	4500	15	1~2
GZ43-2	430	5500	15	1~2
FZJM45-7.5	450	2930	7.5	1.5
FZJM45-11	450	2930	11	2
FZJM53-15	530	2930	15	2.5

3.撞击磨的使用

（1）安装：

①在安装前，必须先检查设备在运输保管中有无损坏、主要连接部件有无松动、机内有无异物等。

②安装时必须保证甩盘水平。调整方法：将水平仪放在顶盖上，调整脚支架使顶盖处于水平，然后方可固定脚支架。

③通电试机前必须清除异物并用手转动电动机检查，无异常声响方可通电试运转；试运转半小时无异常声响后即可投料试机。

④为保障撞击磨工作时不受损害，在进料管道中必须安装专用的磁选器。

⑤为维护、检查、检修方便，撞击磨安装时应接一旁通支管。

（2）操作：

①为保证撞击磨不堵料，启动时，应先空载开机，待其运转正常后再进料；停机前应先停止进料，等排空物料后再停机。

②撞击磨在工作时如遇停电，再次启动时，必须将机内物料清理干净，以免电动机烧坏。

③如果有堵塞，可先打开大盖上的补风口；若不能解决，则应打开离出料口最近的排堵孔，用粗钢丝将物料捅向出口。关上该排堵孔后，再依次打开其余排堵孔，直到将堵塞物清理干净。切记清理后必须将粗钢丝取出，以免发生事故。

④排堵完成后，应先让机器空运转几分钟，让甩盘上的物料甩出。

（3）维护保养：

①手动运转时，若发现有短促的金属碰撞声应立即停止转动，检查是否有柱销碰撞。柱销碰撞可以用校正或修磨柱销的方法排除故障。在确认无异常声响前，严禁通电运转。

②投料试机阶段，应密切关注电动机电流和机器运转声响的变化，避免因物料严重堵塞而导致电动机烧毁。

④运转时，若发现有持续时间较长的金属间摩擦声应立即停机，调整转子轴向位置，消除摩擦声响。

④撞击磨的零部件和总装的精度都很高，安装调试完成后应尽量不拆卸机器。严禁自行拆卸、更换或者变更柱销的位置。

⑤要按电动机生产厂家要求定期对电动机进行维护。

⑥撞击磨中的销柱和连接盘在使用过程中不断被磨损，当磨损到一定程度时必须更换。修复或更换转子时一定要做动平衡实验，动平衡精度等级要求为G16。

⑦撞击磨转子的轴向位置，即转子盘和定子盘之间的距离，可通过调整丝堵的方法调整。在确保不摩擦的前提下，转子盘和定子盘之间的距离越小，则撞击磨的研磨效果越好，但耗电量也越大。当转子在最佳位置、电流超负荷时，应更换更大功率的电动机或更换较大规格的撞击磨。

第三节 筛 理

一、各系统物料的筛理特性

(一) 皮磨系统

前路皮磨系统筛理物料的物理特性是容重较高，颗粒体积大小悬殊，且形状不同（麸片多呈片状，粗粒、粗粉和面粉为不规则的粒状），在皮磨剥刮率不很高的情况下，筛理物料温度较低，麸片上含胚乳多而且较硬，大粗粒（麦渣）颗粒较大，含麦皮较少，因而散落性、流动性及自动分级性能良好。在筛理过程中，麸片、粗粒容易上浮，粗粉和面粉易下沉与筛面接触，故麸片、粗粒、粗粉和面粉易于分离。

随着皮磨的逐道剥刮，麸片上的胚乳含量逐渐减少，研磨时相应从麦皮上剥刮下的胚乳量减少，因而后路皮磨系统筛理物料中麸片多，粗粒、粗粉和面粉较少，大粗粒数量极少。麸片粒度减小，且变薄、变轻、变软，刮下的粗粒、粗粉和面粉中含有较多的细小麦皮，品质较差。因而筛理物料的特性是体积松散，流动滞缓，容重低，颗粒大小差异不如前路系统悬殊，散落性减小，流动性变差，自动分级性能较差。麸片、粗粒、粗粉和面粉间相互粘连性较强，不易分清，筛理时麸片、粗粒上浮和面粉下沉都比较困难，因此筛理分级时需要较长的筛理行程。

(二) 渣磨系统

采用轻研细刮的制粉方法时，渣磨系统研磨的物料主要是皮磨或清粉系统提取的大粗粒。大粗粒中含有胚乳颗粒、粘连麦皮的胚乳颗粒和少量麦皮，这些物料经过渣磨研磨后，麦皮与胚乳分离，胚乳粒度减小。因此筛理物料中含有较多的中小粗粒、粗粉、一定量的面粉和少量麦皮，渣磨采用光辊时还含有一些被压成小片的麦胚。胚片和麦皮粒度较大，其余物料粒度差异不悬殊，散落性中等，筛理时有较好的自动分级性能，粗粒、粗粉和面粉较容易分清。

(三) 心磨和尾磨系统

心磨系统的作用是将皮磨、渣磨及清粉系统分出的较纯的胚乳颗粒（粗粒、粗粉）磨细成粉。为提高面粉质量，心磨多采用光辊，并配以松粉机辅助研磨，所以筛理物料中面粉含量较高，尤其前路心磨通过光辊研磨和撞击松粉机的联合作用，筛理物料含粉率在50%以上，同时较大的胚乳粒被磨细成为更细小的粗粒和粗粉。因此心磨筛理物料的特征是：麸屑少，含粉多，颗粒大小差别不显著，散落性较小。

要将所含面粉基本筛净，需要较长的尾磨系统用于处理心磨物料中筛分出的混有少量胚乳粒的麸屑及少量麦胚。经光辊研磨后，胚乳粒被磨碎，麦胚被碾压成较大的薄片，因此筛理物料中相应含有一些品质较差的粗粉、面粉以及较多的麸屑和少量的胚片。若单独提取麦胚，需采用较稀的筛孔将麦胚先筛分出来。

（四）打麸粉（刷麸粉）和吸风粉

用打麸机（刷麸机）处理麸片上残留的胚乳，所获得筛出物称为打麸粉（刷麸粉），气力输送风网中卸料之后的含粉尘气体、制粉间低压除尘风网（含清粉机风网）的含粉尘气体经除尘器过滤后的细小粉粒称为吸风粉。这些物料的特点是粉粒细小而黏性大，吸附性强，容重低而散落性差，流动性差，筛理时不易自动分级，粉粒易黏附筛面，堵塞筛孔。

二、筛理工作要求

鉴于制粉过程中筛理物料的上述特征，筛理时就要满足以下要求：

（1）筛理分级种类要多，并能根据原料状况、工艺要求和研磨系统不同，灵活调整分级种类的多少。

（2）具有足够的筛理面积和合理的筛理路线，将面粉筛净，分级物料按粒度分清，并有较高的筛理效率。

（3）能容纳较高的物料流量，筛理物料流动顺畅，在常规的工艺流量波动范围内不易造成堵塞，减少筛理设备使用台数，降低生产成本。

（4）设备结构合理，有足够的刚度，部件间连接牢固，密封性能好，经久耐用。运动参数合理，保证筛理效果，运转平稳，噪音低。

（5）筛格加工精度高，长期使用不变形，与构件间配合紧密，不窜粉、不漏粉。筛格互换性强，便于调整筛网，调整筛路。

（6）隔热性能要好，筛箱内部不结露、不积垢生虫。

三、筛理设备

常用的筛理设备有平筛和圆筛。

(一) 平筛

1.高方平筛

高方平筛因筛格正方，筛格层数较多，筛箱体较高而得名。高方筛筛体由两个筛箱和一个传动架通过两根横梁联结，并通过横梁上固定的吊杆悬挂起来，如图3-3-1所示。

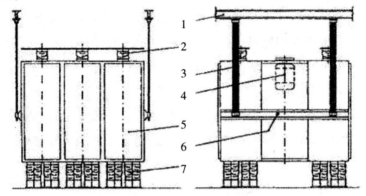

图 3-3-1　FSFG 型高方平筛结构示意图

1.槽钢　2.进料装置　3.吊杆　4.电动机　5.筛箱　6.横梁　7.出料筒

FSFG型高方平筛的主要技术参数见表3-3-1。

表 3-3-1　FSFG 型高方平筛的主要技术参数

型 号	FSFG4×24C	FSFG6×24C	FSFG8×24C	FSFG6×24D	FSFG8×24D
仓 数	4	6	8	6	8
筛格平面尺寸（mm）	640×640	640×640	640×640	740×740	740×740
每仓格数	22~28	22~28	22~28	22~28	22~28
总筛理面积（m²）	23~28.6	34.6~42.9	46~57	57.1~68.7	79~92
转速（r/min）	240	240	240	240	240
回转直径（mm）	65	65	65	65	65
功率（kW）	3	4	5.5	5.5	7.5
筛箱内腔高度（mm）	2100	2100	2100	2100	2100
筛格总高度（mm）	2065	2065	2065	2065	2065
筛顶格高度（mm）	140/200	140/200	140/200	140/200	140/200
筛底格高度（mm）	150	150	150	150	150
长×宽×高（mm）	2295×1537×2520	2295×2285×2520	2295×3033×2520	2495×2585×2520	2535×3433×2520

2.FSFG（B）型高方筛

不同制造厂家生产的高方平筛构造稍有差异。FSFG（B）型高方筛与FSFG型高方平筛的不同之处在于：一是高方筛的横梁固定在筛体下部，而FSFG型横梁在筛体中部。二是电机等驱动系统装于筛箱体下部，筛体重心低，吊杆长，允许安装高度低，适于楼层较低的厂房内安装，而FSFG型筛电机装于筛体上部，筛体重心较高，要求安装高度相对较高。三是筛格结构、形式及底格出口排列也有所不同。FSFG（B）型高方筛结构组成如图3-3-2所示。

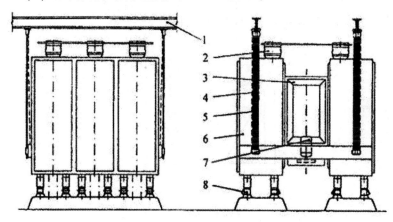

图3-3-2 FSFG（B）型高方平筛结构示意图

1.槽钢 2.进料装置 3.传动钢架 4.吊杆 5.安全钢丝绳 6.筛箱 7.传动机构 8.出料筒

（二）振动圆筛

振动圆筛具有强烈的筛理作用，它是制粉工艺设备中除平筛之外的另一种筛理设备，是圆筛设备之一，是制粉工艺中的辅助设备，常用来处理黏腻、潮湿的物料。

1.结构组成

立式振动圆筛的结构组成如图3-3-3所示。其主要部件是吊挂在机架上的筛体。筛体中部是一打板转子，外部为圆形筛筒。转子主轴的一侧装有偏重块，使筛体产生小振幅的高频振动。打板转子圆周均布4块条形打板，打板向后倾斜一定角度，上面安装有许多向上倾斜的叶片，叶片间隔排列呈螺旋状。物料自下方进料口进入筛筒内，在打板的作用下甩向筛筒内表面，细小颗粒穿过筛孔，从下方出口排出，筒内物料被逐渐推至上方出料口。筛筒为锦纶筛网。

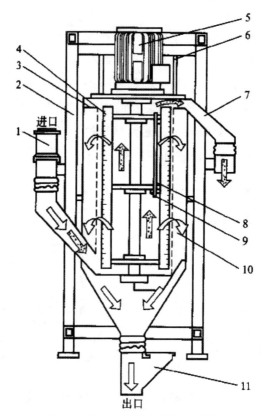

图 3-3-3　立式振动圆筛示意图

1.进料口　2.机架　3.筛体　4.打板　5.电动机　6.吊杆

7.筛上物出口　8.偏重块　9.调节螺栓　10.筛筒　11.筛下物出口

除上述结构形式外，立式振动圆筛有的采用上方进料、下方出料形式；还有的是将筛体安装在减震器上，减震器固定在地板上，电机带动主轴上的偏重块所产生的惯性力使筛体振动。

2.工作原理

从筛体下部进料口进入机内的物料，在高速旋转打板转子的作用下，迫使细颗粒通过筛孔达到分离的目的。筛筒产生振动，使黏塞与筛孔的粉粒从筛面振掉。落在锥形斗内的筛出物，从底部筛下物出口排出。筛上物由打板上的倾斜叶片送到上部，从筛上物出口排出。

3.技术参数

立式振动圆筛的主要技术参数见表3-3-2。

表 3-3-2　立式振动圆筛的主要技术参数

型　号	FSFZ45	FSFZ40
圆筒直径×长度（mm）	450×800	450×800
筛理面积(mm²)	1.13	1.0
打板转速（r/min）	1020	960
产量（t/h）（吸麸风、刷麸粉）	0.4~1.0	0.3~0.5
功率（kW）	4	3

4.振动圆筛的使用

（1）设备需空机启动，运转正常后才可进料，否则被打板推动的机内物料可能损坏筛网。停机前应先停止进料，等排空物料后再停机。

（2）进机流量波动较大（如处理来自具有间歇排料功能的脉冲除尘器的吸风粉）时易造成筛网的损坏，并可能使设备堵塞，因此，在振动圆筛上方应设置中间仓及振动给料器，以稳定、控制进机流量。

（3）由于振动圆筛来料的途径较多，故应对进机物料进行磁选，以保护筛网。

（4）尽量安装旁路。生产中发现筛绢破损时，可将物料拨到旁路溜管，单机暂停，及时更换筛绢。

（5）筛网配备要合适，张紧一致，保持筛筒圆整平直，无松弛下垂现象，筛孔要保持畅通；筛网有破损时要及时更换。

（6）打板转子装拆时要进行必要的平衡，要根据物料性质及时调整打板外缘与筛筒内壁之间的间隙。

5.振动圆筛的维护

（1）经常检查筛下物是否有筛上物混入，如有，应查看筛网是否破损，要及时更换。

（2）经常检查吊杆是否有损伤或松动，要注意及时更换或紧固。

（3）开机、停机时观察通过共振区时托架的晃动应在2mm左右，否则要调整减振圈的预压量，增加弹性支承系统的阻尼。

（4）检查各块打板的径向位置是否一致，打板和筛网之间的间隙一般为12~22mm。

（5）定期检查各处连接部分，如有松动、损坏，应及时拧紧或更换。

（6）如发现轴承等传动件发热、机器有异常声音、强烈振动等不正常现象，应及时停机检查，排除故障。

（7）设备工作半年后要进行检修，以保证设备正常工作，保持良好的筛理效果。

（8）若需更换电动机，必须保证与该设备出厂时所配电动机型号规格一致。

四、影响筛理设备筛理工艺效果的主要因素

（一）平筛

1.筛理物料的物理特性

硬麦研磨后颗粒状物料较多，流动性较好，易于自动分级。面粉多呈细小沙砾状，易于穿过筛孔，而麦皮易碎。为保证面粉质量，粉筛筛网应适当加密。软麦研磨后物料麸片较大，颗粒状的物料相对较少，粗粉和细粉较多，流动性稍差，在保证粉质的前提下，可适当放稀粉筛筛孔或延长筛理路线。

筛理物料水分高时，流动性及自动分级性能变差，细粉不易筛理且易堵塞筛孔，麸片大（尤其是软麦）易堵塞通道，应适当降低流量或放稀筛孔。

筛理物料的形状、粒度和密度差别大时，自动分级性能好，筛理效率高。后路较前路物料分级性能差，且筛孔较密，需要较长的筛理长度。

2.环境因素

筛理的工作环境，即温度和湿度对筛理效率有较大影响。温度高、湿度大时，筛理物料流动性变差，筛孔易堵塞，故在高温和高湿季节，应适当放稀筛孔或降低产量，并注意定时检查清理块的清理效果，保证筛孔畅通。

3.筛路的组合及筛孔配置

各仓平筛筛路组合的完善程度与其筛理效率直接相关。筛路组合时要根据各仓平筛物料的流量、筛理性质、筛孔配备、分级后物料的数量及分级的难易程度，合理地确定分级的先后次序，并配以合适的筛理长度，使物料有较高的筛净率，同时避免出现"筛枯"。

筛孔的配备对筛理效率、产量及产品的质量都有很大影响，应根据筛理物料的分级性能、粒度、含应筛出物的数量、筛理路线等因素合理选配。筛网配置的一般原则如下：整个粉路中，同类筛网，"前稀后密"；每仓平筛中，同组筛网，"上稀下密"；筛理同种物料，流量大时适当放稀；物料质量差时，适当加密。

4.筛面的工作状态

筛面工作时，既要承受物料的负荷，还要保证物料的正常运动，因此，必须有足够的张力。否则筛面松弛，承受物料后下垂，筛上物料运动速度减慢，筛理效率降低，甚至造成堵塞。同时，筛面下垂还会压住清理块，使其运动受阻，筛孔得不到清理而堵塞。

物料在筛理过程中，一些比筛孔稍大的颗粒会卡入孔中而阻塞筛孔，若不清理必然降低有效筛理面积，降低筛理效率。另外，物料与筛面摩擦所产生的静电，使一些细小颗粒黏附在筛面下方，阻碍颗粒通过筛孔。因此，筛面的清理极为重要。

5.平筛的工作参数

筛理的必要条件是物料在筛面上产生相对运动，运动过程中的自动分级，小的、重的、光滑的颗粒沉于料层底部接触筛面，粒度小于孔径时，在重力作用下穿过筛孔。

物料的相对运动轨迹半径随平筛的回转半径和运动频率的增加而增大。物料的相对运动回转半径增大，向出料端推进的速度加快，平筛处理量加大。若物料相对运动回转半径过大，则使一些细小颗粒未沉于底层即被推出筛面，而接触筛面的应穿孔物料因速度大无法穿过筛孔，从而降低筛理效率；若物料相对运动回转半径过小，则料层加厚，分级时间延长，降低通过的物料量。因此，平筛的回转半径和运动频率要配合恰当。

6.流量

各系统平筛的处理量随筛理物料的粒度、容重、筛孔大小等因素变化。一般皮磨流量较大，渣磨次之，心磨较低；前路流量较大，后路相对减小。

为达到相同的筛理效果，某种物料分几仓筛理时，负荷分配要均衡。同道物料可采用"分磨混筛"。流量较大时，可采用"双路"筛理，减少筛上物的厚度。

（二）振动筛

1.物料性质

流动性好、散落性好的物料，被打板打击后在筛面上分布均匀，接触筛面的面积大，筛面的利用率高，筛理效果较好；水分高、黏性大的物料散落性不好，流动性差，其筛理效果也就不如散落性好的物料。

2.流量

在物料性质和其他技术参数都相同的情况下，筛筒单位面积的流量大小直接影响着筛理效果的好坏。流量大，物料在筛筒内密度增大，物料与打板、筛筒的撞击作用减弱，筛理效果就差。反之，效果就好。

3.打板与筛筒的参数

（1）打板的转速：打板速度高，对物料的打击作用强，虽然产量高，但筛网磨损加快，物料分级不准确。打板速度低，则打击缓慢，筛网不易磨损，但产量低。打板的线速度一般为7.5~10m/s。

（2）打板的斜度：打板倾斜可加快物料的推进或提升。斜度越大，推进或提升越快，产量就高；但物料穿过筛孔的机会降低，筛理效果差。反之，筛理效果就好。一般情况下立式振动圆筛的提料打板斜度采用36°~63°。

（3）打板与筛面的间隙：打板与筛面的间隙小，则经打板撞击的物料以较高的速度抛向筛面，可筛出物通过筛孔的机会增多，筛理效果强，但筛面磨损较快。

（4）筛面张紧度：若筛面松弛，物料在筛面上流动性差，容易产生堆积，影响筛理效果；若筛面过紧，会使筛网承受较大拉力而易损坏。

（5）筛面清理：设备工作一段时间后，要及时进行筛面清理，使筛孔保持通畅，以免影响筛理效果。

第四节　清　粉

经皮磨、渣磨系统研磨筛理分级后，分出的粗粒和粗粉基本上为从麦皮上剥刮分离出的胚乳颗粒，需进一步研磨成粉。然而其中多少还含有一些连皮胚乳粒和细碎麦皮，其含量随粗粒和粗粉的提取部位、研磨物料特性及粉碎程度等因素变化而改变。如果将粗粒和粗粉直接送往心磨研磨，在胚乳颗粒被磨碎成粉的同时，必然是一些麦皮随之粉碎，从而降低面粉质量，特别是降低前路心磨优质面粉的出品率和质量。所以，生产高等级和高出粉率的面粉时，需将粗粒和粗粉进行精选。精选之后，分出的细碎麦皮送往相应的细皮磨，连皮胚乳粒送往渣磨和尾磨，胚乳颗粒送往前路心磨。制粉工艺中，清粉则是利用风筛结合的共同作用，对平筛筛出的各种粒度的粗粒、粗粉按质量和粒度进行提纯和分级，得到纯度更高的粗粒、粗粉。常用的清粉设备有清粉机。

一、粗粒和粗粉的理化特性

苏联的制粉专家研究了粗粒、粗粉的悬浮速度和灰分的关系，如图3-4-1所示。

（1）随着悬浮速度的增加，悬浮颗粒的灰分呈上升趋势，达到最高值后逐渐下降。选出合适的风速，可分离出低灰分的胚乳颗粒。

（2）物料粒度减小曲线左移，即颗粒悬浮速度减小，并且悬浮速度范围缩小。

如：22W/24W的大粗粒的悬浮速度为0.4~2.9m/s，34W/36W的中粗粒则为0.3~
1.8m/s，而54GG/56GG的粗粉仅为0.2~1.0m/s。由此可见，同粒度的大粗粒混合物
中，胚乳粒、连皮胚乳粒、碎麦皮的悬浮速度相差较大，中粗粒次之，而粗粉相
差较小。因此，清粉时大粗粒所需风量较大，风速较高且易于调节；粗粉所需风
量较小，风速也不易掌握，筛出物料的灰分降低率相对较低。

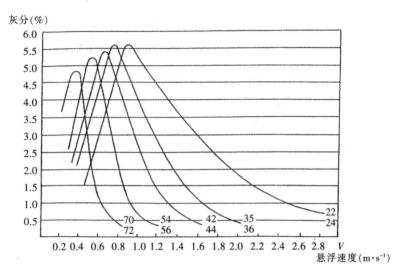

图 3-4-1　粗粒、粗粉悬浮速度与灰分的关系

同一悬浮速度下，悬浮颗粒的灰分取决于其粒度大小。表3-4-1列出悬浮速度
为1.8m/s时，不同悬浮颗粒的灰分的变化。所以，要提高粗粒和粗粉的清粉效果，
必须在清粉前按粒度将其分级，缩小其粒度差异。

表 3-4-1　同一悬浮速度下粒度与灰分的关系

悬浮速度 （m/s）	1.8				
粒度 （GG）	46/48	40/42	34/36	30/32	24/26
灰分 （%）	0.46	0.81	1.57	2.47	3.34

二、清粉设备（清粉机）

清粉机主要是利用筛理和风选的联合作用进行清粉，清粉机是加工高质量等
级粉工艺流程中必不可少的机械设备。

（一）结构组成

清粉机的主要工作部件是稍带倾斜、做往复运动的筛面。倾角一般为1°~2°。
筛面上方设有吸风道，气流自下而上穿过筛面。筛面为2~3层，每层分四段，筛孔

自进口端到出口端逐段放稀。来自平筛粒度相近的物料落入筛面后，筛面的往复运动使物料呈松散状态，并向出口方向流动。上升的气流，使物料按悬浮速度不同形成自动分级，产生四种筛下物和2~3种筛上物，其粒度和质量情况是：从进口端到出口端，四段筛下物粒度逐段加大、质量逐段变差；三种筛上物自下而上粒度逐层加大，质量逐层变差；第四段筛下物的质量要好于最下层的筛上物。FQFD46×2×3型清粉机结构组成如图3-4-2所示。

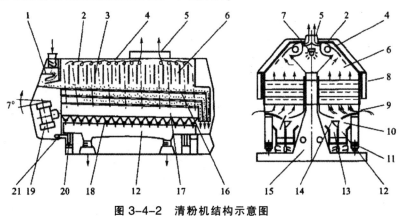

图 3-4-2　清粉机结构示意图

1.喂料机构　2.螺旋气流　3.隔板　4.圆筒形吸风道　5.风道出口　6.吸风室
7.照明灯　8.机壳　9.进风道　10.拨板　11.空心橡胶　12.外接料槽　13.内接料槽
14.拨板轴　15.支架　16.筛面　7.集料斗　18.斗形出口　19.电动机　20.杠杆活节　21.连杆

　　清粉机的提纯效果如图3-4-3所示。图中物料S为进机物料，经清粉机处理后，沿筛面的全长连续地提出筛下物，如图中的A、B、C、D物料，提取三种筛上物，如图中的E、F、G物料，筛下物的品质为前好后次，而上层筛上物的品质较下层次差，通常将提纯的A、B、C类物料送入心磨处理。

　　由于各层筛网的配

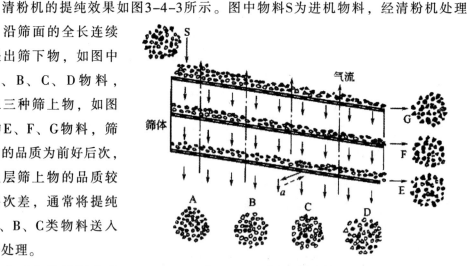

图 3-4-3　清粉机提纯效果示意图

备是由进口向出口逐段放稀，因此自前向后各段筛下物的粒度逐渐增大。如图3-4-3，筛下物中A物料的平均粒度最小，而B、C、D物料的平均粒度逐渐增大。筛上物E、F、G的平均粒度比筛下物大，但筛上物中含有粒度较小的麸屑，因其悬浮速度较小，在具有上升气流的环境中，难以成为筛下物。由此可见，清粉机的筛面筛孔不仅是物料筛分的构件和筛下物过筛的通道，而且是向上作用气流的通道，所以，清粉机的筛面筛孔不仅影响筛选效果，还影响风选的效果。

（二）工作原理

清粉机是利用筛分、振动抛掷和风选的联合作用，将粗粒、粗粉混合物进行分级的。清粉机筛面在振动电机的作用下做往复抛掷运动，落在筛面上的物料被抛掷向前，气流自下而上穿过筛面及料层，对抛掷散开的物料产生向上的、与重力相反的作用力，使得物料在向前推进的过程中，自下而上按以下顺序自动分层；小的纯胚乳颗粒、大的纯胚乳颗粒、较小的混合颗粒、大的混合颗粒、较大的麸皮颗粒及较轻的麦皮。各层间无明显界限，特别是大的纯胚乳颗粒与较小的混合颗粒之间区别更小。选取合适的气流速度，使较轻的颗粒处于悬浮和半悬浮状态，较重的颗粒接触筛面，再通过配置适当的筛孔将上述分层物料依次分为：前段筛下物、后段筛下物、下层筛上物、上层筛上物和吸出物，如图3-4-4所示。

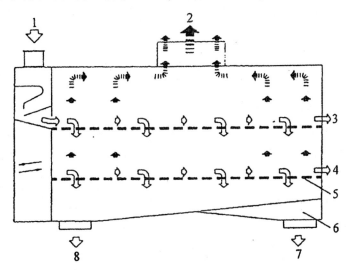

图 3-4-4　清粉机的工作原理示意图

1.进料　2.吸风　3.上层筛上物　4.下层筛上物　5.筛面
6.筛下物收集槽　7.后段筛下物　8.前段筛下物

（三）主要工作部件

1.喂料机构

图3-4-5所示的喂料机构固定于筛体上，随筛体一起振动。振动进料口与固定于机架上的进料筒柔性连接。物料由进料室流经喂料室，聚集于喂料口，又经喂料门开口落在筛面的头筛。喂料门开启大小可通过调节板的上下移动调节，使物料沿筛面上分布均匀，同时可控制筛面上的物料流量。

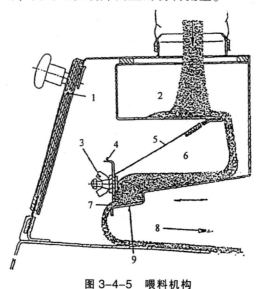

图 3-4-5　喂料机构

1.有机玻璃门　2.进料室　3.蝶形螺母　4.喂料活门
5.调节板　6.喂料室　7.喂料门开口处　8.筛面头端　9.喂料口

2.筛体

清粉机的机架中有两个结构相同的筛体，每个筛体中有2~3层筛面。每层筛面有4个筛格，通过挂钩相互联结，筛格以抽屉式卡在筛体两侧的滑槽内，可从出料端逐个连续抽出或逐个装入，出料端锁紧（纵向压紧）。

采用振动电机传动的清粉机，筛体由四个空心橡胶弹簧支撑。每个筛体在进料端下方各固定一台振动电机，电机与筛体一起振动。

采用偏心传动的清粉机，筛体通过吊杆悬挂在机架上，筛体前端两侧有两根吊杆，尾端一根。前后吊杆倾角可不相同，根据需要调节。一般筛体前端料层厚，抛掷角较大，尾端料层薄，抛掷角适当减小。并且通过调整吊杆长度，可以调节筛面倾斜角度。两个筛体的悬吊装置各自独立。

3.筛格

清粉机筛格宽度有30mm、46mm和50mm等几种规格，长度均为50mm。筛格框架采用铝合金制成，中间装有两条承托清理刷的导轨（图3-4-6）。筛框的四个外侧面制有绷紧筛网的沟槽，当筛网张力减小时，可连续进行2~3次绷紧，并可迅速更换筛网。

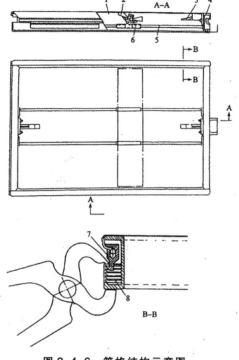

图 3-4-6　筛格结构示意图

1.筛面　2.清理刷　3.换向柱　4.筛框　5.清理刷导轨

6.清理刷导向块　7.筛面张紧拉勾条　8.沟槽

（1）筛网张紧：清粉机筛网多采用耐磨性强的锦纶筛网，需先将筛网制备好，再固定于筛框上。安装筛网时，先将直径3mm的塑料杆插入缝制或胶粘好的筛网折边中，再将穿入塑料杆的折边插入铝型材拉条中，将筛网四边的拉条挂在筛框沟槽中的第一档后，用专用钳将拉条压下挂入下一挡，逐次下压对应边和两侧边的拉条，交替进行直至筛网张紧。

（2）筛面清理：清粉机筛面一般采用刷子清理。清理刷架与导向块铰接，刷子可相对于导向块转动，处于左倾或右倾状态。清理刷有两排刷毛，只有一排刷毛与筛网接触。工作时筛面往复振动，当振动方向与刷毛倾斜方向相反时，刷毛顶住筛网,筛孔得以清理。转换振动方向,清理刷沿导轨滑动,再转换振动刷毛又顶住筛网。如此连续振动,当刷子逐渐移动到筛格边框时,边框上的换向柱顶住刷架,使刷子转动,另一排刷毛向上与筛网接触并反向移动连续清理筛面。

清粉机用于生产颗粒粉时,多采用橡皮球清理筛网。

4.出料装置

清粉机的出料端固定有筛上物出料调节箱。三层筛面清粉机的出料调节箱下方一般设有三根输料管,每层筛上物各对应一根料管。工艺需要时,转动出料箱中的调节板,可将相邻的两种筛上物合并。

清粉机筛体下方设置有集料斗,料斗出口有16个活门,用以控制筛下物进入下方振动输送槽中的任意一路。振动输送槽通过连杆与筛体连接,与筛体一起振动。输送槽有几种形式,可根据制粉工艺中筛下物的分级种类和送往系统的相对位置选用,如图3-4-7所示。

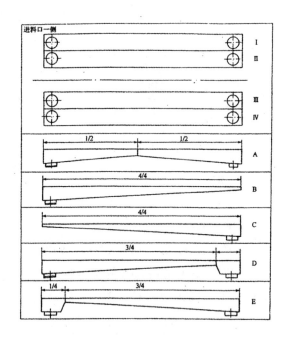

图 3-4-7 振动输送槽的结构形式

5.传动机构

清粉机传动机构分偏心轴传动和振动电机传动两种。

新型清粉机多采用振动电机传动,图3-4-8为清粉机振动受力分析示意图。图中，A是由喂料机构、筛格、清粉物料、筛上物出口、集料槽、输料槽和振动电机连接成的振动体，由下方弹簧支撑。F为振动电机激振力，C为振动体的中心，β为激振力和水平面的夹角即抛掷角，W为振动体的重心、，P为弹簧反作用力，e为F力作用线离开重心C的距离。

振动体A是在FD方向以振幅4.25~4.5mm往复振动。由于力F偏心重心C，振动体A除了往复振动外，还有在x0y平面内的摆动。由于振动体A上部是自由的，下部受弹簧阻尼的作用，所以FD线以上各点摆动大，以下各点摆动小。振动结合摆动，使FD线以上各点（头端）抛掷角范围大（10°~15°），以下各点（尾端）抛掷角范围小（5°~10°）。

振动电机激振力与水平面的夹角β为7°~7.5°，β值增大，e亦增大，FD线上、下两部分的抛掷角差别加大。

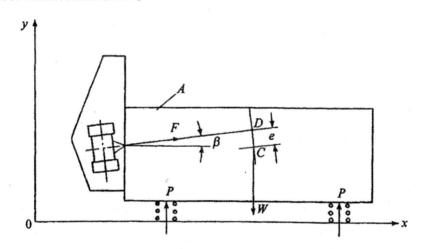

图3-4-8　清粉机振动受力分析示意图

6.风量调节机构

清粉机的风量调节机构由吸风室、吸风道和总吸风管三部分组成。

清粉机筛面上方空间被分割成16个吸风室，吸风室隔板下边离筛面距离为28~30mm。每个吸风室通向吸风道处都设有调节插板或活门，用以调节各段筛面上升气流的风速。

新型清粉机的吸风道有截面、旋流式和倒梯形三种。图3-4-9为旋流式吸风道，吸风道的气流切向进入吸风道，以较高的风速呈螺旋状向总风管前进，基本克服了风道中细小颗粒的沉积现象。风道两端设有的圆板补风活门，可在半开和全闭之间调节。进入吸风道中的气流汇入总风道。两侧筛体的总风道中均装有蝶形阀门，用以控制各筛体的总吸风量。

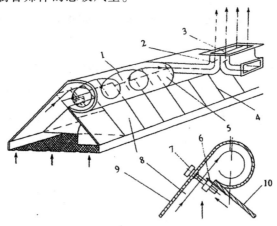

图 3-4-9　旋流式吸风道示意图

1.螺旋气流　2.总调风门　3.气流出口　4.隔板　5.圆筒形吸风道
6.单调风门　7.风门调节螺栓　8.吸风室　9.吸风道外壳　10.吸风道外壳

(四) 清粉机的使用操作

1.基本要求

进料机构必须保证筛面整个宽度上的流量均匀，并不得使进料中断，以保证清粉效果。停机时，不得使筛面上物料走空，必须先停机，后断料，以保证筛面上有一定的原料。

筛面上物料层的厚度应均匀，不允许物料有走单边现象，发生这种情况的主要原因是筛体横向水平超差，筛体前端或后端两侧的吊杆长短不一，或空心橡胶弹簧损坏，必须及时将吊杆的长度加以调整，如是橡胶弹簧损坏，则应成对更换。

筛面必须绷紧在筛格上，如有松弛，则会使物料在松弛部位堆积，筛面上其他部位的料层减薄甚至没有而影响清粉效果，可通过调节筛格旁的筛面张紧机构予以张紧。筛格应保证在停车时很容易地从筛框内抽出，而在工作时能紧贴筛框。

2.质量控制

定期检查从清粉机出来的产品是很重要的，应该在需要维修之前每隔几天定期检查，把所有的产品放在一起进行比较，如果发现产品中含有不应该出现的物料，应该检查一下筛子、刷子和清粉机的其他部分。如果生产的产品出现问题，应该立即停机进行检查。

3.保持稳定的负载

操作清粉机的关键是保持加载稳定，随意的加载波动对清粉效果影响很大。保证清粉机负载稳定的方法之一就是物料能够均匀地铺在1个或2个筛节段。如果有足够的粉料均匀分配到筛面，那么每一部分的筛面加载是稳定的。如果物料的颗粒度或者数量发生变化，必须保持把所有的物料都均匀地铺在整个宽度的筛板上，同时保持有合适的空气流动速度，这对清粉机是很重要的。好的方法就是保证平坦稳定的负载分布在清粉机筛板上。如果在筛板的一个角或者是沿着筛的一个边有气斑出现，要调整筛板，保证筛板两个边是平行的。筛体在橡胶弹簧上运行，最重要的是确保安装的弹簧与制造厂的要求一致，并将清粉机稳定地安装在基础上。

4.维护保养

所有的保养和维修工作必须在停机状态下进行，要确保电源和气源是在关闭的情况下，控制室的急停按钮必须按下。要定期检查以下几个方面：

（1）清理：设备每星期应清理一次，尤其是通道中那些分离出的"轻飘"的物料。进口处物料的分配箱，应避免产生物料滞留。要检查和清理任何可以堆积粉尘的收集管槽。

（2）筛面的磨损：每台设备配有24个筛格，要用刷子或者清理球来清理它们，要每隔15天定期地清理，检查筛面的磨损情况和筛面的张紧力。如果磨损严重，要更换筛网。如果筛面松了，要重新张紧。

（3）筛面清理刷的使用、保养和更换：清理刷应连续不断地在筛面下来回移动，以保证筛面的清理效果，刷毛应紧贴筛面。采用橡皮球清理形式，则应注意观察，橡皮球是否走单边，或挤在一个固定角落，如出现这种现象，则应及时调整筛体的横向水平或钢丝网的水平以及检查橡皮球是否损坏。

影响刷子寿命的因素很多。首先是刷子的正确储存与保管，应装在架子上或者是单独堆放在一起备用，刷子的磨损首先是在筛面末段元件处。更换时，拆掉筛格，轻轻压住刷子的塑料"U"形轨道，从安装在铝框上的两个金属支承上取下，旋转刷子然后抽出。安装新刷子的方法相同。

在妥善使用管理的条件下，刷子可以使用许多年。不要将刷子放在箱子里或者抽屉里，以免挤压刷子。如果刷子的毛变得弯曲，刷子不会顺利地进入到筛网的布料里，所以应该将刷子悬挂起来。在使用新刷子之前，应该将刷毛稍微浸湿一点，并将刷子的毛梳理一下，使刷毛直立起来，并把它们放到一个专用的架子上。这个专用的架子要有足够的空间，但如果有2个或者3个架子，可以把它们放到一个橱柜抽屉里，这样可以很容易保持整洁。

（4）筛格的维护：筛格是清粉机中的重要部件，应正确使用和维护，保持好惯性清理刷的正确形状。当筛格从筛体中取出放置时，应使筛格侧面着地摆放，即刷子在筛格中是垂直竖立的，刷毛不易被弄乱或变形，重新使用时，刷毛很容易保持良好的工作状态。筛格重新装入筛体之前，应仔细清除密封条上的粉尘等物，以使密封条保持良好的弹性。发现密封条有脱落或损坏严重起不到密封作用时，应及时更换新的密封条。装取筛格时不许磕、碰、摔、打，并注意筛格的方向不要装反。

（5）有机玻璃观察窗的清理：清粉机气室内、外侧及进料装置上的有机玻璃观察窗，系用于观察物料的运行情况，必须保持良好的清洁度。有机玻璃表面易吸附灰尘，应经常清理其表面。气室内侧的观察窗平时不易清理，建议一周清理一次，否则会影响到设备内荧光灯及LED灯的光线，观察不到物料在筛面上的运动情况。

（6）进料装置内部的清理：设备工作过程中，进料装置内部不可避免地会黏附和沉积一定的粉尘，清理时松开进料箱上面的异形螺母，拆下喂料器，然后清理内部积尘。建议1~2周清理一次。

（7）吸风道的清理：当吸风道内只有少量粉尘沉积时，可以通过开大补风活门进行快速清理，清理完毕后应立即将补风活门调到适当的位置，以保证筛面物料的吸风量。如果粉尘沉积严重，开大补风门也吸不走时，应进行手工清理。粉尘沉积的原因是补风活门调节不当，而又较长时间没有及时清理产生的。应经常观察粉尘的情况，随时进行清理、调整，保持适当的进风量。

（8）振动橡胶弹簧的更换：振动橡胶弹簧寿命很长，但是也需要更换。更换时，要成对更换。先将设备吊起，然后松开橡胶弹簧内部的扣紧螺栓，拆掉旧的，装上新的，确认衬套和垫片更换好，上紧扣紧螺栓，更换工作即完成。

（9）密封：筛体及机架的内壁必须注意密封，观察窗与吸风室之间必须垫以富有弹性的毛料织物，以免影响吸风装置的正常工作。吸风的调整须适当。

（10）振动电动机的检查：对于采用振动电动机驱动的清粉机，要检查机架及筛体横向振幅。如振幅过大，应检查两台振动电动机运转是否同步，转速是否相同，电动机安装角度是否一致，安装位置是否居中。

（11）输送槽的检查：经常检查输送槽的运行是否正常，如出现振动、槽体运行不水平，应检查槽体本身是否平整、水平，并注意检查撑杆、橡胶轴承是否损坏。

（12）润滑：采用偏心传动的清粉机，应注意所有轴承端每隔三个月加注润滑脂一次，每隔一年拆洗检修一次，并注意防尘。

清粉机是面粉加工的重要设备，但操作使用相对比较复杂，只有使用好，才能发挥好的效果。要特别注意物料的稳定加载、气流的合适速度、刷毛的使用和保管等，只有在使用过程中不断地总结和改进完善，才能达到理想的工作状态，并发挥最大的效能。

三、影响清粉工艺效果的因素

（一）清粉物料的特性

清粉机进机物料颗粒的均匀度与清粉效果直接相关，若粒度差别大，大粒的麦皮与小粒的胚乳悬浮速度接近，很难分清。因此，为提高粗粒、粗粉的清粉效果，必须在清粉前将物料预先分级，缩小其粒度范围，并在筛理时设置合适的筛理长度筛净细粉。否则，所含细粉将被吸走成为低等级面粉，而且这些细粉容易在风道中沉积，造成风道堵塞而影响清粉效果。

硬麦胚乳硬、麦皮薄易碎，研磨后提取的大、中粗粒较多，粗粒中的胚乳颗粒含量较高，流动性好易于穿孔，因而筛出率相对较高。软麦皮厚，胚乳结构疏松，研磨后提取的大粗粒数量较少且粒形不规则，所含的连皮胚乳颗粒和麦皮较多，因而筛上物数量较多。

（二）清粉机的运动参数

清粉机的运动参数包括振幅、振动频率和筛体抛掷角度，其中振动频率一般保持不变。

清粉机进料量增大，可采用较大的振幅；进料量减少，则需较小的振幅。振动电机传动的清粉机，缩小振动电机两端偏重块的夹角即增加两偏重块的重叠部分，可增大振幅和筛体的激振力（维持转速一定的前提下）。

清粉机工作时筛体做倾斜向上的抛掷振动，此运动可分解为垂直和水平两个方向的运动。前者使物料松散开，利于气流穿过料层，易于精选分级；后者则使物料逐渐向出料端推进。筛体前段采用较大的抛掷角度，利于物料分层，提高精选分级效果。偏心传动的清粉机，可通过调整前后吊杆倾角改变筛体的抛掷角度。精选大粗粒时选用较大的抛掷角度（7.5°~12°），精选中、小粗粒时用较小的抛掷角度（4.5°~6°）。振动电机传动的清粉机，通过调整两台振动电机的装置角度可改变筛体抛掷角度，但一般不做调整。

（三）筛面的工作状态

清粉机工作时，要求筛网有足够的张力来承托物料的负荷，使物料能沿筛面宽度分布均匀，做相应的分级运动。否则，筛面下垂，物料集中在筛格中部，物料运动受阻，分级状态变差，风选作用减弱，清理刷受压不能正常动作而引起筛孔堵塞。上述状况均造成清粉效果的降低。因此，清粉机筛网必须张紧，并在使用过程中，通过观察物料的运动状况和筛网的伸展程度定期张紧。

筛面工作时，清理刷应运行自如，保证筛孔畅通。

（四）筛网配置

制粉工艺中各道清粉机筛网配置是否合适与其工艺效果密切相关。清粉机筛网配置时必须综合考虑以下因素：清粉物料的粒度、该道清粉机的负荷量以及所配备的吸风量等。

由于自下而上气流的作用和料层厚度的影响，清粉机的下层头段筛网应明显稀于入机物料筛选分级的留存筛网号，才能使其中的细小纯胚乳粒穿过筛网成为筛下物。末段筛网应稀于或等于入机物料筛选分级的穿过筛网号，使大的纯胚乳粒穿过筛孔。中间各段筛号可均匀分布（筛号差别小时，相邻两段可取相同筛号）。同段下层筛网应比上层密2号；精选的物料粒度越小，分级难度越大，筛孔应比物料粒度大得越多；流量大时，筛孔应适当放稀。

筛网配置的总原则：同层筛网前密后稀，同段筛网上稀下密。

（五）流量

清粉机流量以每小时每厘米筛面宽度上清粉物料的重量表示 $[kg/(cm \cdot h)]$。清粉机的流量对筛面上混合颗粒的分层条件有很大影响，其流量大小取决于被精选物料的组成、粒度和均匀程度。精选物料粒度大，流量较高；精选物料粒度小，则流量较低。

若清粉机流量过大，筛面上料层过厚使混合物料不能完全自动分级，气流因阻力大而难以均匀通过料层，清粉效果明显降低。若流量过小，则气流易从料层过薄处溢出，同样不能良好分级而降低清粉效果。因此，制粉生产中应通过研磨和筛网调整，合理地控制各清粉机的物料流量，并注意将同系统清粉机流量调配均衡。

（六）风量

清粉机的风量取决于清粉物料的类别，大粗粒比细小物料需要更多的风量。清粉机全负荷生产时，总风门要开启2/3，保证各段筛面有足够的吸风量。

总风量确定之后，各吸风室的风门要做相应调节。一般情况下，筛体前段料层较厚，需将前段吸风室风门开大些，使物料迅速松散并向前运行。其他各段风门通过观察物料的运行状况来精细调节，使通过筛面的气流在物料中激起微小的喷射，较轻的麦皮飘逸上升被吸入风道，较重的物料被气流承托着呈"沸腾"状向出料端推进。

在控制吸风量的同时，必须根据物料流量大小合理调节清粉机的喂料活门，保证清粉物料连续均匀地分布在全部筛面宽度上，并覆盖在全部筛面长度上，否则气流将从料层薄处或无料处筛面走捷径而溢出，失去风选作用。流量不足的情况下，允许出料端筛面有少量裸露，但应关小该段吸风室的风门。清粉机工作时，其观察门不可随意取下，应使其处于良好的密闭状态，否则风选作用会降低甚至丧失。

第五节　小麦制粉其他加工设备

一、小麦脱皮机

小麦脱皮制粉是根据小麦籽实的结构性，在入磨前先将小麦麸沟以外占总量70%左右的皮层脱去，留下比较纯洁的"精麦"，再根据特殊的研磨特性进行制粉，以减少麦皮进入面粉的机会。

（一）VCW型脱皮机

1.结构组成

VCW型脱皮机是日本佐竹公司生产，主要由主传动、进料口、上部工作室、下部工作室、螺旋推进器、排料门、顶部鼓风系统和底部吸风系统以及机座等组成，如图3-5-1所示。

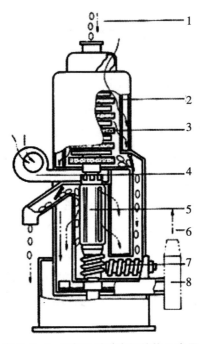

图 3-5-1 VCW 型脱皮机结构示意图

1.喂料 2.筛板 3.碾削辊 4.鼓风机 5.摩擦辊 6.麸皮和空气排放 7.螺旋推进器 8.吸风机

　　主电动机用螺栓固定在电动机平台上，通过一组V带驱动主传动轴。电动机转速可以调节，以满足不同的工作状态。机体安装在刚性机座上，包括主传动。机座上的鼓形滚柱轴承支承着主轴，并向上延伸穿过两个工作室。所有传动部件都安装在主轴上。两个工作室之间安装有一个较大的向心止推轴承稳定主轴。

　　固定在主传动轴上的碾削砂辊和外侧框架上的长孔钢筛板构成上部工作室。碾削砂辊由若干个砂轮组成，顶部为喂料螺旋。外侧框架上装有阻力板调节装置，调整阻力板与砂辊之间的间隙，可改变工作室的脱皮压力。

　　下部工作室由固定在同一垂直主轴上的摩擦铁辊和筛板框架组成。铁辊下部为螺旋推进器，将物料自下而上推进。

　　排料门上装有压力调节装置，手动或自动调节排料门上的压砣，可调整机器内部的工作压力。

　　2.工作原理

　　脱皮机是脱皮制粉系统的主要设备。根据碾削和摩擦作用的原理，利用脱皮机工作室内金刚砂辊表面坚硬锐利、高速运动的砂刃，和铁辊表面与麦粒之间及麦粒与麦粒之间的相互强烈的摩擦，首先对小麦皮层进行快速碾削，使皮层破碎脱落，当摩擦作用力大于小麦皮层的结构强度和皮层与胚乳的结合力时，使皮层与胚乳表面产生相对滑动，皮层被拉伸、断裂，直至擦离。

脱皮机工作过程如图3-5-1所示。经过预着水的小麦，由机器顶部的进料口进入上部工作室。上部工作室为碾削部分，小麦在一组转动的砂轮与周向长孔筛板之间运动，砂轮以较低的脱皮压力运转碾削麦粒，在不破坏麦粒的情况下有效地去除麦皮。去除的麦皮通过筛孔排出。

下部工作室为摩擦部分。经过碾削脱皮的小麦以螺旋运动方式，通过上部的压力排料门排出，进入下部工作室。依靠摩擦作用，抛光残留在小麦上的表皮，螺旋推进器将小麦向上推送到第二个筛分区分离麦皮，麦粒通过下部的压力排料门排出，完成整个脱皮工作。脱皮后的小麦准备进行最后一道吸风处理。

顶部鼓风系统有利于空气流动和增加粮粒在工作室内的翻滚，提高脱皮的均匀程度；底部吸风系统使机内产生负压。调整每个工作室的压力差，有助于麦粒的冷却和麦皮穿过筛孔落入下部的集尘器中，并能迅速蒸发掉麦皮表面的水分。

3.技术参数

VCW型脱皮机主要技术参数见表3-5-1。

表 3-5-1　VCW 型脱皮机主要技术参数

型号	进机产量（t/h）		最大电动机功率（kW）	净重（不含主电动机）（kg）
	软麦和硬麦	杜伦麦		
VCW3A	2.0~3.5	2.0~3.0	55 1.5 1.5	1700
VCW5A	3.5~5.0	3.0~5.0	75 1.5 1.5	2000
VCW10A	7.0~10.0	6.0~9.0	75+75 1.5 2.2	3600

4.脱皮机的使用与维护

（1）脱皮机的使用：VCW型脱皮机可用于加工小麦、大麦和黑麦等，能有效地去除谷物皮层。脱皮机设置在谷物预着水之后，进行两道脱皮处理。阻力板的设定和排料门压砣的设定都决定了脱皮的强度。阻力板设定为"粗脱"设定，是在机器交付使用前完成的，除补偿磨损偶尔调整外，在机器工作时一般无须改动。排料门压砣对脱皮起着"精脱"的控制作用，在加工不同品种的小麦时，应随时进行不同的调整。阻力板使碾磨区的脱皮工作室内产生紊流，同时减轻脱皮强度。调整上部排料门的压力可改变脱皮强度。压力的调节也可自动完成，预先设定好脱皮强度，自动压力调节系统即可自动调整排料门的压力，使其维持在预设状态。改变排料门上压砣的摆布即可增加或减少脱皮工作室内的压力。

（2）VCW型脱皮机维修及常见故障排除：在特定的时限内对机器进行定期维修，有助于防止机器零部件过早地出现故障。当零部件工作失灵或操作有问题时，应及时检修，排除故障。

①定期维护和检查：操作工至少应每班（8h）检查脱皮机的工作情况，注意是否出现以下问题：无法设定最佳的脱皮效果；异常噪声或振动，过热；排出的产品质量不好。一旦出现上述的不正确运转征兆，应进行故障检修。

为预防零部件的磨损和防止设备过早的损坏，建议在表3-5-2规定的耐限内完成定期维护和检查工作。

表 3-5-2　定期维护和检查内容

部位	项目	周期
筛板	将筛板卸下并上下调换	每月一次
砂辊	将一组砂辊顶部的砂轮拆下，调换到该组砂辊的底部	每三个月一次
阻力板	拆下每块阻力板，将原来的顶端朝下，进行调换	每三个月一次
主传动带	检查V形传动带的张力	新安装每小时检查一次，此后每周一次
传动带轮	检查两带轮是否在一条直线上，以避免传动带侧边的磨损；检查带轮槽是否有磨损和损坏，如有必要及时更换	在每次更换V形传动带时
主轴承	检查主轴承的噪声、温升及振动	每月一次

②V形传动带张力的检查方法：在两带轮之间的传动带中点处施加2.6~3.9kg的载荷，在传动带运行时能保持正常下垂的情况下，两轴中间每100mm距离有1.6mm的偏差值。只要测出两轴之间的距离，就能得到正确的张紧力，如图3-5-2

所示。

偏差 (mm) =两轴中心距 (mm) ÷100×1.6

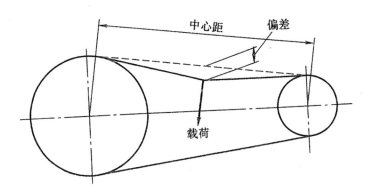

图 3-5-2 V 形传动带张力的检查

③常见故障及排除：

第一，达不到标定的产量。检查是否有外来物堵住进料口或排料口；检查砂辊、顶部进料螺旋和阻力板的磨损情况；检查预着水系统的着水是否正确（水分增加0.5%~2.0%）。

第二，主电动机电流过载。检查筛板是否需要清理；脱皮强度设定值太小，降低排料门的压力或增加阻力板的间隙；检查主传动带的张紧力是否过紧；检查主轴承是否有异常噪声、振动或温升，更换任何有磨损迹象的轴承。

第三，达不到有效的脱皮效果。脱皮强度不够，增加排料门的压力或减小阻力板的间隙；检查筛板是否需要清理；检查预着水量（0.5%~2.0%），必要时增加着水量；检查预着水润麦时间，如果在进入脱皮机之前水分已渗透到小麦胚乳，应减少润麦时间；检查砂辊和阻力板的磨损情况；检查主传动是否有打滑现象（在启动时带轮发热或有噪声）。

第四，产品中含有大量的碎麦。脱皮强度设定值太大，降低排料门的压力或增加阻力板的间隙；检查筛板的磨损情况；检查砂辊和阻力板的磨损、损坏情况；检查进料速度是否过快。

第五，麸皮分离不好。检查每个吸风点的风压，压力至少应在2.5kPa；检查筛板是否需要清理；检查着水系统，如果发现麸皮过湿阻塞筛孔，应减少着水量或增加润麦时间。

第六，启动时带轮发热或有噪声。检查主传动带的工作和张紧情况，传动带打滑会引起带轮发热或有噪声。

(二) MHXM小麦脱皮机

MHXM小麦脱皮机是瑞士布勒公司生产的产品。MHXM小麦脱皮机适用于小麦、黑麦、大麦和燕麦的脱皮加工；同时，这种脱皮机还可改善相关加工过程的成品品质，如可减少细菌、真菌毒素和有毒重金属造成的污染。MHXM小麦脱皮机包括MHXM-W脱皮机、MHXM-WL轻型脱皮机两种型号。

1.结构组成

MHXM小麦脱皮机的主要结构包括螺旋输送装置、碾辊、筛网、机筒、出料装置、机架以及传动装置等部分，如图3-5-3所示。

主轴为带有喷风孔的空心轴，其上依次安装螺旋输送装置和碾辊，循过轴端带轮传动使其旋转，碾辊一周有多边形筛板，筛板与碾辊之间形成工作室，出料口处安装有流量控制板，通过压力弹簧对流量控制板所产生的压力大小进行调节，以控制工作室内物料的堆积密度，即相当于出料压力门。

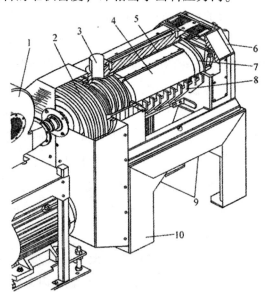

图 3-5-3 MHXM 小麦脱皮机

1.风机 2.带轮 3.进料口 4.碾辊 5.耐磨件 6.轴承 7.出料装置 8.筛板 9.出料斗 10.机架

2.工作原理

MHXM小麦脱皮机的工作过程，如图3-5-4所示。物料经进料口1切向喂入机筒，并由螺旋输送器2送入工作室3。物料在筛板4和旋转的碾辊5之间进行加工。

通过物料与物料之间、物料与碾辊之间、物料与筛板之间的碾磨作用，完成表面脱皮处理。根据对碾磨作用强弱的要求，可通过调节手轮8改变压力弹簧7的作用力大小来控制流量板的开启度，从而达到控制机内物料的堆积密度。当手轮向右旋转时，工作室内物料堆积增多，碾磨作用增强，脱皮力度加大；反之则小。使用脱皮机时，由风机产生的空气流9通过空心轴10进入工作室内，穿过物料和筛板向外导出，既防止了筛板堵塞，又起到了为物料降温的作用。轻型脱皮机轴头端不直接连风机，而是将出杂口与吸风系统相连，使工作室内形成负压，空气不断由上部补充。

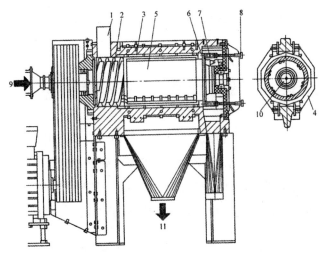

图 3-5-4 MHXM 小麦脱皮机的工作过程示意图

1.进料口 2.螺旋输送器 3.工作室 4.筛板

5.碾辊 6.流量板 7.压力弹簧 8.手轮 9.空气流 10.空心轴 11.出杂口

3.技术参数

MHXM小麦脱皮机的主要技术参数见表3-5-3。

表 3-5-3 MHXM 小麦脱皮机的主要技术参数

型号	功率（kW）	产量（t/h）	工作重量（kg）	外形尺寸（mm）	抽吸气源	
					流量（m³/min）	压力（Pa）
MHXM-W	55~90	2.0~10.0	3400	2550×800×1707	50	500

4.维护保养

（1）调试前的检查：

①检查所有运输辅助装置和安装固定装置是否已拆下；支架和底板已通过螺

栓与地基牢固连接；所有螺纹连接是否已拧紧；所有保护盖（V带罩）都已安装。

②所有操作元件和报警系统功能是否良好；电气接线盒和插座是否都已闭合；管路所有接口是否已密封等。

③确保机器中无异物。

（2）故障排除：MHXM小麦脱皮机的故障及其排除见表3-5-4。

表 3-5-4　MHXM 小麦脱皮机的故障及其排除

故障	原因	排除
异常噪声	原因较多	由经授权的操作人员排查原因并予以排除
机器满载物料运行	断电，异物造成堵塞	拆下筛网，清空机器并检查 V 带驱动机构
V 带磨损	物料堵塞，断电	手动清空机器
电动机过载		

（三）振动着水混合机

1.结构组成

SHD型振动着水混合机主要由进出料口、振动机身、桨叶和机架等组成，其结构如图3-5-5所示。圆筒形振动机身由8~12个橡胶弹簧支承在固定机架上，机身两侧的侧板上分别装有振动电动机。机身内的桨叶轴固定在机架两端的轴承座上。桨叶电动机连接在机架下部。进料口与机体的连接为软连接，出料口连接在机架上。

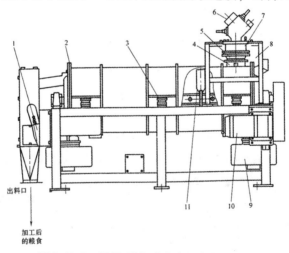

图 3-5-5　SHD 型振动着水混合机结构

1.闸门　2.侧板　3.橡胶弹簧　4.溜管　5.连接滤布

6.着水装置　7.进料口　8.侧板　9.振动电动机　10.桨叶电动机　11.桨叶

2.工作原理

利用振动方式破坏水的表面张力，结合桨叶的低速搅拌，使水分迅速、均匀地渗透谷物，从而保证高着水量和高着水均匀度。

来自进料口的物料在通过着水装置时进行着水，然后进入机身。进入机身的物料，受到低速旋转桨叶的搅拌混合。同时，装在侧板上的两台振动电动机以相反方向运转，把振动传给机身，使物料在机身内受到高频振动。出料口装有调节闸门，可控制物料在机身内的停留时间。

3.技术参数

SHD型振动着水混合机主要技术参数见表3-3-5。

表 3-5-5　SHD 型振动着水混合机主要技术参数

型号	进机产量（t/h）			电动机	净重（kg）
	最大加水量				
	8%	5%	3%		
SHD5A	4~5	5~7	7~10	2×1.2kW-2P 2×2.2kW-4P	850
SHD10A	8~10	10~15	15~20	2×2.2kW-2P 1×3.7kW-4P	1300

4.维护保养

SHD型振动着水混合机可用于任何谷物的着水。首先把风量调整到5m³/min，开始进料。工艺设计中的流量应在机器规定的流量范围。开始提供水源，通过机器上部的观察窗和出料口，观察物料的流量，然后调节出料口的闸门，使物料尽可能充满机体。停止工作时，先停止供水，随后中止进料。在处理不同品种的物料之前，应空载运行4~5min，以排空机筒内的物料。

由于机器由一个振动机身构成，经过一段时间运转后，紧固螺栓可能会出现松动，需重新进行拧紧。在最初运转的一周内，应每天进行检查，确保振动电动机的紧固螺栓拧紧扭矩为170N·m，其他紧固螺栓的拧紧扭矩为90N·m。之后的第一个月，应每周拧紧一次，然后每三个月拧紧一次。

定期清理桨叶、桨叶轴、出料口和机体的内部，并用柔软的抹布或压缩空气清理机器表面。切记不要用金属刷和坚硬材料清理机器表面。常见故障排除方法见表3-5-6。

表 3-5-6　SHD 型振动着水混合机常见故障排除方法

故障	原因	处理方法
传感器失灵	粮食堆积在着水装置上	排除堆积的粮食
振动电动机的变频器失灵	振动电动机的变频器由于过载而出现故障	检查振动电动机的相应功能，然后重新启动
桨叶电动机的变频器失灵	桨叶电动机的变频器由于过载而出现故障	排除机体内的粮食，检查桨叶电动机的相应功能，然后重新启动
机身振动	地基不平,紧固件松动	拧紧振动机体上的螺栓和螺母 拧紧固定振动电动机的螺栓和螺母 拧紧机座上的地脚螺栓

二、打麸机

打麸机是处理麸片上残留的胚乳的设备，它是利用高速旋转的打板的打击作用，把黏附在麸片上的粉粒分离下来，并使其通过筛孔成为筛出物，降低麸皮含粉率。常见型号有MKLA30/80和MKLA45/110两种。

(一) MKLA型卧式打麸机

1.结构组成

MKLA型卧式打麸机结构如图3-5-6所示，主要是由可调打板转子、多面工作筒体、箱形机壳、可调挡板结构和传动机构等组成。

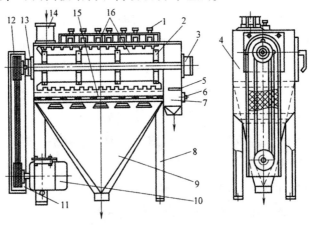

图 3-5-6　MKLA 型卧式打麸机结构示意图

1.挡板固定手轮　2.可调打板转子　3.滚动轴承　4.箱形机壳　5.圆橡胶　6.安全挡杆　7.出料口
8.机架　9.集料斗　10.电动机　11.V 带罩　12.V 带　13.轴承壳　14.进料口　15.半周多边筛　16.可调打板

（1）打板转子：如图3-5-7所示，在主轴1上安装三个支架2，他们共同支承四个可调打板3。打板用4~6mm的钢板做成外缘呈锯齿形的形状，每个齿均有12°~15°的斜角，如图3-5-8所示。四个锯齿形打板运动时轨迹呈螺旋线，用于轴向推进物料。打板在与支架连接处沿径向铣长孔，便于调节打板和工作机筒之间的间隙。主轴的左轴承座安装在图3-5-6所示的左墙板上，内装自动调心球轴承。

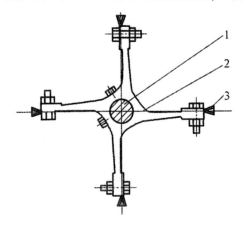

图 3-5-7　打板转子结构示意图

1.主轴　2.支架　3.可调打板

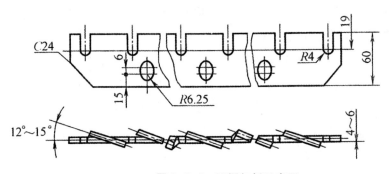

图 3-5-8　可调打板示意图

（2）多面工作筒体：MKLA30/80型打麸机的多面工作筒体由半周多边筛、缓冲板、上顶盖和上顶板组成，而MKLA45/110型打麸机的工作筒体中，箱形机壳后墙板代替了部分缓冲板，也成为工作筒体的一部分。

如图3-5-9所示，半周多边筛是一张近似半圆形的冲孔筛。筛网3用0.5~0.8mm的钢板制作，通过木螺钉4固定在优质木材制作的框架1上，筛孔直径常用0.8mm、1.0mm、1.2mm三种规格。为防止麸皮随打板连续旋转，并使筛面有轻微振动，可将筛面制成多边形，一般为七边形或八边形。为增加打板对麸皮的打击效果，有时在两个筛板接口处填夹一块压铁2作为阻力板，同时也对筛网起支承作用，该零件一般用铸铁制作，沿轴向铸有三角形沟槽。半周多边筛与水平面成45°倾斜布置，它通过压筛杠杆和蝶形螺母、螺栓固定在箱形机壳内的平板上，另一面是缓冲板。

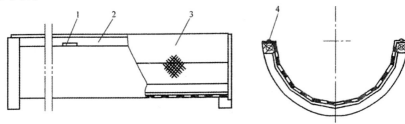

图3-5-9 半周多边筛

1.框架 2.压铁 3.筛网 4.木螺钉

（3）箱形机壳：如图3-5-6所示，安装在机架上的箱形机壳4为金属外壳，一侧设一个较大的易于装卸的检查口。它的上方设有吸风口，该吸风口直接与除尘风网的风管相接。位于V带轮一端的箱形机壳上方设进料口14，另一端设麸粉出料口7，集料斗9则设在箱形机壳的下方。

为保证主轴两端在箱形机壳上安装后工作时的同心度，可在出料口端增加一过渡墙板，待打板转子校正后再固定有关零件。箱形机壳在加工时要注意同步加工。

（4）可调挡板结构：如图3-5-6所示，在机壳上顶板沿筒体轴线方向装有7~9块可调挡板16，可通过挡板固定手轮1调节。挡板在左右45°范围内可调，以改变物料在筒体内运动路线和物料在筒体内停留时间，从而提高物料被打击效果。

（5）传动机构：电动机直接安装在机架上，通过V带轮直接传动主轴。在传动装置中要设置V带轮张紧装置。

2.工作原理

物料沿打板转子的切线方向进入机内，在高速旋转的打板打击下，麸片被抛向缓冲板和半周多边筛，与它们发生撞击，使黏附在麸片上与麸片结合不紧的粉粒与麸片分离。粉粒在离心惯性力和吸风的作用下，穿过筛孔，沉积到集料斗排出。空气自吸风口被吸出，而较大的麸片则被打板送向出料口排出，进入下道工序。

3.技术参数

MKLA型卧式打麸机的主要技术参数见表3-5-7。

表 3-5-7　MKLA 型卧式打麸机主要技术参数

参数型号	筛筒直径 (mm)	筛筒长度 (mm)	功率（kW）	产量 (kg/h)	吸风量 (m³/min)	主轴转速 (r/min)
MKLA30/80 型	300	800	3	900	5	1300~1600
MKLA45/110 型	450	1100	7.5	900~1600	7	1000~1100

（二）FFPD型卧式打麸机

1.结构组成

FFPD型卧式打麸机主要由可调打板转子、多面工作筒体、箱形机壳、可调挡板结构和传动机构等组成，如图3-5-10所示。

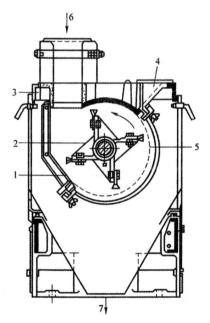

图 3-5-10　FFPD 型卧式打麸机结构示意图

1.缓冲板　2.打板转子　3.检查口　4.吸风口　5.半周八棱筛　6.进料口　7.麸粉出口

（1）打板转子：打板转子与其他机型的不同之处在于增加了打板支架的加强板。

（2）多面工作筒体：FFPD型卧式打麸机的筒体是由半周八棱筛、缓冲板、上顶盖和上顶板组成的多面工作筒体。半周八棱筛是个多边筛，是用0.5~0.8mm的不锈钢板制成的，筛孔直径有0.8mm、1.0mm、1.2mm三种。多边形的筛面对随打板一起转动的物料有阻滞作用，可延长麸片在机体内的停留时间，提高打击强度；

另一方面，筛面被物料撞击后会产生振动，有利于筛孔畅通。半筛与水平面成45°倾角布置，筛下面设有一个可调节的闸板，用于控制筛出物的流量，从而可以控制物料在机壳内的被打击时间。

（3）箱形机壳：箱形机壳安装在机架上。它上方的后边设有纵长吸风口，该吸风口直接与除尘风网的风管连接。

（4）可调挡板结构：在机壳上顶板沿筒体轴线方向装有7~9块半框形的可调挡板，挡板在其左右45°范围内可调，以改变物料在筒体内运动路线和物料在筒体内停留时间，从而提高物料被打击效果。

2.工作原理

物料沿打板转子的切线方向从进口进入机筒内，在打板的作用下，麸片向缓冲板和半周八棱筛板撞击，使黏附在麸片上的面粉逐渐与麸片分离，穿过筛孔成为筛下物，从箱形机壳下面的集料斗排出；而麸片则留存在筛筒内，由机体后端的麸粉出口排出。

3.技术参数

FFPD型卧式打麸机主要技术参数见表3-5-8。

表 3-5-8　FFPD 型卧式打麸机主要技术参数

参数型号	筛筒直径 （mm）	筛筒长度 （mm）	功率（kW）	产量 （kg/h）	吸风量 （m³/min）	主轴转速 （r/min）
FFPD30	300	800	2.2	0.9	300	1260
FFPD30×2	300	800	2.2×2	0.9×2	300×2	1260
FFPD45	450	1100	5.5	1.5	420	1100
FFPD45×2	450	1100	5.5×2	1.5×2	420×2	1100

（三）FPDL型立式打麸机

FPDL型立式打麸机的常见型号有FPDL45和FPDL45×2两种。

1.结构组成

FPDL型立式打麸机的进料方式是从下部进料，其主要由打板转子、筛筒、机筒和传动机构等组成，如图3-5-11所示。

打板转子由立轴1、固定于立轴上的封闭鼓形圆筒2、均布于圆筒周围的立式长条打板3、固定在打板上的提升叶片4、圆筒底部的三块刮板6和刮板下部的垂直绞龙7所组成。电动机13通过立轴上端的V带轮带动转子立轴转动。转子外部是用冲孔筛板制成的筛筒11，筛筒底部有环状底板10。转子立轴通过上、下轴承安装在机筒12上的轴承座内，下端用平面推力轴承，上端用自动调心推力轴承。机筒用薄钢板（一般钢板厚度为2~3mm）安装在机架上，而机架则通过四个弹性橡胶垫9固定在制粉车间的楼板上，目的是防止振动。

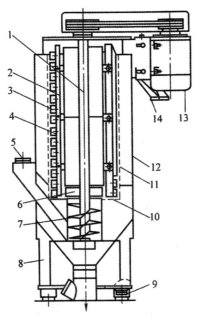

图 3-5-11　FPDL 型立式打麸机结构示意图

1.立轴　2.鼓形圆筒　3.打板　4.提升叶片　5.进料口　6.刮板　7.垂直绞龙
8.机架　9.橡胶垫　10.环状底板　11.筛筒　12.机筒　13.电动机　14.筛内物料出口

立轴下端（靠近进料部分）装有绞龙叶片，叶片上面还有固定刮板6及打板支架的台阶。打板支架通过轴肩或套筒和螺栓连接到立轴上。提升叶片4固定在立式长条打板3上，两者通过螺栓连接到打板支架上，打板和筒壁之间的间隙可通过打板上的孔进行调节。

2.工作原理

当物料从进料口5进入机内后，即被垂直绞龙提升到鼓形圆筒2底部，再由刮板6将物料抛向筛筒11的底部四周，在此立刻受到高速旋转打板3的打击。穿过筛筒的物料，经过机筒尖底从底部排出。未过筛物料，在打板和倾斜叶片的作用下，在抛打中向上提升，最后从上部筛内物料出口14排出。

3.技术参数

FPDL型立式打麸机的主要技术参数见表3-5-9。

表3-5-9 FPDL型立式打麸机主要技术参数

参数型号	筛筒直径 (mm)	筛筒长度 (mm)	功率（kW）	产量（kg/h）	主轴转速 (r/min)
FPDL45	450	800	5.5	0.6~1	1030
FPDL45×2	450	800	5.5×2	1.2~2	1030

（四）风选打麸机

1.结构组成

风选打麸机主要是由转子、机壳、风机和卸料器组成，如图3-5-12所示。转子由主轴2、圆盘19及打板4和18组成。筒状机壳5左端设有调风口1，底部开有进风口7。进风口与调风口通过管道9与离心式卸料器10相连，形成气流自循环系统。由叶片与轮毂组成的精选器8，其外缘与轴线呈一锥角。主轴右端装有风机。传动机构包括带轮11、V带12和电动机13。

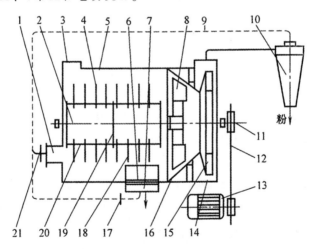

图 3-5-12 风选打麸机结构示意图

1.调风口 2.主轴 3.进料口 4.打板 5.机壳 6.匀麸网

7.进风口 8.精选器 9.管道 10.卸料器 11.带轮 12.V带 13.电动机

14.风机壳 15.风机叶轮 16.动套 17.插板 18.小打板 19.圆盘 20.穿杆

2.工作原理

启动电动机13，带动主轴12高速旋转。物料由进料口3沿切线方向进入机内，打板4和18不断打击使麸皮和其上麸粉分离。小颗粒粉被轴端的风机吸出。较大颗粒的麸皮则在筒壁处运动，受打板转子和风的作用，进入精选区。精选区设有匀麸网6，覆盖整个排麸进风口。它的作用一是利用向上的风力，使麸皮与空气充分混合；二是麸皮在通过匀麸网时，向上的气流对麸皮进行一次松散，这样，含在麸皮中的细粉和附着在麸皮上的部分粉粒就会逆麸皮流层向上进入风机，实现二次麸粉分离。

在右端风机的作用下，精选区内的物料都有被吸入风机的可能。但由于物料在运动中受到的离心力的不同，离心力大的大麸片首先由排麸进风口逐渐排出机外；离心力小的细粉被风机吸入精选器；而介于大麸片和细粉中间的小麸片则靠精选器的位置和本身结构及动套的相对位置来控制，以确保打麸与麸粉分离的效果。

在排麸进风口处，连接有排麸进风口装置。气粉混合物经过风机由离心卸料器将粉卸出（不配关风器），直接送到下道工序。卸料器排出的尾气则返回机内，形成一个气流自循环系统，完成麸、粉、气三者的分离任务。

3.技术参数

风选打麸机的主要技术参数：功率5.5kW，产量800~1200t/h，吸风量3000m³/h，外形尺寸1000mm×800mm×1600mm。

(五) 打麸机的使用

（1）开机时，设备空载运转正常后方可进料，停机时先停料，待机内物料排空后再停机。机筒内若堆积较多物料会增大启动电流。

（2）生产中应定期检查打麸粉的品质状况。若发现异常，应检查筛板两端的密封及筛面的完好状况，及时调节紧固装置或修补更换筛网。

（3）定期检查麸中的含粉状况，结合物料的流量，调节机壳顶部挡板的角度，改变打麸的强度。

（4）生产中若发现机内有异常声响，应立即将物料拨入旁通管；然后停机拆下筛板，检查是否有异物进入机内。

（5）机内堵塞时会发现"嗡嗡"声和V带打滑声，应立即切断电源，并将物料拨入旁通管内。随后打开出料端的观察活门，扒出物料，并转动V带直至机内物料完全排出后方能开机。运行正常后，再将物料拨回机内。

（6）更换打板时，必须同时更换相对的两块并进行平衡校验。调整打板与筛面间隙时也必须进行平衡校验。

（7）要定期检查轴承、传动带磨损情况，以免由此而降低设备工作效果。

（8）进机物料要磁选。

第四章　稻谷加工机械化技术

第一节　概　述

稻谷直接进行碾米（又称稻出白），不仅能耗高、产量低、出米率低，而且成品米质量差，如碎米多、沙石等杂质含量高、纯度低。此外，副产品利用率也低。因此，不利于稻谷资源的合理利用。目前，常规的稻谷加工工艺过程如图4-3-1所示，按照生产程序，一般可分为稻谷清理、砻谷及砻下物分离、碾米、副产品整理四个工序。

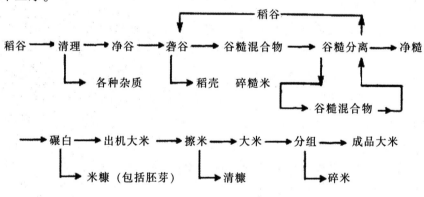

图4-1-1　稻谷加工工艺流程简图

一、清理的目的与要求

稻谷在收割、贮藏、干燥和运输的过程中，难免混有一定数量的杂质。稻谷中的杂质是多种多样的，在稻谷加工厂，通常根据杂质的某些特征和清理作业的特点将杂质分为大杂、中杂、小杂、轻杂、磁性金属杂质、并肩石、稗子等，其中以稗子和并肩石等最难清除。稻谷中所含的杂质，若得不到及时清除，将会给稻谷加工带来很大的危害。

稻谷中所含的稻秆、稻穗、杂草、纸屑、麻绳等体积大、质量轻的杂质，在加工过程中，容易造成输送管道和设备喂料机构的堵塞，使进料不匀，从而降低设备的工艺效果和加工能力。

稻谷中所含的泥沙、尘土等轻、小杂质，在进料、提升、溜管输送等过程中易造成尘土飞扬，污染车间的环境卫生，危害操作人员的身心健康。

稻谷中所含的石块、金属等坚硬杂质，在加工过程中，容易损坏机械设备的工作表面和工作部件，影响设备工艺效果，缩短设备使用寿命，严重的甚至会酿成重大设备事故和火灾。

杂质若得不到及时清除而混入产品中，还会降低产品纯度，影响成品大米和副产品的质量。因此，清理是稻谷加工过程中的一个非常重要的环节。

稻谷清理的要求是：稻谷清理后，其含杂总量不应超过0.6%，其中含沙石不应超过1粒/kg，含稗不应超过130粒/kg。

二、砻谷、砻下物分离的目的与要求

脱除稻谷颖壳的工序称为脱壳，俗称砻谷，脱去稻谷颖壳的机械称为砻谷机。砻谷是根据稻谷籽粒结构的特点，对其施加一定的机械力破坏稻壳而使稻壳脱离糙米的过程。由于砻谷机本身机械性能及稻谷籽粒强度的限制，稻谷经砻谷机一次脱壳不能全部成为糙米，因此，砻下物含有未脱壳的稻谷、糙米、谷壳等。砻下物分离就是将稻谷、糙米、谷壳等进行分离，糙米送往碾米机械碾白。未脱壳的稻谷返回到砻谷机再次脱壳，而谷壳则作为副产品加以利用。

砻谷及砻下物分离是稻谷加工过程中的一个极为重要的环节，其工艺效果的好坏，不仅影响其后续工序的工艺效果，而且还影响成品大米质量、出率、产量和成本。因此，稻谷砻谷时，在确保一定脱壳率的前提下，要求应尽量保持糙米籽粒的完整，减少籽粒损伤，以提高大米出率和谷糙分离的工艺效果。具体要求是：稻壳中含饱满粮粒不超过30粒/kg，谷糙混合物中含稻壳量不超过0.8%；糙米含稻谷量不超过40粒/kg，回砻谷含糙量不超过10%。

三、糙米碾白的目的与要求

糙米碾白通常是应用物理方法部分或全部剥除糙米籽粒表面皮层的过程。糙米皮层含有大量的纤维素，作为日常主食直接食用不利于人体正常的消化吸收，另外，糙米的吸水性和膨胀性都较差，用糙米煮饭，不仅蒸煮时间长、出饭率低，而且颜色深、黏性差、口感不好。因此，须通过碾白工序将糙米的皮层去除，才能提高其食用品质。同时，根据糙米籽粒的结构特点，要将背沟处的皮层全部去除，势必会造成淀粉、蛋白质等营养物质的损失和碎米的增加，出米率下降。因此，现行的国家标准规定，不同等级的大米宜保留适量的皮层，这不仅有利减少营养成分的损失，而且可以提高大米的出率。

在糙米碾白过程中，应在确保成品大米精度的前提下，尽可能提高出品率、纯度和产量。

四、成品米的分类与质量

以稻谷或糙米为原料经常规加工所得成品大米称之为普通大米，其质量应符合国家现行标准。以稻谷、糙米或普通大米为原料，经特殊加工所得的成品大米称之为特制米，主要包括蒸谷米、留胚米、不淘洗米、营养强化米等。

国家现行标准规定，根据稻谷分类方法，大米分为籼米、粳米和糯米三类。用粳稻谷加工而成的大米即为粳米，米粒多呈椭圆形。按收获季节不同，粳米又可分为早粳米和晚粳米。

各类大米按其加工精度分为特等米、标准一等米、标准二等米、标准三等米，共4个等级。大米的加工精度是指大米籽粒背沟和粒面留皮的程度。

第二节　砻谷及砻下物分离

稻谷加工中脱去稻壳的工艺过程称为砻谷。稻谷砻谷后的混合物称为砻下物，砻下物主要有糙米、未脱壳的稻谷、稻壳及毛糠、碎糙米和未成熟粒等。

一、砻谷

（一）砻谷的基本方法

根据脱壳时受力和脱壳方式，稻谷脱壳可分为挤压搓撕脱壳、端压搓撕脱壳和撞击脱壳三种，如图4-2-1所示。

1.挤压搓撕脱壳

挤压搓撕脱壳是指稻谷两侧受两个不同运动速度的工作面的挤压、搓撕作用而脱去颖壳的方法，如图4-2-1（a）所示。其作业条件是工作面间隙小于谷粒厚度，甲乙弹性体工作面必须有相对运动，工作面是弹性体。这种方式脱壳的特点是脱壳率高，碎米少，工作面磨损比较大。

2.端压搓撕脱壳

端压搓撕脱壳是指通过谷粒两顶端受两个不同运动速度工作面的挤压、搓撕作用而脱去颖壳的方法，如图4-2-1（b）所示。其作业条件是工作面间隙大于谷粒厚度，工作面有相对运动，工作面的表面性质为保持粗糙。这种方式脱壳的特点是碎米多，脱壳率小。

3.撞击脱壳

撞击脱壳是指通过高速运动的谷粒与固定工作面撞击而脱壳的方法，如图4-2-1（c）所示。其作业条件是谷物有较高速度，工作面的表面性质为表面有弹性。这种方式脱壳的特点是设备结构简单，碎米多。

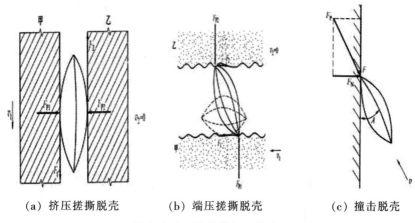

（a）挤压搓撕脱壳　　　　（b）端压搓撕脱壳　　　　（c）撞击脱壳

图 4-2-1　稻谷脱壳示意图

（二）砻谷设备

1.主要工作部件

（1）进料机构：进料机构主要包括进料斗、流量控制机构和喂料及调节机构。

①进料斗与流量控制机构：进料斗和流量控制机构的作用是用来贮存一定数量的稻谷，稳定和调节稻谷流量。常用的流量调节机构有手动闸门、齿轮齿条传动闸门和气动闸门等。手动闸门结构比较简单，直接通过控制出料口开度的大小改变流量，而齿轮齿条传动闸门是通过闸门与压力门相互配合来控制和调节流量的（图4-2-2），气动闸门则是通过气缸的伸缩控制进料斗的闭合及流量的大小。如图4-2-3所示，进料斗可绕铰链轴转动，离开挡板时物料流量变大，接触挡板时物料流量小。同时流量调节旋钮也可配合调节进料斗和挡板的间隙达到调节流量的目的。

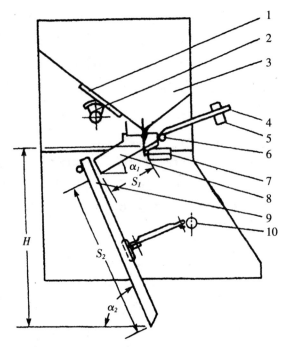

图 4-2-2 短淌板长淌板组合倾斜喂料装置

1.齿条 2.扇形齿轮 3.进料斗 4.支杆 5.平衡重砣

6.短淌板轴 7.微动开关 8.短淌板 9.长淌板 10.双向螺杆

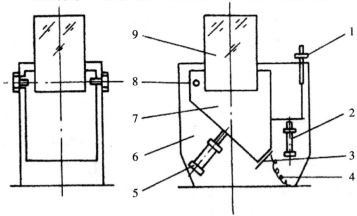

图 4-2-3 气动进料斗及流量控制机构

1.流量调节旋钮 2.限位螺栓 3.挡板 4.安全栅

5.气缸 6.进料箱体 7.旋转料斗 8.铰链轴 9.观察筒

②喂料及调节机构：喂料及调节机构工作状况的好坏将直接影响砻谷机的工艺效果。物料进入轧区的速度要大，以减少谷粒与胶辊之间的线速差，缩短谷粒的加速时间，可以减少动力消耗和降低胶耗，还可提高进机流量。谷粒的料层厚度以单层谷粒的厚度为最佳，没有谷粒重叠，有利于提高脱壳率，减小糙碎和胶耗。谷粒做纵向（稻谷的长度方向）流动并横向紧密排列进入轧区，有利于提高砻谷机的脱壳率和产量。

目前，常见的喂料及调节机构有短淌板长淌板组合喂料、喂料辊与淌板结合喂料和导向淌板喂料三类。

短淌板长淌板组合倾斜喂料装置主要包括短淌板、长淌板和淌板角度调节机构（见图4-2-2）。短淌板用于匀料，倾角较小，一般不超过35°。长淌板主要对谷粒起整流、加速、导向、减小物料流扩散等作用，倾角较大（64°~67°），而且可调，以便使谷粒准确喂入两胶辊间的工作区，长淌板角度调节机构如图4-2-4所示。

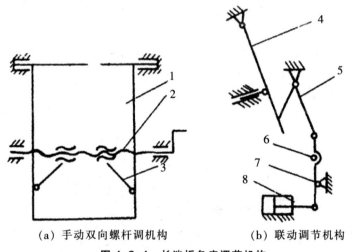

（a）手动双向螺杆调机构　　　　（b）联动调节机构

图 4-2-4　长淌板角度调节机构

1.长淌板　2.双向螺杆　3.连杆

4.长淌板轴　5.连杆　6.活动辊轴　7.活动辊支点　8.紧辊油缸

喂料辊与淌板结合倾斜喂料装置主要包括淌板、活门和喂料辊（图4-2-5）。淌板角度通过目测进行人工调节。

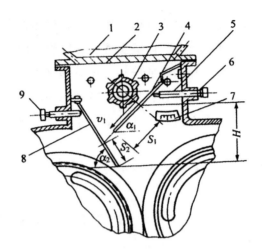

图4-2-5 喂料辊与淌板结合倾斜喂料装置

1.进料斗 2.闸门 3.喂料辊 4.活门 5.指针

6.微量调节机构 7.刻度板 8.淌板 9.角度调节机构

导向淌板垂直喂料装置主要包括导向淌板和淌板角度跟踪调节机（4-2-6）。该装置可跟踪活动胶辊的磨耗自动调节导向淌板位置，即活动胶辊随胶辊直径的变小向左移动，导向杆也随之移动，并推动进料导向淌板绕支点向左转动，使谷流始终对准辊筒工作区。

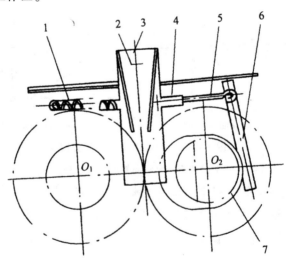

图4-2-6 导向淌板垂直喂料装置

1.弹簧 2.导向淌板 3.导向淌板铰链 4.螺母套杆 5.螺杆 6.导向杆 7.活动胶辊轴承座

（2）脱壳装置：脱壳装置主要由辊筒、辊间压力调节和松紧辊系统两大部分组成。

①辊筒：辊筒是在铸铁圆筒上覆盖一层弹性材料而制成的。常用的弹性材料有橡胶和聚氨酯，其中胶辊根据橡胶颜色的不同分为黑色胶辊、白色胶辊和棕色胶辊等。聚氨酯是一种分子合成材料，白色半透明，既具有橡胶的高弹性，又具有塑料的高强度，其物理性能优于橡胶。

辊筒的结构按其安装形式的不同分为双支承座式（图4-2-7）和悬臂式两种（图4-2-8），前者用于辊长360mm的辊筒，后者则用于辊长250mm以下的辊筒。由于悬式结构具有较高的加工精度和平衡度，拆装定位准确，操作方便，生产运转时振动小等特点，国外普遍采用这种结构，我国也在逐步开发和利用。

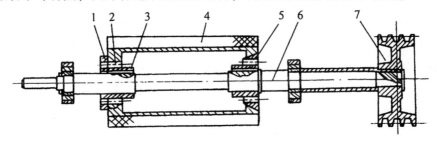

图 4-2-7 双支承座式辊筒的结构

1.锁紧螺母 2.锥形圈轴承 3.紧定套 4.辊筒 5.锥形压紧盖 6.轴 7.皮带轮

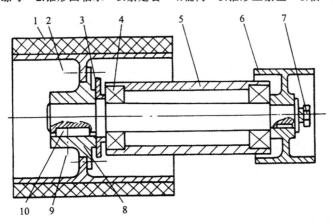

图 4-2-8 悬臂式辊筒的结构

1.辊筒 2.螺栓 3.挡板 4.轴承 5.轴承座 6.皮带轮 7.螺栓 8.法兰 9.紧定螺栓 10.键

辊筒的排列形式有两种：倾斜排列和水平排列。不同排列方式对砻谷机的工艺效果有影响。通常，在其他条件相同的情况下，倾斜排列的工艺效果普遍比水平排列的要好，具有较高的脱壳率和产量、较低的胶耗等。造成其工艺效果差别的原因主要由于其喂方式的差异，倾斜排列的辊筒都是与淌板倾斜喂料方式相适应的，这种喂料方式具有物料扩散小、进入轧区的速度高等特点，而水平排列的辊筒都是与导向淌板垂直喂料方式相适应的，其物料扩散严重，进入轧区的速度较低。

②辊间压力调节和松紧辊系统：对辊式砻谷机工作时辊间压力的大小与轧距有密切的关系，在其他条件相同的情况下，轧距越小，辊间压力就越大。当辊筒直径由于磨耗而变小时，轧距变大，辊间压力则变小。为了保持一定的脱壳率，就必须减小轧距来提高辊间压力。辊间压力的调节方式有两种，一种是手动紧辊，通过人力借助于机械减小轧距来提高辊压。随着科技的进步，这种方式基本上已被淘汰，取而代之的是自动紧辊，依据稻谷特性和预先设定的辊间压力，它能随时跟踪辊筒直径的变化自动调整轧距的大小，始终保持预先设定的辊间压力不变。

对辊式砻谷机进料时，辊筒应能自动合拢，使稻谷得到及时的脱壳，以避免未脱壳稻谷进入后道工序。相反，在断料时辊筒也应能自动脱离分开，以防止辊筒相互摩擦造成不必要的损失和瞬时高温。自动紧辊和辊筒自动离合是在一起工作的。由此可以看出，对辊式砻谷机的辊间压力调节及松紧辊系统十分重要。目前，常用的自动松紧辊系统有机械自动松紧辊和气压自动松紧辊两种。

机械自动松紧辊系：LT型胶辊砻谷机多采用机械自动紧辊系统，其结构如图4-2-9所示，主要由压砣和杠杆组成。压砣的重量通过杠杆系统传递给活动辊和固定辊，形成并保持设定的辊间压力。辊间压力的大小主要通过调整压砣的重量来实现，手轮、螺杆用来调节支点的位置。

机械自动紧辊系统的工作过程如下：进料时，进料闸门开启，物料使短淌板产生一向下的运动，并与 $XK1$ 形成下接触，电路接通，微型电机开始顺向转动，驱动螺杆上的螺母上升而使链条放松，在压砣重力的作用下，活动辊绕支点向固定辊运动，辊筒合拢并产生辊间压力，

当螺母碰到行程开关的滚轮时，微型电机停止转动，于是实现两辊筒自动合拢。不进料时，短淌板反转复位，并与 $XK1$ 形成上接触，另一电路接通，微型电机逆向转动，螺母下降，通过链条使杠杆上拉，活动辊离开固定辊，实现胶辊自

动离开。当螺母碰到行程开关的下辊轮，电路断开，微型电机停转。当机械自动紧辊系统工作失效时，可人工手动操作该系统。

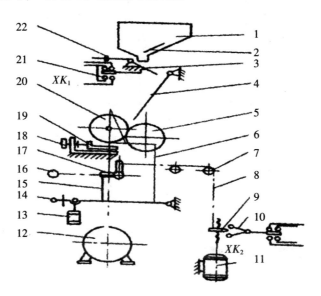

图 4-2-9 机械自动松紧辊系统

1.进料斗 2.闸门 3.短淌板 4.长淌板 5.固定辊 6.连杆 7.滑轮 8.链条

9.螺母 10.行程开关 11.微型电机 12.电机 13.重砣 14.指示杆 15.连杆

16.手动松紧辊 17.摇臂 18.手轮 19.滑块 20.活动辊 21.微动开关 22.平衡砣

气压自动松紧辊系统：气压自动松紧辊系统总体结构见图4-2-10。松紧辊气缸的活塞杆一端通过铰链轴与固定辊连接，其底端和可摇动框架铰接，可摇动框架安装于活动辊的轴承座和支承轴上。当松紧辊气缸的活塞杆产生伸缩运动时，就形成由以下两部分组成的一对作用力，即可摇动框架、电动机、导向轮和气缸的总重力与松紧辊气缸活塞杆的推力，其中总重力是固定的，而气缸推力是可调的。

进料时，料位器输出信号，通过继电器和电磁阀使进料气缸动作，使活动料斗开启下料门，同时松紧辊气缸也动作，使辊筒合拢。断料时，松紧辊气缸复位。辊间压力大小是通过松紧辊气缸的表压大小来调节的。

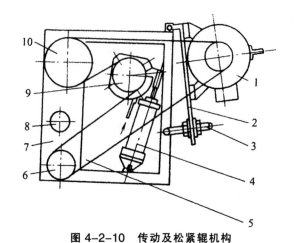

图 4-2-10　传动及松紧辊机构

1.电机　2.电机安装底座　3.螺杆　4.松紧辊气缸　5.双面平皮带
6.导向轮　7.可摇动框架　8.框架支承轴　9.快辊带轮　10.慢辊带轮

（3）传动装置：对辊式砻谷机差速转动的功能是使两辊筒向转动，提供合理的线速差、线速和。实际生产中，常用的传动方式有以下两种：

①双皮带传动与齿轮变速箱结合方式：双皮带传动与齿轮变速箱相结合的传动方式如图4-2-11所示。传动装置为齿轮变速箱和三角带相组合的多级变速传动机构，以保证快、慢辊定速转动，同时还可以根据需要进行变速，以得到合理的线速差和搓撕长度。

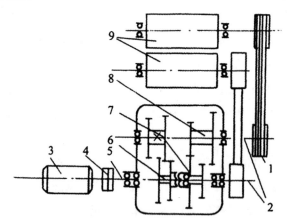

图 4-2-11　双皮带传动与齿轮变速箱相结合的传动装置

1.传动带轮　2.输出轴　3.电动机　4.联轴器　5.输入轴　6~8.滑动双连齿轮　9.辊筒

②单皮带传动方式辊筒悬臂式支承的胶砻都采用这一形式。目前，常使用平

皮带和六角带两种传动带，平皮带采用强力带，六角带剖面形状是两根三角带背对背结合在一起，可以双向弯曲两面传动，传动能力强。

采用单皮带传动的对辊砻谷机，当辊筒磨耗后其直径相差5mm时，需停机对调两辊位置，从而调整辊筒的线速差和线速。

（4）风选装置：砻谷机常用的风选装置主要有FL-14型稻壳分离器和循环式稻壳分离机。

2.典型砻谷设备

目前，我国使用的砻谷设备主要是对辊式砻谷机，它的主要工作部件是一对并列的、富有弹性的辊筒，且做不等速相向旋转运动。谷粒进入两辊筒工作区后，谷粒两侧受到辊筒的挤压力和摩擦力而脱壳。此类砻谷机具有产量大、脱壳率高、糙碎率低等性能，生产上得到广泛应用。

对辊式砻谷机按辊间压力调节机构的不同，可分为压砣紧辊砻谷机、液压紧辊砻谷机和气压紧辊砻谷机三种。下面仅介绍常用的压砣紧辊砻谷机和气压紧辊砻谷机。

（1）LT-36型压砣紧辊砻谷机：

①结构组成：LT-36型压砣紧辊砻谷机主要由进料机构、辊筒、辊压调节机构、自动松紧辊机构、传动机构、谷壳分离装置等组成，其结构如图4-2-12所示。

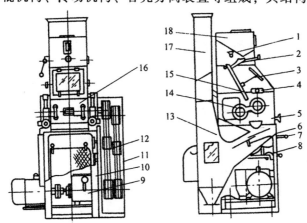

图 4-2-12　LT-36 型压砣紧辊砻谷机结构示意图

1.流量调节机构　2.短溜板　3.长溜板角度调节器　4.松紧辊同步轴　5.活动辊支承点调节手轮
6.砻下物溜板角度调节器　7.手动松紧辊操纵杆　8.重砣　9.变速箱　10.机架　11.传动罩
12.张紧轮　13.稻壳分离装置　14.辊筒　15.长溜板　16.检修门　17.吸风管　18.进料斗

进料机构由进料斗、流量控制装置和喂料装置等组成。流量控制装置采用齿轮齿条闸板形式。喂料采用短、长淌板组合倾斜喂料装置。

辊筒为双支承座式结构，通过辊筒两边的轴承、轴承座固定在机架上。辊筒用锥形压盖紧定套将其固定在轴上，便于拆装更换。

辊间压力调节及松紧辊采用机械自动松紧辊系统，由压砣式辊压调节机构和自动松紧辊机构组成，通过改变压砣的重量改变辊间压力。自动松紧辊机构主要由微型电机、电器元件、杠杆、同步轴和链条等组成。自动松紧辊装置失灵时，可通过手动操纵杆进行人工操作。

传动装置为齿轮变速箱和三角带相组合的多级变速机构，可根据原料的加工品质改变线速差，以获得合理的搓撕长度。

②技术参数：LT-36型压砣紧辊砻谷机的主要技术参数见表4-2-1。

表 4-2-1　LT-36 型压砣紧辊砻谷机的主要技术参数

型号	胶辊直径×长 (mm)	产量（稻谷）(t/h)	快辊转速 (r/min)	线速度 (m/s)	功率 (kW)	风量 (m³/h)	长×宽×高 (mm)
LT-36	225×360	3~6	1309	2.7~3.2	7.5	3600	1255×1125×2315
LT-24	225×240	2.3~2.5	1425	2.7~3.2	5.5	3400	1025×1060×1880
LT-20	225×200	1.6~1.8	1245	2.7~3.2	5.5	2500	975×1060×1880
LT-15	225×150	1.4~1.5	1156	2.7~3.2	4.0	2200	916×1060×1880

（2）MLGQ-25-4型气压紧辊砻谷机：

①结构组成：MLGQ-25-4型气压紧辊砻谷机主要由进料机构、辊筒、传动机构、气压松紧辊机构、稻壳分离装置等组成，其结构如图4-2-13所示。

进料机构由进料斗、流量控制机构、进料气缸、进料导向装置等组成，并采用导向淌板垂直喂料装置进料。进料导向装置可随辊筒的磨耗自行调整位置，从而使谷流始终对准辊筒工作区。

辊筒为悬臂式支承结构，拆装方便、迅速。更换辊筒时，只需松开紧固螺栓，便可将辊筒连同法兰一起抽出。另外，辊筒两端面不封闭，有利于辊筒散热。

传动机构与气压松紧辊机构组成一体。电动机安装在可摇动机架上，通过聚氨酯双面胶带及导向轮带动两辊旋转。电动机安装底座可由螺杆进行调节，从而张紧平胶带。活塞杆在正常工作时，一直处于受拉状态，具有较好的稳定性。辊间压力通过可摇动框架及电动机的自重与气缸压力一同来控制。正常生产时，表

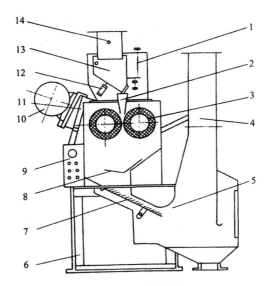

图 4-2-13 MLGQ-25-4 型气压紧辊砻谷机结构示意图

1.流量调节机构 2.进料导向板 3.辊筒 4.吸风道 5.稻壳分离装置 6.底座 7.砻下物淌板 8.缓冲斗 9.气动控制箱 10.电机 11.可摇动框架 12.进料气缸 13.活动料斗 14.料位器

压控制在0.2~0.3MPa。

②技术参数：MLGQ-25-4型气压紧辊砻谷机的主要技术参数见表4-2-2。

表 4-2-2 MLGQ-25-4 型气压紧辊砻谷机的主要技术参数

型号	胶辊直径×长 (mm)	产量（稻谷）(t/h)	快辊转速 (r/min)	线速度 (m/s)	功率 (kW)	风量 (m³/h)	长×宽×高 (mm)
MLGQ.21.5	225×254	3~3.6	1200	3.5~4.0	5.5	3600	1535×735×2000
MLGQ.25	225×254	2.3~2.5	1270	–	5.5	2500	1240×800×2370

（3）MLGQ（T）25型气压紧辊砻谷机：MLGQ型气压紧辊砻谷机具有产量高、能耗低、噪声低、辊压调节准确、便于自动控制、滚筒结构简单、拆装方便等特点。

①结构组成：MLGQ（T）25型气压紧辊砻谷机主要有进料装置、辊筒、传动装置、气压松紧辊机构和稻壳分离装置等组成，如图4-2-14所示。

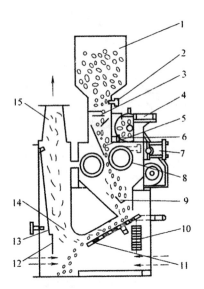

图4-2-14 MLGQ25型气压紧辊砻谷机结构示意图

1.进料斗 2.料位器 3.流量调节机构 4.进料气缸 5.长淌板 6.手轮 7.松紧辊气缸
8.滚筒 9.匀料板 10.重砣 11.砻下物淌板 12.调风门 13.调风板 14.风选区 15.吸风管

②工作原理：进料机构由进料斗、流量调节闸门、气动进料闸门、长淌板等组成。进料闸门由气缸驱动，并受料位器的控制，当进料斗来料后，延时开闸门、紧辊；进料斗断料时，自动关闸、松辊。喂料淌板对物料进行整流、加速和导向，使物料既快又薄且均匀地进入快、慢辊之间。长淌板的倾角可随辊筒的磨损，通过手轮进行调节，以保证喂料准确。

辊筒为辐板式悬臂支承结构，快辊轴的位置固定，慢辊轴的位置可移动，松紧辊气缸控制慢辊，使之与快辊靠近或松开。快、慢辊的传动如图4-2-15所示，快辊带轮、慢辊带轮均由机座上的电动机带轮直接通过同步带进行传动。

气动系统由电磁阀、减压阀、单向节流阀、气缸等组成，并受料位器及电气系统控制，实现砻谷自动控制，气动系统的工作过程是：当进料斗有料时，料位器输出信号，适当延时后，控制电磁阀工作，使进料气缸打开进料闸门，物料进入胶辊工作区；同时，松紧辊气缸动作，驱动慢辊靠近快辊。当进料斗断料时，料位器控制电磁阀复位，进料气缸使慢辊离开快辊，退回原位。此机型同时还装配了压砣紧辊装置，当气动系统失灵时，可改用压砣紧辊装置继续工作。稻壳分离装置采用吸式稻壳分离器。

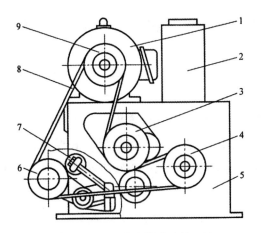

图 4-2-15 单皮带传动的结构

1.电动机 2.进料斗 3.慢辊带轮 4.快辊带轮

5.机座 6.张紧带轮 7.调节螺栓 8.传动带 9.电动机带轮

③技术参数：MLGQ（T）25型气压紧辊砻谷机的主要技术参数见表4-2-3。

表 4-2-3 MLGQ（T）25 型气压紧辊砻谷机主要技术参数

型号	胶辊尺寸 （mm） （直径×长）	产量 （稻谷） （t/h）	快辊 转速 （r/min）	线速 度差 （m/s）	功率 （kW）	风量 （m³/h）	外形尺寸 （mm） （长×宽×高）
MLGQ（T）25	255×254	2.3~2.5	1270	2.8~3.2	5.5	2500	1240×800×2370

3.压砣式胶辊砻谷机的使用

（1）调整及使用前的准备：

①为了保证自动松紧辊机构的灵敏度和行程开关的使用寿命，要求短淌板在下压极限位置时，感应板刚好压下行程开关的触头。通过行程开关支架或感应板的调整，可达到上述要求。

②为了保证自动松紧辊机构的灵敏度，要求支承短淌板轴的两边锥形螺钉松紧适宜，短淌板侧边与漏斗及长淌板无摩擦、卡死现象。通过两端锥形螺钉的调节，可达到上述要求。

③为了避免使用中设备产生剧烈振动和胶辊起槽、失圆，要求对胶辊进行静平衡调整。

④传动轴的中心线必须水平，两胶辊轴线必须平行，否则生产中胶辊会形成大小头。胶辊与轴的装配应保持良好的同心度。

⑤胶辊装上砻谷机时，应使两胶辊端面对齐，长度方向的误差不得超过0.5mm。

⑥检查长淌板喂料端口是否对准两胶辊接触线，淌板与其他构件是否有擦碰、卡死现象。

⑦在正常工作之前，必须将自动松紧辊机构的各部位调整于原始点。首先松开滑板上的紧固螺母，旋转两边手轮，使滑板沿底板导轨移动，保证两胶辊间隙为1~2mm，并要求活动辊中心、销轴中心和齿轮变速箱短输出轴上带轮中心这三点基本上在同一直线上，以减少皮带拉力对辊间压力的影响。调整后，将紧固螺母拧紧，此时指示杆应位于指示牌红线偏上位置。

⑧通过调整使自动松紧辊机构的左、右连杆对称，尺寸一致。

⑨适当调整稻壳分离器鱼鳞孔淌板的倾角和后风门的调节板，保证鱼鳞孔淌板横向水平。

⑩检查传动V带松紧是否适当，如不适当，应升降变速箱底板予以调整。一般新V带开始使用期间伸长率特别大，尤应注意调整。

（2）操作使用：

①开机前，用手拉动传动V带转动胶辊，检查机内是否有影响安全生产的异物。检查设备各部件，开关手柄、进料闸门在全关闭位置，胶辊松开。

②开机后，先空载运转，要求运转平稳正常，无异常振动和噪声，皮带不打滑、不跑偏，无碰撞现象。空载运转正常后，开启进料闸门，检查进料是否均匀，进料流量是否合适。进料流量视产量、脱壳率、动力负荷等指标适当调节。

③重载后，观察电气控制机构工作是否正常，检查砻下物的脱壳率、含碎及谷糙混合物含壳率等指标是否符合要求。脱壳率应根据稻谷品种、品质掌握，控制在：粳稻谷80%~90%；籼稻谷75%~85%。碎米含量，早籼稻谷不超过5%，晚籼稻谷、粳（糯）稻谷不超过2%。谷糙混合物中含壳率不超过0.8%。每100kg稻壳中含饱满粮粒不超过30粒。

④压砣的重量和两胶辊线速度差视原料品种、水分、脱壳率、砻下物含碎等情况适当调整。加工高水分稻谷时，可适当增加线速度差，减小辊压，减小流量，降低脱壳率；加工陈籼稻谷时，适当减小辊压和线速度差，降低脱壳率。

⑤使用中应注意快、慢辊的交换，保持两胶辊直径大小接近，一般每8h调换一次为宜，以齿轮变速箱换挡来实现。变换齿轮挡要在停机状态下进行，严禁在

设备运转中换挡。当胶辊磨小，压砣紧辊行程用完时，应停机调整行程，一般可在每天开机之前进行。调整时，先松开拖板两边紧定螺栓，套上手柄摇动，使拖板推进5~8mm到达紧辊行程起点，然后拧紧拖板紧固螺栓。

⑥如微型电动机过载，热继电器会自动断开，电动机停止转动，保护电动机不致烧坏。当自动松紧辊机构失灵时，可改用操作杆进行人工操作。

⑦生产中如遇突然停机（包括事故停机），应将进料闸门关闭，并将积存在辊面上的稻谷全部清除。

⑧生产过程中，严禁非操作人员乱动自动松紧辊机构的平衡砣、操作杆、指示杆、重砣等零件和电气元件。一旦发现不正常情况，如突然振动、异常噪声、轴承升温过高以及工艺指标下降等，应立即停机检查，及时排除故障。

（3）维护保养：

①生产中不要过高地提高脱壳率、产量或任意增加压砣重量，以免机件损坏、胶耗增大和影响稻壳分离效果。

②注意前道清理设备的除杂效果，保证进入砻谷机的稻谷无石块、铁器等杂质，以避免胶辊表面损伤。

③两辊在接触状态下不能空转，以免磨损胶辊。

④注意清理自动松紧辊机构的连接、传动部位和电气元件的触头及滚轮上的灰尘、污秽，以保证自动松紧辊机构的灵敏度。

⑤传动V带张紧适宜，勿过松或过紧，以免引起皮带严重打滑或轴承、传动件严重发热现象。停机后及时将张紧轮松开，使V带放松，这样可以提高胶辊轴和V带的使用寿命。

⑥喂料淌板和鱼鳞孔淌板磨损后应及时更换，以免影响流量的均匀性和混合物的自动分级。

⑦严格视胶辊磨损情况，按齿轮变速箱排挡表进行换挡，不允许随意调换齿轮挡，切记不要在运转中换挡，以免打坏齿轮。

⑧新机在使用完一对胶辊后，要更换齿轮变速箱内的齿轮油。正常生产中注意及时加油，保持一定的油面高度，每季度更换齿轮油一次。

（4）常见故障及原因分析：

①胶辊表面起边、起槽、失圆或产生大小头：

第一，长淌板安装不对中（起边）。

第二，两胶辊断面未对齐（起边）。

第三，喂料不均匀或流量过大（起槽）。

第四，原粮含硬性杂质过多或水分过高（起槽）。

第五，线速度过低或线速度差过大（起槽）。

第六，两胶辊轴线不平行（大小头）。

第七，闸门开启大小不一致，淌板两侧高低不一（大小头）。

第八，压砣一边重，一边轻（大小头）。

第九，胶辊有偏重或表面质量差（失圆）。

②脱壳率过低：

第一，压砣重量太轻，辊间压力不够。

第二，胶辊磨损，齿轮变速箱挡位选择不当或皮带严重打滑，引起线速差降低。

第三，胶辊表面起边、起槽、失圆或产生大小头。

第四，进料流量过大。

③砻下物含碎和爆腰增多，米粒染黑：

第一，压砣重量太重，辊间压力太大。

第二，线速差过大，脱壳率过高。

第三，砻谷机振动过剧。

第四，回砻谷含糙米过多。

第五，胶辊表面硬度过高。

第六，原粮水分过高或过于干燥。

④稻壳含粮过多：

第一，吸风量过大，引起吸口风速过高。

第二，鱼鳞孔淌板安装不正，角度过小，板面不平整或后风门调节板过低。

⑤砻下物含稻壳过多：

第一，吸风量过小。

第二，吸风管、旋风分离器或稻壳间堵塞。

第三，鱼鳞孔淌板角度过大或后风门调节板过高。

第四，吸风管漏风。

⑥胶辊磨损过快：

第一，两胶辊线速度差过大。

第二，压砣重量过重，辊间压力过大。

第三，胶辊表面起边、起槽、失圆或产生大小头。

第四，进机物料中含较多的硬性杂质。

第五，胶辊表面硬度过低。

⑦砻谷机振动过剧：

第一，紧固零部件松动。

第二，胶辊不平衡或轴承损坏。

第三，传动皮带过紧或过松。

第四，线速度或线速度差过大。

⑧自动松紧辊机构失灵：

第一，行程开关支架或感应板上的螺钉松动。

第二，电路发生故障。

第三，压砣紧辊机构杆件连接松脱。

第四，活动辊轴承座与销轴卡死。

4.气压式胶辊砻谷机的使用

（1）开机准备：

①检查螺栓和螺母是否拧紧，V带张紧度和平行度是否合适。

②启动电动机，通过观察窗检查胶辊的旋转方向。检查完以后关闭电动机。

③调节空气压力。转动空气减压阀调节输入压力到5~6kg/cm²。

④手动操作检查。手动测试期间，请不要启动电动机。设置"自动—停止—手动"开关在"手动"位置，对料门气缸动作使进料闸门打开，然后对胶辊气缸动作使活动胶辊移动，靠近固定胶辊。

⑤自动操作检查。设置"自动—停止—手动"开关在"自动"位置，确认料门气缸和胶辊气缸没有工作。然后打开观察窗，用手使料位器感应板停住，确认5~30s后两个气缸工作。随后，关闭观察窗。

⑥从料门打开到胶辊合拢的时间调节。通过胶辊气缸使活动辊与固定辊相接触。空气调节器使料门打开2~3s以后，物料已经落到两胶辊上时，两胶辊开始平稳接触。从料门打开到胶辊合拢的时间调节方法：将空气调节器的螺母松开，旋转调节螺钉进行调节。当调节螺钉顺时针方向旋转时，料门打开到两胶辊合拢的时间延长；当调节螺钉逆时针方向旋转时，料门打开到两胶辊合拢的时间缩短

（正常时间调节在3~5s）。完成调节工作后，锁紧调节螺钉。

⑦稻壳分离机的检查。检查所有皮带轮槽中心是否在同一平面上，所有紧固带轮的螺栓和螺母是否拧紧，皮带或链条的张紧度是否合适。启动电动机，检查风机的旋转方向及是否有不正常的噪声或振动。

（2）操作使用：

①操作程序：

第一，物料进入料斗。

第二，起动电动机。

第三，调节压缩空气进口处的减压阀，使进机空气压力为3~5kg/cm²。

第四，将控制箱的"自动—停止—手动"开关置于"自动"或"手动"位置。

第五，在糙米出口处检查脱壳率。

第六，调节脱壳率减压阀的空气压力以得到所要求的脱壳率。

第七，调节稻壳分离机的各阀门。

第八，关机时将控制箱的开关置于OFF位置，等候5~6s后，确认所有的物料都已经被吹出，稻壳分离机和螺旋输送机已经卸空，然后关闭电动机。

②喂料流量调节。通过旋转流量调节手柄调节物料的喂料量。刻度盘上的一大格大约为3.5~4t/h。

③从糙米出口取样检查稻谷脱壳率。用脱壳率调节减压阀调节空气压力，使脱壳率保持在85%~90%。

④固定辊和活动辊的交换。固定辊比活动辊的转速高，因此固定辊磨损比活动辊快。当固定辊的直径比活动辊直径小许多时，脱壳率降低，此时，可将两只胶辊进行调换。当固定辊胶层厚度大约是活动辊胶层的1/2时，应将两胶辊进行调换。

⑤在稻壳出口取样检查是否有稻谷混入，如有稻谷混入，应调节未熟粒气流调节阀和空气流量调节杆，减小分离机的空气流量，降低风选风速。

⑥从谷糙混合物出料口取样检查稻壳分离效果。从未熟粒出料口取样检查稻壳分离效果，通过气流调节阀的调节，使分离效果达到最佳。

（3）维护和检查：

①机器的各零部件应定期进行检查和调整（一周或十天一次）。

②定期在各活动部位添加润滑油。

③定期检查压缩空气控制装置，保持电磁阀、气缸等的平滑功能。

④定期通过放水阀放出油水分离器中的水。

⑤随时通过检查窗检查机器内部是否有稻草或其他杂物，如有应及时清除。

（4）常见故障及原因分析：

①脱壳率低：

第一，胶辊间压力不够。

第二，稻谷水分太高。

第三，胶辊磨损严重，致使线速度和线速度差降低。

第四，胶辊磨损不均匀，出现起槽、大小头等现象。

第五，喂料量过大或喂料不均匀。

第六，传动皮带打滑，引起线速度差降低。

②砻下物含碎率高：

第一，辊间压力太大。

第二，线速度差过大，脱壳率过高。

第三，砻谷机振动过剧。

第四，胶辊不均匀磨损。

③只是胶辊气缸不动作（当开关在"手动"位置时）：

第一，空气压缩阀不动作。

第二，空气调节器和空气阀堵塞。

④进料气缸和胶辊气缸均不动作（当开关在"手动"位置时）：

第一，电磁阀不工作。

第二，开关或气缸损坏。

⑤进料气缸和胶辊气缸均不动作（当开关在"自动"位置时）：

第一，传感器或料位器出现问题。

第二，四个继电器之一出现问题。

第三，电磁阀或气缸控制装置出现问题。

⑥稻壳含粮粒过多：

第一，分离部分气流速度过快。

第二，从未熟粒分离处进入的气流过多。

第三，砻谷部分进入稻壳分离部分的物料不能均匀地分布在分离机的宽度方向上。

第四，喂料量太大。

第五，网孔钢板有堵塞，使气流速度不均匀。

⑦谷糙混合物含壳或含未熟粒：

第一，流量太大。

第二，稻壳分离部分的气流速度太低。

第三，风机皮带打滑，提供风量不够。

第四，砻谷部分进入稻壳分离部分的物料不能均匀地分布在分离机的宽度方向上。

第五，未熟粒出口的未熟粒和其他物料太少。

第六，网孔钢板有堵塞，使气流速度不均匀。

⑧未熟粒出口卸料量太多和混入的饱满粮粒太多：气流速度太快。

二、稻壳分离与收集

(一) 稻壳分离

1.稻壳分离的方法

稻壳分离的目的是从砻下物中分离出稻壳。稻壳体积大、比重小、摩擦系数大、流动性差，如不及时将其从砻下物中分离出来，会影响后道工序的工艺效果。在谷糙分离过程中，如果谷糙混合物中含有大量的稻壳，谷糙混合物的流动性将变差，谷糙分离工艺效果显著降低。同样，回砻谷中如混有大量的稻壳，将会降低砻谷机产量，增加能耗和胶耗。

稻壳分离的工艺要求是：稻壳分离后谷糙混合物含稻壳率不应超过1%，每100kg稻壳中含饱满粮粒不应超过30粒。

稻壳的悬浮速度与稻谷、糙米有较大的差别，因此可用风选法将稻壳从砻下物中分离出来。此外，稻壳与稻谷、糙米的密度、容重、摩擦系数等也有较大的差异，可以利用这些差异，先使砻下物产生良好的自动分级，然后再与风选法相配合，这样更有利于风选分离效果的提高和能耗的降低。

2.稻壳分离设备

依据风源提供方式的不同，稻壳分离设备可分为外配风源式和自带风源式两种，其中外配风源式大多采用吸式（机内处于负压状态），自带风源式多为循环式。

（1）FL-14型稻壳分离器：

①结构组成：FL-14型稻壳分离器主要由进料口、可调节淌板、调风门和吸风管等组成，如图4-2-16所示。

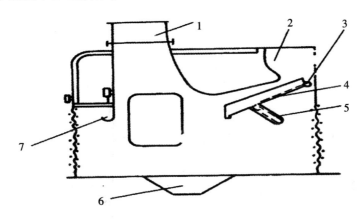

图4-2-16 FL-14型稻壳分离器结构示意图

1.吸风管 2.进料口 3.缓冲槽 4.鱼鳞孔淌板 5.角度调节机构 6.出料口 7.调风门

②工作原理：砻下物由进料口通过缓冲槽落到淌板上进行自动分离。淌板冲有鱼鳞孔，且可以根据需要改变其倾斜角度。由于淌板表面粗糙，又有自下而上气流的作用，所以物料能形成良好的自动分级，使稻壳浮于上层，为稻壳分离创造了有利的条件。当物料进入稻壳分离区时，由于吸风口为喇叭形，具有较适宜的分离长度和风速，达到完全分离的效果。此外，还可双面进风，部分气流穿过物料，另一部分气流由背面进入，继续加速稻壳进一步分离，并阻止稻壳回流。

③技术参数：FL-14型稻壳分离器的主要技术参数见表4-2-4。

表4-2-4 FL-14型稻壳分离器的主要技术参数

淌板长×宽（mm）	产量（t/h）	淌板倾角	风速（m/s）	吸口长×宽（mm）
370×245	3.3~3.75	30°~45°	4.5	420×246

（2）循环式稻壳分离机：

①结构组成：循环式稻壳分离机主要由喂料机构、风选室、未熟粒分离机构、稻壳分离机构和风机等组成，如图4-2-17所示。

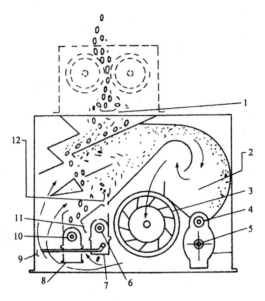

图 4-2-17　循环式稻壳分离机结构示意图

1.扩散器　2.稻壳分离室　3.风机　4.稻壳螺旋输送器　5.叶轮式闭风器

6.未熟粒螺旋输送器　7.未熟粒出口　8.谷糙混合物出口　9.风流量调节阀

10.谷糙混合物螺旋输送器　11.反向气流调节阀　12.未成熟粒调节阀

②工作原理：循环式稻壳分离机与FL-14型稻壳分离器的结构有所不同，它具有集谷糙与瘪谷等未成熟粒的分离及稻壳的分离于一体、内部气流循环使用、结构紧凑、占地少、能耗低、分离效果较好等特点。

砻下物经扩散器由淌板喂入上风选室，进行第一次风选，并分离出大部分稻壳，然后进入下风选室，进行第二次风选，分离出剩余少量稻壳的同时进行谷糙与未熟粒的分离，最后分别由螺旋输送器从各自出口排出，稻壳的出料口还配有叶轮式闭风器，以减少反向气流的干扰。经过稻壳分离后的气流由风机吹回到上、下风选室，进行循环使用。未熟粒的质量和流量可由未熟粒调节阀和反向气流调节阀共同来控制。

（3）影响稻壳分离效果的因素：谷糙混合物与稻壳的悬浮速度有明显差异，按理论分析，采用风力分选是完全可以把稻壳从谷糙混合物中发离出来的。但是，在实际生产中常常不能获得理想的分离效果。不是稻壳带粮，就是谷糙中含稻壳过多。影响稻壳分离效果的因素不外乎与风的速度、风口的大小、气流作用形式等有关，大致有以下一些：

①混合物在气流区域内所处的位置：影响混合物在气流区域内所处的位置的因素主要是物料的流量和溯板的角度。流量均匀，溯板角度合适，物料进入气流区域内的姿态可使其获得较大的受风面积，稻壳易被吸走，反之流量过大，溯板角度偏小，物料进入气流区域内时未能得到很好的整流，姿态紊乱，这样就无法获得最大的受风面积，分离效果就不好。

②吸风区内的风力分布：在吸风口区域，一般中间风速较大，两边较小，有时还会受到出料口来自提升机上升气流的影响，这些都会造成气流的紊乱。因此，生产中应尽量排除不利因素，保持吸口区风力分布均匀。

③混合物在进入吸风分离区前的自动分级程度：混合物自动分级程度的充分与不充分，是和溯板的角度、物料流量以及穿透鱼鳞溯板孔眼的风力大小有关。如混合物自动分级充分，在进入喇叭形吸口时，物料分级后也呈喇叭形料层，则分离效果就会大大提高；反之，分离效果就会降低。

④风速和风量：吸风口风速应能最大限度地吸走稻壳，又尽可能少地带走粮粒，这就要求吸口风速适宜，一般保持在4.5~5.5m/s。风量和风速的调节应视流量大小进行。流量大，料层厚，风量应适量增大；反之，流量小，料层薄，风量也应相应减少。

其他如脱壳率的高低、稻壳被剥离的程度等都会不同程度地影响稻壳分离效果。

（二）稻壳收集

经风选分离后，稻壳收集是稻谷加工中不可忽视的工序。稻壳收集，不但要求把全部稻壳收集起来，而且要求空气达标排放，以减小大气污染。

稻壳收集的方法主要有重力沉降和离心沉降两种方法。

1.重力沉降法

重力沉降是使稻壳在随气流进入沉降室后突然减速的情况下，依靠自身的重力而沉降的方法。实际使用中，沉降室通常建成立方仓结构，如图4-2-18所示，俗称大糠房。

带有稻壳的气流进入大糠房后，由于体积突然扩大，风速骤然降低，稻壳及大颗粒灰尘便随自重逐步沉降，气流则由大糠房上部气窗或屋顶排气管排出。

重力沉降收集方法能耗低，但占地面积大，降尘效果较差，易造成糠尘外扬，因此使用时应考虑环境的要求。

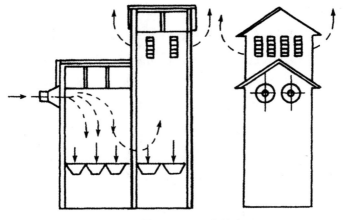

图 4-2-18　大糠房

2.离心沉降法

离心沉降是使带稻壳的气流直接进入离心分离器（刹克龙）内，利用离心力和重力的综合作用使稻壳沉降的方法。离心分离器对粒径大于10μm的物料颗粒有较高的分离效率。为了延长离心分离器的使用寿命，常用玻璃来制造离心分离器。此方法具有结构简单、价格低、维修方便等特点。

离心沉降法根据离心分离器在气路中所处位置的不同，可分为压入式和吸入式两种（图4-2-19）。压入式在离心分离器的出料口可不设置闭风器，但因稻壳要流过风机，风机叶轮极易磨损，需经常更换。吸入式的离心分离器出料口必须配用闭风装置，因稻壳不流过风机，风机使用寿命长。

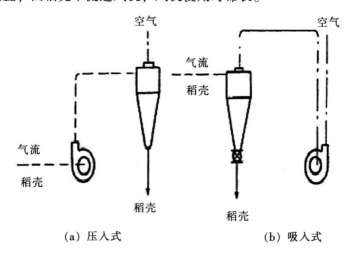

（a）压入式　　　　　　　　（b）吸入式

图 4-2-19　离心沉降法

三、谷糙分离

(一) 谷糙分离方法

谷糙分离的基本原理是利用稻谷和糙米的粒度、摩擦系数、密度和容重、弹性等物理性质的差异，借助谷糙混合物在运动过程中产生良好的自动分级，即稻谷上浮而糙米下沉，采用适宜的机械运动形式和装置将稻谷和糙米进行分离和分选。目前，常用的谷糙分离方法主要有筛选法、比重分离法和弹性分离法三种。

1.筛选法

筛选法是利用稻谷和糙米间粒度的差异及其自动分级特性，配备以合适的筛孔，借助筛面的运动进行谷糙分离的方法。常用的设备是谷糙分离平转筛。

谷糙分离平转筛按筛体外形的不同，分为长方形筛 [MGCP-1型（R40）、GCP-100×3型（R80）] 和圆形筛（GCP-φ85×4型、GCP-φ106×4型）两种。

（1）结构组成：GCP-63×3-1型谷糙分离平转筛主要由进料装置、筛体、筛面倾角调节机构、偏心回转机构、传动机构和机架等组成，其结构组成如图4-2-20所示。

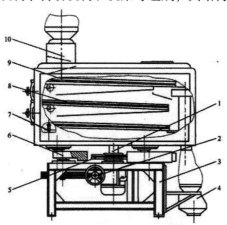

图 4-2-20　GCP-63×3-1 型谷糙分离平转筛结构示意图

1.调速机构　2.调速手轮　3.机架　4.出料机构　5.过桥轴
6.偏心回转机构　7.筛面倾角调节机构　8.筛面　9.筛体　10.进料装置

①进料装置：进料装置由盆形接料口和料箱组成。料箱内装有两块导料淌板，以保证喂料均匀及减小物料对筛面的直接冲击力。接料口与进料溜管之间罩有布制软管，防止灰尘飞扬。

②筛体：筛体为长方形，内装三层抽屉式筛格，编织筛网筛面固定在筛格上，筛面的装拆、检修、更换都比较方便。每层筛面的进料口端均有一段密眼筛作为

自动分级段，此段筛面不起筛理作用。每层筛面下均设有集料板，将筛下物导向下层筛面的进料端，以利于物料的自动分级和谷糙混合物的分离。

③筛面倾角调节机构：各层筛面下方进料端处分别装有筛面倾斜角调节机构。筛面倾斜角调节机构常采用偏心凸轮调节机构，如图4-2-21所示。该调节机构由手轮、弹簧、刻度盘、定位销、轴、凸轮和轴承等组成。调节筛面倾斜角时，拉动手轮，将定位销拉出销孔，转动手轮，使支承在凸轮上的筛面以出料端为支点上下绕动，从而改变筛面倾斜角度。

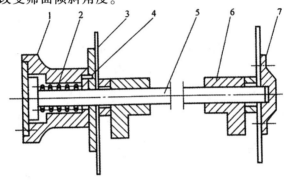

图 4-2-21　筛面倾斜角调节机构结构示意图

1.手轮　2.弹簧　3.刻度盘　4.定位销　5.轴　6.凸轮　7.轴承座

④偏心回转机构：偏心回转机构既是驱动筛体做平面运动的机构，又是支承筛体的机构，其结构如图4-2-22所示，主要由长轴、短轴、偏重块和轴承座等组成。筛体通过三组偏心回转机构支承在机架上，由传动机构带动其中一组偏心回转机构转动，使筛体做相应的平面回转运动。

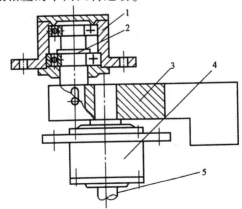

图 4-2-22　偏心回转机构结构示意图

1.轴承座　2.短轴　3.偏重块　4.轴承座　5.长轴

⑤传动机构：传动机构由减速装置和调速装置组成。GCP-63×3-1型谷糙分离平转筛的减速装置采用齿轮减速箱，速比为1:8.12。调速装置由调速机构和调速张紧机构组成，如图4-2-23和图4-2-24所示。调速机构由一对剖分V带轮、弹簧、防尘罩等组成，调速张紧机构由手轮、调速丝杆、支撑座、调速连杆、调速螺母等组成。调速时，转动与调速丝杆连接的手轮，拉动调速连杆，使剖分V带轮的活动轮在弹簧压力上下移动，以改变剖分V带轮的工作直径，达到无极调速的目的。

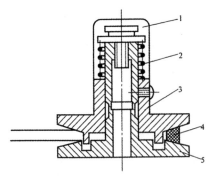

图 4-2-23　调速机构结构示意图

1.防尘罩　2.弹簧

3.活动带轮　4.V 带　5.固定带轮

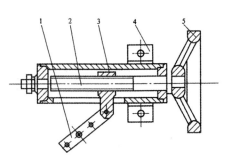

图 4-2-24　调速张紧机构结构示意图

1.调速连杆　2.调速丝杆

3.调速螺母　4.支撑座　5.手轮

GCP-63×3-1型谷糙分离平转筛的筛理流程如图4-2-25所示。谷糙混合物由进料斗经过导料板均匀地、沿整个筛宽方向进入第一层筛面进行筛理，筛下物依次进入下道筛，经逐道筛面筛理后，第三层筛面筛选分出净糙；第一层筛面的筛上物为

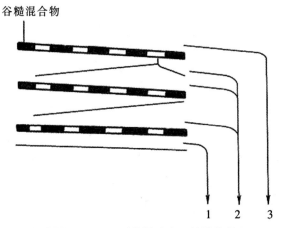

谷糙混合物

1　2　3

图 4-2-25　GCP-63×3-1型谷糙分离平转筛的筛理流程示意图

1.净糙　2.回筛物料　3.回砻谷

205

回砻谷，第二、第三层筛面的筛上物合并为回本筛物料。该流程的特点是：工艺流程比较简短，各层筛面均采用集中进料方式，有利于物料的自动分级，但第二、第三层筛上物合并后回到第一层筛面，不符合同质合并的原则，且回到第一层筛面的物料量较大，各层筛面的负荷不均匀，这在一定程度上影响了谷糙分离效果。

（2）工作原理：谷糙分离平转筛是利用稻谷和糙米在粒度、密度、容重以及表面摩擦系数等物理特性的差异，使谷糙混合物在做平面回转运动的筛面上产生良好自动分级，粒度大、密度小、表面粗糙的稻谷浮于物料上层，而粒度小、密度大、表面较光滑的糙米沉于物料下层。糙米与配备合适筛孔的筛面接触并穿过筛孔，成为筛下物，稻谷由于被糙米层所阻隔而无法与筛面接触，不易穿过筛孔，成为筛上物，从而实现谷糙分离。

（3）技术参数：谷糙分离平转筛的主要技术参数见表4-2-5。

表4-2-5　谷糙分离平转筛的主要技术参数

型号	产量（糙米）（t/h）	转速（r/min）	回转半径（mm）	筛面倾角（°）	功率（kW）	长×宽×高（mm）
GCP-63×3-1	1.5	150±15	40	1~3	0.55	1360×740×1410
GCP-80×3-1	2.4	150±15	40	1.5~3	1.1	1595×1000×1440
GCP-100×3-1	3.6	150±15	40	1.5~3	1.1	1690×1110×1530
GCP-112×3-1	4.8	150±15	40	1.5~3	1.1	1690×1230×1530
GCP-100×3	3.6	150±15	80	1.0~2.5	1.5	1950×1050×1470
GCP-φ85×4	2.3	150±15	40	1.5~2	1.1	1138×1177×1177
GCP-φ106×4	3.6	150±15	40	1.5~2	1.1	1320×1382×1190

（4）谷糙分离平转筛的使用：

①开机准备：

第一，检查各部件的紧固件是否松动，如有松动应及时紧固。

第二，检查V带张紧度是否合适，各调节机构是否灵活，位置是否正确。

第三，用手推动筛体时，筛体运转是否平稳，有无阻卡。

第四，根据原料情况，选择确定设备的工作参数。如原料粒形细长，应该选择较大的长方形筛孔；如原料粒形较短，可选择较小的方形筛孔。如遇到原料互混程度比较大，筛孔应按其中的大粒形稻谷配备，此时应充分发挥其自动分级作用，加长分级段长度，加大筛面收缩比例，增大筛面倾斜角度。分离高水分原料时，一般加快转速，增大筛面倾斜角度；分离低水分原料时，转速和筛面倾斜角都应适当减小。调节中必须注意转速、筛面倾斜角、筛孔、分级段、筛面收缩比的相互关系，互相协调，不能过分偏重某一方面的作用。

②操作：

第一，开机后，先将糙米出料口处的活动涮板拨到"关"的位置，空载运转1~2min，检查是否有异常声响、过大噪声和剧烈振动，如发现问题应及时停机找出原因并解决。运转平稳后，放入物料进行分离。此时，糙米回流到设备进口再分离，待糙米质量符合要求后，置活动涮板于"开"的位置，开始正常工作。

第二，生产过程中，要保持流量稳定，随时检查筛面的料层厚度、糙米中的含谷量和回碴谷中的含糙量，并酌情调节筛面转速和倾斜角度。调节筛面倾斜角度时，应注意各层筛面在分离中的作用。第一层筛面主要用于撤谷，筛面倾斜角度应适当小一些，以保证回碴谷质量；第三层筛面主要用于提取净糙，筛面倾斜角度应适当大一些，以保证净糙质量。

第三，准备停机时，先关闭进料闸门停止进料，再将糙米出口的活动涮板置于"关"的位置，以便使含谷较多的糙米从中间出口排出回机，然后关闭电动机。

③维护保养：

第一，经常检查各部位的紧固件是否松动，设备运转是否平稳，声音是否正常。如出现异常应及时检修。

第二，定期检查各层筛面是否平整，有无破损，发现松弛或破损应及时张紧或更换。

第三，润滑系统应定期加油或换油。滑动带轮内套每周注油一次，轴承一般每六个月换润滑油一次，减速箱每季度加油一次。减速箱加油时应注意油位，不能过高或过低，以顶面齿轮得到润滑为准。如遇特殊情况，应随时加油或换油。

第四，调节机构应保持灵活可靠，不应有阻卡、松动或移位现象。

④常见故障：

筛面堆料：一是进料过多；二是回流量过大；三是稻壳含量超标。

筛面偏料：一是筛面横向不水平；二是筛体运转不平稳。

筛体运转不平稳：一是地脚螺栓松动；二是轴承损坏；三是三支点松脱或部件损坏。

2.比重分离法

比重分离法是利用稻谷和糙米比重的不同及其自动分级特性，在做往复振动的粗糙工作面板上进行谷糙分离的方法。常用的分离设备是重力谷糙分离机。

（1）结构组成：MGCZ115×5型重力谷糙分离机结构组成如图4-2-26所示。主要由进料机构、分离箱体、偏心传动机构、支承机构和机架等组成。

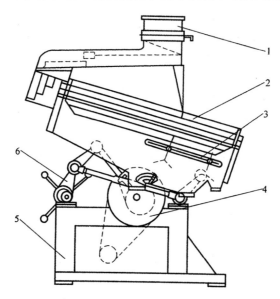

图4-2-26 MGCZ115×5型重力谷糙分离机结构示意图

1.进料机构 2.分离箱体 3.出料口调节板 4.偏心传动机构 5.机架 6.倾角调节机构

①进料机构：进料机构主要由进料斗、流量控制阀门、大杂筛面和匀料分料装置组成，如图4-2-27所示，其作用是调节流量、清除大杂和均匀分料。

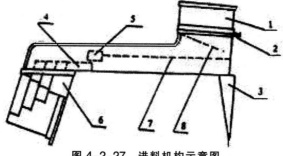

图4-2-27 进料机构示意图

1.进料斗 2.流量调控板 3.支承板 4.分料槽 5.大杂出口 6.输料管 7.大杂筛板 8.均料淌板

②分离箱体：分离箱体由五层分离板、框架和出料装置组成。分离板是该机

的主要工作部件，如图4-2-28所示，由薄钢板上冲制凸台而制成，凸台呈马蹄形，凸起高度2.4mm。凸台的作用一是增大工作面的表面粗糙度，便于促进工作面上物料的自动分级；二是对工作面接触的物料给以一定的上推作用力，使其能沿工作面上行。出料装置设有出料调节板，用于调节出机稻谷、糙米及混合的相对比例，从而控制净糙和回砻谷的纯度和流量。

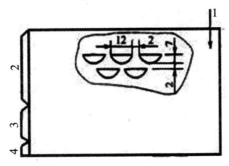

图 4-2-28　分离板结构示意图

1.物料进口　2.糙米出口　3.混合物出口　4.回砻谷出口

③支承机构：支承机构由支持杆、支承轴和偏心升降装置组成。分离箱体双向倾斜，且横向倾角（横向与箱体振动方向一致）大于纵向倾角，纵向倾斜角度固定，横向倾斜角度可由支承机构（图4-2-29）的偏心升降装置调节，目的是适应工艺需要。

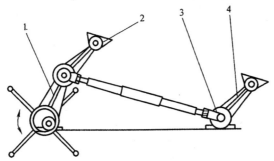

图 4-2-29　支承机构结构示意图

1.偏心升降装置　2.牵伸块　3.支承轴　4.支承杆

④偏心传动机构：偏心传动机构由主轴、偏心套、平衡轮、轴承座和连杆等组成，如图4-3-30所示，筛体底部对称安装两套偏心传动机构，使分离箱体做横向往复振动。

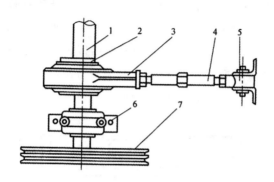

图 4-2-30　偏心传动机构结构示意图

1.主轴　2.偏心套　3.偏心轴承座　4.连杆　5.牵伸轴承座　6.轴承座　7.平衡轮

（2）工作原理：重力谷糙分离机利用稻谷与糙米在比重、表面摩擦系数等物理特性的差异，借助双向倾斜并做往复运动的粗糙工作面的作用，使谷糙混合物产生良好的自动分级，糙米"下沉"，稻谷"上浮"，下面的糙米在粗糙工作面凸台的阻挡作用下，向上斜移从工作面的斜上部排出；上面的稻谷无法接触粗糙工作面凸台，并在自身重力和进料推力的作用下向下方斜移，从工作面的斜下部出口排出，从而实现谷糙的分离，如图4-2-31所示。

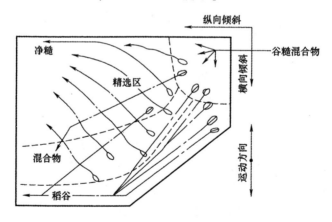

图 4-2-31　谷糙混合物在粗糙工作面上的运动状态示意图

（3）重力谷糙分离机的使用：

①开机准备：

第一，按常规检查各紧固件是否拧紧，传动带松紧是否合适，各传动件应转动灵活。否则，应排除故障或加注润滑油。

第二，空载启动电动机，确认主轴转动方向是否与指示牌一致，若不一致则调换电动机两电源线接线位置。

第三，空载运转30min，检查是否运转平稳，有无异常声响、撞击和振动。若有异常声响和撞击，则对产生部位进行检查，排除影响因素；若产生振动，则检查地面是否平整，地脚螺栓是否紧固。

第四，通过角度调节手柄调整工作面倾斜角，并使之锁紧。

第五，确定糙米出料口的翻板关闭，以使开机时分离不纯的糙米回流。

②操作使用：

第一，启动电动机，查看设备运转是否平稳，待空载运转正常后再打开进料阀门进料。

第二，调整进料流量及物料分配器分料宽度，保证工作面上料层厚10mm左右，并使各层工作面的料层均匀，确保分离效果一致。

第三，移动工作面出料端的分隔板，使糙米中不含稻谷，回砻谷中不含糙米。

第四，完成上述调整后，打开糙米出料口的翻板放出净糙，并将翻板固定在适当位置。

第五，机器正常运转后，经常检查净糙、回砻谷质量，监视各层工作面的分离质量是否一致，监视供料情况是否正常，如发现问题及时调整。经常察听设备运转时的异常杂声、撞击声和振动，以便及时排除。

第六，准备停机时，先关闭进料闸门停止喂料，再将糙米出口的翻板关闭，以便使含谷较多的糙米从中间出口排出，然后关闭电动机。

③维护保养：

第一，经常检查传动皮带的松紧情况，太紧带易损坏，太松带易打滑，使主轴传动扭矩发生变化。新换的皮带，每天检查一次，当皮带停止伸长后每周定期检查一次。

第三，检查传动部分的润滑情况，及时加注润滑油。

第四，及时更换易损零件，更换时注意复原，防止走样。

第五，机器长期停用或维修，应卸下传动皮带，上下工作面加盖保护。

④故障原因分析：

第一，工作面上物料分布不均匀：一是流量过小；二是分离工作面倾角不合适。

第二，物料上层滑动或不规则运动：糙米混入稻谷区的流量过大。

第三，各层分离工作面物料不稳定：一是工作面上粘有细稻或灰尘；二是喂料器喂料不均衡；三是分料器中有灰尘或异物；四是分离工作面不平整。

第四，物料出现波浪式流动：分离工作面上的凸凹磨损严重，凸凹高度太小。

第五，顶层物料跳离工作面：转速太快。

第六，设备振动过大或有撞击声：一是地脚螺栓或紧固螺栓松动；二是两组支承定位不准或轴承损坏；三是传动带过紧，电动机轴与中心线不平行；四是进出料口与料管碰撞。

第七，料层厚度不稳定，分离效果差：一是运行中料斗物料不足；二是大量糙米表面损伤；三是某些物料循环次数过多；四是物料水分过高；五是脱壳率不符合要求。

第八，各层分离效果不一：一是各层流量不均匀；二是某层工作面紧固螺钉松动；三是进料冲击，稻壳走单边。

第九，物料分级分离不清：一是设备有异常振动现象；二是分离工作面紧固螺钉松动，板面瓢曲；三是流量过大；四是工作面倾斜角过大；五是支承体与轴承座或分离箱体连接处紧固件松动，破坏平行四边形，使工作面运动紊乱。

3.弹性分离法

弹性分离法是利用稻谷和糙米弹性的不同及其自动分级特性，在做往复运动的分离槽内进行谷糙分离的方法。常用的设备是撞击谷糙分离机（亦称巴基机）。

（1）结构组成：MGCJ型撞击谷糙分离机主要由进料装置、分选台、传动机构、振动机构和机架组成，如图4-2-32所示。

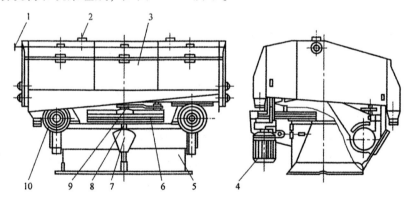

图4-2-32　MGCJ型撞击谷糙分离机结构示意图

1.进料闸门调节手轮　2.进料口　3.分选台　4.电动机　5.机架

6.飞轮　7.倾斜角度指示牌　8.锁紧手柄　9.倾斜角调节手轮　10.托轮

① 进料装置：进料装置为一长槽，安装在分选台的整个长度上，其纵向用隔板分成两室，如图4-2-33所示。物料从第一室的中部进入，此室具有调节活门，用以

调节由第一室进入第二室各部位的物料量，使物料沿第二室整个长度方向上均匀分布。第二室也设有调节活门，主要起调节、控制进入各个分离槽内物料量的作用。

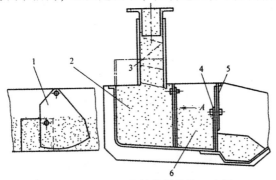

图 4-2-33 进料装置结构示意图

1.后调节活门 2.料槽 3.进料口 4.料门 5.前调节活门 6.料槽

②分选台：分选台由外缘包裹橡皮的铸铁轮支承。分选台内安装有一系列Z型分离槽。分选台的倾斜角可通过调节手轮进行调节。分选台下电动机轴上装有V带轮，并通过V带使飞轮旋转，装在飞轮上的曲柄连杆机构使分选台做往复运动。分选台转速的调节通过更换带轮的方法进行。

分选台的冲程可调。调节冲程时，先将图4-2-34中所示冲程连杆上的锁紧螺栓从原定位孔中向上旋出，使冲程连杆可以移动，然后将连杆推移到所需的位置上，并重新将锁紧螺栓向下旋入定位孔中。冲程连杆的移动带动了驱动轮，使驱动轮中心与偏心轴中心的距离改变达到调节分选台冲程的目的。

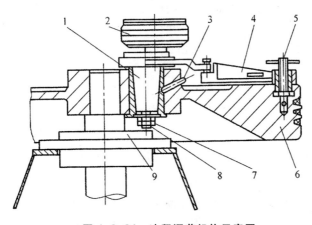

图 4-2-34 冲程调节机构示意图

1.偏心轴 2.驱动轮 3.油嘴 4.冲程连杆 5.锁紧螺栓 6.飞轮 7.螺母 8.螺杆 9.轴承座

（2）工作原理：谷糙混合物从中部进入分离槽后，在工作面的往复运动作用下，产生自动分级，稻谷上浮，糙米下沉。

由于稻谷的弹性大又浮在上层，因此与分离槽的侧壁发生连续碰撞，产生较大的撞击力使稻谷向分离室上方移动。糙米弹性较小且沉在底部，不能与分离槽的侧壁发生连续碰撞，在自身重力和进料推力的作用下，顺着分离槽向下方滑动，从而实现稻谷、糙米的分离，如图4-2-35所示。

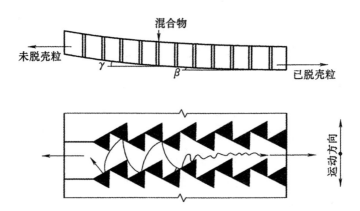

图 4-2-35　谷糙混合物在弹性工作室的运动状态示意图

（二）技术参数

MGCJ型撞击谷糙分离机主要技术参数见表4-2-6。

表 4-2-6　MGCJ 型撞击谷糙分离机主要技术参数

型号	产量（t/h）	分离数量（个）	转速（r/min）	冲程（mm）	功率（kW）	长×宽×高（mm）
MGCJ-24	1.45~1.7	24	93,110,124	70~118	2.2	2032×1700×1445
MGCJ-40	2.4~2.7	40	93,110,124	70~118	2.2	2452×1700×1542

（三）影响谷糙分离工艺效果的主要因素

1.谷糙混合物的物理特性

（1）稻谷的类型、品种和均度：稻谷的品种不同，其粒度、表面性状等也就不同，因此，谷糙分离也有难易之别。一般来说，粳稻表面较粗糙，籼稻表面较光滑。因此，粳稻与粳糙之间的表面摩擦系数的差异大于籼稻与籼糙之间的差异。在自动分级过程中，粳稻比籼稻容易上浮，自动分级效果好，所以籼稻的谷糙分离要比粳稻困难。稻谷均匀度的好坏，决定了谷糙混合物中稻谷和糙米在粒度方面相互交叉区域的大小。

稻谷均匀度好，稻谷与糙米粒度的相互交叉区域小，谷糙分离的效果就好；反之，稻谷均匀度差，谷糙分离困难，分离效果就差。所以，不同品种、粒形的稻谷不宜混收、混储、混加工，否则会给谷糙分离带来极大的困难。

（2）水分：谷糙混合的水分含量高，其流动性较差，影响物料在分离工作面上物料的自动分级，稻谷不易上浮，难于按应有的轨迹运动而降低谷糙分离工艺效果。因此，当谷糙混合物的水分含量较高时，应及时调整谷糙分离设备的工作参数，如增大工作面倾角、加快工作面转速等，使物料在工作时的流速增大，以促使谷糙混合物产生良好的自动分级，提高其分离效果。

（3）谷糙比：混合物中稻谷与糙米比例的大小，影响物料在自动分级过程中稻谷接触分离工作面的机会。当混合物中糙米的比例大时，稻谷接触分离工作面的机会少，所以，谷糙分离效果就比较好；反之，谷糙分离效果就较差。混合物中糙米的比例主要取决于砻谷机的脱壳率的高低，砻谷机的脱壳率高，混合物中糙米的比例就较大。砻谷机的高脱壳率主要是靠增加辊间压力和线速差来实现的，而较高的辊间压力和线速差容易导致糙米表面损伤"起毛"，使糙米表面变得粗糙，不利于物料的自动分级。因此，过高的脱壳率反而会使谷糙分离效果下降。

（4）稻壳含量：谷糙混合物中稻壳含量增大时，谷糙混合物的流动性变差，不利于物料的自动分级，使分离效率降低。因此，应尽可能地将谷糙混合物中的稻壳除净。

2.设备的主要工作参数

谷糙分离设备的工作参数有动态与静态之分，动态参数有转速、回转半径、振幅、工作面倾斜角等，静态参数有筛孔等。

动态参数主要与谷糙混合物在工作面上运动速度、运动轨迹及其运动路程的长短有关。对于谷糙分离平转筛而言，转速高、回转半径大，物料在筛面上的运动速度快，运动轨迹圆的半径大，筛理路程长，有利于物料的自动分级和分离效率的提高。但转速过快，回转半径过大，会使糙米穿孔困难，不仅会使分离效率下降，还会影响糙米的产量。速度慢，回转半径小，物料在筛面上的运动速度慢、自动分级作用较差，而物料尤其是稻谷的穿孔机会大大增加，因此影响净糙的质量。筛面转速和回转半径是两个相互联系的因素。

为了保证物料在筛面上具有适宜的运动速度，小回转半径应配用较高的转速，大回转半径应配用较低的转速。

对于重力谷糙分离机而言，转速（振动频率）高，物料的运动速度快，自动分级作用强，有利于分离效率的提高。但转速过高时，易使物料在分离板上产生剧烈跳动，从而破坏了物料的自动分级，反而会使分离效果大大下降。转速过低时，物料在分离板上的运动速度缓慢，料层厚度增加，不利于物料的自动分级，这不仅会降低谷糙分离效率，而且还会减少设备处理量。

工作面倾斜角的大小对净糙、回砻谷和回流物料的流量与质量有较大的影响。一般增大倾斜角可以提高净糙纯度，但回砻谷数量与含糙量增多，糙米产量降低。通常在保证糙米质量的前提下，可适当减少工作面倾斜度，以提高设备产量，减少回砻谷糙米含量。

筛孔是谷糙分离平转筛的一个极为重要的工作参数，其作用主要是控制糙米的穿孔速度。选择筛孔大小时，不仅要考虑稻谷和糙米的粒度及分布，还应与谷糙混合物在筛面上的自动分级速度适应。如筛孔过大，稻谷容易与糙米一起穿孔，影响糙米质量。筛孔过小，应过筛的糙米留存在筛面上的时间过长，造成回流物料过多和回砻谷中含糙率超标，同样影响分离效果。

3.流量

进机物料的流量与工作面上料层的厚度有密切关系。在其他条件一定的情况下，流量越大，工作面上的料层就越厚。适宜的料层厚度有利于物料的自动分级，但料层过厚时，稻谷难以上浮，糙米也不易下沉与工作面接触，使分离效果降低；反之，料层太薄，物料难以形成良好的自动分级，稻谷接触工作面的机会增加，同样会降低谷糙分离的工艺效果。一般进机流量宜控制在使料层厚度为15mm左右。

第三节　碾　米

碾米是应用物理（机械）或化学的方法，将糙米表面的皮层部分或全部剥除的工序。

一、碾米的基本方法

碾米的基本方法主要有物理碾米法和化学碾米法两种。

（一）物理碾米法

物理碾米是运用机械设备产生的机械作用力对糙米进行去皮碾白的方法。按碾白作用力的特性，碾白方式分为摩擦擦离碾白和碾削碾白两种。

1.摩擦擦离碾白

主要依靠强烈的摩擦擦离作用使糙米皮层擦除而碾白的方法，称为摩擦擦离碾白，如图4-3-1所示。糙米在碾米机的碾辊与碾辊外围的米筛所形成的碾白室内进行碾白时，由于米粒与碾白室构件之间以及米粒与米粒之间具有相对运动，相互间便有摩擦力产生，当这种摩擦力增大并扩展到糙米皮层与胚乳结合处时，便使皮层沿着胚乳表面产生相对滑动并将皮层拉断、撕裂，直至与胚乳分离，使糙米碾白。

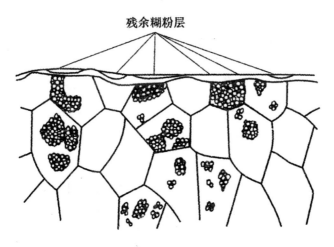

图 4-3-1　摩擦擦离碾白的米粒表面

摩擦擦离碾白具有成品精度均匀、表面细腻光洁、色泽较好、碾下的米糠含淀粉少等特点。但由于米粒在碾白室内所承受的压力较大，局部压力往往超过米粒的强度，故在碾米过程中容易产生碎米。

2.碾削碾白

碾削碾白是借助高速旋转的且表面带有锋利砂刃的金刚砂碾辊，对糙米皮层不断地施加碾削力作用，使皮层削去，糙米得到碾白，如图4-3-2所示。碾削碾米的工艺效果主要与金刚砂辊表面砂粒的粗细、砂刃的锐利程度以及碾辊表面线速有关。以碾削作用为主进行碾白的碾米机是立式砂辊碾米机。

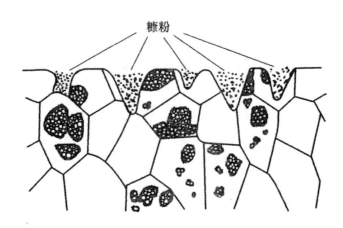

图 4-3-2　碾削碾白的米粒表面

碾削碾白碾制出的成品表面光洁度较差，米色暗淡无光，碾出的米糠片较小，米糠中含有较多的淀粉。但因在碾米时所需的碾白压力较小，故在碾米过程中产生碎米较少。

（二）化学碾米法

化学碾米法包括纤维酶分解皮层法、碱去皮层法、溶剂浸提碾米法等，但真正付诸工业化生产的只有溶剂浸提碾米法，简称SEM碾米法（Solvent Extractive Milling）。

溶剂浸提碾米首先用米糠油将糙米皮层软化，然后在米糠油和正己烷混合液中进行湿法机械碾制。去除皮层后的白米还需利用过热己烷蒸汽和惰性气体脱去己烷溶剂，然后分级、包装，最终得到成品白米。其特点：一是产生碎米少，整米率增加；二是碾米过程中米温低，米的表面及内部不受损伤；三是成品米脂肪含量低，储藏稳定性较好，并便于白米进行上光，还能改善白米的发酵性能；四是成品米色较白，外观上具有相当的吸引力；五是投资费用和生产成本较高，对操作者技术水平要求较高等。

二、碾米机

用来去除糙米皮层的机械设备称为碾米机。碾米机的主要工作部件是碾辊。而根据碾辊轴的安装形式，碾米机又分为立式碾米机和横式碾米机两种。

（一）结构组成

碾米机主要由进料装置、碾白室、出料装置、传动装置、喷风系统以及机架等部分组成。

1.进料装置

进料机构由料斗、流量调节机构和轴向推进机构三部分组成。

（1）料斗：料斗主要作用是稳定进机物料流量，确保连续正常生产。料斗有方形料斗和圆柱形料斗两种。

（2）流量调节机构：碾米机的流量调节机构主要有两种形式。一种是闸板式调节机构，利用闸板开启口的大小，调节进机流量的多少，如图4-3-3（a）所示。另一种是全启闭闸板和微量调节机构组成的调节机构，如图4-3-3（b）所示。目前广泛采用的是后一种。这种流量调节机构的全启闭闸板供碾米机构开机供料和停机使用，要求能速开速关。微量调节活门主要用于调节进入碾米机的物料流量，以控制碾白室内米粒密度，调节碾白压力，要求灵活准确，操作方便。微调活门的外部装有指针和标尺，用以显示流量的大小。调节时，旋进调节螺钉，将微调活门推进，使流量减小；旋出调节螺钉，则在扭簧的作用下，微调活门调节螺钉一并退出，从而使流量增大。正常工作时，由丝杠自锁压簧顶紧旋转手轮，使流量保持稳定。这种流量调节机构稳定可靠，操作方便。

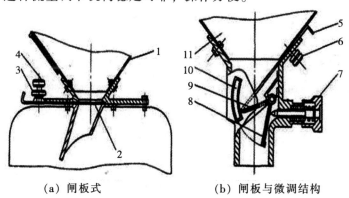

（a）闸板式　　　　　（b）闸板与微调结构

图4-3-3　流量调节机构

1.进料口　2.插板　3.拼紧螺母　4.固定螺钉　5.全启闭插板
6.定位螺钉螺　7.调节手轮　8.微调活门　9.指针　10.标尺　11.料斗

（3）轴向推进机构：碾米机进料装置中的轴向推进机构主要作用是将物料从进料口推入到碾白室内。推进方式有两种：螺旋输送器推进和重力推进。除了立式砂臼碾米机采用重力推进方式外，其余各种碾米机（横式和立式）都采用螺旋输送器推进方式。螺旋输送器机构如图4-3-4所示。表面突起部分称为螺齿。螺旋输送器根据螺齿的条数不同，可分为单头、双头、三头、四头螺旋等，在实际生产中采用双头和三头居多。

　　螺旋输送器大都采用整体铸造，为提高耐磨性能，常需要经过表面热处理，或采用冷硬铸铁。加工时应注意减小螺旋面的表面粗糙度，以减小物料与螺旋面的摩擦系数，保证输送速度和输送量。

　　螺旋输送器的功能概括起来主要有：输送物料、提高碾米机进口段米粒密度、产生轴向压力。

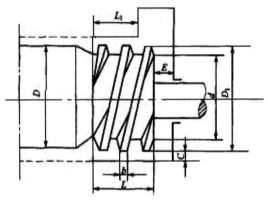

图 4-3-4　螺旋输送器结构

2.碾白室

　　碾白室是碾米机的关键工作部件，主要由碾辊、米筛、米刀三部分组成。米筛装在碾辊外围，米筛与碾辊间的空隙即为碾白室。碾辊转动时，糙米在碾白室内受机械力作用而得到碾白，碾下的米糠通过米筛筛孔排出碾白室。

　　（1）碾辊：目前国内外使用较多、效果较好的碾辊主要有铁辊、圆柱形砂辊及砂白等。

　　①铁辊：铁辊用于摩擦擦离碾白，碾白压力大，降低压力后可用于刷米和抛光。

　　铁辊表面分布有凸筋，凸筋分为直筋和斜筋两种，如图4-3-5（a）所示。直筋主要起碾白和搅动米粒翻滚的作用，一般多用于横式碾米机，如果用于立式上进料碾米机，斜筋主要起阻滞物料下落速度的作用，如图4-3-5（c）所示。

　　筋的前向面（顺着碾辊旋转方向的一面）与半径的夹角可以从0°［图4-3-5（a）］到后倾一个β角［图4-3-5（b）］，前者碾白作用强，后者碾白作用较缓和。筋的高度一般小于10mm，有的筋前后高度不等，如图4-3-5（b）所示，前向面高6mm，后向面高8.5~9.0mm。老式铁辊的筋和筒体是一起铸成的，现代铁辊的筋则是用螺钉紧固在筒体表面的槽内，一般为直筋，此种筋磨损后可以更换，铁辊喷风时，喷风口（孔和槽）紧靠筋的后向面根部，如图4-3-5（b）所示。

铁辊是用冷模浇制的，表面要求光滑圆整，不得有砂眼，表面硬度为45~50HRC。

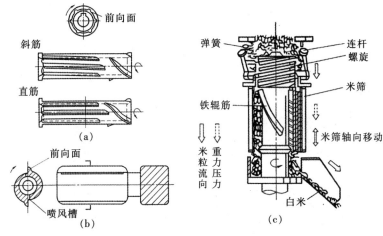

图 4-3-5　铁辊类型

②砂辊：砂辊主要用于碾削碾白或以碾削碾白为主摩擦擦离碾白为辅的混合碾白。

砂辊表面有光的，有开槽的，也有带筋的，还有由几个砂环串联组成的。如图4-3-6所示。砂辊表面的槽有直槽、斜槽和螺旋槽三种。直槽主要起碾白和搅动米粒翻滚的作用，斜槽和螺旋槽除了起碾白和搅动米粒翻滚的作用外，还有轴向推进米粒的作用，以连续螺旋槽的碾白效果为最好。槽的倾角α（槽轴线与碾辊轴线的夹角，如图4-3-7所示），影响米粒的轴向运动速度和碾白室内米粒流体的密度。随着α的增大，米粒的轴向运动速度加快，有利于提高碾米机的产量，但米粒流体密度降低，而且径向作用力也减弱，对米粒的碾白和翻滚作用相应减小。α角一般为60°~70°，较小的α角，有利于米粒的充分碾白。砂辊表面螺旋槽的前向面（顺着碾辊旋转方向的一面）与碾辊半径之间的夹角β（图4-3-7）对米粒的碾白、翻滚和轴向输送也有一定的影响。随着β角的增大，碾白和翻滚作用加强，但轴向推进速度减小。根据不同的辊形，β角一般在0°~70°选择。槽的深度一般为8~12mm。

砂辊表面的筋多为直筋，一般用于喷风砂辊，筋位于喷风口的前边，既起碾白和搅动米粒翻滚的作用，又有利于气流的喷出。

砂环串拼的砂辊，在相邻砂环间有约3mm的间隙，相当于喷风槽，使气流能自碾辊芯内喷入碾白室进行喷风碾米。

　　制作砂辊的金刚砂，一般采用黑色碳化硅，砂粒呈多角形，不能使用片状砂粒。砂辊的制作方法有浇结、烘结、烧结三种，以烧结的砂辊强度最高，最耐磨，自锐性能好。

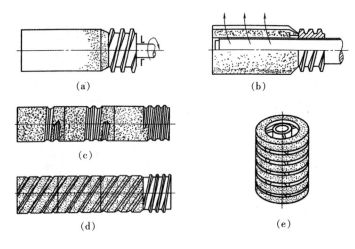

图 4-3-6　砂辊类型

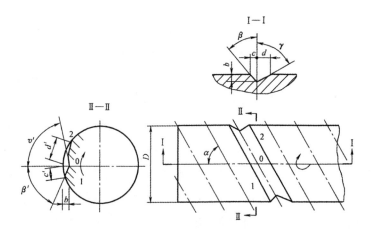

图 4-3-7　砂辊表面螺旋槽形

　　③砂臼：砂臼用于碾削碾白，如图4-3-8所示。砂臼基本上都是竖放的中空截圆锥体，上大下小，有整体砂臼［图4-3-8（a）］；有串拼砂臼［图4-3-8（b）］。由于立式砂臼碾米机构件较复杂，特别是扇状弧形米筛，制造和维修都较麻烦，所以现代碾米机已不多用，代之以较大直径的立式圆柱形砂辊或砂环串拼砂辊。

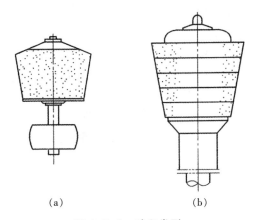

（a）　　　　　　　　　（b）

图 4-3-8　砂臼类型

　　无论是铁辊，还是砂辊、砂臼，都是中空的，由紧固装置固定在传动轴上，随传动轴一起旋转，对米粒进行碾白。

　　（2）米筛：米筛的作用主要有两个：一是与碾辊一起构成碾白室；二是将碾白过程中碾下的米糠及时排出碾白室。当米筛内表面冲有无数个半圆凸点时，它还有增强碾白压力的作用。米筛是用薄钢板冲制而成的，有半圆弧形米筛、半六角形米筛、平板式米筛和扇状弧形米筛等几种，如图4-3-9所示。米筛筛孔尺寸有12mm×0.85mm、12mm×0.95mm、12mm×1.10mm几种规格，一般加工籼稻时用小筛孔，加工粳稻时用大筛孔。米筛筛孔的排列方式有横排和斜排两种，斜排筛孔更有利于排糠。

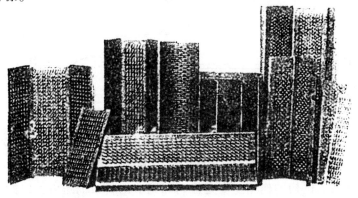

图 4-3-9　米筛类型

　　半圆弧形米糠、半六角形米糠和扇状弧形米糠依靠米刀、压筛条、碾白室横梁、筛框架等构件，呈筒状固定在碾辊周围；平板式米筛依靠压筛条先固定在六

223

角形筛框架上后，再套在碾辊外围，如图4-3-10所示。

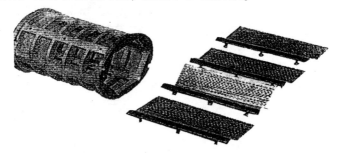

图4-3-10　六角形筛框架

（3）米刀（或压筛条）：米刀（或压筛条）用偏钢或橡胶块制成，一般固定在碾白室上下横梁或筛框架上。米刀（或压筛条）的作用除了用来固定外，还起收缩碾白室周向截面面积的作用，以增大碾白压力，促进米粒碾白，是碾白室内的一局部增压装置。

米刀（或压筛条）与碾辊之间的距离可以通过米刀调节机构或改变米刀（压筛条）厚度进行调节，一般不小于6mm。米刀（压筛条）的数量反映碾辊旋转一周时的增压次数。

3.排料装置

排料装置位于碾白室末端，一般由出料口和出口压力调节机构组成。横式碾米机的出料方式有径向出料和轴向出料两种，如图4-3-11所示。轴向出料时，碾辊出料端必须有一段带有斜筋的拨料辊，筋的倾斜角为5°~10°，筋数为4~8。

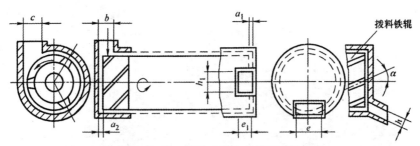

图4-3-11　碾白室周向截面面积的变化

出口压力调节机构的作用主要是控制和调节出料口的压力，以改变碾白压力的大小。所以，要求出口压力调节机构反应灵敏、调节灵活，并能自动启闭，以便在一定的碾白压力范围内起到机内外压力自动平衡的作用。出口压力调节机构也称压力门，有压砣式压力门和弹簧式压力门两种，如图4-3-12所示。

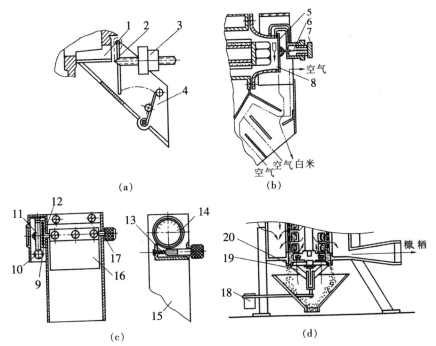

图 4-3-12　出口压力调节机构示意图

1.出料口　2.压力门　3.压砣　4.取样门　5.压力门　6.压簧　7.压簧螺母

8.出料口　9.弹簧盘　10.蜗杆　11.涡轮　12.拉簧　13.自锁压簧　14.指示盘

15.出料口　16.压力门　17.手轮　18.压砣　19.圆锥托盘　20.碾白室出口

（1）压砣式压力门：如图4-3-12（a）所示，能随出口物料流量加大或减小自动开大或关小，调节灵活方便，结构简单。但当原粮品种和加工精度变化较大时，压力门所需改变的压力也较大，所以，在压力门上需加一串压砣。而加压砣的多少以及压砣的位置只能根据经验掌控，不能用数字显示，对碾白压力自动化控制不利。

（2）压簧压力门：如图4-3-12（b）所示，出米口与主轴同心，呈圆形，故压力门为圆形板，并紧贴出米口，由弹簧加压。通过压簧螺母调节弹簧的压力，以控制出料口的压力大小。此种压力门压力的大小也不能用数字显示。

（3）拉簧压力门：如图4-3-12（c）所示，特点是用弹簧拉力调节出料口的压力大小。根据原粮品种和成品精度，通过涡轮蜗杆机构调节拉簧的拉力大小，从而使出料口的压力控制在适宜数值，压力大小可以在指示盘上显示。

（4）锥盘压力门：如图4-3-12（d）所示，主要用于立式碾米机，由压砣通过杠杆机构调节圆锥托盘与碾白室出口间隙大小，从而达到控制碾白压力的目的。

225

4.喷风装置

喷风装置是喷风碾米机独有的装置，主要由风机、进风套及喷风管道组成。风机多为中高压风机，风压一般为200~300kg/m²，风量一般为100~150m³/(h·t)；进风套是连接风机和喷风管道的构件；喷风管道则由空心碾辊传动轴或碾辊与传动轴间的空隙担当。不同结构形式的喷风管道，其进风方式也不同。以空心传动轴作为喷风管道的进风方式称为轴进风，有轴头进风〔图4-3-13（a）〕和轴面进风〔图4-3-13（b）〕两种；以碾辊与传动轴间隙作为喷风管道的进风方式称为辊进风，有辊端进风〔图4-3-13（c）〕和辊面进风〔图4-3-13（d）〕两种。

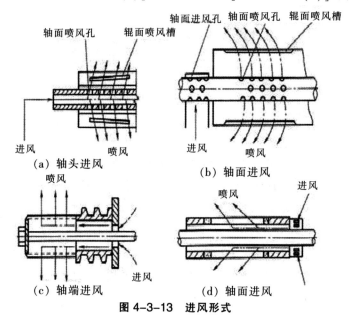

图 4-3-13　进风形式

轴进风形式气流是通过碾辊空心轴的中心孔道进入碾白室的。这种进风方式需在碾辊空心轴上钻孔，除费工费时外，由于喷风管道（空心轴）管径小，所以沿程阻力损失较大。此外，气流是先经空心轴上的小孔，而后由碾辊表面的喷风槽喷向碾白室的，因而出口损失也较大，这些都不利于降低动力消耗。辊进风形式的进风面积较大，阻力损失较小，轴本身的强度易保证，对碾米机的总体布置也比较容易处理。

无论是轴进风还是辊进风，都可分为顺向进风（气流运动方向与米粒流动方向相同）和逆向进风（气流运动方向与米粒流动方向相反）两种方式。顺向进风与逆向进风对碾米工艺效果没有明显的影响，可根据碾米机的总体结构，确定是顺向进风还是逆向进风。

碾辊表面的喷风槽一般位于碾辊表面筋或槽的后向面一侧，如图4-3-14所示。这种结构形式可在喷风槽处形成负压区，空气从这一区域喷出时的压力差较大，形成气流涡流的区域广且剧烈，加剧了米粒的翻滚运动，有利于提高碾米的工艺效果。

5.传动装置

碾米机的传动装置基本上都是由窄V带、带轮及电动机等部分组成的。电动机功率由窄V带通过带轮传递给碾辊传动轴，从而带动碾辊转动。由于碾米机类型不同，碾辊传动轴有横放也有竖放，

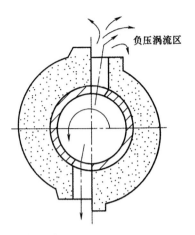

图4-3-14　碾辊喷风槽截面

因此，带轮有在传动轴一侧的，也有在传动轴上下方的。根据碾米机功率的大小，选择窄V带的规格、型号和根数。

(二) 典型碾米设备

1.摩擦擦离型碾米机

(1) MNMP17型铁辊喷风碾米机：

①结构组成：MNMP17型铁辊喷风碾米机主要由进料机构、碾白室、出料装置、喷风机构、传动机构等组成，如图4-3-15所示。

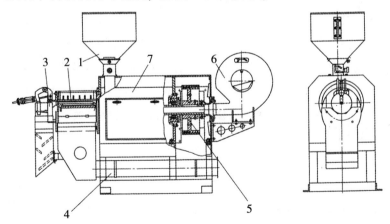

图 4-3-15　MNMP17 型铁辊喷风碾米机结构示意图

1.进料装置　2.碾白室　3.出料装置　4.吸糠风管　5.主轴传动装置　6.喷风风机　7.机架

进料装置：进料装置由进料斗、流量调节机构和螺旋输送器等组成。进料流

227

量调节机构采用图4-3-12（b）所示的由全启闭闸板和微量调节机构组成的调节机构。全开启闸门供碾米机开机供料和停机断料使用，微量调节活门主要用于调节进入碾米机的物料流量，以控制碾白室内米粒密度，调节碾白压力。螺旋输送器为双头螺旋，有较强的轴向输送能力。

碾白室：碾白室悬于机架外，由主轴、铁辊、六角形米筛、碾白室罩等部件组成。主轴为空心轴，轴的中心是喷风风道。

出料装置：出料装置采用压簧式压力门，由出料口、压力门、调节支座、杆座、调节连杆、弹簧、调节螺母小转轴等零件组成。通过调整调节螺母来改变弹簧压力的大小，从而调节碾白室内的碾白压力。

喷风装置：喷风装置由喷风风机、进风套和空心轴组成。风机固定在机架上，由进风套直接将风机出口连接在空心轴头，缩短了喷风管道的长度，进风形式为轴头进风。从风机吹出的气流通过进风套由轴头进入空心轴内，再从位于铁辊处的轴面小孔喷出，经铁辊喷风槽喷入碾白室进行喷风碾米。喷风风机单独由一台电动机传动，保证了风压、风量的稳定。

碾米过程中碾下的米糠、米秕等物料通过米筛筛孔落入集糠斗，通过吸糠管由吸式集中风网输送至旋风除尘器排出。

②工作原理：工作时，糙米自进料斗经流量调节机构调节后由螺旋输送器送入碾白室，在碾白室内，由于受碾辊和气流的共同作用，米粒呈流体状态边推进边碾白，直至出米口排出碾白室。喷风铁辊上的凸筋和喷风槽喷出的气流加剧了米粒的翻滚运动，米粒受碾机会多，碾白均匀，出机白米光洁细腻。碾下的糠秕混合物由米筛筛孔排出后，落入集糠斗，通过吸糠管进入吸式集中风网输送至旋风除尘器排出。

③技术参数：MNMP17型铁辊喷风碾米机的主要技术参数见表4-3-1。

表 4-3-1 横式铁辊喷风碾米机的主要技术参数

型号参数	NP-13.6	PM-14	MNMP-17
产量（kg/h）	2000~2500	2000~2500	3500~5000
主轴转速（r/min）	750	790	650~900
碾辊尺寸（直径×长度，mm）	136×210	140×320	170×320
螺旋输送器尺寸（直径×长度，mm）	136×176	144×150	170×150
功率（kW）	15	15	30~45
长×宽×高（mm）	1230×650×1700	1050×540×1550	2435×630×1630

（2）立式铁辊喷风碾米机：

①结构组成：VBF7B-C/MC、VBF10A-C/MC型立式铁辊碾米机是日本佐竹机械（苏州）有限公司生产的设备。主要由进料装置、碾白室、出料装置、喷风装置、米糠吸风装置、传动装置和机架等组成，如图4-3-16所示。

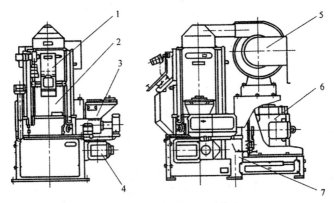

图 4-3-16 VBF7B-C/MC、VBF10A-C/MC 型立式铁辊碾米机结构示意图

1.出料装置 2.碾白室 3.进料装置 4.吸风风机 5.喷风风机 6.电动机 7.机座

进料装置：进料装置设在碾白室底部，由进料斗、流量控制插板、喂料螺旋输送器等组成。出料口设在碾白室的顶部，装有压砣式压力门装置，以调节碾白室内的碾白压力。该机的这种低位进料、高位出料方式，对精米加工多机组合碾白时的物料输送十分有利，既可省去中间输送设备（物料可由一台碾米机上端排出后直接流入另一台碾米机的下端进料口中），又可避免中间输送设备对米粒的损伤。

喷风装置：喷风装置设在碾白室顶部，由风机、连接套管和空心轴组成。风机吹出的气流通过连接套管由轴顶端进入空心轴，然后经过轴面喷风孔喷出，再由铁辊表面的喷风槽喷入碾白室进行喷风碾米。

碾白室：碾白室由螺旋输送器、铁辊、主轴和米筛等组成。主轴直立采用悬臂支承，碾辊位于上方，传动带轮位于下方，通过V带与电动机相连。铁辊为剖分式结构，由支承环和固定螺母装配在主轴上，如图4-3-17所示，只要将固定螺母向上旋出，即可将剖分式铁辊取出，更换铁辊十分方便。各剖分碾辊中间部分装有阻力板，以增加局部碾白压力。米筛也为剖分式结构，并由剖分式筛框架固定在碾辊周围，如图4-3-18所示。

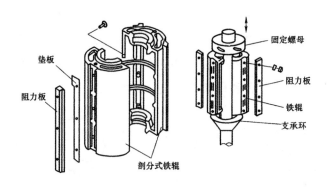

图 4-3-17 铁辊结构

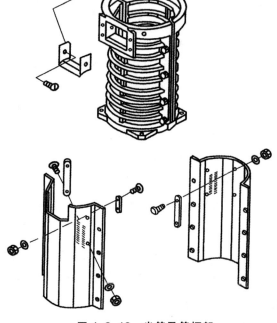

图 4-3-18 米筛及筛框架

②工作原理：工作时，物料经过进料斗由喂料螺旋输送器送入机器内，在螺旋推进器连续向上的推力作用下，进入碾白室进行碾白，直至上端出米口由压力门出料装置排出碾白室，碾下来的米糠穿过米筛筛孔由吸风管吸出机外。该米机在碾白过程中，重力作用方向与米流运动方向相反，这使得碾白室内米粒流体密度比较高，且米粒在整个碾白室横截面上的分布均匀，所以具有较好的碾白效果。

③技术参数：VBF7B-C/MC、VBF10A-C/MC型立式铁辊碾米机主要技术参数见表4-3-2。

表4-3-2　VBF7B-C/MC、VBF10A-C/MC型立式铁辊碾米机主要技术参数

型号	产量（kg/h）	主轴转速（r/min）	喂料螺旋转速（r/min）	米糠吸风量（m³/min）	功率（kW）	长×宽×高（mm）
VBF7B-C/MC	4500	562（499）	650±5	40	45、1.5×2	1640×1123×2010
VBF10A-C/MC	7200~8800	562（499）	650±5	40	55、1.5×2	1935×1931×2177

3.碾削型碾米机

（1）BSPB型立式砂辊碾米机：

①结构组成：BSPB型立式砂辊碾米机由瑞士布勒公司生产，主要由进料机构、碾白室、出料装置、吸风装置、传动装置及机架等组成，如图4-3-19所示。

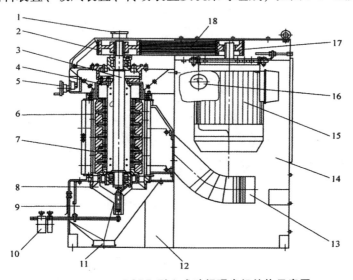

图4-3-19　BSPB型立式砂辊碾米机结构示意图

1.进料口　2.主轴带轮　3.主轴　4.螺旋输送器　5.手轮　6.米筛　7.砂环电机
8.圆锥托盘　9.出料斗　10.压砣　11.出料口　12.机架　13.吸风管　14.外壳
15.电动机　16.风压测量仪　17.电动机带轮　18.传动V带

碾白室：碾白室由圆柱形砂辊、米筛筛框以及固定在筛框上的垂直制动杆等组成。圆柱形砂辊高615mm，直径340mm，由六个砂环组成，每个砂环高100mm，相邻砂环之间的间距为3mm，相当于喷风槽。砂辊线速度一般为10~15m/s。碾白室

砂辊与米筛之间的距离为12mm，筛框一分为三，两两筛框之间装有垂直制动杆，三个垂直制动杆均匀分设在米筛周围三个部位（图4-3-20）。垂直制动杆为局部增压装置，其作用主要是减缓米粒下落速度，增加碾白时间，增强碾白作用。垂直制动杆由手轮进行调节，改变垂直制动杆与砂辊之间的距离可改变米粒下落速度、调节米粒在碾白室中的受压状态，从而达到调节碾白作用力大小的目的。顺时针方向转动手轮可减小垂直制动杆与砂辊之间的距离，增大碾白作用力；逆时针方向转动手轮可增大垂直制动杆与砂辊之间的距离，减小碾白作用力。

吸风装置：筛框外围装有两个吸风罩，吸风罩上设有可调进风口，以控制进风量的大小。机内风压大小可通过风压测量仪测量。室温空气从主轴上端和下端进风口同时进入砂环中心，再从喷风槽向四周喷出，通过碾白室和米筛带着米糠进入风管，排出机外。如果自主轴上、下端进风口进入的气流不足以带走米糠，可打开吸风罩上的进风管吸入更多的气流，以使米糠顺利排出。

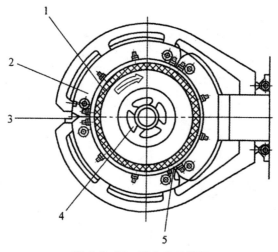

图 4-3-20　碾白室示意图

1.砂环　2.米筛　3.可调进风口　4.主轴　5.垂直制动杆

出料装置：出料装置设在设备底部，采用图4-3-12（d）所示的锥盘压力门，由压砣通过杠杆机构调节圆锥托盘和碾白室出口间隙大小，以改变碾白室出口大小，从而达到调节控制碾白压力的目的。

传动装置：传动装置设在碾米机的顶部，电动机通过V带带动主轴转动。

②工作原理：工作时，物料由顶部两进料口进入，在螺旋输送器推进下，进入碾白室。在碾白室内物料呈螺旋向下运动，受到碾辊的碾压去皮，最后通过碾

白室底部锥盘压力门和出料口排出设备。碾下的米糠则由气流带出米筛进入吸风管排出米机。

③技术参数：BSPB型立式砂辊碾米机的主要技术参数见表4-3-3。

表 4-3-3　立式砂辊碾米机的主要技术参数

型号	产量（kg/h）	主轴转速（r/min）	米辊吸风量（m³/min）	功率（kW）	长×宽×高（mm）
BSPB	4000~5000	560~900	35	37~45	1575×800×1700
VTA7A-C	4000~5000	700	40	37	1690×1018×1989
VTA10AB-C	8000~11000	500	50	55	1732×1105×2149

（2）VTA7A-C、VTA10AB-C型立式砂辊碾米机：

①结构组成：VTA7A-C、VTA10AB-C型立式砂辊碾米机是佐竹机械（苏州）有限公司生产的设备，主要由进料装置、碾白室、出料装置、吸风装置、传动装置和机架等组成，其结构如图4-3-21所示。

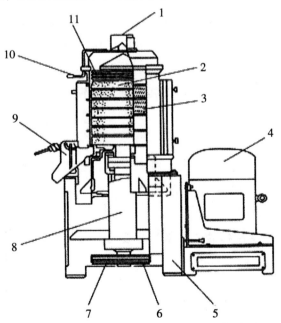

图 4-3-21　VTA7A-C、VTA10AB-C 型立式砂辊碾米机结构示意图

1.进料口　2.砂辊　3.米筛　4.电动机　5.机架　6.V 带

7.传动带轮　8.主轴　9.出料装置　10.料门阀　11.螺旋输送器

233

进料装置：进料装置设在碾白室顶部，由进料口、流量控制阀门和散料盘等组成，通过调节杆调节料门的开启大小，以控制进入机器内的物料流量。出料口设在碾白室的底部，装有压砣式压力门装置，以调节碾白室内的碾白压力。碾白室由螺旋输送器、砂辊、主轴和米筛等组成。主轴直立采用悬臂支承，碾白室位于上方，传动部件位于下方，避免了在设备顶部安装支承，砂辊很容易从顶部抽出，更换十分方便。砂辊由一个带螺旋槽的砂环和六个圆柱砂环组成，通过紧固装配在主轴上，砂环的金刚砂粒度有三种规格，即24号、30号和36号，供不同的碾白要求选用。米筛由三片弧形筛板和三分式米筛框架组成，在三个米筛连接处装有三个阻力板，以增加局部碾白压力。

碾白室：碾白室下方设有米糠吸风装置，及时将碾米机碾下的米糠吸出机外。

②工作原理：工作时，物料经进料斗由螺旋输送器送入机器内，在螺旋输送器连续向下的推力和物料自身重力的作用下，进入碾白室进行碾白，直至碾白室底部的出米口由压力门出料装置排出机外，碾下来的米糠穿过米筛筛孔由吸风管吸出机外。该碾米机在碾白过程中，重力作用方向与米流运动方向基本相同，这使得碾白室内米粒流体密度比较小，且米粒在整个碾白室横截面上分布均匀，所以机内压力较小，米粒在碾白室内所受到的碾白作用力比较缓和，压力分布也比较均衡，米粒在碾白过程中不易破碎，有较好的碾白效果。

③技术参数。VTA7A-C、VTA10AB-C型立式砂辊碾米机的主要技术参数见表4-3-2。

3.混合型碾米机

混合型碾米机是我国使用较广的一种碾米机。它结合了摩擦擦离型碾米机和碾削型碾米机的优点，具有较好的工艺效果。

（1）NS型螺旋槽砂辊碾米：

①结构组成：NS型螺旋槽砂辊碾米机主要由进料装置、碾白室、擦米室、传动装置、机架等组成，如图4-3-22所示。

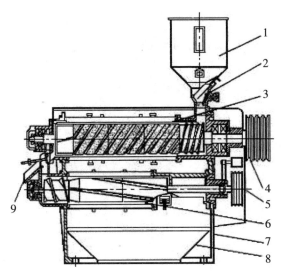

图 4-3-22 NS 型螺旋槽砂辊碾米机结构示意图

1.进料斗 2.流量调节装置 3.碾白室 4.传动带轮
5.防护罩 6.擦米室 7.机架 8.接糠斗 9.分路器

进料装置：进料装置由进料斗、流量控制机构和螺旋输送器组成。流量控制机构采用全开启闸门和微量调节机构组合的结构形式，能灵活准确地控制进机物料量。螺旋输送器为三头螺旋，输送能力强。

碾白室：碾白室由砂辊、拨料铁辊、米筛、米刀、压力门等组成。砂辊为两节，由磨料黑碳化硅和陶瓷结合剂烧结而成。砂辊的进口段砂粒较粗硬，有利于开糙，出口段砂粒细而较软，有利于精碾。砂辊表面均开有三头等距变槽螺旋，螺旋槽从进口端至出口端逐渐由深变浅，由宽变窄，因而使碾白室截面面积从进口至出口逐渐减小，符合碾米过程中米粒体积逐步变小的变化规律，使碾白室内的碾白压力保持均衡，有利于米粒的均匀碾白和减少碎米的产生。拨料铁辊表面装有四根可拆卸的凸筋，便于磨损后更换。

碾辊四周有4~6片半圆米筛，靠压筛体和筛托围着砂辊定位在横梁上，构成全面排糠的筛筒形式。米筛的筛孔有12mm×0.85mm和12mm×1.0mm两种规格，加工籼稻时用小筛孔，加工粳稻时用大筛孔。

在碾白室上、下横梁部位装有两把可以调节的米刀，其调节机构如图4-3-23所示。米刀通过调节螺母进行调节，以达到改变碾白室周向截面面积的目的。

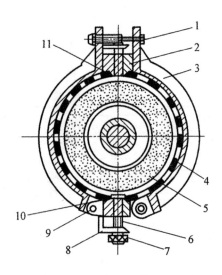

图 4-3-23 米刀调节机构示意图

1.螺栓 2.筛架横梁 3.米筛托架 4.米筛 5.砂辊 6.丝杆

7.米刀调节螺母 8.支承角钢 9.铰链接头 10.米刀 11.压筛条

出口采用轴向出料方式，使排料较为畅通，不易积糠，出口压力调节装置采用压砣式压力门，通过改变压砣的重量和位置调节机内压力，控制白米精度。为了便于取样检验碾白效果，在出口处装有分路器。

擦米室：擦米室主要由螺旋输送器、擦米铁辊、米筛等组成。螺旋输送器为双头螺旋。擦米铁辊表面有四条凸筋，凸筋与铁辊轴线的夹角为8°，筋高位8mm。擦米室的其他结构如米筛、米筛托架、支座等均与碾白室相同。

②工作原理：工作时，糙米由进料斗经过流量调节机构进入碾米机，被螺旋输送器送入碾白室，在砂辊的带动下做螺旋线运动。米粒前进过程中，受高速旋转砂辊的碾削作用得到碾白。拨料铁辊将米粒送至出口排出碾白室。从碾白室排出的白米，皮层虽已基本去除，但米面较粗糙，而且表面黏附有糠粉，所以再送入擦米室进行擦光。米粒在擦米铁辊的缓和摩擦作用下，擦去表面黏附的糠粉，磨光米粒的表面，成为光亮洁净的白米。筛孔排出的糠秕混合物由接糠斗排出机外。

③技术参数：NS型螺旋槽砂辊碾米机的主要技术参数见表4-3-4。

表 4-3-4　NS 型螺旋槽砂辊碾米机的主要技术参数

项目 ＼ 型号		NS-15	NS-18	NS-21.5
产量（t/h）		1.25~1.38	2.1~2.3	3.3~3.5
碾白室	螺旋输送器尺寸（直径×长度，mm）	165×120	195×150	230×160
	砂辊尺寸（直径×长度，mm）	150×180	180×560	215×750
	拨料辊尺寸（直径×长度，mm）	150×45	180×55	215×130
	砂辊转速（r/min）	1460	1200 1300	1000 14000
	米筛尺寸（弧长×长度，mm）	R85×204（4 片）	R100×197（6 片）	R117.5×260（6 片）
擦米室	螺旋输送器尺寸（直径×长度，mm）	165×125	195×11260	195×165
	擦米辊尺寸（直径×长度，mm）	150×425	180×440	180×583
	擦米辊转速（r/min）	720	720	720
	米筛尺寸（弧长×长度，mm）	R85×204（4 片）	R100×197（6 片）	R100×197（6 片）
功率（kW）		17~22	22~30	40
外形尺寸（长×宽×高，mm）		1166×500×1446	1445×540×1664	1697×540×1758

（2）NF-14 型旋筛喷风碾米机：

①结构组成：NF-14 型旋筛喷风碾米机主要由进料装置、碾白室、糠秕分离室、喷风机构、传动装置和机架等组成，如图 4-3-24 所示。

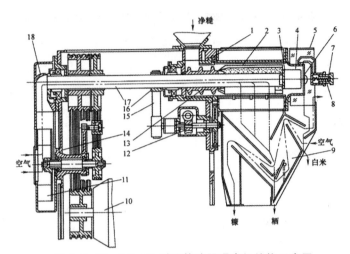

图 4-3-24　NF-14 型旋筛喷风碾米机结构示意图

1.齿轮　2.碾白室　3.拨米器　4.精碾室　5.挡料罩　6.压力门

7.压簧螺母　8.弹簧　9.糠粞分离室　10.电动机　11.风机　12.蜗轮

13.螺旋输送器　14.机架　15.平带　16.减速箱主动轮　17.主轴　18.进风套管

碾白室：碾白室为悬臂结构形式，伸出在机架箱体之外。碾白室的结构如图 4-3-25所示，碾辊是具有较大偏心和较高凸筋的砂辊，砂辊表面有两条宽18mm、长200mm的喷风槽，喷风槽位于凸筋的后向面，有利于气流的喷出。

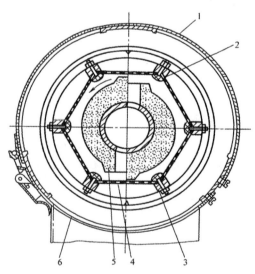

图 4-3-25　碾白室剖视图

1.碾白室上盖　2.米刀　3.筛架　4.米筛　5.砂辊　6.碾白室罩

旋转六角筛筒由六角筛架、六根米刀和六块平板筛组成，筛筒以5r/min的速度旋转，转向与砂辊转向相同。筛板上冲有倾斜角为20°的筛孔，孔间有凸点。筛架和米刀有三种规格，供加工不同品种、精度及砂辊磨耗后直径减小时选择使用，以达到调节碾白室间隙的目的。出米口与主轴同心，呈圆形，出口压力调节机构采用压簧式压力门，通过压簧螺母可以调节压力门的压力。碾白室下部有一糠秕分离室，利用风选原理将碾白室排出的糠秕混合物进行分离，并进一步吸除白米中的糠粉，降低米温。

喷风装置：喷风装置由风机、方接圆变形弯头套管和空心轴组成。风机吹出的气流通过变形弯头套管由轴端进入空心轴，然后经轴面喷风孔喷出，再由砂辊表面的喷风槽喷入碾白室进行喷风碾米。

②工作原理：工作时，糙米经进料斗由螺旋输送器送入碾白室，在碾白室内米粒呈流体状态边推进边碾白。喷风砂辊上的凸筋和喷风槽以及六角旋筛使米粒翻滚运动较强烈，米粒受碾机会多，碾白均匀。白米经出口排出碾白室后，再通过糠秕分离室进一步去除黏附在米粒表面的糠粉。米筛排出的糠秕混合物也进入糠秕分离室进行分离。

③技术参数：NF-14型旋筛喷风碾米机的主要技术参数见表4-3-5。

表 4-3-5　NF-14 型旋筛喷风碾米机的主要技术参数

产量 (kg/h)	砂辊 (直径×长度) (mm)	主轴转速 (r/min)	米筛 (长×宽×厚) (mm)	筛孔 (长×宽) (mm)	功率 (kW)	长×宽×高 (mm)
1500~2100	140×320	1200	174×80×1.5	14×1.0	18.5	1440×650×1570

(三) 碾米机的使用

1.开机准备

（1）根据加工原粮的工艺性质、水分、品种、成品米的精度等具体情况，调好米机的碾白室间隙，配备合适筛孔的米筛。

（2）检查碾米机各部分是否正常，各紧固件是否紧固，各调节机构是否灵活可靠，设备内有无影响开机的物料或影响设备安全的异物，如有则进行排除。

（3）检查V带轮的紧固螺栓，并使带轮处在正确位置上。检查V带张紧度，保持V带有合适的张力。用手盘动V带轮，不应有阻卡现象。

（4）以空载方式检查电动机转动方向，并仔细检查各处轴承是否过热、机器是否有异常振动或噪声、电动机负荷电流是否有异常增加。

2.操作使用

（1）开机时应先关好进料闸门，打开出料闸门，然后开启动力。

（2）空载运转正常后打开进料闸门，开机后最先流出的一部分精度不符合要求的白米应回机重碾。

（3）通过流量微调装置和压力门进行流量和精度的调节。调节流量时必须注意观察电流表指针，根据电流表指针的额定数值，将碾米机流量调节到额定数值，并观察出机米粒是否达到精度要求。当精度偏低时，可加大出料压力门压力，使精度达到要求。注意动力负荷不可超载。

（4）运转中，料斗应保持有一定数量的物料，不允许"断料""吊料"和"走空"，其流量波动不应超过10%。如发现进料不畅、排料不稳（压力门一开一闭）、电流不随进料闸门开大而上升，则应检查吸风网路是否堵塞。喷风碾米机还应关闭喷风风机进料调风门，开大进料闸门，待料充满碾白室，出料压力门工作正常后，再开启调风门，重新调整产量、精度。

（5）操作人员应随时注意观察电流表，及时观察电动机负荷情况和碾白室内压力与精度变化情况，检查白米精度是否均匀，碎米是否增加，米糠出口是否含有整米，产量是否稳定，定期检查皮带松紧情况及排糠情况，注意查看各部件温升是否正常，压力门是否灵活旋转。保持碾米机正常稳定运行，及时发现和排除故障。

（6）如发现碾米机发生堵塞，应马上停机，打开排料口，反向拉动皮带，使米粒从碾白室排出。

（7）如发现碾米机产生剧烈振动，应停机检查，及时发现问题，找出原因并加以解决。

（8）停机前应先关闭进料闸门，停止进料，将压力门轻轻抬起，让最后不符合精度要求的一部分米粒流出机外或回到料斗。

（9）停机后，清除碾米机内外的积糠和出米口的积糠，检查各机件的完好程度，如有损坏应及时检修更换。

3.维护和检查

（1）定期检查紧固件和电气触头，确保牢固可靠、接触良好。

（2）螺旋输送器、碾辊、进出料口衬套应经常检查，如磨损严重应及时换新，以免影响白米质量和产量。如有裂缝不得使用。碾辊换新时应进行静平衡校正。

（3）定期检查米筛、米刀（压筛条）磨损情况，若发现米筛破损或变形、米刀（压筛条）磨损严重，则需更换。生铁米刀在装用前和每次装拆后应严格检查，若发现有断裂和螺钉松脱情况应及时更换，以免脱落打坏碾辊和米筛。

（4）定期清扫出料口、米筛外、集糠斗等容易积存米糠的部位。

（5）定期更换相应的润滑油。各运转部位应经常保持润滑良好。主轴两轴承油封必须正确安装，确保密封良好。各轴承每三个月拆检换油一次。

（6）夏季应注意车间和碾米机的散热，保持电动机的温升正常。

4.常见故障及原因分析

（1）产量和电流同时降低：螺旋输送器严重磨损；进料衬套发生位移，使进料口截面积变小；米糠或杂物堵塞进料口。

（2）产量降低电流不降低：碾辊、米刀（压筛条）严重磨损；碾辊与米刀（压筛条）间隙过大。

（3）成品米糙白不匀：碾辊、米刀（压筛条）、拨料辊凸筋严重磨损；进机物料中含谷太多；碾白室间隙过大；传动带松弛打滑；砂辊的金刚砂太细或砂辊的沟槽太浅。

（4）成品含碎过多：米刀或压筛条过厚，碾白室间隙过小；米筛变形或安装不平整；碾辊与螺旋输送器连接不平；碾辊表面有严重的高低凹凸不平现象；入机糙米含碎和爆腰粒多，质量差或水分过高、过低；出口积糠；出口压力门压力过大或机身振动剧烈。

（5）成品含糠过多：拨料辊严重磨损；米筛筛孔堵塞或筛框积糠；吸风风量过小或吸风系统有堵塞现象；喷风碾米机的喷风风机皮带打滑，致使喷风风量过小。

（6）米糠中含米：米筛破损或米筛装配处有漏缝。

（7）碾白室堵塞：进料流量过大或出料压力门压力过大；传动带严重打滑；出料口堵塞或原粮水分过高排糠严重不畅；拨料辊严重磨损。

（8）电流过大或猛增：进料流量过大或出料口堵塞；米筛筛孔堵塞或碾白室内有异物；出口压力门过紧或被卡死。

（9）轴承座发热：轴承损坏；皮带安装过紧；轴承座内润滑油过多或过少；润滑油不清洁。

（10）机身振动大：碾辊或带轮静态不平衡；基础不牢固，地脚螺栓松动；轴承座螺栓松动或轴承损坏。

三、影响碾米工艺效果的因素

影响碾米工艺效果的因素很多，如糙米的工艺品质，碾米机碾白室的结构、机械性能和工作参数、碾白道数、脱糠比例以及操作管理等。这些因素有动态的，有静态的，它们互相联系、相互制约。只有根据糙米的工艺品质，合理选择碾米机类型、结构和参数，按照加工成品的精度要求，合理确定碾白道数，并进行合理有效地操作管理，才能取得良好的工艺效果。

（一）糙米的工艺品质

糙米的类型、品种、水分含量和爆腰率是影响碾米工艺效果的主要因素。

1.糙米的类型和品种

粳糙米籽粒结实，粒形椭圆，抗压强度和抗剪、抗折强度较大，在碾米过程中能承受较大的碾白压力。因此，碾米时产生的碎米少，出米率较高。籼糙米籽粒较疏松，粒形细长，抗压强度和抗剪、抗折强度较差，只能承受较小的碾白压力，在碾米过程中容易产生碎米。同时，粳糙米皮层较柔软，采用摩擦擦离型碾米机碾白时，得到的成品米色泽较好，碎米率也不高；而籼糙米皮层较干硬，故不适宜采用摩擦擦离型碾米机。粳糙米的皮层一般比籼糙米的皮层厚，因此，碾米时碾米机的负荷较重，电耗较大。

同一品种类型的稻谷，早稻糙米的腹白大于晚稻，早稻糙米的结构一般比较疏松，故早稻糙米碾米时产生的碎米比晚稻糙米多。

2.水分

水分高的糙米皮层比较松软，皮层与胚乳的结合强度较小，去皮较容易。但米粒结构较疏松，碾白时容易产生碎米，且碾下的米糠容易和米粒黏在一起结成糠块，从而增加碾米机的负荷和动力消耗。

水分低的糙米结构强度较大，碾米时产生的碎米较少。但糙米皮层与胚乳的结合强度也较大，碾米时需要较大的碾白作用力和较长的碾白时间。

水分过低的糙米（13%以下），其皮层过于干硬，去皮困难，碾米时需较大的碾白压力，且糙米籽粒结构变脆，因此碾米时也容易产生较多的碎米。

糙米的适宜入机水分含量为14.5%~15.5%。

3.爆腰率与皮层厚度

糙米爆腰率的高低，直接影响碾米过程中产生碎米的多少。一般来说，裂纹多而深、爆腰程度比较严重的糙米，碾米时容易破碎，因此不宜碾制高精度的大米。

糙米的皮层厚度也与碾米工艺效果有直接关系。糙米皮层厚，去皮困难，碾米时需较高的碾白压力，碾米机耗用功率大，碎米率也较高。

除此以外，稻谷生长情况和收割早晚以及贮藏时间长短，对碾米工艺效果也有一定的影响。稻谷生长不良、收割过早或遇病虫害，都会增加糙米中的不完善粒，碾米时这些不完善粒容易被碾成碎粒和粉状物料。贮藏时间较长的陈稻糙米，其皮层厚而硬，碾白比较困难，动力消耗较大，也容易产生碎米。

(二) 碾白室的结构

1.碾辊的直径和长度

碾辊的直径和长度直接关系到米粒在碾白室内受碾次数及碾白作用面积的多少。用直径较大、长度较长的碾辊碾米时，产生的碎米较少，米温升高较低，有利于提高碾米机的工艺效果。为了保证碾米机的工艺性能，碾辊的长度和直径应成一定的比例。一般碾辊长度与直径的比值为：碾辊直径140mm时长径比2.5~2.7；碾辊直径150mm时长径比2.7~3.1；碾辊直径180mm时长径比3.1~3.6；碾辊直径215mm时长径比3.6~4.1。

2.碾辊的表面形状

碾辊表面凸筋和凹槽的几何形状及尺寸大小，对米粒在碾白室内的运动速度和碾白压力有较大的影响。碾辊表面的筋或槽在碾米过程中对米粒具有碾白和翻滚的作用，斜筋、斜槽和螺旋槽对米粒还具有轴向输送的作用。一般情况下，高筋或深槽的辊形，米粒的翻滚性能好，碾白作用较强。但筋过高或槽过深都会使碾白作用过分强烈而损伤米粒，影响碾米效果，所以，一般筋高控制在4~8mm，槽深控制在8~12mm。筋、槽的斜度α角（筋、槽轴线与碾辊轴线的夹角）主要影响米粒的轴向运动速度及碾白室内米粒流体的密度。随着α角的增大，米粒的轴向运动速度加快，有利于提高碾米机的产量，但米粒流体密度降低，而且径向作用力也减弱，对米粒的碾白和翻滚作用相应减小。α角一般在60°~70°，较小的α角，有利于米粒的充分碾白。碾辊表面螺旋槽的前向面（顺着碾辊旋转方向的一面）与碾辊半径之间的夹角β（见图4-3-26）对米粒的碾白、翻滚和轴向输送也都有一定的影响。随着β角的增大，碾白和翻滚作用加强，但轴向推进速度减小。

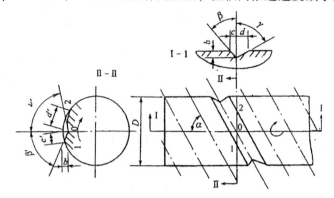

图 4-3-26 碾辊表面螺旋槽形

根据不同的辊形，β角一般选择在0°~70°。

3. 碾白室间隙

碾白室间隙是指碾辊表面与碾白室外壁之间的距离。碾白室间隙大小要适宜，不宜过大或过小。过大，会使米粒在碾白室内停滞不前，产量下降，电耗增加。过小，易使米粒折断，产生碎米。碾白室间隙应大于一粒米的长度。

米粒在碾制过程中，随着皮层不断地被碾落并从米筛筛孔排出，米粒的体积也在不断减小，所以，从碾白室进口到出口的每一个截面上，米粒流体的流量是逐渐降低的。如果碾白室截面积保持不变，则米粒流体密度逐渐减小，从而使碾白压力也随之逐渐降低。但碾白需要一定的碾白压力，而且在不同阶段需用不同的碾白压力。因此，碾白室的轴向截面积应是逐渐收缩的，以使碾白室内的米粒流体密度基本不变，保持碾白压力的均衡稳定。碾白室轴向截面积的收缩形式有阶段式和渐变式两种。铁辊碾米机的碾白室轴向截面积收缩形式为阶段式，利用碾米机盖内壁半径的收缩，改变碾白室的轴向截面积。NS型螺旋槽砂辊碾米机和立式砂辊碾米机的碾白室轴向截面积收缩形式属渐变式。NS型螺旋槽砂辊碾米机碾白室辊向截面积的收缩情况如图4-3-27所示，它利用碾辊表面的三头等距螺旋槽槽形尺寸从碾白室进口端至出口端逐渐由深变浅、由宽变窄，达到碾白室轴向截面积逐渐收缩的目的。碾白室截面积收缩平缓时，碾白压力变化小，产生的碎米也就少。如果碾白室截面积急剧收缩，则易产生较多的碎米而影响碾白效果。

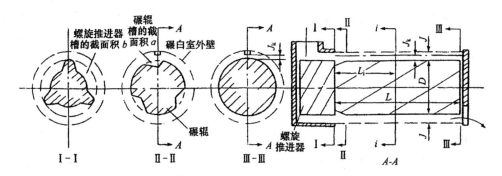

图 4-3-27　NS 型螺旋槽砂辊碾米机碾白室轴向截面积收缩示意图

米粒自碾白压力小的截面进入碾白压力大的截面时，密度增大，去皮效果增强；米粒自碾白压力大的截面进入碾白压力小的截面时，密度减小，米粒的翻滚运动加强，碾下的皮层易于脱离米粒。因此，碾白室圆周方向的截面积也应有一定的变化，以使米粒在碾白室内充分翻滚增强碾白作用。碾白室圆周向截面积的变化形式也有局部变化和整体变化两种。局部变化大都是通过在碾白室内沿轴向方向设置米刀或压筛条，以改变碾白室圆周向截面积，如图4-3-28（a）（b）所示。整体变化则是通过将碾辊中心偏过碾白室外壁中心一定的距离，使碾白室圆周方向具有不同的间隙来实现的，如图4-3-28（c）所示。圆周向截面积局部变化的碾白压力增加速度急骤，如果米刀结构设计不当，容易产生较多的碎米。圆周向截面积整体变化的碾白压力增加速度缓和，产生的碎米较少。有的米筛内表面冲有半圆形凸点，使圆周向截面也发生变化，每个凸点与碾辊之间都成为增压区，从而提高碾白效果。

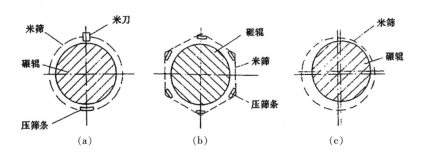

图 4-3-28　碾白室圆周向截面积的变化

（三）碾米机的工作参数

碾米机的工作参数主要有碾白压力、碾辊转速、加速度系数等，它们是影响和控制碾米工艺效果的重要因素。

1.碾白压力

碾米工艺效果与米粒在碾白室内的受压大小密切相关。不同的碾白形式具有不同的碾白压力，而且碾白压力的形成方式也不尽相同。摩擦擦离碾白压力主要由米粒与米粒以及米粒与碾白室构件之间的互相挤压而形成，并随米粒流体在碾白室内密度大小和挤压松紧程度的不同而变化。碾削碾白压力主要由米粒与米粒以及米粒与碾白室构件之间的相互碰撞而形成，并随米粒流体在碾白室内密度大小和米粒运动速度的不同而变化，尤以米粒的运动速度影响最为显著。碾白压力的大小决定了摩擦擦离作用的强弱和碾削作用的深浅，因此，碾白室内必须具有一定的碾白压力，才能达到米粒碾白的目的。而当碾白压力超过了米粒的抗压及抗剪、抗折强度时，米粒就会破碎，产生较多的碎米，反而使碾米工艺效果下降。无论碾白压力的形成方式如何，通常意义上的碾白压力是指碾白室内的平均压力，而实际上米粒在碾白室内各部位的受压大小是不均匀的。一般情况下，凡是碾辊表面筋或者槽中断、螺旋槽螺距加大、碾白室截面积缩小等，均会导致米流密度增大，从而使局部碾白压力上升，米粒往往在这些部位破碎。在碾米过程中，随着米粒皮层的逐步剥落和米温的升高，米粒的结构强度也随之下降，所以，在碾白室的中、后段，即使碾白压力不上升，仍会有碎米产生。因此，应合理配置碾白室构件，选择适当的工作参数，尽量保持碾白压力均匀变化，并在操作中防止碾白压力的突然变化，同时注意适当减轻碾白室后段以及出口处的碾白压力，以减少碾米过程中碎米的产生。

2.碾辊转速

碾辊转速的快慢，对米粒在碾白室内的运动速度和受压大小有密切的关系。在其他条件不变的情况下，加快转速，则米粒运动速度增加，通过碾白室的时间缩短，碾米机流量提高。对于摩擦擦离型碾米机而言，由于米粒运动速度增加，碾白室内的米粒流体密度减小，使碾白压力下降，摩擦擦离作用减弱，碾白效果变差。特别是在加工高水分糙米时，会导致大米精度不稳定，米色发花。对于碾削型碾米机，适当加快碾辊转速，可以充分发挥碾辊的碾削作用，并能增强米粒的翻滚和推进强度，提高碾米机的产量，碾白效果也比较好。但如果碾辊转速过快，会使米粒的冲击力加剧，造成碎米增加，碾米效果反而下降。若转速过低，米粒在碾白室内受到的轴向推进作用减弱，米粒运动速度减小，使碾米机产量下降，电耗增加。同时，米粒还会因翻滚性能不好而造成碾白不匀，精度下降。

碾米机类型不同，碾辊的转速控制范围也不同。摩擦擦离型碾米机的转速一般在1000r/min以下，碾削型碾米机的转速一般控制在1300~1500 r/min。

3.向心加速度

长期的理论研究和生产实践证明，碾米机碾辊具有一定的向心加速度，是米粒均匀碾白的重要条件。同类型碾米机碾制同品种同精度大米，在辊径不同、线速相差较大时，只有当其向心加速度相接近，才能达到相同的碾白效果。日本柴野正彰的研究也说明，一定类型的碾米机碾制一定品种和精度的大米时，碾辊的向心加速度应是一个常量。

即：$Rw^2 = \dfrac{D}{2}\left(\dfrac{2\pi n}{60}\right)^2 = C$

则：$n = \dfrac{C}{\sqrt{D}}$

式中：n——碾辊转速（r/min）；

D——碾辊直径（m）；

C——加速度系数。

我国各类型碾米机的加速度系数见表4-3-6。

表4-3-6　加速度系数 C 经验数值

碾削型碾米机		混合型碾米机		
		铁筋锥形	螺旋槽砂辊或沟槽较浅砂辊	斜筋砂辊
糙出白 C 值	560(1±5%)	470~510	550~580	300~500
	(1720)	(1210~1430)	(1660~1850)	(495~1110)
稻出白 C 值		450~550		300~400
		1110~1370		495~880

注：括号内数值为相应的向心加速度〔m/(s²)〕。

4.单位产量碾白运动面积

单位产量碾白运动面积是指碾制单位产量白米所用的碾白运动面积（碾辊每秒钟对米粒产生碾白作用的面积），可用下式表示：

$$A = \frac{F}{Q} = \frac{vL}{Q}$$

式中：A——单位产量碾白运动面积〔$m^2 \cdot h/(s \cdot t)$〕；

F——碾白运动面积（m^2/s）；

Q——规定精度的白米产量（t/h）；

v——碾辊线速（m/s）；

L——碾辊长度（m）。

单位产量碾白运动面积把碾米机的产量同碾白运动面积联系起来，综合体现了碾辊的直径、长度和转速对碾米机效果的影响。当米粒以一定的流量通过碾白室时，碾米机单位产量碾白运动面积大，则米粒受到的碾白作用次数就多，米粒容易碾白，需用的碾白压力可小些，从而可以减少碎米的产生，米温较低，出米率较高。但单位产量碾白运动面积过大时，碾白室的体积也过分增大，不仅经济性差，而且还会产生过碾现象，反而使出米率下降。如果单位产量碾白运动面积过小，则碾米时碎米较多，米温高，排糠不畅，动力消耗增加。根据生产实践经验，A值可参照表4-3-7中的数值选定。

表 4-3-7 一机碾白时砂辊碾米机的 A 值

	标二早籼	标一早籼	特粳
$A/m^2 \cdot h/(s \cdot t)$	3.0~3.5	3.5~4.0	4.5~6.0

注：①表内是额定产量下的A值，产量允许超过10%；

②额定产量大的碾米机可选较小的A值；

③喷风碾米机的A值可选小些。

（四）碾白道数和出糠比例

1.碾白道数

碾白道数应视加工大米的精度和碾米机的性能而定。碾白道数多时，各道碾米机的碾白作用比较缓和，加工精度均匀，米粒温升低，米粒容易保持完整，碎米少，出米率较高，加工高精度大米时效果更加明显。

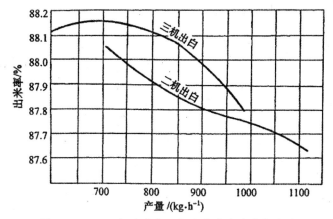

图 4-3-29 二机出白与三机出白出米率变化曲线

图4-3-29为铁辊碾米机加工标二早粳时,三机出白与二机出白的出米率变化曲线,表明三机出白的出米率高,当产量较低时,二者差别更大。

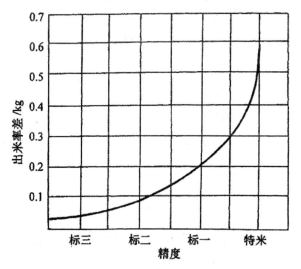

图 4-3-30 二机出白与三机出白加工精度与出米率关系曲线

图4-3-30为三机出白与二机出白加工不同精度大米时的出米率差别曲线,表明加工精度越高,三机出白与二机出白的出米率差别越大。因此,加工高精度大米时,宜采用三机出白,加工低精度大米时,可采用二机出白。

2.出糠比例

采用多机碾白时,各道碾米机的出糠比例应合理分配,以保证各道碾米机碾白作用均衡,否则会使出碎率和能耗都增加。在采用二机或三机出白时,各道碾米机的出糠率可参照表4-3-8选择。

表 4-3-8　各道碾米机出糠　　　　　单位：%

道数	特粳	标二粳	特籼	标二籼
第一道	55~60	50	50~55	50
第二道	40~45	50	40~45	50
第一道	35	30	30	30
第二道	35	40	40	40
第三道	30	30	30	30

表4-3-8表明，二机出白加工标二精度大米时，头机和二机的出糠量分别为50%。加工高精度大米时，头机的出糠量应高于二机，一般头机取55%左右出糠量较为理想。三机出白的各道出糠比例，不论加工精度高低，头机和二机的出糠量应占总出糠量的70%左右，这样可取得较好的碾米工艺效果。

一机出白时，可把碾白辊从进口到出口等分为三段，即进口段、中段和出口段，应使三段的出糠率分配相当于三机出白的出糠率分配，这样才能达到较好的碾米工艺效果。一机出白时出糠率分配见表4-3-9。以最佳和较好的分配情况出糠时，能达到碾辊沿程均匀碾白的目的，且出口段留有较多的碾白能力，遇到原料、产量等情况变化时，可稍微调整一下外压力就能达到碾白的目的。如以最低要求的分配情况出糠，则必须增加较多的外压力才能达到碾白目的，结果将造成出米率低、白米含碎增多、米温增加的后果。

表4-3-9　一机出白时出糠率分配　　　　　单位：%

分配情况	进口段	中段	出口段	分配情况	进口段	中段	出口段
最佳	40	40	20	最低要求	20	40	40
较好	30	40	30				

（五）流量

在碾白室间隙和碾辊转速不变的条件下，适当加大物料流量，可增加碾白室内的米粒流体密度，从而提高碾白效果。但流量过大，不仅碎米会增加，而且还会使碾白不均，甚至造成碾米机堵塞。相反，如果流量过小，则米粒流体密度减小，碾白压力随之减小，不仅降低碾白效果，而且米粒在碾白室内的冲击作用加剧，也会导致碎米增加。

适宜的流量应根据碾白室的间隙、糙米的工艺性质、碾辊转速和动力配备大小等因素决定。

第四节　成品处理及副产品整理

一、成品处理

经碾米机碾制成的白米，其中混有米糠和碎米，而且温度较高，这些都会影响成品的质量，同时也不利于大米的贮存。所以，出机白米在包装前必须使含糠、含碎符合标准，使米温降到利于贮存的范围。此外，随着人民生活水平的提高，高质量、高品位的大米日趋受到消费者的青睐。对大米进行表面处理，使其晶莹光洁，也可将大米中所含异色米粒去除，提高其商品价值，改善其食用品质，即为成品处理。

成品处理主要包括擦米、凉米、白米分级、抛光、色选等工序。

（一）擦米

擦米的主要作用是擦除黏附在米粒表面上的糠粉，使米粒表面光洁，提高成品的外观色泽，同时也利于大米的贮藏和米糠的回收利用。擦米与碾米不同，因为白米籽粒强度较低，所以擦米作用不宜强烈，以防产生碎米过多。出机白米经擦米后，产生的碎米不宜超过1%，含糠量不宜超过0.1%。擦米设备主要有卧式擦米机（主轴是水平的）和立式擦米机（主轴是垂直的）两种。

1.卧式擦米机

卧式擦米机形式较多，最常用的一种是铁辊擦米机。一般配置在双辊碾米机、NS型螺旋槽砂辊碾米机的碾白室下方。

（1）结构组成：铁辊擦米机主要由螺旋推进器、擦米辊、压紧轮、皮带轮和米筛等组成，如图4-4-1所示。

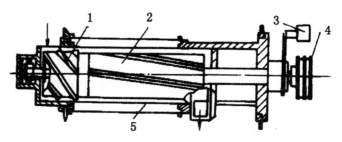

图 4-4-1　铁辊擦米机

1.螺旋推进器　2.擦米辊　3.压紧轮　4.皮带轮　5.米筛

（2）工作原理：铁辊擦米机工作时，米粒由进料口沿切线方向进入机内，由螺旋推进器向前输送，受到擦米辊上斜筋的翻动，使米粒与米粒之间、米粒与米筛之间产生摩擦作用，擦除米糠，最终得到的光洁白米由出料口排出，擦下的米糠穿过米筛落下。

铁辊擦米机的特点是不仅能保证除糠效果，而且使用寿命长。为了减少擦米过程中产生的碎米量，应降低擦米压力，米粒流体密度宜小。所以，可采取适当减小流量、出口不加压力门、加大擦米室间隙等措施。

2.立式擦米机

（1）结构组成：立式擦米机主要由进料斗、散料盘、橡皮条或刷子、米筛等组成，如图4-4-2所示。

（2）工作原理：立式擦米机工作时，米粒由进料斗通过进口流入机内。由于主轴的转动，米粒受到散料盘的离心作用，向四周分散下落，经过橡皮条或刷子的搅动、摩擦，刷下糠粉，由米糠出口排出，白米由出料口排出。为便于糠粉的收集，在米糠出口处可设置吸风装置，利用风力将糠粉送至集尘器收集。

擦米机工作时，应保持一定流量。流

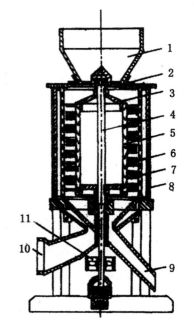

图 4-4-2　立式擦米机

1.进料斗　2.进口　3.散料盘　4.主轴
5.刷架　6.刷子　7.米筛　8.机架
9.白米出口　10.米糠出口　11.传动轮

量过大，加重动力负荷，且擦米效果不好，甚至造成堵塞现象。流量过小，米粒在擦米机内密度小，容易产生较大的冲击力而伤米粒。米粒通过立式擦米机处理以后，产生的碎米含量不应超过1%，含糠量不应超过0.1%。

（3）技术参数：立式擦米机的主要技术参数见表4-4-1。

表4-4-1 立式擦米机的主要技术参数

项目	产量 （kg/h）	转速（r/min）	擦辊直径× 高（mm）	橡皮条宽 （mm）	米筛筛孔 （孔/25·mm）	功率（kW）
参数	4000~4500	290~300	370×900	102	10×10	3~4

（二）凉米

凉米的目的是为了降低米温，以利于贮藏。特别是在加工高精度大米时，米温要比室温高出15℃~20℃，如不经过冷却，马上打包进仓，容易使成品发热霉变，所以成品打包前必须经过凉米工序。凉米一般都在擦米之后进行，并把凉米和吸除糠粉结合起来。凉米要求米温降低3℃~7℃，爆腰率不超过3%。降低米温的方法很多，如喷风碾米、米糠气力输送、成品输送过程的自然冷却等，工作原理都是利用室温空气作为工作介质，带走碾制米粒机械能转换的热能。目前，使用较多的凉米专用设备是流化床，它不仅能降低米温，还有去湿、吸除糠粉的作用。

1.结构组成

流化床主要由进料机构、流化床板、出料机构和机架等组成，如图4-4-3所示。流化床无动力设备，结构简单。

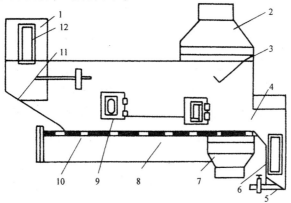

图4-4-3 流化床结构示意图

1.进料斗 2.气流出口 3.导风板 4.出料斗 5.出料口压力门 6.观察窗
7.米糍出口 8.冷风分配槽 9.观察窗 10.流化床板 11.进料口压力门 12.观察窗

进料机构由进料斗和压力门组成，其作用是调节、控制流量和利用料封减少漏风量。流化床的关键部件是流化床板，它由1.2~1.5mm厚的钢板制成，以3°~5°倾斜角设置在流化床内，上面冲直径45mm圆孔。床板上的孔眼有细密两种，床板上稀孔区和密孔区的孔眼布置如图4-4-4所示。图中导流区设置在进料端，使米粒容易进入流化床，其孔眼大小和开孔率与密眼区相同。孔板上的稀孔区距离沿米流方向逐渐缩小，这样可以提高降温降湿效果和吸糠效果。出料机构由出料斗和压力门组成，既能出料，又能利用料封减少漏风量。

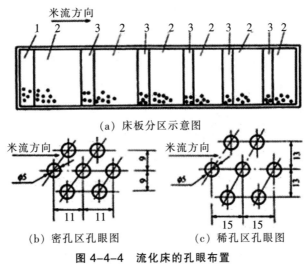

(a) 床板分区示意图

(b) 密孔区孔眼图　　　　(c) 稀孔区孔眼图

图4-4-4　流化床的孔眼布置
1.导流区　2.稀孔区　3.密孔区

2.工作原理

流化床工作时，物料由进料斗进入流化床后，由于穿过床板孔眼的空气量少，米流只被气流托起并呈流化状态，沿着倾斜的床面浮动前进。空气通过密孔区时，因透过的空气量多，促使米粒上下翻动呈半悬浮状态，有利于提高米粒冷却的均匀度。米粒在床板上一面降温散湿，一面在气流和自身重力的作用下流向出口，从出米口排出。穿过孔眼的米糠则有米糠出口排出，含有糠粉的气流进入离心分离器。

当工作介质换成热空气时，流化床可作为干燥设备，以降低谷物水分。

3.技术参数

流化床的主要技术参数见表4-4-2。处理后大米温度不超过3℃~5℃，爆腰率不超过3%，加工精米时吨米电耗为0.8~1kW·h。

表 4-4-2　流化床的主要技术参数

| 床板尺寸长×宽（mm） | 最大流量①（kg/cm·h） | 密孔区 | | 稀孔区 | | 风量①[m³/(m²·h)] | 阻力（Pa） |
		每段长度（mm）	开孔率（%）	每段长度（mm）	开孔率（%）		
2000×400	190	90	22.5	489，404，374，328，270，140	10	3600~4200	340

注：①流量与风量分别以床板的宽度与面积进行计算。

（三）白米分级

将白米分成不同含碎等级的工序称为白米分级。国外许多国家都把大米含碎量作为区分大米等级的重要指标。白米分级的目的主要是根据成品的质量要求，分离出超过标准的碎米。白米分级设备主要有白米分级平转筛和滚筒精选机等。

1.MMJP-1型白米分级平转筛

MMJP-1型白米分级平转筛的结构与MGCP-1型谷糙分离平转筛的结构基本相同，主要由进料斗、筛体、偏心回转机构、传动调速机构和机架等部分组成。筛体内装有三层冲孔筛面，各层筛面下均设有橡皮球清理机构，以防止碎米和米糠堵塞筛孔。MMJP63×3-1型白米分级平转筛采用减速箱减速，MMJP80×3-1型与MMJP100×3-1型白米分级平转筛采用过桥轴传动机构减速。调速采用无级调速装置，可以根据不同的分级要求调节设备的转速。该设备在进机物料含碎小于35%时，可分出含碎小于5%的全整米（第一层筛筛上物）、含碎小于25%的一般整米（第二层筛筛上物）、含整米小于20%的大碎米（第三层筛筛上物）和不含整米的小碎米（第三层筛筛下物）四种物料。

MMJP-1型白米分级平转筛可用于加工内销米时分出白米中的超标碎米，也可用于生产出口米的白米分级。MMJP-1型白米分级平转筛的主要技术参数见表4-4-3。

表 4-4-3　MMJP-1型白米分级平转筛主要技术参数

型　号	MMJP63×3	MMJP80×3	MMJP100×3
回转半径（mm）	40	40	40
转速（r/min）	150±15	150±15	150±15

续表

型　号		MMJP63×3	MMJP80×3	MMJP100×3
筛面倾斜角		1.2°	1.2°	1.2°
筛孔规格(mm)	第一层	φ3.7	Φ3.7	Φ3.7
	第二层	φ2.6	Φ2.6	Φ2.6
	第三层	φ2.0	Φ2.0	Φ2.0
产量(kg/h)		1250	2100	3300
功率(kW)		0.55	1.1	1.1
长×宽×高(mm)		1426×740×1276	1625×1000×1315	1725×1085×1386

2.MMJM型白米分级平转筛

MMJM型白米分级平转筛的结构如图4-4-5所示，它主要由进料机构、吸糠装置、传动机构、筛体、机架和悬挂装置等组成。机架采用冲压成型的钢板制成。筛体由钢丝绳吊挂在机架上。筛体内装有两层抽屉式筛格，分为前、后两段。前段筛面配备较大筛孔，后段筛面配备较小筛孔，以便将白米分成四种不同的粒度等级。

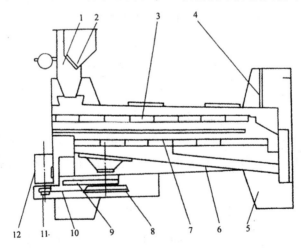

图4-4-5　MMJM型白米分级平转筛结构示意图

1.吸糠凉米装置　2.进料机构　3.上层筛格　4.钢丝绳　5.机架

6.筛体　7.下层筛格　8.大塔形带轮　9.偏重块　10.三角带　11.小塔形带轮　12.电机

MMJM型白米分级平转筛的最大特点是：物料在筛面上具有特殊的运动轨迹，进料端为大椭圆形，以后其长轴不断缩短，至筛面中部为直线往复运动。因此，进料端物料与筛面的相对速最大，有利于物料的自动分级。出料端物料与筛面的相对速度最小，有利于物料穿过筛孔，从而大大提高了分级效果。MMJM型白米分级平转筛筛理路线如图4-4-6所示。

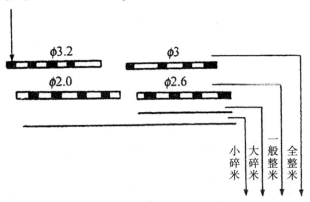

图 4-4-6　MMJM 型白米分级平转筛筛理路线示意图

MMJM型白米分级平转筛主要技术参数见表4-4-4。

表 4-4-4　MMJM 型白米分级平转筛主要技术参数

型　号	MMJM-80	MMJM-100	MMJM-125
产量（kg/h）	3400	4200	5200
筛面宽度（mm）	800	1000	1250
筛面倾斜角	3°	3°	3°
转速（r/min）	310	300，400，500（三级可调）	
功率（kW）	0.75	0.75	0.75
风量（m³/min）	10	10	10
长×宽×高（mm）	2020×1200×1460	2020×1400×1460	2020×1650×1460

3.滚筒精选机

（1）结构组成：滚筒精选机主要由滚筒、收集槽、螺旋输送器、调节装置和传动机构等组成，如图4-4-7所示。滚筒由冲压有半圆形袋孔或马蹄形袋孔的薄钢板（厚2~2.5mm）制成，并经硬化处理。滚筒通过端盖固定在主轴上，因此，滚筒和螺旋输送器一起随主轴旋转。收集槽的一端通过轴承支承于主轴上，另一端利用轴套与蜗轮蜗杆调节装置相连接。转动蜗杆上的手轮能改变收集槽与滚筒内壁的相对位置，以适应物料性质的变化，保证分级效果。

（2）工作原理：滚筒精选机工作时，传动装置带动主轴旋转，主轴带动滚筒和螺旋输送器旋转。物料由进料斗进入滚筒，碎米进入袋孔内。当滚筒转到某一角度时，碎米便依靠自身重力脱离袋孔落入收集槽内，由螺旋输送器送至出口排出。整米在滚筒内表面摩擦力的带动下，上升位置较低，仅在滚筒底部运动，借滚筒本身的倾斜度流向另一出口排出机外。

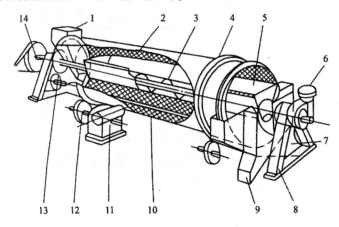

图4-4-7　滚筒精选机总体结构

1.进料斗　2.滚筒　3.螺旋输送器　4.滚筒外圈　5.收集槽　6.调节手轮　7.整米出口
8.机架　9.碎米出口　10.物料散布器　11.减速装置　12.滚筒支承轮　13.传动装置　14.传动轮

（3）技术参数：JXG-60×3型滚筒精选机的主要技术参数见表4-4-5。

表4-4-5　JXG-60×3型滚筒精选机主要技术参数

产量 （kg/h）	滚筒长×宽 （mm）	转速 （r/min）	功率（kW）	碎米含整米率（%）	长×宽×高 （mm）
7500	600×2000	45	3.0	2.6	2761×780×2680

（四）抛光

抛光其实就是湿法擦米，即将符合一定精度的白米，经过着水、湿润以后，送入专用设备内，在一定温度下，米粒表面的淀粉胶质化，使得米粒晶莹光洁，不黏附糠粉、不脱落米粉，从而改善它的贮存性能，提高其商品价值。

白米抛光机采用的着水方法又多种多样，主要有以下几种：

滴定管加水：通过调节每分钟水滴数量控制着水量，水滴直接进入抛光室。

压缩空气喷雾：通过空气压缩机产生的高压（0.2~0.4MPa）气流，将水雾化，米粒通过雾化区得以着水、湿润。着水量由流量计控制。

水泵喷雾：采用电动水泵，使水通过喷嘴形成雾状，米粒通过雾化区被着水、湿润，着水量通过喷头孔径大小、水压变化及流量计进行控制。

喷风加水：由流量计控制的水通过喷风风机产生的高压气流形成雾化，与空气一同进入抛光室，对米粒表面进行湿润。着水量与主机电流呈正相关变化。

超声波雾化：由超声波雾化器将水雾化，然后送至抛光机的进料斗内，借此将通过料斗的米粒着水、湿润。

以上各种着水方法各有利弊，相对来说，以超声波雾化方法较好，因为超声波雾化水滴雾化细（雾滴直径5μm），米粒表面着水均匀，控制简单，可随意调节水量大小；同时超声波雾化装置占地面积小，不产生噪音，操作维修方便。抛光的专用设备为白米抛光机。

1.CM2500、CM3500型大米抛光机

（1）结构组成：CM2500、CM3500型大米抛光机主要由进料装置、电控装置、着水系统、抛光室、排糠系统、传动系统等组成，如图4-4-8所示。

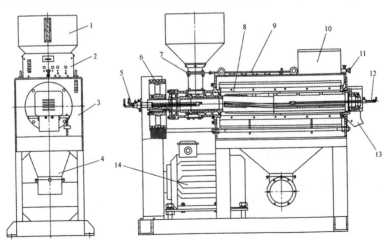

图4-4-8　CM2500、CM3500型大米抛光机结构示意图

1.进料斗　2.电控箱　3.机架　4.排糠系统　5.喷嘴　6.主轴带轮　7.进料流量控制闸门

8.抛光室　9.拉杆　10.电控箱　11.手轮　12.喷嘴　13.出料口　14.电动机

①进料装置：进料装置由进料斗、流量控制机构组成。流量控制采用插板式流量控制机构，通过转动手轮推拉拉杆使进料闸板开启、闭合，对进机物料流量进行控制。

②抛光室：抛光室由螺旋推进器、抛光辊、空心轴、八角形米筛组件及出料口等组成。螺旋推进器与进料衬套之间的间隙为6.5mm，抛光室的间隙为11.5mm。抛光辊的外径为165mm，抛光辊线速度为7~8m/s，CM2500型大米抛光机的抛光辊由一斜辊和一直辊两节辊组成，CM3500型大米抛光机的抛光辊由一斜辊和两直辊三节辊组成，抛光辊表面开有四条喷风槽，槽的前向面有凸起的筋。斜辊的凸筋与喷风槽相对于主轴轴线倾斜一定的角度，斜辊在对米粒进行抛光的同时，对米粒还有一定的轴向推进作用，延续螺旋推进器对米粒的轴向推力；直辊主要起抛光米粒的作用。图4-4-9所示为抛光室的剖视图。

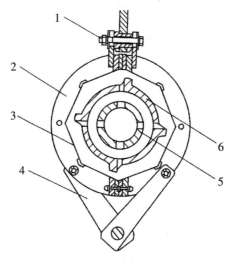

图 4-4-9　抛光室剖视图

1.筛架连接螺栓　2.筛托架　3.米筛　4.支承板　5.主轴　6.抛光辊

③着水系统：CM2500型大米抛光机的着水系统如图4-4-10所示，主要由水箱、水泵、过滤器、压力表、电磁阀、流量计、喷嘴等组成。水通过软管经过过滤器滤除杂质后进入水箱并由水泵加压流经过滤器、电磁阀、流量计进入喷嘴，空气压缩机产生的高压气流进入气水混合喷嘴将水雾化后从喷嘴喷出，喷入抛光室进行喷雾着水抛光。

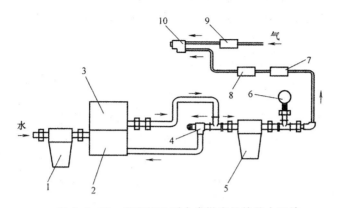

图 4-4-10 CM2500 型大米抛光机的着水系统

1.过滤器 2.水箱 3.水泵 4.安全阀 5.过滤器

6.压力表 7.水电磁阀 8.转子流量计 9.气动电磁阀 10.喷嘴

CM3500型大米抛光机的着水系统如图4-4-11所示，主要由水箱、水泵、过滤器、压力表、电磁阀、流量计、喷嘴等组成。水通过软管从水箱流到电磁阀，再通过Y形三通分成两路分别流入两个流量计，一路接到位于出料端的主轴供水管从雾化水喷嘴喷出，另一路直接接到位于进料端的气水混合喷嘴，与高压空气混合后喷出。

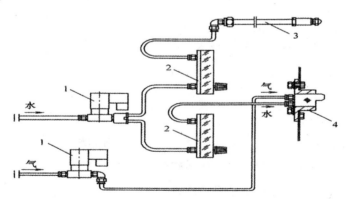

图 4-4-11 CM3500 型大米抛光机的着水系统

1.电磁阀 2.流量计 3.雾化水喷嘴 4.气水混合喷嘴

喷雾效果的调整可以从两个方面着手。一是可以通过调整水压来进行，水压越大，水雾化得越好；二是可以通过调整气压来进行，气压越大，水雾化得越好。水压一般控制在0.1MPa左右，气压一般控制在0.2MPa左右。

（2）工作原理：工作时，大米由进料装置进入抛光机的抛光室，在抛光室内经雾化着水的物料在抛光辊与米筛的共同作用下被抛光，擦除米粒表面糠粉，使米粒表面产生晶莹、具有光泽的质地。抛光后的物料从出米口排出，擦除的米糠粉经抛光筛板排出，并由排糠组件吸出机外。调整压砣的位置可以改变出米口的压力，从而将大米的抛光精度调整到理想的状态。

（3）技术参数：CM2500、CM3500型大米抛光机的主要技术参数见表4-4-6。

表 4-4-6　大米抛光机的主要技术参数

型号	产量 （kg/h）	转速 （r/min）	功率 （kW）	风量 （m³/min）	风压 （mmH₂O）	长×宽×高 （mm）
CM2500	2000~2500	800~900	37	35~40	−250~−150	1905×730×1812
CM3500	3500~4000	800~900	45	35~45	−250~−150	2275×730×1812

（4）CM2500型抛光机的使用：

①开机准备：

第一，检查V带是否有合适的张紧力，若张紧力不够，则会出现V带打滑；若张紧力太大，则将降低轴承和V带的使用寿命，甚至引起机器的故障或损坏。

第二，空载运行，检查轴承是否过热，机器有无异常振动和噪声，电动机电流有无异常增大。

第三，调节水压，打开水泵，将水压调节到2kg/cm²左右，该数值可通过水压力表显示。

②操作使用：

第一，启动风网上的风机。

第二，将原料装入进料斗，启动主机电动机，空载运转正常后打开进料闸门。

第三，拉动插板调节流量，将流量调节到所需产量。

第四，调节出料口压砣产生一轻微的阻力。

第五，启动水泵着水，慢慢转动水流量计调节旋钮，将着水量调节适当。

第六，如果用手轻轻一抓，大米捻成小团，松开后米粒自然散开，说明着水量适当；如果用手轻轻一抓，大米捻成大团，松开后米粒也不散开，说明着水过量，则应减少着水量；反之如果大米松散发暗，说明水量不足，则应增加着水量。

第七，移动出料口压砣增加阻力，使之调整到最佳状态。

第八，停机顺序是：停止进水→插上插板，让所有大米从抛光室排出→关停主机电动机→风机继续运行5min后关闭，以保证抛光室干燥，减少积糠，防止积水。

第九，停机后，清除碾米机内外的积糠和出米口的积糠，检查各机件的完好程度，如有损坏应及时检修更换。

③维护检查：

第一，定期检查各部位的紧固件是否松动，轴承部位的发热情况，机器是否有异常声音。

第二，定期检查V带是否有松动打滑或疲劳失效现象。

第三，定期检查米筛等的磨损情况，发现米筛破损或变形则需更换。

第四，为防止混入变质大米，抛光机周围要保持清洁，并定期清扫出料口、米筛外、集糠斗等容易积存米糠的部位。

第五，随时查看水压表的示值，水压应为$2kg/cm^2$，太低或太高时通过安装在着水部位上的安全阀控制调节。

第六，定期检查轴塞的位置，使之处于两段直辊的中部。

第七，定期更换相应的润滑油。各运转部位应经常保持润滑良好。主轴轴承油封必须正确安装，确保密封良好。各轴承每三个月拆检换油一次。

第八，清理水过滤器的元件和喷嘴，在水质差的地区尤其要注意。

④常见故障及原因分析：

第一，在开启水泵，转动流量调节旋钮，打开"水开启"按钮的情况下，不喷雾的原因有：控制水的电磁阀出故障；过滤器堵塞；喷嘴堵塞。

第二，水流量计显示数值不稳的原因有：水中混有空气；过滤器堵塞；电磁阀、喷嘴堵塞。

第三，喷雾正常，但水流量计不显示数值的原因有：水流量计出故障。

第四，水的流量调到最大，但喷雾量不增加的原因有：水压太低；喷嘴堵塞。

第五，米中含糠的原因有：糠管堵塞；负压太低；进料量太大；轴塞安装位置不当。

第六，抛光辊上黏糠的原因有：因电磁阀故障而漏水；轴塞安装位置不当；轴塞漏水。

第七，米温太高的原因有：抛光室黏糠；供水停止；米筛被碎米堵塞。

第八，进料困难的原因有：进料口黏糠。

第九，出料困难的原因有：轴塞损坏漏水，改变了着水量；出料口黏糠。

第十，水泵间歇性停止工作的原因有：水压过高或水泵过热。

2.MPGF 型白米抛光机

（1）结构组成：MPGF型白米抛光机主要由雾化装置、进料装置、抛光室、喷风系统等组成。如图4-4-12所示。

雾化装置由空气压缩机、输液管、喷嘴、雾化控制箱等组成，利用空气压缩机产生的高压气流将水雾化（雾滴直径小于100um），喷入进料斗对白米进行喷雾着水。着水量由雾化控制箱内的流量计调节。

抛光室由两节螺旋推进器、两节抛光辊、空心轴及外围圆弧形米筛组成。螺旋推进器和抛光辊依次间隔排列，组成前后抛光室。抛光辊材质为铸铁，辊面上安装有四根聚氨酯抛光带，并开有喷风槽。米筛由横梁和托架支承。

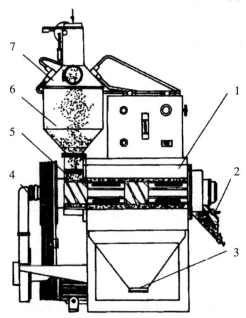

图 4-4-12　MPGF 型白米抛光机结构示意图

1.机架　2.出料口　3.糠粉出口　4.喷风系统　5.抛光室　6.进料装置　7.雾化装置

喷风系统包括喷风风机、引风管等，喷风风机产生的高压空气通过空心主轴、抛光辊喷风槽喷入抛光室，进行喷风抛光，起增加米粒翻滚及促进排糠的作用。

（2）工作原理：MPGF型白米抛光机工作过程如下：当白米通过进料装置进入雾化区时，进料装置发出信号给雾化控制箱，使雾化室进入工作状态，对来料进行喷雾着水。着水后的白米在料斗内短时停留润湿后，很快进入抛光室。在抛光室内由于抛光辊的旋转摩擦和抛光带的搅拌擦刷作用，使米粒不断翻滚受到均匀摩擦，擦除米粒表面糠粉，同时米粒表面呈现光泽的质地，米粒表面晶莹、光洁。喷风装置将糠粉和湿气排出抛光室，抛光后的米粒由出米口排出。

（3）技术参数：MPGF型白米抛光机主要技术参数见表4-4-7。

表 4-4-7 白米抛光机主要技术参数

型号 项目	MPGF-20	MPGT-18
产量（t/h）	3500~5000	2000~2500
转速（r/min）	720	630
功率（kW）	7.5	7.5~11
长×宽×高（mm）	1365×500×1786	1215×690×1840

3.MPGT型白米抛光机

（1）结构组成：MPGT型白米抛光机主要由进料斗、喷雾装置、抛光室、喷风风机及机体等组成，如图4-4-13所示。

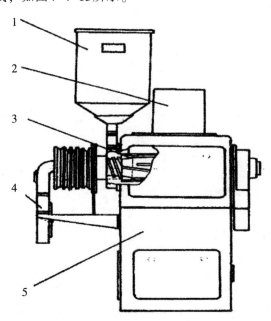

图 4-4-13 MPGT 型白米抛光机结构示意图

1.进料斗 2.喷雾控制箱 3.抛光室 4.喷风风机 5.机架

　　喷雾装置包括空气压缩机、输液管及喷嘴等，利用空气压缩机将水经喷嘴雾化。喷嘴的安装位置可安装在进料斗上方，使白米先经喷雾着水再进入进料斗，在进料斗内短暂湿润后送入抛光室。也可将喷嘴安装在进料斗下方出口处，使白米着雾后直接进入抛光室。

　　抛光室由螺旋推进器、抛光辊、主轴、米筛及出料装置组成。抛光辊为带凸筋的铸铁辊筒，可产生较强的摩擦作用。主轴为空心轴，轴端与喷风风机出口连接，风机喷出的高压空气通过空心轴进入抛光室对白米进行抛光。出料装置采用压力门结构形式，通过调节压力门，可以控制机内抛光压力，以控制白米抛光程度。

　　（2）工作原理：MPGT型白米抛光机的工作原理和MPGF型白米抛光机基本相同。

　　（3）技术参数：MPGT型白米抛光机主要技术参数见表4-4-7。

　　4.BSPA 型白米抛光机

　　（1）结构组成：BSPA型白米抛光机主要由加湿、抛光、供水三大系统组成，如图4-4-14所示。

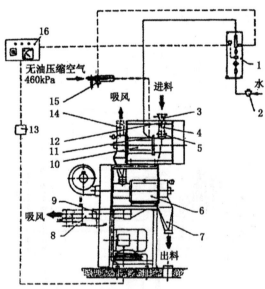

图 4-4-14　BSPA 型白米抛光机结构示意图

1.供水系统　2.水阀　3.喂料插板　4.观察窗　5.喂料管　6.抛光室　7.出料管
8.出风管　9.橡胶软管及软管夹　10.加湿室　11.喷水装置　12.坚固环
13.可联装的变压器　14.出风管　15.喷嘴清理电磁阀　16.控制盒

加湿系统由喷嘴、喷嘴清理器、螺旋推进器及搅拌辊筒组成。水经流量计计量流入加湿室内，由喷嘴将其雾化。经喷雾着水后的米粒被螺旋推进器和搅拌辊筒边混合边输送至抛光室。加湿室出口处配有重砣压力门，可控制米粒在加湿室内加湿时间的长短，同时可调节出口流量。

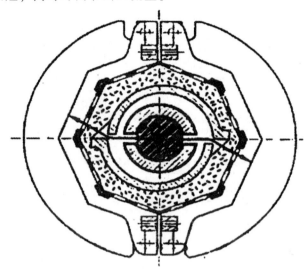

图 4-4-15　BSPA 型白米抛光机抛光室截面示意图

抛光系统主要由螺旋推进器、抛光辊筒、八角米筛及出口压力门、风机等组成，抛光室截面如图4-4-15所示。经喷雾加湿并混合均匀的米粒，表面覆盖一层薄薄的水膜，在抛光室内通过米粒与米粒、米粒与米筛的相互摩擦，将残留的糠粉去除。由风机喷入抛光室内的室温空气，既降低了米温，又将糠粉吹出。抛光室内的压力可通过压力门上的重砣进行调节。

供水系统由流量计、减压阀、电磁阀、控制盒等组成，用于向加湿系统供水，并根据米粒流量调节供水量。如果喷嘴堵塞，则流量计中浮子下降，通过限位开关启动喷嘴清理器。进水口压力不低于2.5Pa，最大供水量为40L/h。

（2）技术参数：BSPA型白米抛光机主要技术参数见表4-4-8。

表 4-4-8　BSPA 型白米抛光机主要技术参数

产量 (t/h)	功率（kW）			风量（m³/min）		风压（Pa）		长×宽×高 (mm)
	加湿室	抛光室	风机	加湿室	抛光室	加湿室	抛光室	
4~6（粳）3~5（籼）	11	22	0.82	5	25	300	1000	2000×1150×2390

5.抛光机常见故障及排除方法

抛光机常见故障及排除方法见表4-4-9。

表 4-4-9　抛光机常见故障及排除方法

故障现象	产生原因	排除方法
增碎过多	抛光辊与米筛或压筛条之间间距过小	调节抛光辊与米筛或压筛条之间间距
	米筛连接不整	调整米筛间搭接
	米筛的筛孔过大或过小	更换合适筛孔的米筛
	排糠风量太小	调整吸风量
	着水量太大或太小	调节合适的着水量
	转速过高或过低	调整转速
	机内白米压力过大	调整进出口流量或出料口压力
大米表面光洁度差	出料口压力太小	调整出料口压力
	着水量太小	调整着水量
	抛光辊碾筋磨损严重	更换抛光辊
	压筛条碾筋磨损严重	更换压筛条

(五) 色选

大米色选机是根据大米光学特性的差异，利用光电技术将大米中黄粒米、红粒米、腹白米、死米、霉变米、黑色病斑米等异色米粒，以及沙石、土块等异色颗粒状杂质自动分拣出来的一种集光、机、电、气动等技术于一体的现代化、高科技粮食加工设备。

色选机按照传感器的型号可分为光电（管）大米色选机和CCD传感器大米色选机两类。其中，光电大米色选机采用普通光电传感器，前几年应用较多；当前应用更多的是CCD传感器大米色选机，最大分辨率是2048像素高速线扫描型CCD。

光电色选机与CCD色选机区别在于传感器。CCD色选机由于采用了高清晰的CCD色选镜头，使得色选精度由光电色选机的$2mm^2$提升到$0.04\sim0.08mm^2$，色选精度提高，CCD色选机产量相比较普通光电色选机也大有提高。另外由于传感器的区别，光电色选机只能局限在黑白色的物料进行色选，对于颜色种类有要求的可以选择CCD色选机。CCD色选机比光电色选机的成本价格要高很多。

1.结构组成（以 CCD 大米色选机为例）

大米色选机主要由供料系统、光电系统、分选系统、清扫系统和操作系统组成。

（1）供料系统：供料系统由进料斗、振动喂料器和溜槽滑道等部件组成，如图4-4-16所示。待分拣大米物料由进料斗进入振动喂料器，通过振动和导向机构使物料自动排列成一列列连续的线状细束，在通过料槽加速后以恒定速度坠落至光电分选的探测区内，以确保物料清晰地呈现在光学分选和喷射区内。供料系统除去为色选机提供待选原粮的功能外还可控制色选机产量。通过对进料斗流量控制板和振动料斗振动量的调整可对色选机单位时间内产量的控制。我国幅员辽阔，某些地方由于空气潮湿会发生大米沿滑道滑落时与滑道粘连或互相粘连现象，影响色选精度，所以溜槽滑道要可对进入其内的大米有加热烘干功能。

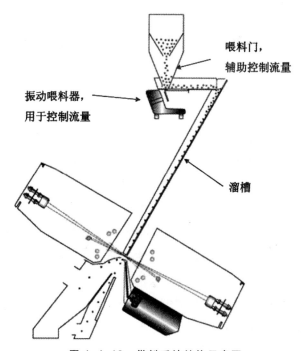

图 4-4-16　供料系统结构示意图

（2）光电系统：光电系统是色选机的核心部分，主要由光源、背景板、CCD镜头和有关辅助装置组成，如图4-4-17所示。光源为被测物料和背景板提供稳定均匀的照明。实验结果表明蓝色LED光源作为照明光源效果最佳。CCD镜头将探测区（探测区为密封亚光暗箱，目的为防止杂散光进入CCD镜头内，影响精度）内被测物料的反射光转化为电信号。背景板则为电控系统提供基准信号，其反光特性与合格品的反光特性基本等效，而与剔除物差异较大。色选机可比作是工具箱，根据不同的需要可以配置不同颜色的前景灯和背景灯；光源系统可选用灯管式和LED，LED因使用寿命长、光源稳定、启动快，现在得到更多的使用。

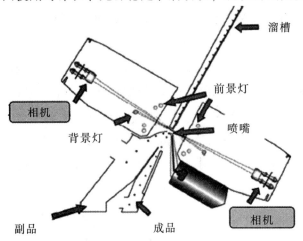

图 4-4-17　光电系统结构示意图

（3）分选系统：分选系统由出料仓、喷气阀、空气压缩机及空气过滤净化器等附件组成。由于大米物料在经过高速喷嘴喷射后动能较大，故出料仓空间要足够大且在物料与出料仓接触部有减震措施。防止大米因打在出料仓后反弹二次进入CCD镜头探测区内，造成误打现象发生。气动喷嘴经实验证明，喷嘴间隔大小及喷嘴个数是影响色选机精度的关键因素之一。

（4）清扫系统：清扫系统由气缸、玻璃雨刷器等部件组成。由于大米在色选过程中会产生灰尘及其他易附着于玻璃上的杂质，视窗玻璃上一旦附着过多灰尘及杂质，透过视窗玻璃对杂物料进行分选检测的光电系统就容易产生误检等链式连锁问题，轻则对色选精度、色选带出比产生影响，重则造成喷气嘴频繁工作，减少喷嘴及控制系统寿命，甚至烧毁喷嘴控制系统。玻璃雨刷器安装于气缸上，由总控系统按预设时间通过控制气缸阀门开关推动气缸活塞滑动，达到定时清扫玻璃上灰尘杂质的效果。

（5）操作系统：采用大屏幕宽视角彩色触摸操作平台，为客户预设多个色选模式，并建立友好的人机界面，根据大米物料具体情况方便快捷地实现调整。

2.工作原理

被选物料从顶部的料斗进入机器，通过振动器装置的振动，被选物料沿通道下滑，加速下落进入分选室内的观察区，并从传感器和背景板间穿过。在光源的作用下，根据光的强弱及颜色变化，使系统产生输出信号驱动电磁阀工作吹出异色颗粒至接料斗的废料腔内，而好的被选物料继续下落至接料斗成品腔内，从而达到选别的目的。色选机工作原理如图4-4-18所示。

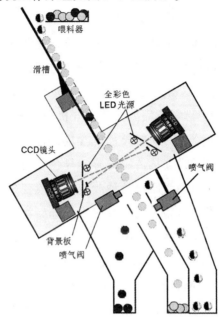

图 4-4-18　色选机工作原理图

3.技术参数

CCD大米色选机主要技术参数见表4-4-10。

表 4-4-10　CCD 大米色选机主要技术参数

名称	RD3	RD5	RD7
型号	6SXM-180B4	6SXM-300B4	6SXM-420B4
通道数	180	300	420
产量（t/h）	2~7	3~12	4~8
电源电压（V）	180~240（Hz）	180~240（Hz）	180~240（Hz）
整机功率（kW）	1.8	2.9	3.5
气源压力（MPa）	0.6~0.8	0.6~0.8	0.6~0.8
气源消耗(m³/min)	<1.8	<3.0	<4.5
机器重量（kg）	750	1050	1320
长×宽×高（mm）	1455×1564×2140	2075×1564×2140	2625×1564×2140

4.色选机的使用与维护

（1）操作使用：不同型号规格的色选机在操作使用时各有特点，但因它们的工作原理基本相同，所以，在操作使用上也有许多相似之处，现就色选机操作中的共同注意事项加以说明：

①操作的基本条件：必须严格按照有关操作程序进行。

②开机预热：双色色选机及灯管型的色选机，先预热，后进料色选。每次使用色选机时，均应在开机后留有10~30min的预热时间，以使色选室及其他条件稳定，然后才可以进料工作，这对充分发挥色选机的性能和长久正常使用非常重要。新型三原色色选机及LED色选机不需要预热，开机即可使用。

③看样操作：根据所分选的物料异色粒含量，合理调节一次、二次分选的流量、灵敏度等参数。其中延时（从传感器感知异色粒到喷气阀动作的时间）在出厂前已经调整和设置好，如果因原料品种改变需要改变延时数据时，则应慎重设定，同时要记住原设定值。然后分别检查一次分选好物料、一次分选选出物及二次分选好物料、二次分选选出物的情况，以使一、二次分选的色选精度、色选带出比符合规定要求，否则就要及时调整流量、灵敏度参数。

④先"紧"后"松"：刚开机时，主观目测数据与实际色选数据有一定的误差。当处于正误差时，以主观目测数据进行分选，分选出的成品符合标准，可以流向后道工序；当处于负误差时，分选出的成品不符合标准，成为次品，流向后道工序，将会影响成品质量。所以在实际操作时，色选调节可采取先"紧"后"松"的办法，这样可保证成品合格。唯一不足的是，短时间内可能会影响产量，分选出的异色粒带出比可能会高一点，但这是短时间的。然后快速调整流量、灵敏度等参数，以使色选精度、异色粒带出比达到规定要求，这种方法的优点是没有回料。如果色选机出口有拨板，当开始调整不合格时，使之回流再选；合格则流向后道工序，这样更好。

⑤合理调整灵敏度：灵敏度调整合理与否，直接影响到色选效果好坏。灵敏度的高低，标志着色选机喷阀工作程度，一般设置在85%~95%，最高不能超过97%，如太高，可能烧坏保险装置，使色选机停止工作。灵敏度分一次、二次选（具备二次复选的机型），每一种都有前、后灵敏度之分，一般前、后灵敏度设置成一样；在一次、二次选灵敏度设置时，一般将同一次选别的灵敏度设置为一样。在一定流量情况下，如果灵敏度已调到规定上限，但成品中异色粒含量仍然超标，

这时应合理降低物料流量，以使成品异色粒含量达标，否则将导致色选精度偏低及空气压缩机工作不正常。

⑥在色选机工作过程中，由于原料质量的不稳定性和不可预计性，应时刻检查工作情况，观察色选效果，如果异色粒带出比较低，喷阀工作显示灯显示频率偏低，或成品质量"太好"，应该合理提高流量；如果异色粒带出比偏高，应该在保证色选精度的情况下，合理降低灵敏度或流量。

⑦经常检查物料在通道中的运行状态，通道上有无异物卡住或粘贴上灰尘等物。

（2）常见故障排除：色选机的常见故障排除方法见表4-4-11。

表 4-4-11　色选机的常见故障排除方法

故障现象	故障原因	排除方法
喷阀漏气	阀内有异物或损坏；温度低于5℃，阀内有水汽。	压缩空气中含有过量水分或杂质，造成喷阀漏气，降低色选效果。应及时更换
喷阀不动作	阀的插头与阀座接触不良；阀芯断线；控制电路断路	（1）检查喷阀电路到喷阀的连接是否正常，是否有接插件脱落的情况。如不正常，请先断开整机电源，重新接好后再开机检查 （2）检查喷阀驱动电路（包括电路板上熔断管）。由于喷阀驱动电路涉及高压电源，不建议用户自行检查，应请专业维修人员对损坏的喷阀或者驱动电路进行处理
通道跳物料	物料的温度高；通道灰尘结块	（1）查看通道加热装置是否打开，如未打开，先打开加热装置预热 20~30min （2）检查通道上是否有灰尘结块，如果有，对通道进行清洁
色选指示及喷阀动作异常频繁	荧光灯烧坏；色选方式设置不对；荧光灯电源烧坏，熔断管断；背景板卡住或者角度调节不当	当出现此情况时，会对喷阀及相关部件造成严重损坏，应尽快停止工作并检查故障： （1）检查分选室的光线情况，如果发现有荧光灯管不亮，则按照上面灯异常的排除方法对荧光灯管进行更换 （2）检查背景板的转动情况，如果背景板转动时被异物卡住，则需清理异物，使背景板能够正常转动 （3）检查整机的色选方案的选择是否正确
机器两侧通道色选质量差	荧光灯两端发黑	需按照上面灯异常的排除方法对荧光灯管进行更换

续表

故障现象	故障原因	排除方法
根本不色选	精度值设置不对；荧光灯坏；控制系统参数变化或发生故障；背景板调整不当	(1)检查灯管、背景板、色选方案、整机相关参数是否正常 (2)某些控制电路板可能出现问题，由于这些电路板上可能会有高压存在，不建议用户自行检查，请联系设备售后服务部门派专业人员处理
一个班内色选质量越来越差	分选室内前后玻璃上粉尘挡住光线；荧光灯老化；精度、背景板、产量有变动	(1)检查分选室前后玻璃上的粉尘情况，如果粉尘遮挡住光线则清理粉尘 (2)检查分选室的光线情况，如果发现有荧光灯管不亮，则按照灯异常的排除方法对荧光灯管进行更换 (3)检查整机相关参数的设定是否有变动，如果有，重新调节相关参数

二、副产品整理

从碾米到成品处理过程中得到的副产品是糠秕混合物，其中不但含有米糠、米秕（粒度小于小碎米的胚乳碎粒），而且因米筛筛孔破裂或者由于操作不当等原因，往往会含有一些完整米粒和碎米。

米糠具有很高的经济价值，不仅可用其制取米糠油，而且还可从中提取谷维素、植酸钙等产品，也可用来做饲料。米秕的化学成分与整米基本相同，可作为制糖、酿酒的原料。整米需要返回米机碾制，以保证较高的出米率。碎米可用于生产高蛋白粉、制取饮料、酿酒、制作方便粥等。所以，需将米糠、米秕、整米和碎米逐一分出，做到物尽其用，这就叫做作产品整理，工艺上叫作糠秕分离。副产品整理的要求：

（1）米糠中不得含有完整米粒和相似整米长度1/3以上的米粒，米秕含量不超过0.5%。

（2）米秕内不得含有完整米粒和相似整米长度1/3以上的米粒。

常用的糠秕分离设备有以下三种：

（一）KXF型糠秕分离器

1.结构组成

KXF型糠秕分离器主要由上、中、下分离室和转向器四部分组成，如图4-4-

19所示。

上分离室为一圆柱体，由大圆柱筒、内胆、法兰所组成；中间分离室为一截圆锥和圆锥盘组合而成；下分离室为一漏斗状圆筒体，由风量调节机构及上、中、下截圆锥盘和压力门所组成。各分离室都是完成糠秕分离的机构。转向器为供排糠气流改变方向的导流装置。

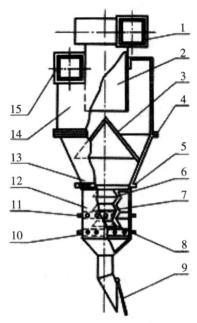

图 4-4-19　KXF 型糠秕分离器结构示意图

1.转向器　2.内胆　3.圆锥盘　4.圆法兰　5.圆法兰　6.截圆小锥盘
7.截圆中锥盘　8.截圆大锥盘　9.压力门　10.风量调节圈
11.风量调节手柄　12.下分离室　13.中分离室　14.上分离室　15.进口法兰

2.工作原理

KXF型糠秕分离器的工作原理是利用空气为介质，根据米糠与米秕悬浮速度的不同进行风选分离的。当糠秕混合物以一定的速度进入分离器后，大部分米糠随气流经上分离室内胆和转向器被风机吸走，而米秕和少部分米糠在离心力作用下进入中间分离室，在环形喇叭口截面处受到下分离室上升气流的多次反复风选而进行第二次分离。余下的秕和糠进入下分离室，同样又经受第三次和第四次的风力分选。至此，米糠几乎全被吸走，而后米秕降落至分离器底部从压力门排出，从而达到糠秕分离的目的。

3.技术参数

KXF型糠秕分离器的主要技术参数见表4-4-12。

表4-4-12　KXF型糠秕分离器的主要技术参数

型号	产量 (kg/h)	风量 (m³/min)	压力损失 (Pa)	进口风速 (m/s)	除秕率 (%)	机重 (kg)	直径×高 (mm)
KXF-80	300	1540	845	6	99	62	852×2330
KXF-63	200	925	620	5	98	49	682×1980
KXF-50	100	700	550	4.4	96	40	550×1660

4.安装使用要求

为了充分发挥KXF型糠秕分离器的工艺效果，在安装使用上应满足以下要求：

（1）整个风网的设计，要最大限度地缩短管道，多用直管，少用弯管。必要的弯管也应采用大半径的弯头，以利减少阻力。

（2）输送物料的管道尽可能避免安装成水平位置，以免积料造成管道堵塞。

（3）分离器必须配置支架支撑，安装位置和高度要便于操作。

（4）风机选用要合理，应符合分离器对风量、压力损失和风速的要求，既不能过大，也不能过小，否则将影响分离效果。

（5）本分离器属于干法处理设备，不能处理高水分变质结团的糠秕混合物。

5.操作规程

在生产使用中，KXF型糠秕分离器工艺效果的好坏与实际操作有十分密切的关系，因此应严格遵守以下操作规程：

（1）进入糠秕分离器的糠秕混合物，要保持纯净。不得有高水分、变质结团或含有稻草、麻绳、纸片、破布等杂质，以免造成分离器堵塞。

（2）为了保护电器设备，在启动前，必须关闭吸风口闸门，在无负荷情况下启动。

（3）开车前，清除分离器内积存的糠秕。检查风量控制机构的压力门是否灵活，管道和分离器的密封是否良好，各连接件有否松动。

（4）按额定流量进料，并把风量调节机构调节到最佳分离效果。

（5）在运转中，要经常检查分离效果，根据分离效果的好坏，及时调节风门大小。如调节风门不能解决问题时，则可调节风机总风门或中间分离室的环形间隙。

（6）由于电压不稳定，风机转速降低而影响分离效果时，应及时调节各风门或控制入机糠秕流量。

（7）严禁用棍棒敲打清理分离器。

（8）如要停车，必须将分离器内的糠粃全部排尽，方可关停风机，以免造成堵塞。

（9）由于糠粃内含有脂肪和淀粉，具有黏附性，容易在分离器内黏积，因此，要定期将分离器拆开进行彻底清理。

6.常见故障排除

在生产中，KXF型糠粃分离器常见故障有堵塞和分离效果下降等，其产生原因和排除方法见表4-4-13。

表 4-4-13　KXF 型糠粃分离器常见故障排除方法

故障现象	产　生　原　因	排　除　方　法
堵　塞	入机糠粃混合物内混合有稻草、麻绳、纸片、破布等杂质	停机清理，必要时作拆开清理
	停机时未将分离器内糠粃排尽	停机清理，必要时作拆开清理
	长期未拆开清理，积糠粃过多	停机清理，必要时作拆开清理
	配装的水平输料管过长.	缩短水平管道或改装为倾斜管
粃中含糠过多	入机流量过大，使分离器越载	调节入机流量或分离室环流间隙
	风量不够或风压过低	开大风门或张紧皮带保持风机额定转速，开大调风圈风门
	下分离室调风圈进风不足	增加下分离室进风量
糖中含粃过多	风量过大或风机转速偏高	关小风门或适当降低风机转速，调节中间分离室环形间隙
	分离室环形间隙堵塞	清除堵塞物
	下分离室调风圈进风过大或压力门封料不严密	关小调风圈风门，减少下分离室进风量或检修压力门，保证封料严密

（二）KXS型糠粃分离小方筛

KXS型糠粃分离小方筛实际上是一种层数较少的小型平筛，如配备不同的筛孔和筛理路线，还可用于副流除稗和白米分级。

1.结构组成

KXS型糠粃分离小方筛主要由筛体、撑杆、传动机构和机架等组成，如图4-4-20所示。筛体内设3~5层筛格，筛面钉在筛格上，筛面下装有胶带与橡胶构成的清理块，筛体运动时清理块即可清理筛面。各层筛格借拉紧螺杆与筛盖机底盘紧固，并通过4根撑杆支撑在机架上。撑杆上座与筛体托架固定，撑杆下座与机架固定，当筛体在偏心回转机构带动下作平面回转运动时，撑杆以下部位绕支点转动。

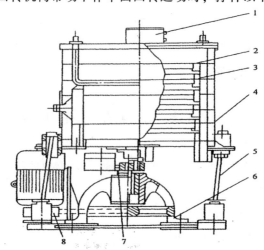

图 4-4-20　KXS 型糠秕分离小方筛总体结构示意图

1.进料斗　2.筛格　3.筛面清理装置　4.筛体　5.撑杆　6.传动架　7.偏心回转机构　8.传动机构

2.工作原理

如图4-4-21所示，为KXS型糠秕分离小方筛用于糠秕分离时的筛理路线及筛孔配备。图4-4-21 (a) 中第一层筛面采用大筛孔，目的在于及时分离出糠秕混合物中的大碎米，以减轻筛面负荷。此外，在碾米机米筛破损，大量米粒进入筛面时，也可防止筛子堵塞以保证正常生产。图4-4-21 (b) 中提取大碎米的筛面放置在最后一层，大碎米始终与糠秕一起混合筛理，可起一定的筛面清理作用，对防止筛孔堵塞也有好处。不同的筛理路线各有利弊，使用时根据具体情况合理选择。

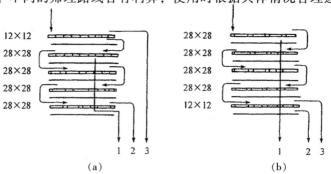

图 4-4-21　糠秕分离小方筛筛理路线

1.米糠　2.米秕　3.碎米及整米

3.技术参数

KXS型糠秕分离小方筛主要技术参数见表4-4-14。

表 4-4-14　KXS 型糠秕分离小方筛主要技术参数

型号规格	产量 （kg/h）	转速（r/min）	偏心距 （mm）	筛理总面积 （m²）	功率 （kW）	长×宽×高 （mm）
KXS·50×5	500~700	230	30	1.25	1.1	897×784×1175
KXS·50×3	330~470	230	30	0.75	0.5	--

（三）MKXG-63型高速糠秕分离筛

1.结构组成

MKXG-63型高速糠秕分离筛主要由筛体、振动机构、分料机构、机架等主要部件组成，如图4-4-22所示。

筛体用2mm钢板作墙板，通过三根横向钢管及薄钢板制成的底板连接而成。内设两层筛格，墙板两侧前后共有四只支承弹簧，使筛面成10°倾角支承于机架上。筛体进料端制成大开门，松开偏心重块即可调换筛格。筛格采用抽屉式薄壁型钢筛格结构。两层筛格分别固定，采用偏心重块压紧。其振动机构与SG型高速除稗筛的振动机构相似，主要由传动轴和装配于轴两端的自衡惯性振动器组成。

为保证进料均匀，提高分离效果，MKXG-63型高速糠秕分离筛采用阶梯式下料方式，即物料进入进料斗后，能在横向通过阶梯式匀料板分路进入筛面。MKXG-63型高速糠秕分离筛的三角带张紧，采用电动机自压法，即电动机装配在活动电机架上，依靠电动机自重张紧三角带，保证工作过程中皮带张紧力均衡。

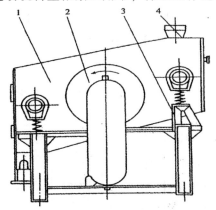

图 4-4-22　MKXG-63 型高速糠秕分离筛总体结构示意图

1.筛体　2.振动机构　3.机架　4.进料斗

2.工作原理

MKXG-63型高速糠秕分离筛是利用偏重块高速旋转产生的离心惯性力，使筛体产生水平与垂直双向振动。由于转速高，物料在筛面上做强烈的起伏性跳跃运动，加上两层筛格增设了橡皮球清理机构，使筛孔不易堵塞，因而使米糠、米秕和碎米得到有效分离。

MKXG-63型高速糠秕分离筛采用自衡振动器，使偏重块在开、停车时通过共振区前处于平衡位置，减弱和消除了机器的共振现象。

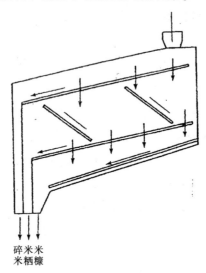

碎米米
米秕糠

图 4-4-23　MKXG- 63 型高速糠秕分离筛筛理路线

MKXG- 63型高速糠秕分离筛的筛理路线如图4-4-23所示，物料由进料斗经阶梯式匀料板进入上层筛面筛理，筛上物为中碎米。上层筛筛下物直落下层筛继续筛理。下层筛筛上物为米秕，筛下物为米糠。

3.技术参数

MKX-63型高速糠秕分离筛的主要技术参数见表4-4-15，其除秕率大于95%，糠中含秕小于3%，秕中含糠小于5%。

表 4-4-15　MKXG-63 型高速糠秕分离筛的主要技术参数

产量 (kg/h)	筛孔 [孔/(25.4mm)]		筛面长×宽 (mm)	振幅 (mm)	转速 (r/min)	功率 (kW)	长×宽×高 (mm)
	上层	下层					
200~400	12，14，16	28，28，30	1020×630	1.5	1200	0.75	897×784×1175

第五章　玉米干法加工机械化技术

第一节　概　　述

玉米加工的工艺方法很多，一般按加工过程中可否使用大量的水作为介质，分为干法加工和湿法加工两大类。干法加工又可按是否进行水汽调制处理分为半湿法干法加工和完全干湿法加工。玉米加工还可按生产的产品类型，分为饲用加工、食品加工、淀粉加工等。

玉米联产是指在玉米加工过程中，同时提取玉米糁、玉米胚和多种玉米粉的玉米加工工艺。玉米联产有利于充分利用玉米资源，生产多种产品，出品率比单独制糁高15%左右，而且纯度也比较高。

玉米干法加工是以半湿法联产工艺为典型，其加工工艺主要是由玉米清理→水汽调制处理→脱皮脱胚破糁→提胚提糁（分级）→研磨筛分等工序组成，可以生产玉米糁、玉米粗粉、玉米粉、低脂玉米粉以及玉米胚、玉米皮等副产品。

第二节　玉米清理

玉米的清理工艺和设备类似小麦清理。由于玉米的籽粒大，清理玉米的杂质，特别是清理小杂质比小麦容易，因此，玉米清理设备较少，清理工艺路线也简单。

一、工艺路线

玉米联产加工常用的清理工艺路线为毛玉米→初步清筛→毛玉米仓→筛选风选→吸式去石机→永磁筒→净玉米。

玉米经过第一道振动筛进行初步清理，去除大杂质和轻杂质，然后进入毛玉米仓，从毛玉米仓出来，对玉米做进一步的清理，一筛、一去石、一磁选，所含杂质基本能清除干净，只是玉米表面的清理效果比湿法清理差一点。

二、清理设备

玉米清理常采用筛选、去石、磁选及风选等方法。

1.筛选设备

筛选是玉米清理中的主要方法，常用的清理设备主要有振动筛和平面回转筛。

振动筛清理玉米时，第一层、第二层清理大杂质，第三层清理小杂质。筛孔配备：第一层筛面筛孔为直径17~20mm的圆孔，第二层筛面筛孔为直径12~15mm的圆孔，第三层筛面筛孔为直径2~4mm的圆孔。为了保证清理效果，筛面上的料层厚度不超过2cm。

平面回转筛清理玉米时，第一层筛面筛孔为直径17~20mm的圆孔，用于清理大杂质，第二层筛面筛孔为直径2~4mm的圆孔，用于清理小杂质。

2.去石设备

去石一般采用干法去石，常用的主要设备是吸式比重去石机。由于玉米籽粒大，粒形扁平，悬浮速度高，使用一般的吸式比重去石机时，技术参数要做适当调整，比如增加去石筛板的斜度、鱼鳞孔的高度、筛体的振动次数以及吸风量等。从鱼鳞孔穿过的风速应达到14m/s左右，使玉米在去石筛板上呈悬浮状态。

3.磁选设备

磁选设备一般选用永磁筒或永久磁钢，以清理玉米中的磁性金属杂质，避免金属进入后续设备，影响安全生产，提高成本和降低成品质量。

4.风选设备

玉米的悬浮速度比较大，一般在12m/s左右，因此，采用吸式风选机来分离轻杂质很有效。一般用垂直吸风道与筛选设备配合清除杂质。

第三节 玉米水汽调制

在以生产食用玉米制品为目的的玉米干法加工过程中，玉米的脱皮和脱胚很有必要，若不进行水汽调制，则脱不干净皮和胚，从而直接影响玉米加工产品的商品率。

玉米的水汽调制是指玉米加工时，用水或水蒸气湿润玉米籽粒，增加玉米皮和胚的含水率，造成与胚乳的含水率差异，使皮层韧性增加，与胚乳的结合力减少，容易与胚乳分离，胚乳易被粉碎。而玉米胚在吸水后，体积膨胀，质地变韧，在机械力的作用下，易于脱下，并保持完整。润汽能够提高湿度，加快水分向皮层和胚乳渗透的速度。

一、调制目的

玉米的原始含水率低于14.5%时，胚的含水率小于玉米含水率2%~3%。玉米的胚、胚乳、皮层结合比较紧密，而且皮脆，不易脱掉，胚的韧性差，容易粉碎。水汽调节的目的在于改善玉米的加工性能。玉米含水率在16%~18%时，适于脱皮提胚。

玉米水汽调制，可采用冷水、热水或蒸汽。用撞击脱胚机、破糁脱胚机或辊式磨粉机脱胚前，玉米含水率应为15%~18%；玉米加水后，需要经过1~2h静置后，才能进行脱皮和脱胚，也有静置16~24h的。若采用蒸汽加湿，可缩短静置时间或直接进入脱胚机。若脱胚前进行第二次加水，加水量一般为0.5%~1.5%，静置10~20min，以增加胚、皮层和根冠的韧性，然后进入脱胚机。

不同水温和浸润时间对玉米籽粒和胚吸水量的影响见表5-3-1。

表 5-3-1　不同水温和浸润时间对玉米籽粒和胚吸水量（%）的影响

水温（℃）	3min		5min		10min		15min	
	玉米籽粒	胚	玉米籽粒	胚	玉米籽粒	胚	玉米籽粒	胚
20	12	14.2	12.4	14.6	13.3	14.8	13.6	15.1
30	12.5	15.2	12.7	15.7	13.6	15.1	13.9	15.6
40	12.8	16.0	13.2	15.8	14.0	16.9	14.9	17.2
50	13.2	16.1	14.0	16.5	15.0	17.2	15.5	18.2

从表5-3-1可知，玉米浸润时间相同，水温高，吸水量大；水温和浸润时间相同时，胚的吸水量大于玉米籽粒的吸水量；水温相同，随浸润时间增加，吸水量增加；水温和浸润时间对玉米籽粒和胚的吸水量影响程度，水温是主要的。

在不同的气温条件下，应采用不同的水汽调节方式。在气温高的夏季、秋季，温度在20℃以上时，只需加水调节而不用蒸汽调节；在气温低的冬天和初春季节，应采用水和水蒸气同时进行调节。加水量见表5-3-2。

表 5-3-2　玉米加水量调节

原始含水率（%）	12.0~13.5		13.4~14.5		14.5~15.5		15.5 以上	
水温（℃）	20	40~50	20	40~50	20	40~50	20	40~50
加水量（%）	3.5 左右	3~3.5	2~2.5	1~2	1.5~2	3~3.5	1.5 左右	1 左右

玉米加水（汽）后，要在仓内存放一定时间，使玉米胚吸水膨胀，增加韧性，使皮层与胚、胚乳的含水率有一定差异。玉米在仓内的静置时间应根据玉米的粒质来确定，一般来说，角质率在80%以下的为5~8min；角质率在80以上的为10min左右。

玉米水汽调节的目的是湿润皮层和胚，仅有少量水分进入胚乳。玉米经过水汽调节，胚乳含水率一般应在13%左右，皮层含水率19%~20%。若含水率过高，不仅会使成品含水率过高，也不利于加工。

二、水汽调制设备

(一) 简易水汽调节机

1.结构组成

简易水汽调节机主要由输送螺旋机、加水管和蒸汽管三部分组成，如图5-3-1所示。

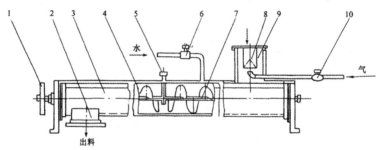

图 5-3-1　简易水汽调节机结构示意图

1.皮带轮　2.出料口　3.机壳　4.输送螺旋叶片
5.悬挂轴承　6.水阀　7.轴　8.散料盘　9.进料口　10.气阀

2.工作原理

工作时，由水阀、气阀控制加水管和蒸汽管的水量和蒸汽量。进料口装有一散料盘，使进机玉米分散均匀，并压住气流防止穿过料层，以保证润汽均匀。蒸汽是从蒸汽管末端周围所钻的小孔中喷向料层的。

(二) 水汽调节机

1.结构组成

玉米调节机主要由3条输送螺旋组成，如图5-3-2所示。玉米由进料口进入，喂料输送螺旋由变速电机带动，可按产量调节速度。喂料输送螺旋叶片采用月牙形，在玉米进入输送螺旋的同时，使进水阀和蒸汽阀打开，在物料中断时自行关闭。加湿输送螺旋的叶片采用桨片筛网式，将物料不断搅拌并向前推进，使加湿后的玉米得到充分搅拌，以得到一致的水分。加湿输送螺旋和喂料输送螺旋由减速电机带动。

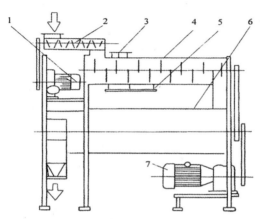

图 5-3-2　玉米水汽调节机结构示意图

1.电动机　2.喂料输送螺旋　3.喷头　4.湿润输送螺旋　5.蒸汽管　6.混合输送螺旋　7.减速电动机

2.工作原理

工作时，水源通过流量计从喷头喷入，水压1.35kg/cm²以上。蒸汽在加湿输送螺旋的底部由蒸汽管喷入，装有3只喷头，蒸汽压力6kg/cm²。玉米经水汽调节机处理后，从出口处排出，其温度为40℃~50℃，增加水分4%。

（三）SQT3-3ᵀ水汽调节机

1.结构组成

SQT3-3ᵀ水汽调节机主要由喂料输送螺旋、湿润输送螺旋、混合输送螺旋与恒温恒压水箱等组成，如图5-3-3所示。

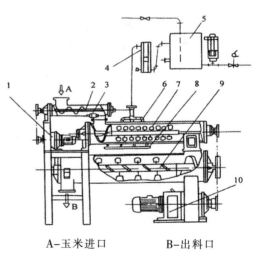

A-玉米进口　　　　　　　B-出料口

图 5-3-3　简易水汽调节机结构示意图

1.行星摆线减速电机　2.喂料输送螺旋　3.压力门　4.转子流量计　5.水箱　6.喷头　7.湿润输送螺旋　8.蒸汽管　9.混合输送螺旋　10.调速电机

2.工作原理

工作时，喂料输送螺旋由减速电机单独传动，在一定转速下保证均匀定量地喂料，并形成人工料封防止湿润输送螺旋中的直接蒸汽外溢。在湿润输送螺旋中，经蒸汽喷头加入压力为0.3MPa的直接蒸汽（2%左右）喷洒在物料上。经水喷头加入80℃±5℃的热水（3%~4%），热水是由恒温恒压水箱自动供给的。机内玉米在蒸汽热能和热水的共同作用下快速着水，着水后的玉米皮与胚乳之间产生间隙。胚吸水后膨胀并增加韧性，富有弹性，呈胶皮状，为玉米脱皮脱胚创造了有利条件。最下层是混合输送螺旋，它能使着水润汽后的玉米得到充分均匀地搅拌与湿润，使水均匀地分布于玉米籽粒的表面上。

玉米经过清理后进入水汽调节机，在机内运行3~4min后出机，就能使玉米表皮水分达到17%~18%，温度达到50℃±5℃，使玉米具备脱皮脱胚的最佳条件，然后将这种玉米送入玉米脱皮机，进行脱皮、脱胚和破糁。

第四节　脱皮、脱胚和破糁

将玉米籽粒的皮、胚脱掉，可使糁、粉含皮少，保证产品的质量，提高产品的纯度和食用品质。由于胚和胚乳由皮层包裹，脱胚前应脱皮，脱掉皮以后，胚和胚乳才容易分离。脱胚的同时籽粒破碎成大、中、小颗粒，这些颗粒由后续工序加工成脂肪含量低的玉米糁、玉米粉。

玉米的脱皮分为干法和湿法两种。玉米干法脱皮是玉米经过清理后，不经过水汽调制工序，直接进入脱皮设备进行脱皮，这种方法适用于甘肃各地区在秋季加工刚收购的高水分玉米（玉米含水量在18%以上）。玉米清理后，经过水汽调节工序后脱皮，称湿法脱皮。这种方法在玉米提糁提胚中得到了广泛应用，特别是加工水分较低的玉米，必须采用湿法脱皮，否则严重影响脱皮效率和提胚率。

脱皮和破糁的目的在于利用机械的力量破坏玉米结构，改变其颗粒形状和大小，满足工艺和成品的要求。脱皮和破糁是胚与胚乳分离的主要工序，由于在脱皮的过程中，只有一部分胚与胚乳分离，大部分仍然结合在一起，经过脱胚和破糁后可以使胚进一步脱落。

玉米在脱皮、脱胚和破糁中，应减少对胚乳的过度破碎，胚要保持完整，尽量减少整粒玉米、大碎粒及粉的数量。

一、工艺路线

脱皮、脱胚工艺路线：玉米→玉米糁→筛选→风选器→提胚、提糁工序。

筛选分出的小碎粒，由风选将皮提出，破糁机筛筒的后段筛下物比前段筛下物质量好，可根据情况用作饲料或加工食用粉。

二、主要设备

（一）FTPW30×150型玉米脱胚机

1.结构组成

FTPW30×150型玉米脱胚机主要由进料观察窗、进料斗、筛网、打板转子、吸风盘、出料端盖、压力门、集糠斗和传动装置等部件组成，其结构如图5-4-1所示。在它的转子上镶有倾斜一定角度的打板，转子的外面装有筛架，筛架上安装有鱼鳞板筛片。

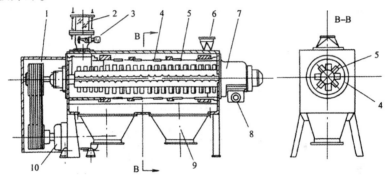

图 5-4-1 FTPW30×150 型玉米脱胚机结构示意图

1.B 型三角带 2.进料观察窗 3.进料斗 4.筛网
5.转子 6.吸风盘 7.出料端盖 8.压力门 9.集糠斗 10.驱动电机

2.工作原理

湿润后的玉米进入脱胚机后，在打板的打击和鱼鳞片筛网的擦搓下开始脱皮、脱胚和破糁，其外果皮上附着的尘土、皮屑和根冠与籽粒分离后经筛网排出，并集中在第一个集糠斗中，较洁净的粗玉米粉集中在第二个集糠斗中。此机集打、擦、筛三种功能于一体，同时完成脱皮、脱坯和破糁作业工序。

（二）MHXG型玉米脱坯机

1.结构组成

MHXG型玉米脱坯机外形类似于卧式打麦机，其结构如图5-4-2所示。在钢丝筛网制成的筛筒内装有8块打板，打板的圆周速度为15~16.5m/s。

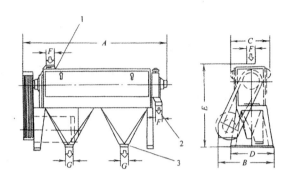

图 5-4-2　MHXG 型玉米脱坯机结构示意图

1.进料口　2.筛上物　3.筛下物

筛网采用弹簧钢丝编织，钢丝直径1.5mm，编织方法如图5-4-3所示。编织筛网形成一个粗糙的内表面，以增加玉米在筛筒中运动时的摩擦，使玉米脱皮、脱胚，皮与碎屑可穿过筛孔排出。用弹簧钢丝的优点是耐磨，筛孔不易堵塞。

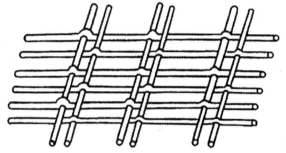

图 5-4-3　筛网编织方法

2.工作原理

玉米进入筛筒后，在打板的作用下，玉米胚脱落，筛下物由集料斗排出，筛上物由出口排出。在筛上物出口处有一个调节阀门，可根据脱坯情况通过调节手轮进行调节。

3.技术参数

MHXG型玉米脱坯机主要技术参数见表5-4-1。

表 5-4-1　MHXG 型玉米脱坯机主要技术参数

型号	尺寸（mm）							脱皮方法	产量（t/h）	转速（r/min）	功率（kW）	机重（kg）
	A	B	C	D	E	F	G					
30/90A	1830	955	592	740	1412	120	150	湿法	3	950~1050	15	570
30/150B	2380	955	592	740	1412	120	150	干法	5	950~1050	30	620

（三）P-215横式破糁脱皮机

1.结构组成

P-215横式破糁脱皮机主要由阻力刀、流量调节活门、进料斗、螺旋输送器、磨光砂辊和压力门等组成，其结构如图5-4-4所示。

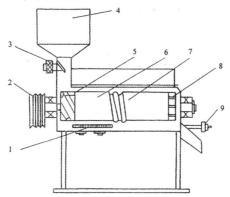

图 5-4-4 P-215 横式破糁脱皮机结构示意图

1.阻力刀 2.皮带轮 3.流量调节活门 4.进料斗

5.螺旋输送器 6.铁辊 7.磨光砂辊 8.排料铁辊 9.压力门

2.工作原理

工作时，玉米从进料斗经过流量调节机构进入机内，由螺旋输送器推向铁辊，整个辊体的外圈是一个圆形铁筒，筒内壁与辊面留有22.5mm的间隙，组成破糁脱坯室。圆形铁筒下部的内壁上装有铁制阻力刀。铁制阻力刀与垂直线呈30°角，调节阻力刀与铁辊的间隙，可以控制破糁脱坯程度。玉米在铁辊与阻力刀的作用下被破碎，并将胚脱下，再经砂辊磨光，通过排料铁辊推向出料口，出料口采用重砣压力门，以控制破糁脱坯的压力。

3.技术参数

P-215横式破糁脱皮机主要技术参数见表5-4-2。

表 5-4-2 P-215 横式破糁脱皮机主要技术参数

产量（kg/h）		3000~4000
破糁铁辊	直径×长度（mm）	220×261
砂辊	直径×长度（mm）	215×289
	金刚砂粒度（号）	36
输送螺旋输送头	直径×长度（mm）	220×140
	螺距（mm）	70

续表

产量(kg/h)		3000~4000
排料铁辊	直径×长度(mm)	210×55
转速	(r/min)	1450
阻力刀	长×宽×厚(mm)	233×26×40
功率	(kW)	18.5~22

(四) 破糁机

FBFW30.5×150型玉米剥皮破糁机

1.结构组成

FBFW30.5×150型玉米剥皮破糁机主要由进料口、进料端筛筒、出料端筛筒、压力门等组成,其结构如图5-4-5所示。

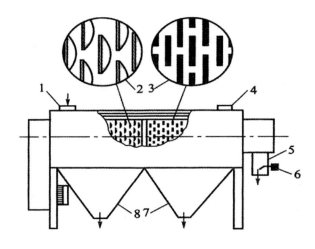

图5-4-5　玉米剥皮破糁机结构示意图

1.进料口　2.进料端筛筒　3.出料端筛筒　4.吸风口
5.出料口　6.压力门　7.后端筛下物出口　8.前端筛下物出口

2.工作原理

玉米剥皮破糁机工作时,玉米进入机内,在高速旋转的打板打击、搅拌及与筛筒内壁的撞击、摩擦作用下,玉米皮被剥离,胚随之从胚乳上脱落。玉米皮、糁、胚在打板的推动下,由出口排出。调节出料机构的压力门控制脱皮、脱胚效果。粉、小碎粒、碎胚穿过筛孔,由筛下物出口排出。

此机的工作原理和主要结构组成与卧式打麦机所不同的是筛筒的表面状态。

筛筒由两段组成，进料端筛筒是鱼鳞筛，且孔沿向内凸起，目的是加强对玉米的摩擦脱皮；出口端筛筒是冲孔筛，以使打碎的小粒排出筒外。

3.技术参数

FBFW30.5×150型玉米剥皮破糁机主要参数见表5-4-3。

表5-4-3　FBFW30.5×150型玉米剥皮破糁机主要参数

项目	参数	项目	参数
产量（t/h）	2.5~3.0	工作转速（r/min）	1200~1350
筛筒直径×长度（mm）	305×1500	配套动力（kW）	22
筛筒有效面积(m²)	1.41		

4.机具使用

（1）原料要求：入机的玉米含水率为16%±1%，料温在45℃~55℃，玉米表面不应有水。

（2）开机前，用手转动打板轴，将机内物料清除干净。运转正常后方可投产生产。

（3）作业中，随时观察出料口物料的脱皮、脱胚、破碎情况，如出料口物料含整粒玉米，可调整出口压力门的压砣，增加机内压力；如含粉多，应减小机内压力。

（4）作业中，要防止坚硬杂物进入机内，以免损坏打板和筛面。

（5）出机物料中若整粒玉米增多，可能是转速过低或打板严重磨损，应检查传动带的张紧程度及打板的磨损情况，更换打板后要做转子静平衡检验。

（6）作业质量要求：脱皮率≥90%，脱胚率≥90%，破糁率≥80%，出机物料和筛下物中含直径1.5mm筛下物不大于14%。

（五）锤片破糁脱胚机

1.结构组成

锤片破糁脱胚机主要由筛板、锤片等组成，其结构如图5-4-6所示。工作叶轮由4根锤片轴和64个锤片组成。每个轴上安装有16个锤片。4根锤片轴对称地安装在三个支架上，支架固定在主轴上，组成工作叶轮。在工作叶轮的下部，外围有一半圆筒形的筛板，筛孔为8.5mm×9.5mm，筛板厚度为2~3mm。

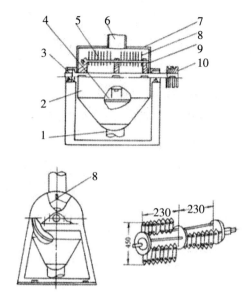

图 5-4-6　锤片破糁脱胚机结构示意图

1.出料口　2.下机壳　3.主轴　4.筛板　5.锤片轴

6.进料口　7.上机壳　8.锤片　9.支架　10.皮带轮

2.工作原理

玉米进入机内，受高速旋转锤片的打击，以及玉米与机壳、筛板的撞击而破碎后，穿过筛孔，经过出料口排出机外。锤片线速度的高低对破糁脱胚效率有直接影响。为了提高破糁脱胚的效率，减少胚的损伤程度，锤片线速度一般为33~38m/s。

锤片破糁脱胚机的优点是破糁脱胚过程中，对胚的损伤较小，但生产的糁呈长方形，所以需要另外对糁的整形磨光设备。

第五节　提糁、提胚

一、提糁、提胚工艺路线

（一）工艺路线确定原则

（1）选用风选设备分离提取玉米皮和少量其他物料碎屑，在提取副产品的同时，减少其对分级工作的影响，如在前路设有专门的脱皮和分离工艺时可省略。

（2）采用平筛对制品进行粒度分级，并分别确定各类物料的合理去向。

（3）对分级后大渣、中渣、小渣采用密度分级机进行提胚、提糁和按物料密度对混合物料再次分级。

（4）采用风选设备分离糁中含的皮和碎屑，提高糁的质量。采用两道以上的压胚提胚工艺对含胚物料进行提胚和纯化，同时确定其他物料的合理去向。

（二）基本工艺路线

在提糁与提胚流程中，大糁、中糁一般都在玉米磨粉前提出，并分离出一定量的胚，小糁则在玉米磨粉时提取。提取大糁、中糁的关键是减少糁中的含胚量，处理好糁、胚分离。提取小糁则是减少小糁中的含皮量，处理好糁、皮的分离。

提糁的数量主要由玉米的品质来定。角质率高的玉米，可多提一些。一般提糁的数量占玉米总重量的20%~30%。提糁的类型根据糁的需要，可提大糁、中糁及小糁。

采用重力选胚机的提糁、提胚工艺路线如图5-5-1所示。

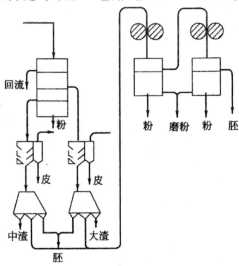

图5-5-1　采用重力选胚机提糁、提胚的工艺

破糁脱胚后的物料，用平筛分出大、中渣，分别经风选器选出皮后，进入两台重力选胚机，精选出大、中渣和胚。大、中渣另用砂辊米机磨光、整形后即为大、中糁。分出的渣胚混合物料去压胚磨粉，一般经两压、两筛后将胚提出。此流程可提取部分纯度较高的完整玉米胚。

二、主要设备

玉米加工工艺中提糁、提胚常用的设备有：风选设备、筛选设备和重力分选设备等。

（一）风选设备

风选设备有各种吸式风选器、蜗壳风选器等。

用于风选玉米皮时，吸口风速控制在5~6m/s，在尽量吸干净玉米皮的同时，要防止吸走玉米胚和轻质玉米糁料。用于风选玉米胚时，吸口风速一般在9~13m/s，即大于玉米胚的悬浮速度，且小于糁料的悬浮速度。

（二）筛选设备

常用3~5种筛面的平筛、方筛等。筛面为金属编织筛网，筛孔按前述在制品分级种类特征配用。分级筛面按功能可分为粗晒、分级筛、粉筛三大类。粗筛用来提取筛上物——大碎粒；分级筛用来提取不同粒度玉米渣；粉筛用来提取筛上物——粗粒和粗粉，并提取筛下物——玉米粉。

（三）重力分级机设备

重力分级是分离粒度大致相似、密度稍有差别物料的专用设备。破糁脱坯后的物料，经过平筛分出玉米粉以后，按粒度大小分级。胚、糁混合物，经风选器分出玉米皮后，进入重力分级机，按密度、悬浮速度的不同，将胚、糁分开。

1.结构组成

重力分级机主要由纵向调节机构、风机、上料系统、横向调节机构、振动工作台等组成，如图5-5-2所示。

2.主要工作部件

（1）振动工作台：重力分级机的主要机构是一个具有倾斜角度的振动工作台，安装在纵横调整梁的6个弹簧上。纵向调节

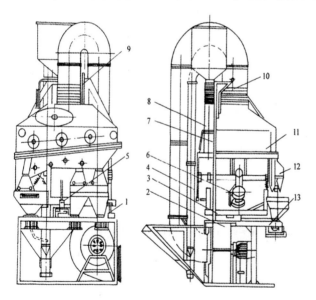

图 5-5-2　重力分级机结构示意图

1.纵向调节机构　2.风机　3.纵横调节梁　4.上料系统
5.横向调节机构　6.振动电机　7.进料分料槽　8.进料装置
9.人造革套　10.吸风门　11.振动工作台　12.下料分料槽　13.机架

机构和横向调节机构与机架和纵横向调整梁相连，以调整振动台的纵横向高度。转速950r/min的0.3kW振动电机，通过橡胶制成的减振套安装在振动台底座下方的横轴上。振动电机两端轴头各装有两块偏心块（其中一块可以任意调节角度）。电机转动时，由于偏心块的离心力作用，使电机摆动，其摆动力通过减振套传递给工作台，使工作台按950r/min频率振动。

工作台的工作面用玻璃钢外罩密封，吸风门的上端通过风管与风机的吸风相连。机内的负压一般保持在882~1274Pa。

当物料经上料系统、进料装置、进料分料槽到达工作面时，由于工作台的振动，使之均匀分布在整个工作台面上，并向进料相对方向的下料槽运动。由于空气流的作用，使筛面上的物料呈沸腾状态，轻的物料在气流和振动的作用下，上浮于物料层，按工作面倾斜方向涌向出口。较重的物料与工作面接触，在摩擦力和工作面的惯性力的作用下，沿工作面往上移动。混合物料则从中间出口排出，重的物料继续向上移动由出口排出。振动工作台的振幅为4~5mm。可以根据机上4块刻度盘所指示的数值来调整物料的分级情况。

（2）进料机构：重力分级机进料机构主要由进料斗、弹簧、活门、玻璃钢罩等组成，如图5-5-3所示。

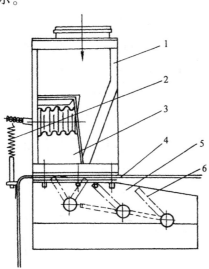

图5-5-3　重力分级机进料机构示意图

1.进料斗　2.弹簧　3.活门　4.玻璃钢罩　5.进料分料槽　6.分配活门

进料斗内的活门是常闭的。当进料斗内物料重量超过活门拉紧弹簧所承受的拉力时，活门被打开，物料流入玻璃钢罩内的进料分料槽，经过分配活门，均匀地流向工作台面。

工作面上物料的分布情况如图5-5-4所示。工作台面分出4种物料，其中流向C区的为轻质混合物，回流重新进入工作面进行分离，其他3种物料，由各自的出口排出。

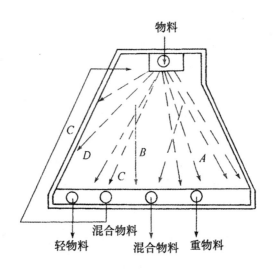

图 5-5-4　重力分级机工作台面上物料分布示意图

（3）下料分料槽：重力分级机下料分料槽主要由回料风门、回料闸门和活门等组成，如图5-5-5所示。4个物料分配活门，将下料分料槽分成A、B、C、D四个区域，A、B、D三个区下面都设有出料橡胶套，分出的物料由此流出机外。C区物料可通过打开回料闸门，经提料管送回本机重新分级。改变活门的位置，分料槽的四个区域将发生变化，以此可调节分出物料的比例及其质量。

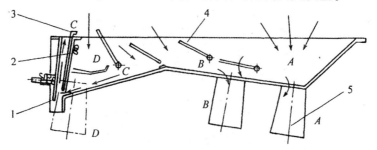

图 5-5-5　重力分级机下料分料槽结构示意图
1.回料风门　2.蝶形螺母　3.回料闸门　4.活门　5.出料橡胶套

在玉米干法加工中，重力分级机的分糁提胚效果很好。一般分出3种物料，即吸走的玉米皮、较轻的玉米胚和较重的玉米糁。混合物料或回本机或去压胚机处理。

3.技术参数

重力分级机的主要技术参数见表5-5-1。

表 5-5-1 重力分级机的主要技术参数

产量（kg/h）		800~1000	产量（kg/h）		800~1000
振动电动机	型号	Txz-0.3-6	风机	功率（kW）	5.5
	功率（kW）	0.3	工作台	面积（m²）	
	转速（r/min）	960		振幅（mm）	
风机	风量（m³/h）	4960~9080		压力（Pa）	负压 882~1274
	风压（Pa）	1274~2136		风量（m³/h）	4200

第六节 研磨、筛分和精选

玉米破碎后，经过脱皮、提胚和提糁，剩下的大量物料进入制粉工艺，也就是在粉路中进一步的加工。玉米制粉环节最重要的工序是通过多种研磨与筛分，逐步剥刮、分离和研磨，制取含皮胚组织尽可能少的玉米粉，同时进一步除皮、提胚和提糁。

一、研磨

玉米制粉也遵循逐道筛分的工艺原则，早期玉米制粉工艺中，只配有3~5道皮磨系统，因设有专门的压胚工艺和其他系统，提胚出粉兼顾，也叫"压胚磨粉系统"。新型的联产加工工艺中，研磨系统已被细分和完备，设置有2~3道胚磨系统（压胚工艺）、4~5道皮磨系统、2~3道心磨系统，还可以配置次磨或尾磨。

胚磨系统用来处理高含胚物料，通过研磨挤压扩大胚、糁粒度差异，使胚、糁能够有效分离，有利于提胚及胚的纯化，同时剥离胚粒上的连带胚乳。胚磨系统所得玉米粉和其他制品，含脂肪和灰分较高，应与其他系统区别对待。

皮磨系统用来处理玉米渣料,通过研磨挤压造成胚、糁粒度差异,以提取高含胚物料和较好品质的小糁,剥刮胚粒上的胚乳和剥离前路工艺中未擦离的玉米皮,同时大量出粉。

心磨系统用来处理粗粒和粗粉,主要作用是磨细出粉,少量提胚,甚至不提胚。

研磨设备主要是辊式磨粉机,目前国内玉米加工厂使用较多的磨粉机的主要技术参数见表5-6-1。

表 5-6-1 磨粉机的主要技术参数

项目	磨辊参数(直径×长度,mm)		
	250×600	250×800	250×1000
磨辊转速 (r/min)	450~600	450~600	450~1000
快慢辊速比	1.2:1~2.5:1	1.2:1~2.5:1	1.2:1~2.5:1
两辊中心距 (mm)	250~232	250~232	250~232
功率 (kW)	4~11	5.5~15	7.5~22
皮带轮直径 (mm)	355	355	355
长×宽×高 (mm)	1450×1490×1950	1650×1490×1950	1850×1490×1950
机重 (kg)	2130	2340	2550

二、筛分

筛分的主要目的是提胚、在制品分级和筛理。筛分设备采用高方平筛、挑担平筛。由于玉米粉的颗粒较大,易于筛理,故筛理长度不需要很长,用12格筛格即可。筛面采用钢丝筛网。提胚用粗筛的筛号为:1皮为8~9W,2皮为9~12W,3皮为12~14W,4皮为14~16W。粉筛筛号:提取粗粉时用20~32W,提取细粉时用40~54W。筛理设备总平均流量(以进入1皮磨物料量计算)为2000~3000kg/(m·24h)。

工艺设计中使用高方平筛,可以显著减少设备台数,提高筛理效率,节省占地面积。但应根据筛理物料的具体情况做相应的调整,如针对玉米细粉的粘连特性和玉米颗粒多棱状不规则的结构,可就高方筛的进料口、筛面张紧、筛面清理等方面进行技术改进,并调整筛孔的配置及筛理路线,以确保各系统的物料流量和质量平衡。

三、精选

新型玉米联产加工工艺中，根据产品品质和规格的要求，制粉已经不再是主要目的，而提高产品（特别是玉米糁）出率变得越来越重要了，所以将清粉机应用在工艺中，尽可能多地提取玉米胚乳颗粒，得到低脂肪含量的中、小颗粒的玉米糁和玉米粗粉（350~1000μm），可显著提高低脂肪含量（1%以下）玉米粉的出率，为高质量（皮胚含量低）要求的食品专用玉米粉和精制玉米粉的联产加工创造条件。清粉机的流量、吸风量、筛理层数、筛面清理、筛孔配置等技术参数要根据物料中各颗粒的空气动力学性质和颗粒大小进行合理配置。

在研磨、筛分流程中（入磨前）也可多处设置蜗轮风选器，对中间物料中夹杂的残留皮屑、胚等进一步精选分离，便于提高产品的纯净率。

第六章　杂粮加工机械化技术

　　杂粮泛指水稻、小麦、玉米等大宗粮食作物之外的其他小宗作物。杂粮本身地域性比较强,种植面积比较小,营养价值却较大宗粮食高,一般多应用于功能性食品和绿色食品。

　　在我国古代,粮食没有细粮和杂粮之分,但随着人类的发展,作物种植的限制条件,大米和小麦逐渐成为人们生活中的主要粮食,也叫做细粮,而其他的作物则统称为杂粮。这些杂粮大多生育期短,种植面积少,种植方法以及种植地区特殊并有特殊用途。

　　我国的杂粮品种众多,分布广泛,品质优良,大致可以分为三大类:一类是除水稻、小麦、玉米以外的谷物,如谷子、高粱、大麦、燕麦、荞麦、糜子等;二类是除大豆以外的豆类,如蚕豆、绿豆、红豆、豌豆等;三类是薯类,主要包括红薯、马铃薯等。

　　我国的杂粮分布,相比于细粮,大多分布在干旱、高原、高寒等种植条件相对恶劣的地区,主要分布在东北部和中西部地区。由于杂粮具有抗恶劣环境的特点,使其成为我国许多地区的主要种植作物。如具有独特风味的荞麦主要分布在我国的内蒙古、陕西、宁夏、甘肃、云南、四川、贵州等气候恶劣、干旱少雨的地区;糜子主要分布在我国北方干旱半干旱地区;谷子则喜高温,多种植在我国北方干旱少雨地区;高粱主要分布在西北、东北和华北地区,尤其是东北高粱,自有"亚洲红米"之称;燕麦是我国高寒山区的主要粮食,主要分布在我国的华北、西北地区;红小豆主要分布在华北、东北和江淮地区;而芸豆喜温,不耐霜冻,所以在我国的西北和东北地区进行春夏栽培,在华北、长江流域和华南地区进行春播和秋播。

第一节　杂粮的基本特性

一、燕麦

燕麦在我国又称莜麦、雀麦、野麦、铃铛麦、玉麦等，是禾本科燕麦属的一年生草本植物，是重要的饲草、饲料作物，也是古老的农作物，株高60~120cm，籽粒千粒重25~35kg，其产量约占燕麦总产量的90%以上，籽粒全部供食用。燕麦喜冷凉湿润气候，最适温度15℃~25℃，一般分为带稃（颖）型和裸粒型两大类。世界各国以带稃型燕麦为主（皮燕麦），其中最主要的是栽培燕麦，其次是东方燕麦、地中海燕麦，绝大多数用于饲料。我国栽培的燕麦以裸粒型为主，常称裸燕麦，其籽实几乎全部食用。

燕麦是世界性栽培作物，分布在五大洲42个国家，但集中产区是北半球的温带地区。燕麦在我国种植历史悠久，遍及各山区、高原和北部高寒冷凉地带，主产区有内蒙古、河北、山西、甘肃等。

美国《时代》周刊评出的十大健康食品中，燕麦名列第五。1997年美国FDA同意燕麦产品在食品标签上标注"每日吃3g燕麦P-葡聚糖，可以有效地降低心脏病的风险"。这是美国FDA首次对某一种原料批准使用有益健康的标注。

（一）形态结构

燕麦和其他谷物一样属禾本科。燕麦果实和籽粒的形态结构如图6-1-1所示。燕麦果实的稃包括内稃、外稃、芒和基刺。内、外稃各为一瓣，外稃外凸，内稃内凹，外稃背部有芒；内、外稃颖沿边缘向内折弯成钩状，内稃钩边较长，相互钩合，钩合处接触面积较大；除裸燕麦外，籽粒都紧包在内、外稃之间。

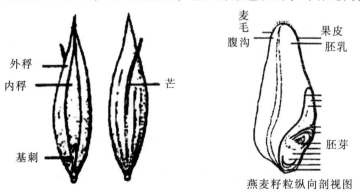

图 6-1-1　燕麦形态结构示意图

(二) 物理性质

燕麦的主要物理性质见表6-1-1。燕麦果实和稻谷相比有如下特点:

1.粒形

稻谷粒形长宽比大于3者为长粒形,燕麦果实平均长宽比为4,属细长粒形。

2.容重

稻谷容重为460~600kg/m³,燕麦果实比其小11%~16%。

3.千粒重和悬浮速度

燕麦的千粒重和悬浮速度均和稻谷相当。

4.静止角和摩擦系数

燕麦的静止角和摩擦系数均比稻谷小。

5.颖壳占果实重量

稻谷平均为19%,燕麦果实大于31%,燕麦的颖壳较厚。

表 6-1-1 燕麦的主要物理性质

籽粒平均粒度(长×宽×高)(mm)	12.0×3.0×2.5
容重(kg/m³)	400~500,561(燕麦粉)
千粒重(g)	25.20~40
悬浮速度(m/s)	8~9
静止角	32°~36°
水分为14%时在各种表面上的摩擦系数	混泥土:0.33~0.51
	木材,顺纹:0.23~0.34
	木材,横纹:0.25~0.36
	聚乙烯塑料:0.28
	冷轧钢板:0.21
	镀锌钢板:0.18
颖壳占果实重量(%)	25

(三) 化学成分

燕麦化学成分见表6-1-2,和其他谷类作物比较,燕麦是谷类中最好的全价营养食品之一。

表6-1-2　燕麦和小麦各部分成分比较

成分	燕麦果实	颖壳	燕麦籽粒	小麦	裸燕麦粉
水分（%）	13.40	6.77	13.40	13.40	--
蛋白质（%）	9.46	2.45	12.34	12.10	15.0
脂肪（%）	5.33	1.27	2.23	1.09	8.5
碳水化合物（%）	60.23	52.20	63.47	69.00	--
粗纤维（%）	8.96	33.45	1.33	1.90	--
灰分（%）	2.62	3.86	1.83	1.70	--

（四）营养特性

燕麦的蛋白质含量比小麦高，而脂肪含量为小麦的4倍。蛋白质中必需氨基酸的含量较多，组成全面；脂肪酸中的亚油酸占38%~46%。大多数燕麦产品是整粒产品，含有籽粒的全部组分，由于加工过程中处理程度较轻而保存了全部生物价值。籽粒中含有其他禾谷类作物中缺乏的皂苷，对降低胆固醇、甘油三酯、β-脂蛋白有一定的功效；此外还含有维生素B_1、B_2及较多的维生素E。

燕麦常见的主要商业产品有燕麦片和燕麦粉等，如图6-1-2所示。燕麦片作为煮食的燕麦粥，是欧美各国主要的即食早餐食品。燕麦粉是用燕麦片或预煮燕麦生产，用于制作高营养的面制食品，如面条、面片等，还可制作高营养的烘焙食品，如饼干、糕点等。燕麦粉用途广泛，如用于作为婴儿食品原料，制作饮料（北欧），还可制作化妆品和高级肥皂，用涂有燕麦粉的纸张包装乳制品有防腐作用。

燕麦必需的氨基酸含量（表6-1-3）较高，而且配比合理，人体利用率高，其蛋白质营养价值可与鸡蛋媲美。燕麦片、燕麦粉是具有保健疗效作用的食品。燕麦片正越来越广泛地进入人们的日常生活中（图6-1-2）。

图6-1-2　燕麦片制品

表 6-1-3　燕麦片中必需氨基酸及粗蛋白的含量（g）

氨基酸	每人每日需量	每 100g 中氨基酸含量		
		燕麦片	玉米粉	小麦粉
缬氨酸	0.8	0.8	0.5	0.6
亮氨酸	1.1	1.1	1.2	0.9
异亮氨酸	0.7	0.7	0.4	0.6
蛋氨酸+胱氨酸	1.1	0.6	0.3	0.5
苏氨酸	0.5	0.5	0.4	0.4
苯基丙氨酸+酪氨酸	1.1	1.3	1.0	1.1
色氨酸	0.2	0.2	0.06	0.2
赖氨酸	0.8	0.5	0.3	0.4
100g 粗蛋白含量		14.0	9.0	12.7

二、荞麦

荞麦又称三角麦，具有生育期短，耐冷凉瘠薄等特性，是粮食作物中比较理想的填闲补种作物。荞麦花朵大、花朵多、花期长，蜜腺发达，具有香味，泌蜜量大，是我国三大蜜源作物之一。

荞麦起源于中国和亚洲北部，世界上荞麦主要生产国是俄罗斯、中国、日本、波兰、法国、加拿大和美国等。我国主要产区在西北、东北、华北、西南的干旱、高寒地区，在山区具有明显的优势。

荞麦为我国传统出口产品，在国际市场上以"粒大、皮薄、面白、粉多、筋大、优质"享有盛名。近年来对荞麦的医用价值有了新的认识，已开始出口苦荞制成品。

（一）形态结构

栽培荞麦有三个品种：甜荞、苦荞和翅荞。甜荞，称普通荞麦，是我国栽培较多的一种，果实较大，三棱形，表面与边缘光滑，品质好。苦荞，又称鞑靼荞麦，在我国西南地区栽培较多，果实较小，棱不明显，有的呈波浪形，两棱中间有深凹线，皮壳厚，果实略苦。翅荞，果实有棱伸展呈翼状，品质差，我国北方和西南地区有少量栽培。荞麦形态结构如图6-1-3和图6-1-4所示。

荞麦果实又称瘦果。甜荞果实为三角状卵形，棱角较锐，果皮光滑，常呈棕褐色或棕黑色。苦荞果实呈锥形卵状，果上有三棱三沟，棱构相同，棱圆钝，仅在果实的上部较锐利，棱上有波状突起，果皮较粗糙，常呈绿褐色和黑色。

图 6-1-3　荞麦籽粒形态

甜荞果实外形　　甜荞横切面简图

苦荞果实外形　　苦荞横切面简图

图 6-1-4　荞麦的外形

（二）物理特性

1.粒度

我国荞麦果实长度为4.21~7.23mm，甜荞长度大于5mm；宽度为3.10~7.1mm。

2.千粒重

我国甜荞千粒重为15~38.8g，平均千粒重为（26.5±7.4）g；苦荞千粒重为12~24g，平均千粒重为（18.8±4.7）g。

3.容重

甜荞果实容重一般在550~600kg/m³，苦荞果实容重一般在712~720kg/m³。

305

4.水分

甜荞果实水分一般在13%，苦荞为13.15%。

5.悬浮速度

甜荞果实一般为7.5~8.7m/s，苦荞为7~10m/s。

6.灰分

欧盟各国荞麦灰分1.5%~2.0%（干基）。

（三）化学成分

荞麦籽粒的化学成分因品种、土壤、气候和栽培条件的不同而有变化，一般文献中常见的化学成分表多次分析多种样品所得的平均数值如表6-1-4所列，仅供参考或比较研究参考。

表6-1-4 荞麦籽粒的化学成分（%）

水分	粗蛋白质	粗脂肪	粗纤维	灰分	无氮抽出物
14.5	10.8	2.8	9.0	1.9	61.0

（四）营养特性

1.荞麦和大宗粮食的营养成分比较

荞麦营养丰富，无论是甜荞还是苦荞，是果实还是茎、叶、花的营养价值都很高。蛋白质、脂肪、维生素、微量元素含量普遍高于大米、小麦和玉米，并含有其他禾谷类粮食所没有的叶绿素、维生素P（芦丁）等。荞麦和大宗粮食的营养成分比较见表6-1-5。

表6-1-5 荞麦和大宗粮食的营养成分比较

项目	甜荞种子	苦荞种子	小麦粉	大米	玉米
粗蛋白（%）	6.5	10.5	9.9	7.8	8.5
粗脂肪（%）	1.37	2.15	1.8	1.3	4.3
淀粉（%）	65.9	73.11	74.6	76.6	72.2
粗纤维（%）	1.01	1.62	0.6	6.4	1.3
维生素 B_1(mg/g)	0.08	0.18	0.46	0.11	0.31
维生素 B_2(mg/g)	0.12	0.50	0.06	0.02	0.10
维生素 P（%）	0.095~0.21	3.05	0	0	0
维生素PP（mg/g）	2.7	2.55	2.5	1.4	2.0
叶绿素（mg/g）	1.304	0.42	0	0	0

续表

项目	甜荞种子	苦荞种子	小麦粉	大米	玉米
钾（%）	0.29	0.40	0.195	1.72	0.270
钠（%）	0.032	0.033	0.0018	0.0072	0.0023
钙（%）	0.038	0.016	0.038	0.009	0.022
镁（%）	0.14	0.22	0.051	0.063	0.060
铁（%）	0.014	0.086	0.0042	0.024	0.0016
铜（mg/kg）	4.0	4.59	4.0	2.2	−
锰（mg/kg）	10.3	11.70	−	−	−
锌（mg/kg）	17	18.5	22.8	17.2	−

2.荞麦种子的营养成分分布

荞麦果实脱去皮壳后得到种子，再把种子碾磨成粉制作食品。种子的营养成分含量是从外围向中心逐渐降低的，即外层的营养成分最高，向内部逐渐降低，到中心部位最低，这种规律和小麦、大米等大宗粮食是一样的。把种子磨成粉，分别测试营养成分，全粉表示种子的营养成分，外层粉、中层粉和心粉的数值显示了营养成分从外围向中心逐渐降低的规律，见表6-1-6。

表6-1-6　苦荞种子不同部位的营养成分

项目	全粉	外层粉	中层粉	心粉
水分（%）	13.30	13.15	12.9	10.8
粗蛋白（%）	11.70	24.02	9.28	8.78
粗脂肪（%）	2.60	6.08	2.80	1.20
淀粉（%）	73.60	52.77	77.39	79.31
粗纤维（%）	1.28	2.21	0.59	0.50
维生素 B_1(mg/g)	0.09	0.62	0.32	0.06
维生素 B_2(mg/g)	0.23	0.36	0.20	0.20
维生素 P(%)	2.55	5.23~7.43	3.10~4.13	0.47~0.975
维生素 PP(mg/g)	3.30	3.3	2.1	1.2
叶绿素（mg/g）	0.50	1.3	0.72	0.29

续表

项目	全粉	外层粉	中层粉	心粉
钾(%)	0.46	0.82	0.38	0.23
钠(%)	未检出	7.5	7.5	未检出
钙(%)	0.0164	0.0108	0.0125	0.0133
镁(%)	0.27	0.55	0.24	0.09
铁(%)	0.0101	0.0208	0.0070	0.0098
铜(mg/kg)	4.0	5.8	2.5	2.3
锰(mg/kg)	15	29	11	65
锌(mg/kg)	17	40	35	10
硒(mg/kg)	0.43	0.12	0.031	0.013

从表6-1-6可以看出，外层粉是靠近种皮部分的粉，含有较多的种皮，营养成分含量最高，特别是其他谷类粮食所没有的维生素P（芦丁）含量高，保健功能好。

3.荞麦蛋白质

荞麦蛋白质和其他谷类作物蛋白质不同。小麦蛋白质主要是麦谷蛋白与胶蛋白，面筋含量高。而荞麦蛋白质主要是谷蛋白、水溶性清蛋白和盐溶性球蛋白等，这类蛋白质的面筋含量很低，近似于豆类蛋白，尤其是苦荞，水溶性清蛋白和盐溶性球蛋白占蛋白质总量的50%以上。无论是苦荞还是甜荞，蛋白质质量都优于大米、小麦和玉米。

（1）氨基酸和蛋白质质量：

①氨基酸组成：荞麦含19种氨基酸，含量丰富，苦荞的氨基酸含量高。氨基酸中的精氨酸，苦荞粉含量为1.014g/100g，为小麦含量0.416g/100g的2倍多，为玉米含量0.3213g/100g的2.6倍。表6-1-7是荞麦和大宗粮食中8种人体必需氨基酸含量的比较。

苦荞中8种人体必需氨基酸含量都高于小麦、大米和玉米，尤其是赖氨酸含量，甜荞是玉米的1倍，苦荞是玉米的3倍左右；色氨酸含量，甜荞是玉米的20倍左右，苦荞是玉米的35倍多。

表 6-1-7　荞麦和大宗粮食 8 种必需氨基酸含量

项目	甜荞种子	苦荞种子	小麦粉	大米	玉米
苏氨酸（%）	0.2736	0.4173	0.328	0.288	0.347
缬氨酸（%）	0.3805	0.5493	0.454	0.403	0.444
蛋氨酸（%）	0.1504	0.1834	0.151	0.141	0.161
亮氨酸（%）	0.4754	0.7570	0.763	0.662	1.128
赖氨酸（%）	0.4214	0.6884	0.262	0.277	0.251
色氨酸（%）	0.1094	0.1876	0.122	0.119	0.053
异亮氨酸（%）	0.2735	0.4542	0.384	0.245	0.402
苯丙氨酸（%）	0.3864	0.5431	0.487	0.343	0.395

②荞麦蛋白萃取物：国外食品科学研究从荞麦种子中取得的荞麦蛋白萃取物，经过对老鼠的喂养试验，与同时喂酪蛋白、大豆蛋白对比，结果表明：有惊人的胆固醇抑制作用，与已知的大豆蛋白相比更为强烈。由于富含精氨酸，对体脂肪的蓄积有抑制作用，在对比试验中，脂肪组织重量最轻，血肝中脂质含量较低，有改善便秘作用，粪便中的水分含量显著增加。

③根据化学分确定的蛋白质质量：高质量的蛋白质是含量丰富、氨基酸比例适当的蛋白质。目前，国际上常用"化学分"作为评定食物蛋白质营养价值的指标。化学分值越高，说明蛋白质越易消化。以鸡蛋的蛋白质化学分值为100，荞麦及其他粮食与之比较结果见表6-1-8。

表 6-1-8　根据化学分确定的蛋白质质量（以鸡蛋为 100）

项目	苏氨酸	缬氨酸	蛋氨酸	亮氨酸	赖氨酸	色氨酸	异亮氨酸	苯丙氨酸	化学分
鸡蛋	100	100	100	100	100	100	100	100	100
甜荞	84	80	70	84	103	110	63	103	63
苦荞	81	72	55	82	103	110	66	89	55
小麦	61	57	45	80	38	70	54	78	38
大米	74	70	55	96	55	100	49	75	49
玉米	81	70	60	147	45	40	71	78	40

由表6-1-7可知，荞麦中异亮氨酸含量较低，而赖氨酸、苯丙氨酸、色氨酸含量较高。甜荞化学分为63，苦荞为55，都比小麦化学分38、大米49、玉米40为高，所以荞麦的蛋白质质量在谷物中有较高的价值。

（2）蛋白质和荞麦质量特性的关系：日本K.IKEDA对22种荞麦及其产品的试样用电泳法测试显示：甜荞的清蛋白和球蛋白结合组分中有17种可区别的蛋白质光谱带，甜荞和苦荞蛋白质组分之间有明显的差异，在荞麦清蛋白和球蛋白的结合组中亦有差异；有些荞麦蛋白质组分与荞麦产品的流变性质是密切关联的。

组织度量分析显示：荞麦产品的组织参数与总蛋白质含量有高度的相关性。硬度和总蛋白质含量负相关，相关系数为-0.87（$\mu=17$）。

应力松弛分析显示：荞麦总蛋白含量和某些松弛参数是密切关联的。弹性模数的关联系数$\gamma=-0.92$；黏度的关联系数$\gamma=0.97$。

（3）荞麦单子叶因素的影响：日本K.IKEDA研究结果表明：

①单子叶因素影响荞麦蛋白质的消化率。荞麦蛋白质的消化率和两个因素有关：一是存在抗营养素，如胰蛋白酶抑制素和丹宁。斯洛文尼亚I.KREFT和V.SKRABANJA对不同国家50个荞麦试样的分析结果，荞麦种子中的丹宁含量为0.5%~4.5%，在其各自的粉中的丹宁含量为0.06%~0.86%。另一因素是对分解蛋白酶的化学反应的低灵敏度。因此荞麦蛋白质的可消化性相对较低。

②单子叶因素决定荞麦产品的结构特性。大家都普遍注意到了荞麦食品的可口性和接受性。通过分析影响荞麦产品结构特性的单子叶因素显示：荞麦粉的蛋白质含量和淀粉含量及其支链淀粉含量负相关。稠度仪分析显示：用荞麦粉做的加热面团的弹性和其淀粉含量及其支链淀粉含量正相关；弹性和咀嚼性和蛋白质含量负相关。

4.荞麦淀粉、膳食纤维和淀粉水热处理

（1）淀粉和膳食纤维：荞麦种子中淀粉的含量在70%左右，苦荞种子含淀粉73.11%左右。地区和品种间淀粉含量有差异，四川的甜荞、苦荞种子淀粉含量均在60%以下，陕西的甜荞种子淀粉含量在67.9%~73.5%，苦荞种子在63.6%~72.5%。

1997年，斯洛文尼亚I.KREFT和V.SKARABANJA对48个甜荞和2个苦荞试样分析结果：荞麦粉的淀粉含量67.8%~80.7%（干基），直链淀粉含量33%~44%（淀粉基）。

荞麦淀粉近似大米淀粉，但颗粒较大，与一般谷类淀粉比较，荞麦淀粉食用后易被人体消化吸收。

荞麦种子的总膳食纤维含量3.4%~5.2%，其中20%~30%是可溶性膳食纤维。

（2）淀粉的水热处理：在碳水化合物食品中，部分直链淀粉结合水热处理并冷却能变成耐酶性降解。按近期知识，在人类营养中耐消化淀粉的作用类似膳食纤维。

斯洛文尼亚I.KREFT等对生的和热处理的荞麦种子试样中的表观的和真实的直链淀粉、总淀粉（TS）、可快速消化淀粉（RDS）、缓慢消化淀粉（SDS）和耐消化淀粉（RS）进行了分析。在煮过的和冷冻干燥的荞麦种子中，80%的总淀粉呈现为可快速利用的能量，6%的淀粉降解得更慢些，余下的14%可能成为结肠厌气菌的能源。耐消化淀粉（RS）在重复的高压灭菌和冷却的循环中加速形成，按淀粉消化率和耐消化淀粉含量的比率数据认为：荞麦可用作糖尿病人的良好的补充饮食，因为可以获得有利的葡萄糖的缓慢释放和相对高比例的耐消化淀粉（和小麦面包相比）。

研究试验方法：荞麦种子和水按1:3.4混合，150kPa、120℃高压下灭菌1h，冷却到室温；试样的一半立刻冷冻干燥，另一半再增加2次高压灭菌/冷却循环后再冷冻干燥。结果见表6-1-9。

表6-1-9　荞麦种子的淀粉含量和（在试管中）淀粉消化率与小麦白面包的比较

试样处理	总淀粉%（干基）	可快速消化淀粉%（干基）	缓慢消化淀粉%（干基）	耐消化淀粉%（干基）
高压灭菌，1个循环	69.6	64.9	3.4	1.4
高压灭菌，3个循环	70.0	63.0	0.7	6.4
小麦白面包	77.0	69.0	7.0	1.0

5.脂肪

荞麦的脂肪在常温条件下呈固形物，苦荞脂肪呈黄绿色。荞麦的脂肪含量和大宗粮食相比不相上下，但脂肪的组成较好，含9种脂肪酸，主要脂肪酸含量见表6-1-10。其中油酸和亚油酸含量最多，占总脂肪酸的80%左右。75%以上为高度稳定、抗氧化的不饱和脂肪酸和亚油酸。

表 6-1-10　荞麦中主要脂肪酸含量

项目	油酸 C18：1（%）	亚油酸 C18：2（%）	亚麻油酸 C18：3（%）	棕榈酸 C16：0（%）	花生酸 C20：1（%）	荞酸 C22：1（%）
甜荞	39.34	31.47	4.45	16.58	4.56	1.24
苦荞	45.05	31.29	3.31	14.50	2.37	0.77

另外，在苦荞中还发现含有硬脂酸、肉豆蔻酸和两个未知酸。苦荞中硬脂酸含量为2.51%，肉豆蔻酸为0.35%。荞麦中脂肪酸含量因产地而异，四川荞麦含油酸、亚油酸70.8%~76.3%，而北方荞麦的油酸、亚油酸含量高达80%以上。

6.维生素、矿物质和微量元素

（1）维生素：荞麦中含有维生素B_1、维生素B_2、维生素PP、维生素P，其中B族维生素含量丰富。

荞麦含有其他谷类粮食所不具有的芦丁及维生素C，芦丁是类黄酮物质之一，是一种多元酚衍生物，属芸香糖苷，有治疗毛细血管脆弱引起的出血病的功能。维生素P与维生素C并存，苦荞种子中维生素P含量有的高达0.6%~0.7%，维生素C 0.8~1.08mg/g，甜荞中也含0.3%左右的维生素P。

荞麦中还含有维生素B_6和维生素E。苦荞的维生素B_6约为0.02mg/g，维生素E约为1.347mg/g；甜荞的B_6为0.02mg/g，维生素E约为1.104mg/g。

（2）矿物质和微量元素：荞麦矿物质和微量元素含量丰富，其中含镁量极高，铁、锰、钠、钙的含量亦很高，见表6-1-6。品种不同，或同品种种植地点不同，矿物质和微量元素含量亦不同，如有些四川甜荞含钙量高达0.63%，苦荞含钙量高达0.724%，是大米的80倍，这种钙是天然的，对人体无害，可在婴幼儿食品中添加荞麦粉，增加含钙量。

荞麦的微量元素含量非常丰富，然而这些荞麦必须生长在无污染地区，以避免积累污染元素。

三、大麦

栽培大麦以大麦穗的式样，即穗部的籽粒行数，可分为六棱大麦和二棱大麦。六棱大麦籽粒小而整齐，多用以制造麦曲；有一种疏穗的六棱大麦在侧小花处重叠，被误认为四棱大麦，籽粒大小不匀，多用作饲料；二棱大麦籽粒大而饱满，淀粉含量高，供制麦芽和酿造啤酒。

普通栽培大麦为重要的饲料和酿造原料。栽培大麦由野生大麦进化而来，根据我国研究，青藏高原的野生大麦具有稳定的类型和很多变种类型，是二棱野生大麦经过栽培驯化向栽培种植过渡的中间产物，野生二棱大麦是栽培大麦的直接亲缘祖先。四川省西部的野生六棱大麦是栽培六棱大麦和栽培二棱大麦的祖先。

栽培大麦又分皮大麦（带壳的）和裸大麦（无壳的），农业生产上所称的大麦是指皮大麦，裸大麦在不同地区有元麦、青稞、米大麦的俗称。我国的冬大麦主要分布在长江流域各省市；裸大麦主要分布于青海、西藏、四川、甘肃等省自治区；春大麦主要分布于东北、西北和山西、河北、陕西、甘肃等地的北部。

在世界各类作物中，大麦种植的总面积和总产量仅次于小麦、水稻、玉米居第四位，平均亩产低于水稻、玉米居第三位。

（一）形态结构

大麦种子植物学上称为颖果，有带稃和裸粒两种。皮大麦种子由稃壳、皮层、胚乳和胚4部分组成。稃壳由硅质化的表皮细胞等组成，约占种子重的7%~13%。皮层位于种子的最外层，包括果皮和种皮，有保护胚和胚乳的作用，重量约占种子重的5%~7.5%。皮层以内绝大部分是胚乳，由外胚乳、糊粉层和胚乳层三部分组成，约占种子重的80%~85%。外胚乳是一层薄薄的珠心遗层。糊粉层由3~4层细胞组成，不含淀粉，但充满小球状的糊粉粒，是淀粉酶的源泉。糊粉层之下是胚乳层，它由许多充满淀粉粒的胚乳细胞组成，粉质胚乳含淀粉多而蛋白质少，宜作酿造原料；角质胚乳蛋白质含量较高，宜作食用或饲用。胚乳提供幼芽生长的养料，胚乳饱满，出苗快而整齐，幼苗生长健壮。胚约占种子重的2%左右，由胚根、胚轴、胚芽和盾片组成。

大麦果实大致是一个两端尖、呈锥形的纺锤体，如图6-1-5所示。

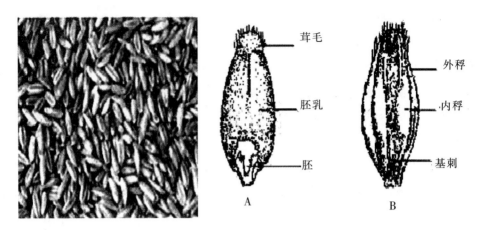

图 6-1-5　大麦果实的形态结构示意图

（二）物理特性

大麦的物理特性见表6-1-11。

表 6-1-11　大麦果实的物理特性

颗粒平均尺寸（长×宽×高）（mm）	11.0×4.0×3.0
容重（kg/m³）	600~700
千粒重（g）	36~42（二棱大麦）
	30~40（六棱大麦）
悬浮速度（m/s）	8.4~10.8

大麦粒形的平均长宽比为 3.14，属长粒型，容重介于小麦和燕麦之间，千粒重接近小麦。

（三）化学成分

大麦果实的大小千差万别，每粒的干重范围5~80mg；其化学成分也迥然相异，表6-1-12是大麦的一般化学组成。

表 6-1-12　大麦的化学组成（%）

项目	水分	碳水化合物	蛋白质	脂肪	粗纤维	矿物质
大麦米	13	66.3	10.5	2.2	6.5	0.5

大麦果实淀粉含量的一般范围为46%~66%，灰分3%。健壮饱满的二棱大麦淀粉含量占干重的63%~65%，占胚乳重量的85%~89%。圆形大麦淀粉含量占干重的85%左右。裸大麦可用的直链淀粉含量，正常的达25%，低的小于1%，高的达40%。

（四）营养特性

1.营养价值

国际上大麦基本用作饲料和制备麦芽，很少作食用，营养价值是在研究饲料中进行的。大麦从开花期到成熟期的植株、大麦果实和粉料、麦芽、制啤酒后的酒糟、啤酒花及其叶和蔓都可以作饲料。研究资料中谈到动物种（包括人类）在它们的营养需求上是不同的。表6-1-13选列了大麦、黑麦、小麦三种籽粒的营养价值，可以据此进行分析比较。

表 6-1-13　大麦、黑麦、小麦作为饲料的营养价值

谷物	干物质（g/kg）	谷物代谢能（MJ/kg 干物质）	可消化粗蛋白（MJ/kg 干物质）	干物质分析（g/kg）				
				粗蛋白	醚提取物	粗纤维	无氮提取物	灰分总量
大麦籽粒	860	13.7	82	108	17	53	795	26
黑麦籽粒	860	14.0	110	133	20	22	802	23
小麦籽粒	860	14.0	105	124	19	26	810	21

谷物	每 1kg 干物质总能量（MJ/kg）	每 1kg 干物质代谢能总能量（MJ/kg）	每 1kg 干物质可消化有机物（%）	消化率（%）			
				粗蛋白	醚提取物	粗纤维	无氮提取物
大麦籽粒	18.3	0.75	86	76	80	56	92
黑麦籽粒	18.3	0.76	87	83	65	53	92
小麦籽粒	18.4	0.76	87	84	63	47	92

大麦的可消化蛋白质、干物质中的粗蛋白和醚提取物的含量均比黑麦和小麦低。大麦的营养价值较低。大麦果实含有丰富的淀粉和糖，蛋白质含量相对较少，脂肪极少；纤维素集中于颖壳、果皮和外种皮。大麦缺少麦谷蛋白和其他黏合蛋白，面筋含量很低；大麦直链淀粉含量较高；制成的大麦食品较坚实、较硬。大麦有过多的高分子量β-葡聚糖，使大麦食品黏性大。大麦食品适口性差。

2.氨基酸组成

大麦蛋白质组成易变化，公开的分析数据只能提供极粗略的成分，即使种植于一个地点的大麦，其成分亦相差很多。Robbins等对碾磨大麦样品的产品进行了分析，粗蛋白含量和氨基酸组成见表 6-1-14。麦麸主要由颖壳和果皮组成，细麸和下脚粉是果皮和糊粉层的混合物，同时含有部分胚和淀粉胚乳。

表 6-1-14　大麦碾磨产品的粗蛋白含量（占干物质%）和氨基酸组成（g/100g）

项目	大麦果实	面粉（出粉率65%）	下脚粉	细麸粉	麦麸粉	
产物（%）	100	65	17.7	11.9	5.4	
粗蛋白	9.3	12.5	9.8	11.3	8.8	3.1
赖氨酸	4.2	2.9	4.1	1.1	4.8	5.0
组氨酸	2.4	1.8	2.4	2.4	2.1	1.4
精氨酸	5.3	4.9	5.5	5.7	5.9	4.6
丝氨酸	4.1	4.1	4.0	4.1	4.2	4.7
谷氨酸	22.6	25.5	23.3	22.9	21.2	20.6
脯氨酸	11.4	14.6	10.1	9.6	9.2	9.9
胱氨酸	1.1	0.3	1.4	1.3	1.1	0.3
甘氨酸	4.5	3.6	4.3	4.7	5.1	5.0
丙氨酸	4.6	4.0	4.4	4.7	5.1	5.0
缬氨酸	5.3	4.9	5.2	5.3	5.5	6.1
蛋氨酸	2.5	2.3	2.7	2.5	2.5	2.3
异亮氨酸	3.6	3.5	3.7	3.6	3.7	3.7
亮氨酸	6.8	6.4	7.0	6.8	6.9	7.5
酪氨酸	2.7	2.9	3.2	3.0	2.9	2.5
苯丙氨酸	4.9	5.2	6.0	5.2	5.0	5.1

表 6-1-15　整粒大麦及各部分粗蛋白含量（占干物质%）和氨基酸组成（g/100g）

项目	皮大麦					裸大麦（喜马拉雅山）		
	完整麦粒	外颖	内颖	胚	胚乳	完整麦粒	胚	胚乳
%	100.0	7.3	3.1	3.7	85.9	–	–	–
粗蛋白	12.4	1.7	2.0	35.0	12.3	17.6	33.2	8.3
赖氨酸	3.9	6.0	6.1	7.2	3.6	3.2	6.2	2.8
组氨酸	2.2	1.5	1.8	3.1	2.2	2.3	3.3	2.0

续表

项目	皮大麦					裸大麦(喜马拉雅山)		
	完整麦粒	外颖	内颖	胚	胚乳	完整麦粒	胚	胚乳
精氨酸	4.4	4.9	5.0	6.5	4.4	4.3	9.8	3.9
丝氨酸	3.7	5.9	6.1	4.4	3.7	3.9	4.4	3.2
谷氨酸	26.1	12.8	13.1	14.6	27.0	28.2	15.8	29.5
脯氨酸	11.4	4.9	3.8	3.9	11.8	11.9	4.9	14.0
恍氨酸	1.0	0.1	0.2	0.7	1.1	1.0	0.7	1.2
甘氨酸	4.2	7.4	7.5	6.7	4.0	3.6	6.3	2.3
丙氨酸	4.4	7.7	7.9	7.0	4.1	3.8	6.2	3.2
缬氨酸	5.3	7.1	7.1	6.0	5.2	5.2	5.7	5.0
蛋氨酸	2.6	2.0	1.8	2.3	2.6	2.3	2.1	2.9
异亮氨酸	3.8	4.5	4.4	3.7	3.8	3.8	3.5	3.7
亮氨酸	7.1	8.3	8.1	6.9	7.1	6.7	6.5	6.7
酪氨酸	1.9	2.5	2.3	3.0	2.2	1.9	2.7	2.6
苯丙氨酸	5.4	4.7	4.5	4.3	5.4	5.3	4.2	5.4

表 6-1-15中，裸大麦的粗蛋白含量比皮大麦高；胚的粗蛋白含量为整粒麦的2~3倍。和小麦等其他谷物一样，大麦的蛋白质聚集在颖果的外层，糊粉层和胚内的蛋白质按比例衡量含有较多的必需氨基酸。

由表 6-1-14、表 6-1-15可见，大麦含有除色氨酸以外的7种人体必需氨基酸，赖氨酸和蛋氨酸的含量较少；大麦含有胰蛋白酶和胰凝乳蛋白酶，也许还有其他消化酶的抑制剂；这些对大麦食品营养物质的消化吸收是不利的。

3.维生素和矿物质

（1）1978 年加拿大专家D E Bniggs在《大麦》一书认为：大麦籽粒中的维生素含量尚未研究清楚，分析数据经常不一致，如表6-1-16所示。差异可能是真实的，也可能是分析技术的手段不够科学。矿物质含量的代表值如表6-1-17所示。

表 6-1-16　每克干重大麦籽粒中维生素等物质含量（μg/g）

游离态叶酸	0.1
结合态叶酸	0.2
胆碱	0.96~ 2.2
维生素 B_1	5.4~7.5, 3.8~9.2, 1.2, 3.0,10
维生素 B_2	0.8~3.7, 预计平均值 1.5
烟酸	47~147
维生素 B_6	1.5,2.7~4.4
泛酸浓度（钙盐形式）	3.7~4.4
生物素	0.05~0.1
游离态肌醇浓度（聚集在糊粉粒内）	0.18
结合态肌醇浓度（聚集在糊粉粒内）	1.4~2.9, 3.2

表 6-1-17　每百克干重大麦籽粒中矿物质含量（mg/100g）

K	P	S	Mg	Cl	Ca	Na	Si
580	440	160	180	120	50	77	420
Fe	Mn	Cu	Ni	Mo	Co	I	
5	2	0.5	0.02	0.04	<0.005	0.002	

4.膳食纤维

裸大麦中含有较高的和较大范围的非淀粉多糖，几种谷物麸皮可溶性膳食纤维含量如表6-1-18所示。

表 6-1-18　谷物麸皮的 β-葡聚糖和膳食纤维含量（%）

麸皮	β-葡聚糖	总膳食纤维	可溶性膳食纤维
Azuhl 大麦	15.0	24.3	13.1
Scout 大麦	7.7	20.4	6.9
Robin HO 燕麦	4.5	14.4	4.5
小麦	1.7	44.8	3.3
大米	0.3	27.3	1.9

Voiweik（1991）研究提出了燕麦的可溶性膳食纤维比小麦高，表 6-1-18是

1994年提出的，大麦的可溶性膳食纤维含量比燕麦更高，为大麦作疗效食品提供了有利依据。大麦及其产品被认为有降低胆固醇的功效。

四、高粱

高粱，别称蜀黍、芦栗等，是栽培历史悠久的谷类作物之一。在很多无法种植水稻和小麦的地方，人们就以种植高粱为主。高粱的种类很多，按高粱穗的外观、色泽可以分为白高粱、红高粱、黄高粱等。红高粱常用来酿酒。白高粱食用，它也是制醋和提取淀粉的原料。

（一）形态结构

高粱形状像芦苇，但茎秆中间是实心的，叶也像芦苇，黍穗像大扫帚，颗粒像花椒般大，呈红黑色。高粱性喜温暖，抗旱、耐涝。高粱籽粒为带颖的颖果。颖包括两片护颖和内、外颖，所以高粱籽粒是一种假果。高粱的护颖与其他谷物不同，它比内、外颖大。硬壳高粱的护颖呈卵圆形，厚而有光泽，上生茸毛，一般较难脱离；软壳高粱的护颖为长椭圆形，无光泽，上面有6~8条明显的条纹，无茸毛或短毛，一般脱离较容易。外颖比较宽阔，呈薄膜状，有毛，顶端两边分裂，在分裂片背面着生有芒，芒从齿裂间伸出，有的芒短，仅呈现刚毛。内颖是一层很小的薄膜，有时完全消失。护颖因品种的不同有红、黄、褐黑、白等颜色之分。高粱的形态如图6-1-6、图6-1-7所示。

图 6-1-6　高粱的形态示意图

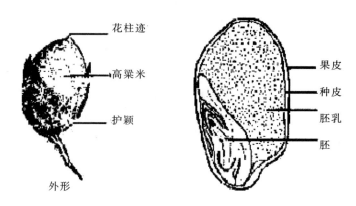

花柱迹

高粱米

护颖

外形

果皮

种皮

胚乳

胚

图 6-1-7 高粱籽粒的结构示意图

(二) 物理特性

1.高粱的形状与粒度

高粱籽粒一般呈椭圆形、卵圆形、梨形和长圆形，其籽粒的大小因品种不同而异。颖果呈粉红、淡黄、暗褐和白色，有时在黄、白色籽粒上带有红、紫色斑点，这些颜色都是由于种皮中含有花青素及单宁所致。高粱粒度范围一般为：长度3.7~5.8mm，宽度2.5~4.0mm，厚度1.8~2.8mm。高粱加工中，应考虑原料的混杂，当大小粒度严重不匀时，可采用大小粒分级加工工艺，以确保产品的产出率及质量。

2.千粒重、容重

千粒重与籽粒大小、饱满程度等成正比。一般千粒重越大，籽粒也越大、越饱满。通常以千粒重作为鉴定高粱质量的一项指标。一般划分为：千粒重在27g以上者为大粒，24~26g者为中粒，23g以下者为小粒。

容重不仅与高粱的粒度、千粒重、饱满程度、胚乳结构等有关，而且还与含杂、水分等因素有关，因此容重也是确定高粱等级的一项指标。容重740kg/m³为一等，容重720 kg/m³为二等，容重700kg/m³为三等。

3.水分

水分高低对高粱加工的影响很大。水分过低，皮层和胚乳的结构紧密，胚乳结构变脆，碾制时不但去皮困难，而且易产生碎米。水分过高，则降低高粱籽粒的结构强度，同样会使碎米增加、电耗增加。一般较适宜的加工水分含量，春夏季为13.5%~15%，秋冬为14.5%~16%。

4.角质率

一般角质率高的高粱抗压能力比较强，不容易碎，并且出米率比较高，角质率低则相反，抗压性能较差，出米率较低。因此在高粱的加工中，应该考虑角质率的情况，有针对性地采用适宜的加工工艺，以确保产品得率和质量。

（三）化学成分

高粱的化学成分主要是淀粉、蛋白质、脂肪、糖分、纤维素、矿物质、水分等。各化学成分的含量，随高粱品种和产地不同而异。各种高粱的化学成分如表6-1-19所示。

表6-1-19　各种高粱的化学成分（%）

品种	水分	蛋白质	脂肪	粗纤维	淀粉、糖分	矿物质
白高粱	11.76	10.43	4.37	1.53	69.99	1.92
黄高粱	13.15	9.88	4.02	1.74	69.29	1.92
红高粱	14.30	9.75	3.45	1.34	69.21	1.85
赤褐高粱	13.07	9.87	4.20	1.67	69.25	2.03
一般高粱	10.9	10.2	3.00	3.40	70.8	1.70

（四）营养特性

高粱虽然吃起来口感不太好，但是对身体却有着很多的好处。高粱蛋白中赖氨酸含量较低，属于半完全蛋白质，高粱的烟酸含量虽然不如玉米多，但是却能很好地被人体吸收，因此以高粱为主食的地区很少发生癞皮病。每100g高粱中含有蛋白质10.4g，脂肪3.1g，碳水化合物74.7g，烟酸1.6mg，膳食纤维4.3g。

五、糜子

糜子（有的地方将其粳性的称为稷，将其糯性的称为黍）是我国北方旱区的稳产作物。糜子是水分高效利用作物，是半干旱区的主要秋粮作物，生长期与雨热基本同步，在多数年份水分不成为限制糜子生产潜力的主要因素。糜子种子发芽需水量仅为种子重量的25%，而高粱、小麦和玉米则分别为40%、45%和48%。所以，在干旱地区当土壤湿度下降到不能满足其他作物发芽要求时，糜子仍能正常发芽。糜子比谷子、玉米维持了较高的叶水势水平，遇旱后，糜子蒸腾速率比谷子、玉米降低幅度大，蒸腾调节优越，有利于适应干旱环境。在同样干旱条件下，糜子的抗旱能力胜过高粱、玉米和谷子等作物。糜子品种生育期可塑性比较大，可以播种后等雨出苗，也可以根据降雨情况等雨播种，是重要的避灾作物。

糜子是水土保持的优良作物。糜子的生长发育期与降水规律相吻合。在其生育期内能有效增加地表覆盖，强大的须根系对土壤起到很好的固定作用。由于覆盖降低了地表风速，从而减轻或防止风蚀，同时，还能起到减轻雨滴、阻止地表水径流的作用，使更多的雨水渗入地下，减少水土流失。另外，覆盖地表还可以防止地表板结，提高土壤持水能力，从而起到良好的水土保持作用。

（一）形态结构

糜子种子，实际上是受精后的子房发育而成的果实，由于果皮和种皮连在一起不易分开，所以生产上通称种子或籽粒，植物学上称颖果。糜子种子做纵切面观察，主要由皮层、胚和胚乳三部分组成。

图 6-1-8　糜子的形态示意图

1.皮层

皮层包括果皮（由于房壁发育而成）和种皮（由内株被发育而成）两部分，约占种子重量的5%~7%。皮层与稃壳一起构成加工过程中的皮壳，皮壳约占籽粒总重量的15%~20%，皮壳率的高低与品种有关。皮层的作用在于保护胚和胚乳；种子萌发时，水分和氧都通过皮层进入籽粒内部。

2.胚乳

胚乳位于种皮内，占种子总重量的75%~80%，由位于最外层的糊粉层和内层的淀粉层组成。糊粉层一般只有一层细胞，大而壁厚，排列整齐，主要成分为纤维和含氮物，其余是脂肪、灰分和水分。淀粉层由薄壁细胞组成，其形状大小及成分因胚乳部位不同而异。每个部位的胚乳细胞主要含大小不同的淀粉粒和蛋白质，蛋白质存在于淀粉粒之间的空隙中。

3.胚

胚是种子的重要部分，为未来植株的雏体，一般占种子重量的2%~3%，胚由胚芽、胚轴、胚果、胚根和子叶等四部分组成。

(二) 物理性质

1.籽粒颜色

糜子籽粒的存储品质和寿命与籽粒颜色有一定关系。深粒色品种皮壳较厚，致密度好，对高温高湿有较强的抵抗力，品质和活力保存时间较长；浅粒色品种皮薄，致密度差，对水分吸附和高温的抵抗能力差，储存年限较短。

2.成熟度

成熟度好的糜子籽粒饱满，营养丰富，胚体较大，皮壳致密度比较好，它在充分干燥后可储存10多年。

(三) 化学成分

糜子中蛋白质含量相当高，特别是糯性品种，其含量一般在13.6%左右，最高可达17.9%。从蛋白质组成成分来分析，糜子蛋白质主要是清蛋白，平均占蛋白质总量的14.73%，其次为谷蛋白和球蛋白，分别占蛋白质总量的12.39%和5.65%，醇溶蛋白含量最低，仅占2.56%，另外，还有64.67%的剩余蛋白。与小麦籽粒蛋白质相比较，二者差异较大。小麦籽粒蛋白中醇溶蛋白含量高，占蛋白质总量的71.2%，黏性强，不易消化。糜子蛋白主要是水溶性清蛋白、盐溶性球蛋白及白蛋白，这类蛋白质黏性差，近似于豆类蛋白。因此，糜子蛋白质优于小麦、大米及玉米。

糜子籽粒中淀粉含量在70%左右，其中糯性品种为67.6%，梗性品种为72.5%。

糜子中脂肪含量平均为3.6%，高于小麦粉和大米的含量。糜子的脂肪在常温呈固形物，淡黄色，含有多种脂肪酸，其中硬脂肪酸含量与玉米、高粱相近，而亚油酸含量较高。

(四) 营养特性

糜子籽粒中食用膳食纤维的含量极高，无论糯性还是梗性品种，其纤维含量都高于小麦和玉米，在禾谷类作物中，糜子籽粒中食用纤维含量最高。但是，糯性糜子中蛋白质、脂肪和淀粉的含量都比较高。

六、粟米

粟米又称小米，即去皮谷子。谷子的别名有白粱粟、粢粟、颖粟、籼粟、黄粟等，为禾本科植物粟的种仁。

（一）形态结构

粟米米粒小、卵圆形，色泽呈乳白或淡黄，如图6-1-9所示，主要分为粳性小米、糯性小米和混合小米三种。经科学家研究证实，我国是谷子的唯一原产地。

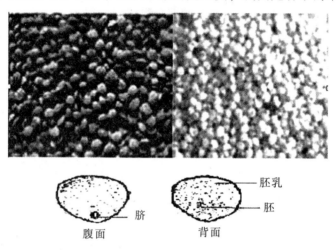

图 6-1-9　粟米籽粒的形态结构示意图

粟米为带颖的颖果。颖包括内颖、外颖和护颖，有光泽。外颖较大，位于背面的中央而其边缘包向腹面，且在其中央有三条脉纹。内颖较小，位于腹面，无脉纹。内、外颖有黄、乳白、红、土褐等颜色，具有光泽。在内、外颖的外部有两片很大的护颖，和高粱相似。粟的护颖很容易被脱除，因此，一般所见的粟多不带护颖。

颖果（即糙小米）的形状大都为卵圆形，有的也为球形或椭圆形。其背面隆起，有沟，胚位于背面的沟内，长度为颖果的1/2~2/3；腹面扁平，基部有褐色凹点，即为脐。颖果的颜色分为黄色、浅黄色、蜡色或白色，一般没有光泽。

粟米的果皮很薄，其横细胞与管状细胞很相似；种皮由一层单层大细胞组成，有串珠状的细胞壁；糊粉层由单层排列整齐、近乎方形的厚壁细胞组成；胚乳内充满多角形淀粉粒，淀粉粒有明显的核，淀粉粒中靠近籽粒边缘的较小，在内部的则较大。

（二）物理性质

1.粟米的粒度

粟米的粒度小，其长1.5~2.5mm、宽1.4~2.0mm、厚0.9~1.5mm。粒度的实际大小随品种、成熟程度的不同而有所差异。品种的混杂以及成熟程度的不同都会造成粒度大小不匀，而粒度的差异又会给加工带来许多不便和困难，因此，对整齐度差的原粮，有条件时应尽可能采取分粒加工，以确保产品的商品率。

2.容重与千粒重

容重大小是评定粟米品质好坏的重要指标。它与粟米的品质、成熟程度、整齐程度和含杂高低等有关。一般来说，容重大的粟米容易脱壳，且出米率高；容重小的粟米脱壳困难，同时出米率也低。千粒重与粒度大小、饱满程度及籽粒的结构有关。通常可按粟米千粒重的大小将其分为大、中、小粒，千粒重3g以上的为大粒，2.2~2.9g为中粒，1.9g以下者为小粒。

3.水分

粟米含水量的高低与粟米加工有着密切的关系。根据加工要求，其水分一般在13.5%~15%较为适宜。粟米含水量过高，外壳韧性大，胚乳的强度减小，不仅影响脱壳，还影响产品质量和出品率。因此，对水分大的粟米，在加工前需要经过晾晒或烘干处理，但要注意，不要曝晒或急速烘干，以免籽粒变脆，使加工时容易产生碎米。如果粟米含水量过低，皮层与种仁间的结构较紧，则不利于碾白，并易出碎米，造成产品出率下降，能耗增加。

（三）化学成分

粟米中的淀粉含量为60%~70%，粟米淀粉中直链淀粉含量约为27.2%，故粟米淀粉的凝胶稳定性好、持水力强、膨胀力高、糊化温度高、热焓变化大，但透明度低、冻融稳定性和热稳定性差。

粟米中蛋白质含量丰富，不同品种粟米中的蛋白质含量差异较大，低的只有7.2%，高的达19.71%，平均含量在11.42%，高于大米、玉米面、高粱等。粟米蛋白质是一种低过敏性蛋白，是安全性较高的食品基料，特别适宜于孕产妇和婴幼儿食用。粟米蛋白的氨基酸种类齐全，含有人体必需的8种氨基酸，除赖氨酸含量稍低外，其他7种的含量均高于大米、玉米和小麦粉，其中色氨酸和蛋氨酸含量尤为丰富。

粟米中的脂类含量为2.8%~8.0%，一般为2%~5.5%，主要存在于胚的油质体中。粟米的脂肪酸主要由棕榈酸、硬脂酸、油酸、亚油酸、亚麻酸和花生酸组成，不饱和脂肪酸约占脂肪酸总量的85%。

（四）营养特性

粟米中维生素B_1的含量位居所有粮食之首，维生素A、维生素D、维生素C和维生素B$_{12}$含量较低，一般粮食中不含有胡萝卜素，而每100g粟米中的胡萝卜素的含量达0.12mg；维生素E含量相对较高，大约为43.48μg/g。粟米中的烟酸利用率较高，其不像玉米中的烟酸呈结合型而不利于人体吸收。粟米中富含的色氨酸在人体中也能转化为烟酸，因此，粟米中的烟酸可以满足人体的需要。

粟米中的钙、铁、镁、铜、硒等矿物质含量很丰富，高于大米、小麦、玉米中的含量。由于粟米不需精制，因此粟米中矿物质的含量也高于大米。由于粟米含有很高的营养价值，因此也可加工成特定的营养米供特殊病体的人群食用。

七、豆类杂粮

（一）物理性质

豆类杂粮的物理性质是根据不同豆类的物理性质混合而得出的，因此我们首先要知道不同豆类的物理性质，然后才能根据每种豆类的物理性质来得知混合后的豆类杂粮物理性质。根据不同文献的记载可知，豆类杂粮的物理性质，主要包括大小、形状、颜色和吸水性等。

1.颗粒大小

豆类的颗粒大小通常是以百粒重来表示的，15g以下为极小粒，15~25g为小粒，25~35g为中粒，35~45g为大粒，45g以上为极大粒。此外，也有其他不同的分类方法。

2.豆类形状

豆类的形状分球状、椭圆状、扁球状等多种。

3.豆类颜色

豆类的颜色依种皮、子叶和脐的颜色不同呈现多样化。根据不同豆类的物理性质，可以加工出特定需要的豆类杂粮产品，如特定颜色、特定质量和特定大小等产品，可以使加工出的品质达到最优外观、色泽、亮度和大小。

4.吸水性

豆类杂粮的溶解性是指豆类杂粮中蛋白质、淀粉等在水溶液或食盐溶液中溶解的能力。在各种不同条件下，溶解性是豆类杂粮可应用性的一个很重要的指标。其溶解性与pH、温度、离子强度有密切关系。研究发现，豆类杂粮的溶解性随pH和温度变化比较明显，pH大于4.0或pH小于4.0时，溶解性都明显增加，这是由于pH4.0是一般豆类杂粮中蛋白质的等电点，pH等于4.0时，其中所含的蛋白质发生沉淀。当pH大于4.0时，其溶解性随pH上升而增加。另外当pH大于8.0时，少部分杂粮的溶解性随pH增加而增加。如绿豆，其当pH大于8.0时，其中所含的蛋白质溶解性随pH升高有所增加。溶解性好的豆类杂粮易加工利用，在饮料行业里利用豆类杂粮中蛋白质的溶解性来增加饮料的营养价值，具有不影响透明度、提高黏度等优点。溶解性用氮溶指数（NSI值）表示。

5.保水性

豆类杂粮的保水性是指豆类杂粮与水直接作用后吸收水分的能力。在豆类杂粮的蛋白质结构中的极性侧链具有亲水性，因此豆类杂粮中的蛋白质能吸收水分并在食品成品中保留住水分。保水性与食品储藏过程中的"保鲜"及"成形"有密切关系，可减少水分流失，防止食品收缩。不同品种绿豆蛋白的保水性变幅2.12~2.49g/g，平均值为2.32g/g，变异系数为4.58%。

6.乳化性

豆类杂粮的乳化性是指豆类杂粮中的蛋白质将油和水结合在一起形成乳状液的能力，豆类杂粮的乳化稳定性是指其形成的油水乳状液保持稳定的能力。豆类杂粮中的蛋白质是表面活性物质，既能降低油水界面的表面张力，又能降低水和空气的表面张力，易于发生乳化；乳化的油滴表面集合的蛋白质则形成了保护层，阻止油滴凝聚，从而提高了乳化液的稳定性。豆类杂粮的乳化性和乳化稳定性主要应用于牛奶、烘焙食品、冷冻食品及汤类食品的制作中。豆类杂粮的乳化性差异较小，其蛋白乳化稳定性差异较大。

7.起泡性

豆类杂粮的起泡性是指豆类杂粮中淀粉、蛋白质等搅打起泡的能力，其泡沫稳定性是泡沫保持稳定的能力。豆类杂粮的起泡性是由于其中所含蛋白质等物质能够降低气—液界面的张力来推动空气与液体相结合所至，并通过吸附在气液界面形成保护膜来使泡沫稳定存在。利用豆类杂粮的起泡性和泡沫稳定性可以赋予食品以疏松的结构和良好的口感，用于加工奶油、蛋糕、冰激凌等泡沫型的产品。

8.吸油性

豆类杂粮的吸油性是指其在一定条件下保持油脂的能力。例如从豆类杂粮中提取分离蛋白加入肉制品中，能形成乳状液和凝胶基质，防止脂肪向表面移动，因而起着促进脂肪吸收或结合的作用，可以减少肉制品加工过程中脂肪和汁液的损失，有助于维持外形的稳定，主要用于火腿肠等肉制品加工中。

（二）化学成分

豆类杂粮的化学组成主要有粗蛋白、碳水化合物、粗脂肪和灰分等。不同豆类的化学成分不同，可利用不同的豆类进行混合加工，以得到适合不同群体的豆类杂粮食品，从而起到补充营养、促进身体健康的作用。

豆类杂粮中含有丰富的多肽抗氧化活性物质，抗氧化肽是指豆类杂粮内源性或由豆类杂粮中的蛋白质水解后生成的具有清除自由基、抑制脂质过氧化物作用的寡肽或多肽。抗氧化肽能有效清除体内过剩的活性氧自由基，保护细胞和线粒体的正常结构以及功能，构成肽的氨基酸种类、数量、氨基酸的排列顺序及络合的金属盐离子等决定着肽的抗氧化能力。与普通杂粮相比，豆类杂粮中的抗氧化肽具有更好的消化吸收能力。此外，豆类杂粮中所含有的抗氧化肽还具有较好的热、酸稳定性，可作为功能因子添加到各种食品中，提高食品的加工品质，同时，可加工生产含功能性多肽的各类保健品，具有很好的发展前景。

豆类杂粮的另一重要组成成分是纤维素，其中纤维素主要存在于豆类杂粮的豆皮中，其豆皮占杂粮总重量的7%~10%，而在豆皮中，纤维素含量约占50%~60%。近年来，膳食纤维已引起各国营养学家极大关注，它虽不具营养价值，但能防治许多疾病，被称之为"第七营养素"，对人体正常代谢是必不可少的。目前，市场上有多种商品化膳食纤维出售，膳食纤维被添加到面包、面条、果酱、糕点等食品中，可补充通常食品膳食纤维含量之不足，并作为高血压、肥胖病患者的食疗食品。

豆类杂粮也是矿物质的良好来源。与大多数谷物杂粮相比，豆类杂粮有更多的钙和磷。在大部分豆类杂粮中，钙的含量可以达到200mg/100g以上。钙的含量取决于豆类的品种，同时还主要受气候、栽培方法和土壤的矿物质含量等影响。

（三）营养特性

豆类包括各种豆科植物的可食种子，其中以大豆最为重要，也包括红小豆、绿豆、豌豆、蚕豆等各种杂豆。豆类与谷类种子结构不同，其营养成分主要在籽粒内部的子叶中，因此在加工中除去种皮不影响营养价值。根据豆类各营养素种类和数量可将它们分为两大类：一类是以大豆为代表的高蛋白质、高脂肪豆类；另一种豆类则是以碳水化合物含量高为特征，如绿豆、红小豆等。

豆类的营养价值非常高。我国传统饮食讲究"五谷宜为养，失豆则不良"，意思是说五谷是有营养的，但没有豆子就会失去平衡。很多营养学家都呼吁，用不同的豆类食品代替一定量的肉类等动物性食品，是解决城镇中人的营养不良和营养过剩双重负担的最好方法。各种豆类所含的蛋白质含量高、质量好，其营养价值接近于动物性蛋白质，是最好的植物蛋白。氨基酸的组成接近于人体的需要，是我们饮食中蛋白质的很好来源。豆类所含的脂肪以大豆为最高，可达18%，因而可作食用油的原料，其他豆类含脂肪较少。豆类含糖量以蚕豆、红小豆、绿豆、豌豆含量较高，为50%~60%，大豆含糖量较少，为25%左右。豆类中维生素以B族维生素最多，比谷物类含量高。豆类富含钙、磷、铁、钾、镁等无机盐，是膳食中难得的高钾、高镁、低钠食品。因此豆类杂粮具有很高的营养价值。

红小豆的蛋白质平均含量为22.6%，脂肪0.6%，碳水化合物58%，粗纤维4.9%，脂肪酸0.71%，皂苷0.27%，钙476mg/100g，磷386mg/100g，铁4.5mg/100g。红小豆中赖氨酸与B族维生素含量在各种豆类中为最高。现代医学研究证明，红小豆含有其他豆类缺乏或很少有的三萜皂苷等成分，具有补血、消毒、利尿、治水肿等功效。

绿豆含蛋白质24.5%左右，人体所必需氨基酸0.2%~2.4%，淀粉约52.5%，脂肪1%以下，纤维素3%~5%。其中蛋白质是小麦面粉的2.3倍，小米的2.7倍，大米的3.2倍，赖氨酸是一般食用作物的3~5倍。另外，绿豆还含有丰富的维生素、矿物质等营养素。其中维生素B_1是鸡肉的17.5倍；维生素B_2是禾谷类的2~4倍；钙是禾谷类的4倍、鸡肉的7倍；铁是鸡肉的4倍；磷是禾谷类及猪肉、鸡肉、鱼、鸡蛋的2倍。

豌豆含蛋白质23.4%，脂肪1.8%，碳水化合物约60%以及丰富的胡萝卜素、维生素B_1、维生素B_2和烟酸。豌豆具有较全面而均衡的营养，已经成为人们餐桌上的美味食品，对平衡人体营养、增进健康具有良好的作用。

蚕豆主要成分是淀粉，其含量高达45%~47%。此外，蚕豆蛋白质含量高达25%~30%，在豆类中仅次于大豆居第二位，显著高于其他植物蛋白源，并且其氨基酸组成也接近于人体和动物所需要的理想比例，其中赖氨酸含量比谷类高出3倍。蚕豆蛋白的第一限制性氨基酸是含硫氨基酸，其生理价为58，若用蛋氨酸和色氨酸对其进行强化，则可使其生理效价提高到83。蚕豆中微量元素含量较高，尤其是磷、镁和硒的含量远远高于青豆、菜豆、豇豆和扁豆。蚕豆的维生素含量也较高，成熟蚕豆中B族维生素含量是其他豆类无法比拟的，而未成熟蚕豆则是维生素A和维生素C的上等来源。

第二节　杂粮粉的加工

杂粮是甘肃地区的一项优势资源，品种甚多，营养成分比例合理，且含有独特的保健因子。但是杂粮口感粗糙，适口性较差，含有抗营养因子，消化性较差，麦类杂粮粉的面筋含量低，这些特性严重制约了杂粮的消费。杂粮粉等混合谷物食品是顺应现代人们平衡膳食的营养需求而开发的，通常可强化多种矿物质和维生素，是营养强化剂的理想载体。杂粮粉的开发，为市场提供了健康安全与营养便捷的新食品，符合现代人的食品消费观，满足了食品食用方便化和风味多样化的消费趋势和需求，实现了"主粮粗细搭配"及"粗粮细吃"，加大谷物杂粮的开发和深加工力度，促进杂粮的高质化利用，对提高农产品附加值、带动农民增收，推动相关产业发展具有深远的意义。

一、加工工序

杂粮粉的加工工序：以各种杂粮为原料，选料→清理→调制→炒制→研磨→制粉。改善了产品适口性，提高了产品的商品率。

（一）选料

原料的选择是杂粮粉的加工中非常重要的工序，原料的粒度、种类等在后续的加工起到关键性的作用。原料进厂时应按照原料验收标准验收，经过检验合格后才能入库加工。

1.燕麦制粉

常见的主要商业产品有燕麦片和燕麦粉。由于燕麦的高油脂含量，在制粉时容易堵塞磨粉机，所以原料一般选择皮燕麦和裸燕麦。应选择纯度和均匀度高、蛋白质等营养成分含量丰富、充实饱满的燕麦。

2.荞麦

一般加工成荞麦粉。由于普通荞麦粉黏度大，加工性能差，口感粗糙，因此无论从制造工艺、营养平衡及适口性要求来说，荞麦加工一般与其他谷物粉搭配使用，因此荞麦原料一般选择蛋白质等含量丰富的原料即可。

3.大麦

一般加工成营养粉。大麦因秤壳不易剥离，不易制粉或制米食用，制粉一般选择裸大麦为原料，应该选择纯度和均匀度高、皮壳率低、蛋白质等营养成分含量丰富、充实饱满、外形浑圆、皮色浅淡的麦粒为原料。

4.高粱粉

高粱粉的加工精度要求很高，与其他谷类杂粮相比，高粱的杂质含量较多，所以加工前要认真清杂，以免影响加工功效，加工高粱粉时原料要选择纯度高、无杂质的高粱。

（二）清理

杂粮从田间收获到运输过程中，常常会混入各种杂质，在加工前应将各种杂质除去，否则，就会降低产品的质量，影响产品的加工效率，甚至影响安全生产。清理是杂粮加工和生产的主要环节。杂粮清理是利用粮食本身的物理性质，采用筛选、风选、相对密度分选、磁选等基本方法去除杂质的过程。清理的设备主要有初清筛、振动筛、密度去石机等。

1.大麦的清理

大麦的杂质主要有麦秸秆、尘土细沙、杂草等。这些杂质都会影响大麦的后续加工清理。大麦的清理方法主要有筛选、风选、磁选、表面处理等，大麦用的设备与小麦基本一样，主要设备有筛选机、滚筒或碟片精选机、风选机、去石机等，但大麦多皮壳，须按大麦籽粒的加工特性，改变筛孔的大小，调节与麦粒接触的机械部件的转速和间隙，防止物料流通线路的阻塞。

2.燕麦的清理

燕麦所含杂质主要是麦秸秆、尘土、细沙、铁性杂质、并肩石、荞麦、带颖燕麦、野生大燕麦等，燕麦的清理设备可以用大宗粮食清理设备，毛粮清理主要由筛理、去石、磁选、打麦、谷糙分离、燕麦处理、洗麦去石等设备组成，毛麦清理工艺的设计，主要参考了小麦的毛粮清理工艺和稻谷的谷糙分离技术，具体工艺如下：

提升机→高频振动筛→吸式去石机→提升机→磁选器打麦机→提升机→平面回转筛→谷糙分离筛→提升机→洗麦机→入仓润麦。

其中经谷糙分离筛分离出的带颖燕麦和野燕麦进入粉碎机（撞击磨）脱去颖壳后回打麦机的提升机。此工艺为了保证吸式去石机的去石效果，采用了单独风网。高频振动筛、平面回转筛、打麦机及4道提升机采用一组低压风网除尘。

（1）筛理设备：筛理设备中的第一道高频振动筛主要用来去除燕麦中的大型杂质和小型杂质，第二道平面回转筛主要用来去除第一道高频振动筛未完全去除的麦秸秆、小型杂质以及打麦机打下的麦皮、麦毛。特别要注意的是加强提升机、打麦机、平面回转筛的吸风，由于经过粉碎机（撞击磨）脱壳的物料会产生大量的麦毛、麦皮、颖壳及细粉，若不及时处理，将对后续设备产生不良影响。如洗麦机将产生大量的泡沫，不仅污染环境，还会使洗麦机难以发挥其洗麦去石的作用；谷糙分离筛因大量的杂质存在会降低谷糙分离效果。

（2）去石设备：吸式去石机主要用来去除燕麦中的并肩石，燕麦的品种不同，容重差异较大，所以要根据容重的大小决定使用的风量。

（3）打麦设备：燕麦质地比小麦软，为了防止燕麦在打碎过程中产生大量的碎粒对以后的制粉工艺过程造成不良影响，卧式打麦机应采用800r/min的转速作业，可以避免产生碎粒且能达到较好的去麦毛效果。

（4）谷糙分离筛：是制米生产设备，在大米的加工工艺中主要用来进行谷糙分离。谷糙分离筛利用物料的弹性差异原理，对物料进行碰撞摩擦而使谷糙分离。这里主要用来分离燕麦中的带颖燕麦和大燕麦，保证入磨燕麦的纯度。

（5）粉碎机：从谷糙分离筛分离出来的带颖燕麦和大燕麦约占原粮的10%~15%，在传统的燕麦粉加工过程中，这些物料全部被作为饲料。在新的清理工艺中，采用改造后的粉碎机处理这些物料，并将此部分物料返回清理系统再次清理，可提高原粮的利用率。通过试验，选用改造后的粉碎机，完全达到流量物料脱壳而不损伤籽粒的要求。

（6）洗麦机：洗麦机在此工艺中不仅有洗麦去石的作用，还有着水功能，通过调节，可以控制燕麦的着水量。入仓燕麦的着水量应为15%~17%，润麦时间应根据温度而定，一般为6~12h。

3.荞麦的清理

荞麦中的杂质主要有泥块、沙石、草和杂草种子等，其清理方法与其他粮食的加工清理工艺基本相同，即通过筛选、风选、去石、打击、磁选和精选，清除荞麦里的各类杂质和其他谷类杂质。荞麦的清理设备主要有初清设备、圆筒初清筛。筛选设备可选择平面回转筛和高效振动筛，一般设两三道筛选工序即可将其中的杂质清除干净，使含杂率降到1%以下。

（1）平面回转筛：利用电动机轴上下端所安装的不平衡重锤，将电动机的旋转运动转变为水平、垂直和倾斜的三次多元运动，再把这个运动传递到筛面，依靠筛面的强烈运动，分离出体积不同的物料与杂质，但当遇到湿度较大的物料时，容易发生起团现象而造成筛孔的堵塞。

（2）高效振动筛：具有独特的布料装置，能够科学地充分利用筛面。有独特的自清网结构，可以把堵网概率降至最低，从而达到工艺要求的精度和产量，而且检修工作简单易行。单台筛机可以同时获得2~4个不同颗粒等级的产物。

（3）垂直吸风分离机：根据不同形状、尺寸和质量的颗粒悬浮速度不同，可以把它们置于具有一定速度的上升气流中，即可出现上升、下降或者悬浮的运动状态，从而达到分离的目的。对物料质量相差较大的杂质有较好的分离效果。

4.高粱的清理

高粱清理与其他谷物清理基本相同，常用的清理方法有筛选、风选、去石、磁选等。筛选主要去除大、中、小杂质；风选主要去除轻杂以及皮壳类杂质；去石是除去沙、并肩石等杂质；磁选去除具有磁性的金属杂质。

筛选的设备主要有初清筛、振动筛、平面回转筛等。筛孔的配备应根据原粮的含杂质颗粒度差异来选配。风选主要依据物料间的悬浮速度的不同进行分离或除杂，常用设备有垂直吸风道、循环吸风分离器等。去石一般可采用吸式密度去石机、分级密度去石机。磁选设备主要有磁钢、永磁筒、永磁滚筒、平板磁选器等。

(三) 调质

杂粮加工的基本工序都是物理过程，不同的杂粮加工工艺对谷物的品质和水分要求也不同，为了使杂粮更适合加工，满足产品质量的要求，必须用适宜的方法对这些原料进行预处理，改善其加工性能，提高产品的品质。通过水热处理改善杂粮加工品质和食用品质的方法叫做杂粮的调质。杂粮调质的基本原理主要有三个方面，分别是根据杂粮的吸水性能、水热传导作用以及组织结构的变化而进行的。

1.杂粮的吸水性能

杂粮的吸水性能是进行杂粮调质的基础。由于杂粮各组成部分的结构和化学成分不同，其吸水性能也不同。胚部和皮层纤维含量高，结构疏松，吸水速度快且水分含量高，胚乳主要由蛋白质和淀粉粒组成，结构紧密，吸水量小，吸水速度较慢，因此，水分在杂粮各组成部分的分布是不均匀的。胚部水分最高，皮层次之，胚乳的水分最低。蛋白质吸水能力强（吸水量大），吸水速度慢，淀粉粒吸水能力弱（吸水量小），吸水速度快，故蛋白质含量高的杂粮具有较高的吸水量和较长的调质时间。调质处理时，应根据杂粮的内在品质和水分高低合理选择调质方法和时间。

2.水热导作用

杂粮是一种毛细管的多孔体，在这种毛细管多孔体中，水分的扩散转移总是由水分高的部位向水分低的部位移动，在热力的作用下，水分转移的速度会明显加快，这种水分扩散转移受热力影响的现象，称为水热传导作用。杂粮调质是利用水扩散和热传导作用达到水分转移目的的，水分的渗透速度与温度有着直线的关系，加温调质比室温调质更迅速、更有效。

3.组织结构的变化

调质过程中，皮层首先吸水膨胀，然后糊粉层和胚乳相继吸水膨胀。由于三者吸水先后、吸水量及膨胀系数不同，在三者之间会产生微量位移，从而使三者之间的结合力受到削弱，使胚乳和皮层易于分离。由于胚乳中蛋白质与淀粉粒吸水能力、吸水速度不同，膨胀程度也不同，引起蛋白质和淀粉颗粒之间产生位移，使胚乳结构变得疏松，脆性降低，便于破坏。杂粮的加工方式对调质时结构的变化要求不一，因此，应根据谷物加工要求选择调质设备和时间，使杂粮满足不同的加工要求。

（四）炒制

炒制是物料的熟化过程，一般燕麦等制粉加工时需要熟化，就是彻底α化的重要步骤，同时也起到灭菌的作用，通过这个过程物料可以完全熟化，并能快速降低酶的活性，减少酶的分解物，克服异味。熟化是杂粮粉生产工艺中的关键环节，它直接影响了产品的质量和口味。一般使用的设备是滚筒式炒锅和平底式炒锅。

（五）研磨

研磨主要是通过研磨设备将杂粮剥开，从麸片中刮下胚乳，并将胚乳磨成具有一定细度的粉，同时还应尽量保持皮层的完整，以保证杂粮粉的质量。

研磨的基本原理和方法与其他谷物研磨基本相同。

二、加工设备

杂粮加工设备主要有脱壳设备、粉碎设备、炒制设备、磨粉设备、杀菌设备和杂粮粉加工机组等。

（一）脱壳设备

脱壳就是从杂粮籽粒上除去颖壳的过程，是加工的重要环节。选用合适的脱壳机，对提高杂粮整仁率、减少破碎率以及保证籽粒的完整起着很重要的作用。

杂粮脱壳的主要设备有撞击脱壳机，其工作原理和稻谷加工用的离心砻谷机相似。杂粮进入中心进料口，在装有叶片的转子中加速后以较高的速度离开转子，冲向具有粗糙面或齿的撞击环，杂粮的颖壳被撕裂。杂粮常用的脱壳方法主要有挤压搓撕脱壳、端压搓撕脱壳、撞击脱壳三种。

1.挤压搓撕脱壳

挤压搓撕脱壳是靠一对相向旋转而速度不同的橡胶辊筒实现的，杂粮粒两侧受两个不等速度运动的工作面的挤压、搓撕而脱去颖壳。胶辊砻谷机是其典型的作业设备，其结构如图6-2-1所示。其工作部件是一对富有弹性的橡胶辊或聚酯

合成胶辊，两辊做相向不等速
运动，依靠挤压力和摩擦力使
杂粮壳破裂并与杂粮米粒分
离。两辊间的压力可以调节，
不同品种的杂粮需要的压力不
同，压力过大，会使杂粮米粒
变色、变脆，并缩短本来就有
限的辊筒寿命，一般地，每使
用100~150h就需要更换辊筒。

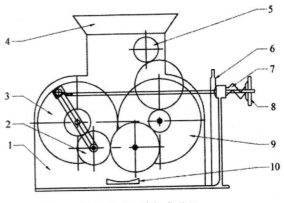

图 6-2-1　胶辊砻谷机

1.机架　2.中间齿轮　3.副胶辊　4.料斗　5.喂料滚轮
6.离合器　7.调压弹簧　8.调压轮　9.主胶辊　10.接料板

2.端压搓撕脱壳

端压搓撕脱壳是指杂粮粒长度方向的两端受两个不等速运动的工作面的挤压、搓撕而脱去颖壳的方法。砂盘砻谷机是其典型的作业设备，其结构如图6-2-2所示。它的基本构件是上下平行安置的2个砂盘，上盘固定、下盘转动，谷物在两盘间隙内受到挤压、剪切和搓撕等作用而脱壳。砂盘砻谷机的优点是结构简单，价格便宜，砂盘可自行浇注，但对杂粮米的损伤大，碎米率高，脱壳率低。

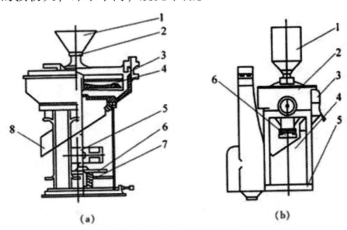

图 6-2-2　砂盘砻谷机

（a）1.进料斗　2.时料插板　3、4.金刚砂盘　5.垂直轴　6.轧距调节手轮　7.轴套　8.出口

（b）1.进料斗　2.砻谷部分　3.接料斗　4.谷壳分离器　5.机架　6.传动装置

3.撞击脱壳

撞击脱壳主要是利用原料和设备内撞击盘之间的撞击作用，达到皮壳分离的

目的。撞击式砻谷机是其典型的作业设备，其结构如图6-2-3所示。图6-2-3（a）是撞击式砻谷机中采用的一种铁制加速叶轮，叶轮上开有数条沟槽，外围是橡胶圆台状脱壳曲面板，叶轮回转速度为2000~3000r/min，杂粮从叶轮的中央部喂入，沿三片叶片加速运动，并与倾斜大约45°的橡胶脱壳曲面相撞击，使得杂粮壳开裂，内部杂粮籽粒在惯性力的作用下脱出杂粮壳。图6-2-3（b）是树脂材料制成的脱壳风机，杂粮在风机的壳体内被气流加速，靠杂粮与风机壳体内的聚氨酯橡胶槽相撞、滑移来实现脱壳。

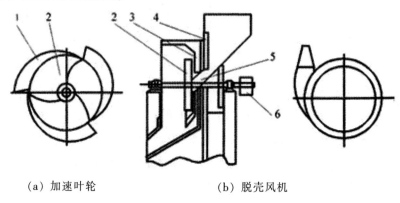

(a) 加速叶轮　　　　　　(b) 脱壳风机

图 6-2-3　撞击式砻谷机

1.防破碎板　2.加速盘　3.砻谷盘　4.透气孔　5.物料流入口　6.皮带轮

（二）粉碎设备

杂粮的粉碎是利用机械的方法克服籽粒内部的结合力而使其分裂到一定粒度的过程。根据对杂粮的施加破坏力的方法不同，杂粮的粉碎方式有挤压、弯曲、剪切、冲击、研磨等。

1.挤压

待粉碎的杂粮受到工作构件或杂粮间相互挤压，使杂粮由弹性变形、塑性变形直至压应力达到其抗压强度极限而被粉碎。这种粉碎方式只适用于脆性杂粮粒。颚式粉碎机是利用挤压方式的粉碎设备。杂粮制品中普遍使用的是辊式磨粉机，可将杂粮加工成片状物，如燕麦片。

颚式破碎机如图6-2-4所示，主要由机架、偏心轴、大皮带轮、飞轮、动颚、侧护板、肘板、肘板座、调隙螺杆、复位弹簧、固定鄂板、活动颚板等组成，其中肘板还起到保险作用。

颚式破碎机破碎方式为曲动挤压型，电动机驱动皮带和皮带轮，通过偏心轴使动颚上下运动，当动颚上升时，肘板和动颚间夹角变大，从而推动动颚板向定额板接近，与此同时物料被挤压、搓、碾等多重破碎；当动颚下行时，肘板和动颚间夹角变小，动颚板在拉杆、弹簧的作用下离开定颚板，此时已破碎物料从破碎腔下口排出，随着电动机连续转动，破碎机动颚做周期性的压碎和排料，实现批量生产。

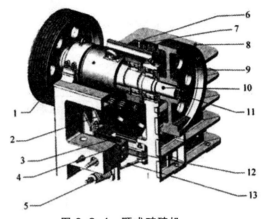

图 6-2-4 颚式破碎机

1.皮带轮 2.动颚 3.调整垫片 4.肘板座
5.锁紧弹簧 6.边板 7.固定颚板 8.机架 9.轴承
10.偏心轴 11.飞轮 12.肘板 13.拉杆

2.弯曲

待粉碎的杂粮承受到工作构件或杂粮间施加的弯曲作用，当物料内的应力达到物料的强度极限时被折断。这种方式常用来粉碎长或薄的较大块的脆性物料，一般粉碎率较低。

3.剪切

待粉碎的杂粮受到工作构件或杂粮间施加的剪切力作用，当物料受到的剪切应力达到杂粮粒的剪切强度极限时，杂粮沿着剪切力作用线的方向破裂，这是一种能耗较低的粉碎方式，可以粉碎韧性较好的杂粮。常配备齿辊的辊式磨粉机在粉碎杂粮时，剪切起到重要作用。

4.冲击

待粉碎的杂粮与工作构件或杂粮间以一定的相对速度发生撞击时，杂粮受到作用时间极短的冲击力而被破坏。冲击粉碎的适应性很强，既可以用于粉碎脆性杂粮，也可以用于粉碎有一定韧性的杂粮，同时从粗粉碎到超微粉碎都可以完成。锤式粉碎机和气流粉碎机都是利用冲击作用粉碎杂粮的。

（1）锤式粉碎机：如图6-2-5所示，锤式粉碎机主要是靠冲击作用来破碎物料的。物料进入锤式粉碎机中，遭受到高速旋转锤头的冲击而粉碎，粉碎了的物料，从锤头处获得动能，以高速冲向架体内挡板、筛条，与此同时物料相互撞击，受到多次破碎，小于筛条之间间隙的物料，从间隙中排出，个别较大的物料，在筛条上再次经锤头的冲击、研磨、挤压而破碎，物料从间隙中挤出，从而获得所需

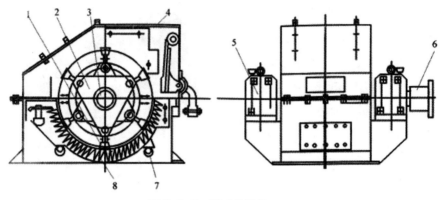

图 6-2-5　锤式粉碎机

1.锤头　2.三角转盘　3.轴　4.机壳　5.轴承座　6.联轴器　7.调整装置　8.筆条

粒度的产品。

（2）气流粉碎机：如图6-2-6所示，原料由文丘里喷嘴进入粉碎区，气流经一组喷嘴喷入不等径变曲率的O型循环管式粉碎室，加速颗粒使之相互冲击、碰撞、摩擦而粉碎。同时旋流还带动被粉碎的颗粒沿上行管向上运动进入分级区。在分级区离心力场的作用下，使密集的料流分流，细粒在内层经百叶窗式惯性分级器分级后排出，即为产品；粗粒在外层沿下行管返回继续循环粉碎。循环管的特殊形状具有加速颗粒运动和加大离心力场的功能，以提高粉碎和分级效果。

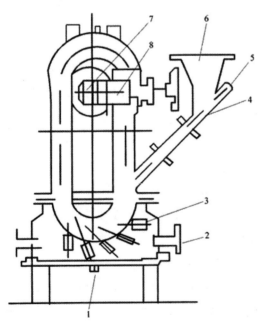

图 6-2-6　气流粉碎机

1.排水管　2.压缩空气进口　3.研磨喷嘴　4.推料喷嘴

5.压缩空气进口　6.原料进口　7.出口　8.导叶管

5.研磨

杂粮与工作构件或杂粮与杂粮表面之间在一定的压力和相对运动的条件下，杂粮表层受到剪切力的作用，当剪切力达到杂粮的剪切强度极限时，杂粮就被层层剥落而粉碎。辊式研磨机（图6-2-7）研磨燕麦、荞麦等物料时，配备不同的辊面参数和两辊线速度，就可以获得以剥开麦粒和刮下大颗粒胚乳为目的的前路皮磨、以刮净麸皮上残留的胚乳为目的的后路皮磨、以将麸皮与胚乳分开为目的的渣磨、以将胚乳研磨成粉为目的心磨等。

（三）炒制设备

炒制是燕麦、荞麦等制粉过程的关键工序，炒制的好坏直接影响成品的质量。其作用是将经过润麦后高达30%的水分降至6%~7%，使原料内部的酶灭活、淀粉糊化（α化），并产生风味物质；而且在这个过程中还能将原料籽粒表面的茸毛清除掉，增加杂粮粉的精度。常用设备有平底炒锅和滚筒式炒锅等。

1.平底炒锅

平底炒锅呈圆形平底状，装有搅拌装置，直接用火加热，结构简单，安装和操作方便，适于杂粮制粉的炒制过程。

平底炒锅主要由锅体、搅拌器和传动装置等部分组成，如图6-2-8所示。料坯进入锅体后，在搅拌器的作用下，不断地进行翻动和加热，加热后的料坯从出料门排出锅外。

2.滚筒式炒锅

通常燕麦的炒制用滚筒式炒锅，此机由电加热装置、旋转滚筒、机架等组成。它的工作原理是，滚筒内装有细沙，循环往复并不断被加热达到较高的温度。当燕麦等杂粮粉进入滚筒内就在加热的沙子里烘炒而得到熟化，在出料端与沙子分离，完成熟化的全过程。

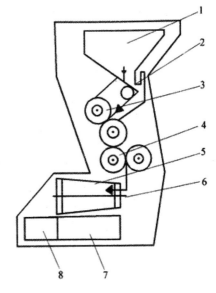

图 6-2-7　辊式研磨机

1.料仓　2.料层控制　3.前路皮磨
4.后路皮磨　5.圆筒　6.轴　7.产品　8.麸皮

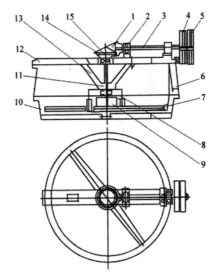

图 6-2-8　平底炒锅

1.小伞齿轮　2.轴承座　3.传动轴
4.滑动皮带轮　5.固定皮带轮　6.支架　7.刮刀
8.调节挿板　9.出料口　10.锅体　11.铜套
12.横梁　13.吊架　14.大伞齿轮　15.搅拌轴

单层的辊筒架在砌好的炉灶上，通过进行传动使滚筒转动，物料从筒中流过时被炒热，这种方式满足燕麦加工过程的连续性需要，而且用电直接加热，能够很好地控制炒制的温度和时间，其结构如图6-2-9所示。

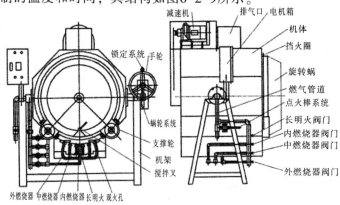

图6-2-9　滚筒式炒锅

3.炒制冷却设备

炒制冷却设备主要由蒸炒锅、冷却器等部分组成。蒸炒锅是油脂厂常用的一种设备，主要对油料起软化作用。蒸炒锅在这里主要是对燕麦进行熟化处理（炒熟），使燕麦籽粒膨胀，熟化后的胚乳利于剥刮处理，并改善燕麦粉的风味。由于从蒸炒锅出来的物料温度高（110℃~120℃），所以物料必须通过冷却器降温后才能制粉。

冷却器是用于颗粒冷却的一种设备，其工作原理是利用流动的冷空气通过物料带走大量的热量，以达到物料降温的目的。温度应降低至40℃以下。为了使入磨物料温度尽快降低，在物料从蒸炒锅进入冷却器、从冷却器进入净粮斗的输送过程中采用了气力输送。

（四）研磨设备

杂粮制粉机械主要设备是磨粉机，按结构可以分为圆盘式磨粉机、对辊式磨粉机、锥式磨粉机等，现代制粉常以辊式磨粉机为主要研磨设备，其次是撞击机。

1.圆盘式磨粉机

圆盘式磨粉机俗称钢磨，结构上主要由磨粉和筛粉两大部分组成，如图6-2-10所示。工作时，物料由进料斗慢慢流入机内，先在粉碎齿套和粉碎齿轮间初步粉碎，然后在动、静磨片之间受到磨片的压力以及由两磨片间的速度差造成剪切和研磨，而磨片表面的细齿又大大增强了这种剪切、研磨的能力。物料被挤压、剪切、研磨后成细粉进入筛粉箱过滤。面粉通过绢孔进入接面斗内，麸皮则由风叶输送到出麸斗。

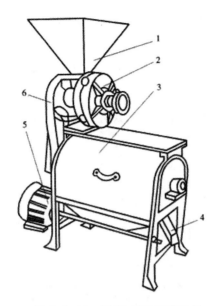

图 6-2-10 FMP-250 型磨粉机

1.进料斗 2.磨粉机 3.筛粉箱 4.出料口 5.电机 6.传动皮带

2.对辊式磨粉机

对辊式磨粉机与圆盘式磨粉机相比,磨粉质量好、生产率高、能量消耗少,可用于高粱等杂粮磨粉。其结构主要由传动、磨粉、机架和筛选等四部分组成,如图6-2-11所示。

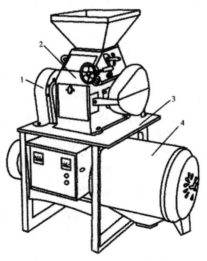

图 6-2-11 MFG—125 型对辊式磨粉机

1.传动部分 2.磨粉部分 3.机架部分 4.筛选部分

对辊式磨粉机工作流程如图6-2-12所示。对辊式磨粉机工作时,物料由进料斗通过流量调节板流到慢辊上,再由慢辊喂入快辊之间。物料进入快、慢辊后,一方面受两磨辊的压力被粉碎,另一方面由于两个磨辊转动速度不同,物料在两磨辊间被挤压、剪切、研磨成粉。被研磨的物料经出料斗送入原筛,细粉在风力和毛刷作用下,经筛网由出粉口流出。麸渣由圆筒一端的出麸口流出。由人工把麸渣再送入进料斗继续进行研磨。

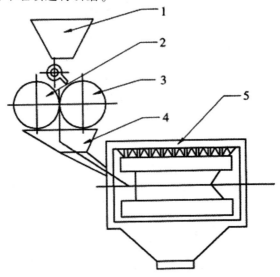

图 6-2-12　对辊式磨粉机的工作流程图

1.进料斗　2.快辊　3.慢辊　4.出料斗　5.圆筛

3.锥式磨粉机

锥式磨粉机的结构组成与圆盘式磨粉机基本相似,它们的区别在于一个是圆锥形磨头,一个圆盘式磨头。锥式磨粉机是能加工小麦、玉米等多种粮食的小型磨粉机,其主要由进料斗、磨粉部分、筛粉部分和机架等组成,如图6-2-13所示。工作时,物料慢慢地流入机体内,且由推进器将物料送入两个磨头的间隙里,一方面受磨头的挤压而粉碎,另一方面由于两个磨头转速不同而使物料在两个磨头之间反复挤压、剪切和研磨,研磨后的物料流入筛粉箱内进行筛选,细粉在叶轮风力的作用下,通过筛绢孔进入集粉斗内。麸皮则由风叶送到出麸口。

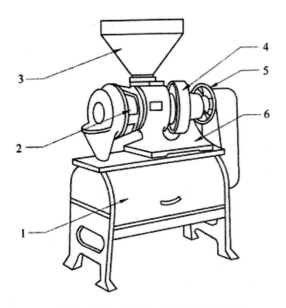

图 6-2-13　FMZ—21 型锥式磨粉机

1.筛选部分　2.磨粉部分　3.进料斗　4.皮带轮　5.调节手轮　6.机体

4.撞击机

根据撞击机相同的工作原理和不同的结构，撞击机可以分别用于杂粮清理流程、制粉流程和面粉的后处理工段。这里介绍的撞击机是用于清理流程中的撞击机。

撞击机主要由立式电机、进料箱、主轴、甩盘、撞击圈、锥形筒、散落盘、下料斗、吸风系统和机架组成，如图6-2-14所示。

撞击机的工作原理是，物料进入撞击机后，落在高速旋转的甩盘上，在甩盘离心力的作用下，获得一定的运动能量，使物料与甩盘间的销柱、物料与撞击圈、物料与锥筒、物料与物料之间发生高速碰撞和摩擦，从而

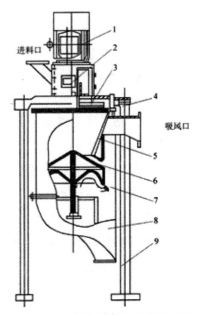

图 6-2-14　DMZ 型撞击机结构意图

1.立式电机　2.主轴　3.甩盘　4.撞击圈

5.锥形筒　6.散落盘　7.吸风系统　8.下料斗　9.机架

将黏附在表面、嵌入麦沟中的泥沙和麦毛等杂质撞下，撞下的轻杂和灰尘由吸风系统吸出，从而达到清理物料的目的。撞击机的工艺效果取决于甩盘的转速、撞击圈上金刚砂的粒度、销柱的耐磨性等。

（五）筛理设备

筛理是谷物制粉过程中很重要的作业工序，其目的在于把制粉过程中的中间产品混合物按粒度大小进行分级，并筛出面粉。筛理的设备主要是平筛和圆筛，常用的平筛有高方平筛、单（双）仓平筛、挑担平筛等。挑担平筛是老式的筛理设备，由于存在筛格大而笨重、更换筛格困难、容易串粉等缺点，目前的面粉厂很少使用。双仓平筛筛格层数少，筛理面积小，分级种类较少，因而多用于小型机组或充当面粉检查筛。目前面粉厂使用的筛理设备绝大多数为高方平筛。常用的圆筛主要为振动圆筛，振动圆筛的筛理面积小，分级种类少（只能分为筛上物和筛下物），但在打板的配合下，筛理作用较强，因而振动圆筛一般只用于筛理黏性较大的吸风粉和打麸粉。

1.高方平筛

（1）筛箱及筛格：高方平筛的筛箱有若干个独立的工作单元，每个单元称为1仓，有4仓式、6仓式和8仓式等。

高方平筛筛格呈正方形，每仓平筛中可叠加20~30层。筛格四周外侧面与筛箱内壁或筛门形成有4个可供物料下落的狭长外通道，每仓筛顶部都有1~2个进料口，物料从顶格散落于筛格的筛面上，物料经连续筛理分级后落入底格的出口。

PG型平筛筛格尺寸为628mm×628mm，有些筛格已增大至740mm×749mm。

（2）筛格的压紧装置：

①垂直压紧：每仓平筛顶格的左右两侧设置有两套调节螺杆，螺杆固定在筛架上，可通过专用扳手转动。螺杆的两端分别设有左旋、右旋螺纹，转动螺杆可使滑块螺母相向靠拢或相互背离。滑块斜置于筛顶格侧面的斜滑槽内，随着滑块螺母的不断移动，滑块在滑槽内做相对滑动。当滑块靠拢时，筛顶格升起；滑块分开时，筛顶格下压。两滑块产生的水平分力相互抵消，垂直合力向下压紧筛格。

②水平压紧：筛格里侧两个角卡在筛箱后部的立柱中，两侧卡在箱体外侧两边的立柱间，靠筛门一侧进行水平压紧。

（3）筛体悬挂装置：高方平筛通过两侧大梁上固定的吊杆悬挂在上方的槽钢上或梁下。常用的吊杆有藤条、玻璃钢和钢丝绳。钢丝绳只起保险作用，不承受重量。藤条具有较大的强度和较好的弹性，是理想的吊装材料，但资源少且价格昂贵。

（4）传动装置：高方平筛的传动装置安装在两筛箱中间的传动钢架上。电动机通过皮带传动带动主轴旋转，主轴上固定有可调节的偏重块，偏重块旋转所产生的离心惯性力使筛体回转。目前使用的高方平筛传动装置中的偏重块主要有两种形式，一种为双偏重块形式，另一种为单偏重块形式。

2.双筛体平筛

双筛体平筛由两个筛体组成，筛体通过吊杆悬挂在金属结构的吊架上，吊架固定于地面上，两筛体中间设有电机和偏重块，增减偏重块的质量可调节筛体的回转半径。每个筛体可叠加6~10层筛格，筛格直接叠置在筛底板上，没有筛箱，靠四角的四个压紧螺栓及手柄将其压紧。

筛格尺寸为830mm×830mm或1000mm×1000mm。由于筛格较大，为使筛下物迅速排出，筛下物可从两边同时下落且收集底板从中部向两侧稍微倾斜。双筛体平筛筛格层数较少，筛路简单，体积较小，安装方便，多用于面粉检查筛和小型粉厂的筛理分级。

3.振动圆筛

圆筛主要用于处理黏度较大的吸风粉和打麸粉，主要以立式为主。立式振动圆筛的主要构件为吊挂在机架上的筛体。筛体中部是一打板转子，外部为圆形筛筒。转子主轴的一层装有偏重块，可使筛体产生小振幅的高频振动。打板转子圆周均布有4块条形打板，并向后倾斜一定的角度，打板上安装有许多向上倾斜的叶片，叶片呈螺旋状间隔排列。物料自下方进料口进入筛筒内，在打板的作用下甩向筛筒内表面，细小颗粒穿过筛孔，从下方出口排出，筒内物料被逐渐推至上方出料口。

（六）清粉设备

在制粉工艺中，清粉所用的设备为清粉机，在生产高等级玉米糁和玉米粉的工艺中，经常使用清粉机提纯物料。

1.清粉机的工作原理

利用筛分、振动抛掷和风选的联合作用，将粗粒、粗粉混合物进行分级。清粉机筛面在振动电机的作用下做往复抛掷运动，落在筛面上的物料被抛掷向前，气流自下而上穿过筛面和料层，对抛掷散开的物料产生一个向上的、与重力相反的作用力，使物料在向前推进的过程中，自下而上自动分层。

2.清粉机构成部件

（1）喂料机构：清粉机的喂料机构固定在筛体上，跟随筛体一起振动。振动进料口与固定于机架上的进料筒柔性连接。物料由进料室流经喂料室，聚集于喂料口，又经喂料口开口落在筛面的头端。喂料口开启的大小可通过调节板位置的上下移动进行调节，使物料沿筛面均匀分布，同时可控制筛面上的物料流量。

（2）筛体：清粉机的机架中有两个结构相同的筛体，每个筛体中有2~3层筛面。每层筛面有4个筛格，通过挂钩相互连接，筛格以抽屉式卡在筛体两侧的滑槽内，可从出料端逐个连续抽出或逐个连续装入，出料端锁紧。清粉机的筛体由4个空心橡胶弹簧支撑。每个筛体在进料端下方各固定有1台振动电机，电机与筛体一起振动。

（3）筛格：清粉机的筛格宽度有30mm、46mm和50mm等几种规格，长度均为50mm。筛格框架由铝合金制成，中间装有两条承托清理刷的导轨。筛框的4个外侧面有绷紧筛网的沟槽，当筛网张力减小时，可连续进行2~3次绷紧，并可迅速更换筛网。清粉机筛面一般采用刷子进行清理。

（4）出料装置：清粉的出料端固定有筛上物出料调节箱。3层筛面清粉机的出料调节箱下方一般设有3根输料管，每层筛上物各对应1根料管。

（5）风量调节机构：清粉机的风量调节机构由吸风室、吸风道和总风管3部分组成。清粉机筛面上方的空间划分为16个吸风室，吸风室隔板下边离筛面距离为28~30mm。每个吸风室与吸风道之间有调节插板，用以调节各段筛面上升气流的风速。

3.清粉机

以FQFD46×2×3型清粉机为例，它具有双筛体3层筛面，筛体采用振动电机传动，空心鼓形橡胶弹簧支撑筛体及旋流式吸风道。当其工作时筛体做直线抛掷振动，筛体前端料层厚，抛掷角范围大，后端料层薄，抛掷角范围小。此机产量较高，所需风量较大，吸风阻力较大。

（七）干燥杀菌设备

杀菌是食品加工中的主要作业工序，杀菌的目的是杀死食品中致病菌、腐败菌及破坏食品中的酶活性，使食品在特点的环境条件下有一定的保质期，保护食品的营养成分和风味。在杂粮制粉的工艺过程中，一般原料的熟化蒸煮、烘炒和干燥过程也有杀菌灭酶的作用。杂粮粉的干燥杀菌可使杂粮干燥，水分含量较低，有效地防止微生物在杂粮产品中的繁殖，使杂粮粉便于储存和提高杂粮粉食用方便性。常用干燥杀菌的设备有喷雾干燥设备、振动流化床干燥机和隧道式烘干机等。

1.喷雾干燥设备

喷雾干燥是采用雾化器将原料液分散为雾液，且用热气体（空气、氮气或过热水蒸气）干燥雾滴而获得产品的一种干燥方法。喷雾干燥的目的是使杂粮的水分降低，从而防止微生物繁殖。将料液分散为雾滴的雾化器是喷雾干燥的关键部件，目前常用的有三种雾化器。

（1）气流式雾化器：采用压缩空气或蒸汽以很高的速度从喷嘴喷出，靠气液两相间的速度差所产生的摩擦力，使料液分裂为雾滴。

（2）压力式雾化器：用高压泵使液体获得高压，高压液体通过喷嘴时，将压力能转变为动能而高速喷出使料液分散为雾滴。

（3）旋转式雾化器：料液在高速转盘中受离心力作用从盘边缘甩出而雾化。

2.振动流化床干燥机

普通流化床干燥机在干燥颗粒物料时，一般会存在以下问题：当物料颗粒粒度较小时形成沟流或死区；颗粒分布范围大时夹带会很严重；由于颗粒的返混，物料在机内滞留时间不同，干燥后的颗粒湿度不均；物料湿度较大时会产生团聚和结块现象，而使流化恶化等。为了克服上述问题，出现了数种改型流化床，其中振动流化床就是一种较为成功的改型流化床。振动流化床是将机械振动施加于流化床上。调整振动参数，使返混较重的普通流化床在连续操作时能得到较理想的活塞流。同时，由于振动的导入，普通流化床的上述问题会得到较好的改善，一般杂粮粉加工中，营养杂粮粉的加工会使用流化床干燥机干燥产品。对流型振动流化床工作时，由振动电机或其他方式提供的激振力，使物料在空气分布板上跳跃前进，同时与分布板下方送入的热风接触，进行热介质传递。下箱体为床层提供了一个稳定的具有一定压力的风室。调节引风机，使上箱体中床层物料上部保持微负压，维持良好的干燥环境并防止粉尘外泄。空气分布板支撑物料使热风分布均匀。

操作时，物料经过给料器均匀连续地加到振动流化床中，同时，空气经过滤后，被加热到一定温度，由给风口进入干燥机风室中。物料落到分布板上后，在振动力和经空气分布板的热气流双重作用下，呈悬浮状态与热气流均匀接触。调整好给料量、振动参数和风压、风速后，物料床层形成均匀的流化状态。物料粒子与热介质之间进行着激烈的湍动，使传热和传质过程得以强化，干燥后的产品由排料口排出，蒸发掉的水分和废气经旋风分离器回收粉尘后排入大气。

3.隧道式烘干机

隧道式烘干机是利用热风循环烘干食品包装袋（罐）表面的水分。它能适用于流水生产线上，也可单机使用。该干燥机由鼓风机、风道、热交换器、隧道式炉膛、网带输送链、电磁调速电动机、减速器、测温、控温仪表、电控箱等部分组成。

三、制粉实例

（一）燕麦粉的加工

燕麦制粉是生产燕麦食品的基础和前提，现代化的燕麦制粉技术主要参考小麦的制粉技术。但是燕麦磨粉与小麦不同，这是因为燕麦脂肪和蛋白质含量高、质软，直接入磨会挤压成饼，影响出粉率和面粉质量，在制粉时容易堵塞磨粉机，很难筛理，这是妨碍制粉的主要因素。燕麦制粉需先炒至七八成熟再入磨。工业化的燕麦制粉主要由清理、炒制冷却和制粉三部分组成。燕麦粉产品包括去掉麸皮的燕麦精粉和含有麸皮的燕麦全粉。燕麦粉是燕麦加工的初级产品，作为保健食品、功能性食品、休闲食品和饮料等食品的原料，可以进行深加工，如生产燕麦面包、燕麦方便面和燕麦生物乳等。但是由于燕麦中的蛋白质不能形成面筋网络结构，因此在做燕麦面包和燕麦馒头等产品时，燕麦粉只能作为配料添加。

1.传统制粉工艺

传统工艺的燕麦制粉产量都较小，清理时主要是人工方式。在制粉过程中除了增加炒制工艺外，其余的工艺与小麦制粉基本相似。炒制的目的是使燕麦中的脂肪酶、脂肪氧化酶失活，降低水分含量，同时产生一种特殊的炒麦香味。

（1）生产工艺：

燕麦籽粒→清理→洗麦→润麦→炒制→清理→研磨→成品。

（2）操作要点：

①洗麦：与小麦制粉一样，燕麦必须经过洗麦，除去麦沟及其表面的杂质并使籽粒吸收一定的水分。燕麦形状长、籽粒较软，必须使用转速低、具有一定斜度的滚筒将水分甩出。

②润麦：燕麦经过洗麦机后需要润麦才能进行后续的加工程序，获得良好的

食用品质。通常润麦后，小麦的表皮变得富有弹性和韧性，互相之间不黏边；而燕麦表皮吸水后，颗粒之间很容易发生粘连、结成块状，容易造成堵机。一般情况下，燕麦被甩干水分后，先放在地面"粉"一段时间（20min）后再入润麦仓经过18~24h的润麦进入下一道加工工序。

③炒制：炒制是燕麦制粉过程的关键工序，炒制的好坏直接影响成品的质量。其作用是将经过润麦后高达30%的水分降至6%~7%，使燕麦内部的酶灭活、淀粉糊化，并产生麦香味；而且这个过程中还能将燕麦籽粒表面的绒毛清除掉，增加面粉的精度。燕麦炒熟后要求色泽均匀，白中透黄，酥而脆，不能出现生或焦的现象。

2.燕麦现代制粉工艺

（1）生产工艺：

毛粮清理→净粮清理→炒制冷却→制粉。

（2）操作要点：

①毛粮清理阶段：主要清理燕麦中秸秆、尘土、细沙、铁性杂质、野生大燕麦等，所以清理主要由筛理、去石、磁选、打麦、谷糙分离、燕麦处理、洗麦去石等组成。

第一，筛理时先使用高频振动筛，主要除去原粮中的大型杂质和小型杂质，接下来用平面回转筛去除第一道高频振动筛未完全去除的麦秸秆、小型杂质、麦皮等。要加强提升机、打麦机、平面回转筛的吸风，因为经粉碎机脱壳的物料会产生大量的麦毛、麦皮及细粉，如不及时处理，将对后续设备产生不良影响。

第二，去石时主要用去石机去除燕麦中的并肩石。燕麦的品种不同，容重差异较大，所以要根据容重的大小决定使用的风量。容重越大，选用的风量应随之加大。

第三，燕麦质地比小麦软，用手就能碾碎。为了防止燕麦在打麦过程中产生大量碎粒，打麦时使用卧式打麦机采用低转速（800r/min）运行，在此转速下燕麦不会产生碎粒，也可以达到很好的去除麦毛的效果。

第四，谷糙分离筛本是制米生产的设备，用在此处主要用来分离燕麦中的带颖燕麦和大燕麦，保证入磨燕麦的纯度。

第五，从谷糙分离筛分离出来的带颖燕麦和大燕麦占原粮的10%~15%，在传统的燕麦粉加工过程中，这些物料全部被用作饲料，在新的清理工艺中，使用粉碎机处理这些物料，并将这部分物料返回清理系统再次清理，可提高原粮的利用率。

第六，洗麦机在此工艺中不仅有洗麦去石的作用，还有着水功能，通过调节，可以控制燕麦的着水量。入仓燕麦的着水量应在15%~17%，润麦时间应根据温度而定，通常为6~12h。

②净粮清理阶段：净粮清理的工艺为润麦仓→卧式绞龙→提升机→磁选器→打麦机→平面回转筛。在净粮清理过程中难免有一些铁性杂质混入，为保证下一道设备的安全，必须设磁选器。

③炒制冷却阶段：炒制冷却主要由蒸炒锅、冷却器等部分组成。蒸炒锅是油脂厂常用的一种设备，主要对油料起软化作用。蒸炒锅用在此处主要是对燕麦进行熟化处理（炒熟），使燕麦籽粒膨胀。熟化后的胚乳利于剥刮处理，并改善燕麦粉的风味。由于从蒸炒锅出来的物料温度高（110℃~120℃），所以物料必须通过冷却器降温后才能出粉。冷却器是饲料行业用于颗粒饲料冷却的一种设备，其原理是利用流动的冷空气带走物料的大量热量，以达到物料降温的目的。通常物料的温度应降低至40℃以下。

④制粉阶段：制粉工序主要由研磨、筛理两大部分组成。燕麦在研磨时选用优质单边磨作为研磨主机，铝合金双仓平筛作为筛理设备，对燕麦进行分层剥刮。燕麦粉在筛理过程中容易堵塞筛孔，不易筛理，所以采用皮、心、粉混筛，利用麦皮清理筛面，使燕麦粉易于筛理。除筛粉外，还将燕麦皮分为大麸皮、中麸皮、小麸皮，根据需要，通过操作调整，可以得到不同出率麸皮。

（二）荞麦制粉的加工

荞麦在作为烘烤食品及挤压食品以前，必须将其制成粉。荞麦的制粉过程与小麦制粉过程有相似之处，可以直接带皮粉碎，也可以先脱皮，制成荞米，再用荞米制粉。传统的制粉方法采用的是将荞麦果实经过清理后直接入磨制成粗粉的加工工艺，所得产品是健康食品，但是荞麦粉的皮层含量高，面粉质量差。新的制粉工艺是将荞麦果实脱壳后分离出种子入磨制粉，此种方法制得的荞麦粉质量好，国际上均已采用。将种子皮破碎后，分出渣和芯，渣进入渣磨，芯进入心磨，制粉原理和小麦制粉基本相同，但粉路较短。脱壳后的荞麦和皮进入振动筛，以便分离出外壳和荞麦种仁，外壳筛出，进行打包。小颗粒及粗粉进入下一道心磨继续研磨，然后经过检查筛，麸皮筛出，打包。这种方法生产的荞麦粉不仅细度高，并且产品种类多，为人们的选择提供了多样性。

1.荞麦粉的加工

（1）原料：荞麦种子或荞麦米。

（2）生产工艺：原料→清理→水分调节→脱壳→分级→脱皮→粉碎→筛理→成品。

（3）操作要点：

①荞麦原料的粒度差直接影响脱壳效果，如荞麦粒度差别大，可采用分粒加工。清洗工序采用"三筛、一打、一清洗、一去石"工艺，即经过高频振动筛、吸式去石机、磁选器、打麦机、平面回转筛、谷糙分离筛、洗麦机、入仓润麦、磁选器、平面回转筛等设备得到净荞麦。

②水分调节是荞麦制粉的关键工序，水分高利于增加皮层纤维的韧性，防止皮层过度破碎而影响荞麦粉的质量；同时又不能使荞麦胚乳水分过高，以免降低胚乳强度及增加成品水分含量。一般工艺条件下，荞麦水分含量17%~19%，润麦15~20min，必要时可采用喷雾着水装置，以确保较高的脱壳率。

③荞麦的脱壳率不仅受荞麦水分高低的影响，而且还受脱壳设备胶辊轧距、硬度、速差等诸多因素的影响。通过脱皮工序，可以防止荞麦壳混入面粉成品中，从而大大地降低荞麦粉中重金属及灰分的含量，提高荞麦粉的精度和食用品质。根据工艺要求，一次脱壳率保持在70%~80%。

④如对荞麦粉白度有特殊要求，可在现有的工艺流程中增加漂白处理装置。

2.苦荞营养麦片

（1）原料：荞麦粉、麦片。

（2）生产工艺：原料→预处理→调浆→糊化→干燥→粉碎→混合→计量装包→装箱→成品。

（3）操作要点：

①原料检查：原料进厂时按原料验收标准验收，经检验合格才允许入库和使用。对粉料，其细度应在100目筛网的通过率为80%，因为细度会影响搅拌时的胀润，直接影响预糊化和原料的利用率。

②原料预处理：称取粉料加入干粉搅拌机充分混合均匀，混合时间约20min。称取增稠剂加适量水，在高速搅拌机中以1400r/min打至无粒状物即可，时间约10min。

③调浆：调料槽中放入定量水，开动搅拌，边搅拌边加入已混匀的粉料和浆料。为提高原料吸水胀润效果，搅拌用水以35℃温水为宜，搅拌浓度以浆料具有

一定黏稠度和较好流动性为宜，加水量控制在原料的60%~70%，搅拌时间10~15min，均匀后将浆料泵进胶体磨使浆料细化均匀，备用。

④糖化预糊化：当浆料输送至蒸汽辊筒干燥机储料槽积累到一定量时，干燥机表面温度通常在140℃以上，即产生糖化和预糊化反应。

⑤辊筒干燥：这是生产中最关键的工序，它直接影响成品的色香味形和干燥效果。操作的要领是掌握好转速与温度之间的关系，干燥时蒸汽压力控制在0.4~0.5MPa，滚筒转速为1~1.33r/min。根据麦片颜色深浅，调整转筒速度，如深则调快，浅则调慢。烘烤后麦片应厚薄均匀，色泽呈浅棕黄色，对个别烤焦麦片应及时拣除掉。

⑥粉碎：先在输送带上挑出有黑点、焦黄、焦黑的麦片，将大的进行碎化处理，麦片经输送带送至细碎机细碎，细碎机筛网有5目和10目以供选择。

⑦搅拌混合：称取白糖、植脂末倒入干粉搅拌机中，搅拌至粉、片均匀，时间4~5min，混匀后放入储料桶中备用。

⑧计重装包：内包装采用定量机包装，包装要求封线平直均匀、封口紧密、质量准确，包装中应经常校准包装机。单包重量控制在30±0.5g，平均质量≥30.0g。外包装用激光喷墨机将日期打好，然后每袋装入20小包。

（三）大麦制粉的加工

大麦粉是将裸大麦经研磨制成的粉状物。大麦粉同时是大麦米切断工序和磨光工序的副产品。将大麦米蒸汽处理后再磨成粉，添加微生物和矿物质，可制成婴儿方便食品和特种食品。大麦粉可作为焙烤食品的原料。如在英国、韩国，在小麦粉中掺入15%~30%大麦粉制作面包，有特殊风味。在瑞典，将丁香粉、燕麦粉搭配掺和在大麦粉中，用来焙烤成薄烤饼。在中东地区，大麦粗粉被广泛单独食用，或同蔬菜，或同肉配合食用。大麦粉经挤压、膨化、粉碎后再加工成即食膨化粉，可作为老年人的健康食品。大麦粉可制作高纤维面条，以改善面条煮后易断、易糊、口感粗糙等缺点。大麦粉还可以蒸馒头、包饺子、烙饼等。大麦粉有不同的加工方式。皮大麦一般经脱壳制成大麦米后再制成粉，裸大麦可用来直接制粉，也可以制成大麦米后再制成粉。主要的生产产品有大麦粉（片）和大麦膨化粉，以下对其生产工艺进行简要介绍。

1.大麦粉（片）

（1）生产工艺：大麦原料→清理→脱壳、颖果分离→碾皮→研磨筛理→碎麦→加水→蒸烘→压片→烘干→调味→包装→成品。

（2）操作要点：清理采用小麦加工的常规设备，脱壳和颖果分离采用燕麦片加工设备，碾皮采用卧式或立式砂辊碾米机。研磨筛理采用"1皮、1渣、4心"工艺，碾皮后制粉。大麦粉质量好，需要时可生产珍珠状大麦米。需制取大麦片时，用精碾大麦米或经"1皮"破碎后的碎麦通过水热处理后压片，干燥后水分为10%~16%。

2.大麦膨化粉

大麦膨化粉是原糊粉类食品，按照其工艺与配料可以分为纯麦型、混合型、保健型和代乳型等几种。

纯麦型，是以大麦为主料，加上15%的蔗糖或者按照蔗糖与甜味倍数的计算，可用甜味剂代替10%的蔗糖，制成低糖型。常常当作早餐冲调食品或其他原料的半成品。

混合型，是以大麦米和其他豆类、谷物等混合物料为主料，再添加其他辅料。产品用途同纯麦产品。

保健型，是在纯麦型和混合型基础上，配有具有保健作用的米仁、百合、茯苓等食药兼用的物料以及人体必需的矿物质、维生素、氨基酸或其他营养强化剂。其产品常常作为营养保健食品和调节人体某些生理功能的功能性食品。

代乳型，是在纯麦型和混合型基础上，添加婴幼儿生长发育所必需的营养成分和矿物质、维生素或其他营养强化剂。其产品常常作为婴幼儿冲调食品或用作加工婴幼儿食品的原料半成品。

添加了多种天然营养素、无合成色素和合成食品添加剂等并利用膨化技术生产的大麦粉，是儿童、老年人良好的营养保健粉，亦是家庭早餐方便辅食，且价廉质高，符合众多家庭消费水平。

（1）生产工艺：大麦或大麦粉→拌和混合→进机膨化→膨化颗粒→粉碎→膨化粉→配料→混匀筛粉→干燥杀菌→无菌冷却→计量包装、抽样检验→成品。

（2）操作要点：原辅料必须符合国家颁布的各类原辅料的质量标准和卫生要求。配方选定应具有针对性，符合营养平衡的科学计量配方。物料清理，须按各类物料的加工特性，如玉米籽粒需要去皮、提胚和精制。物料粉碎后的粒度粒径为1~3mm。芝麻颗粒较小，须单独炒制后与膨化颗粒混合后一起粉碎。蔗糖预先粉碎过80目筛，在70℃温度下烘1.5h，随后和入膨化粉中。用量较少的调味配料或营养强化剂，为使和入均匀，须先与少量糖粉或膨化粉和匀后再加入，如鱼肝油胶丸，须溶入熬制后冷却至70℃以下的豆油中然后和入。膨化原料中的水分含量是否合适，是膨化加工能否顺利进行的关键之一。主料控制水分以12%~17%为宜。水分高，膨化温度下降，熟化达不到要求，产品质地粗糙；水分低，膨化温度过高，颗粒色泽焦黄还有苦味。膨化颗粒水分为8%~10%，产品水分低于5%，才能具有良好的保存性。膨化物料颗粒粒度要适宜，为16~30目。膨化操作时，物料进机均匀、机速适中，停止或生产结束时，须及时把机内的物料清刷干净，以免物料冷却后在机内堵塞。

膨化后产品颗粒度为100~150目。应注意控制搅拌匀质机的转速和运行时间，以便充分均匀地混合物料。产品水分含量应小于5%。

（四）高粱粉的加工

1.高粱干法制粉

高粱干法制粉分为高粱全籽粒制粉和高粱米制粉。前者与小麦制粉方法相同，此法加工的高粱面出粉率较高，但食味较差且不易消化，主要是由于高粱果皮中含有的丹宁没有去除干净导致。丹宁妨碍人体对蛋白质的消化吸收。据研究，不去皮的红高粱面消化率为18.6%，去皮的高粱米粉消化率为53.1%。后者是将高粱籽粒先加工成高粱米，之后再将高粱米加工成高粱粉。此法所得高粱粉质量好，但出粉率低，一般在85%以下。上述两种干法加工的高粱粉均不如湿法加工的高粱粉质量好。

干法制粉的目的是尽可能将胚乳、胚、皮层分离，并获得尽可能多的胚乳。而胚乳又可根据市场的需要加工成高粱渣、高粱粉或其他形式的产品。干法制粉工艺主要包括清理、着水润粮和制粉三部分。

（1）清理：与高粱碾米工艺中的清理相同，主要目的是为了去除原料中的各种杂质。

（2）着水润粮：与小麦制粉着水、润麦一样，目的是为了增加皮层的韧性，削弱皮层与胚乳的结合力，降低胚乳的强度，使胚乳结构松散，便于研磨制成各种粒度的产品。实际生产中，应根据原粮的水分高低，通过控制加水量和润粮时间，调整高粱的加工水分。较适宜加工的物料水分含量为17%~18%。

（3）研磨制粉：高粱的制粉有剥皮制粉和带皮制粉两种。剥皮制粉工艺是先脱皮后再制粉，其特点是胚乳较纯净，制粉工艺较简单，制粉所用设备较少等。而带皮制粉则是将未经脱皮的高粱籽粒直接进入研磨系统研磨制粉，因此研磨筛理所用设备较多，制粉工艺相对较复杂。

2.湿法制粉

相比较于干法制粉工艺，湿法制粉的调质处理方法不同。湿法制粉工艺中高粱的调质处理是采用水热处理方法，即热煮、润仓热焖工艺，一方面可以增加皮层的韧性，削弱皮层与胚乳的结合力，利于制粉，另一方面可以减少高粱中丹宁和红色素的含量，利于食用和人体消化。

（1）生产工艺：高粱籽粒→除杂组合筛→脱壳机→吸风分离器→清杂筛→洗粒机→热绞龙→圆筒仓→溜筛→净粒→制粉→烘干。

（2）操作要点：高粱籽粒先进入第一道筛和除杂组合筛，去掉杂质和沙石，再进入脱壳机和吸风分离器将高粱壳分开，然后进入清杂筛再次清理，清理之后的净粒进入SR-4型洗粒机进行淘煮和甩干。经水煮50s后，进入热绞龙加热蒸炒30min，进入5个铁皮圆筒仓润粒，再进入溜筛除余杂，最后通过风运入磨。入磨水分21%~23%，温度40℃左右。经过这样的加热热水处理，高粱籽粒的皮层和胚乳容易分离，皮层不易破碎，有利于加工。籽粒洗得干净，还可溶解部分丹宁和色素，也可使淀粉糊化，食用时绵软可口。

制粉的主要设备有500型和150型磨粉机，4×12挑担式平筛各两台，采用"2皮2心"的粉路。磨辊排列速比为2:1，齿角为40°或70°。大皮磨2次，小皮磨3次。筛绢前粗后细，采用56~72GG。这样的制粉工艺能使红皮和丹宁含量减少，高粱面白而细。高粱淀粉的很多性状与玉米淀粉相似，但高粱淀粉颗粒的平均直径比玉米稍大一些。

烘干有利于面粉和糠的保管，湿法制粉一般采用气力烘干设备进行烘干。

（五）薏米制粉的加工

薏米含有多种维生素、矿物质、氨基酸等成分，有很高的营养价值和药用价值。但是薏米较难煮熟，如果将其磨成粉，使之吸收水分，再与其他米类一起蒸煮就很容易熟了。薏米粉中含有水溶性膳食纤维，可以降低肠道对脂肪的吸收，从而降低血脂。薏米粉可以搭配其他谷类食物熬粥食用，制成的薏米粉添加面粉、糖、油脂、水等辅料可以做成薏米韧性饼干。现在薏米粉还有一个比较流行的用法，就是搭配荷叶粉制作面膜，有美白的作用。

1.速溶薏米粉

（1）生产流程：薏米筛选→烘焙→破碎→浸提→浸提液冷却→澄清→混合→

浓缩→喷雾干燥→出粉→冷却、过筛→薏米粉→感官评价。

（2）操作要点：

①筛选：要求除去有霉斑和脱壳不完全的籽粒及残留壳、沙粒、草棍等杂质。

②烘焙：将薏米烘焙至出现焦糖色即可，烘焙条件根据所用设备、原料处理量不同而灵活掌握。通常可在180℃~250℃下搅拌维持15~25min。

③破碎：原料烘焙后破碎成2~4瓣，挤成粉末。

④浸提：原料破碎后，装入带有过滤机的浸出罐中，先用0.29~0.69MPa的压力将水蒸气从底部压入罐内，待薏米被蒸汽湿润后，将水蒸气从灌顶部排出。连续进出蒸汽数次后，注入适量热水，关闭排气阀门，保持100℃以上的温度，压力为0.29~0.69MPa。蒸汽压维持一定时间，过滤分离出液体，多次进行减压放气处理，除去挥发性化合物，然后放出部分浸出液。再加入适量热水，同法浸提两次后，用热水洗涤残渣，冲洗液并入浸提液中。

⑤澄清、混合、喷雾干燥：将所有浸提液进行冷却，利用高速离心机进行离心澄清，除去固体物质，然后根据需要加入辅料，混合均匀后浓缩至固形物含量为45%后进行喷雾干燥。

⑥出粉、冷却：干燥室内的薏米粉要迅速连续地卸出并及时进行冷却、过筛。

⑦感官评价：品质比较好的薏米粉冲泡后有糊状但并不黏稠，纯度高的薏米粉会出现黑色的颗粒。

2.简易薏米粉

此为薏米粉一种较为简单的制取方法。

（1）生产工艺：原料→分选→干燥→粉碎→漂洗→干燥→薏米粉。

（2）操作要点：

①原料：原料选粒大、饱满、色白、无虫害者为佳，然后去除杂质。

②粉碎：将选好的薏米用水渍湿，脱去外皮以石碾碾成粉末。

③漂洗：将粉末混入水中过筛沉淀10~24 h后，轻轻除去上面清水，沉下的即为淀粉。

④干燥：将湿淀粉烘干或晒干后粉碎即为薏米粉。

（六）小米制粉的加工

小米制粉的主要产品有小米营养粉和小米方便米粉。

1.小米营养粉

（1）酶解法生产工艺：小米熟化、大豆熟化去腥→混合磨浆→糊化→酶处理→离心分离→米豆浆液→胶体磨均质处理→灭菌灭酶→喷雾干燥→过筛→分装→成品。

（2）酶解法操作要点：

①原料选择：原料要选择单一纯净的大豆和小米。混杂的大豆在去腥的过程中不易操作，造成豆腥味去除不彻底或有过头现象，影响产品的口味和颜色。白砂糖、稳定剂等原料要符合国家规定的卫生标准。

②原料熟化和大豆去腥：小米的熟化与一般家庭煮米相似，但必须待水沸腾后放入洗净的小米。煮米时间以米质而定，糊化温度高的小米煮的时间可长些，注意不可煮的时间过长，否则会影响产品的香味和颜色。大豆去腥用合适的去腥剂，在豆腥味物质生成前，对大豆含有的脂肪氧化酶、胰蛋白酶等进行失活处理，从而使产品具有良好的豆香味。

③磨浆：磨浆时有干磨和湿磨两种方法。干磨即直接将净化后的小米用粉碎机一次性粉碎，得粗米粉，干磨法制成的米粉加入水调成5%的米粉浆。湿磨即先将小米用清水涝过，待米吸水并稍干，加水磨成细浆，浓度也以5%为宜。

④糊化：糊化的目的是破坏淀粉的微晶束结构，使其易被α-淀粉酶液化，糊化的温度100℃，20~30min。

⑤酶处理：小米的主要成分是淀粉，而淀粉不溶于水，糊化后的淀粉能够溶于水，但冲调性很差，易形成粉团，因此米豆浆液采用酶化处理，可使大分子淀粉变成易溶于水的小分子物质，但必须严格掌握酶的用量和作用时间。

⑥离心分离：离心分离时速率6000r/min，离心时间30min。

⑦辅料的添加：白砂糖在小米营养粉中既是增味剂，又是粉料物质的"晶核"，有利于产品的冲调。但是白砂糖必须加入分离后的米豆浆中，加入过早会造成损失并与蛋白质发生美拉德反应，影响产品的颜色。稳定剂是防止产品冲调后粉与水分离的物质，一般加入白砂糖中拌匀后加温水溶解。

⑧喷雾干燥：喷雾干燥直接影响产品的冲调性、颜色等性状。一般以离塔体离心式喷雾干燥为好。控制进气温度140℃~150℃、塔体温度80℃~90℃、出口温度80℃~85℃为宜，注意塔内产品应随时出料，冷却后过80目筛，然后分装即为成品。

（3）挤压法生产工艺：小米→挤压膨化→切断→粉碎→筛分→干燥→调配（经烘烤熟化的大豆、花生、芝麻、核桃、大枣等高蛋白粉状辅料）→小米营养粉。

（4）挤压法操作要点：挤压机参数设置为：螺杆转速120r/min，喂料速度16r/min，模口直径6mm，物料含水量16%~20%。

2.小米方便米粉

（1）原料：小米粉、红枣、藕、香菇、芝麻、红糖等。

（2）生产工艺：主料和辅料处理→磨浆→配料→均质→蒸煮→干燥→粉碎→包装→成品。

（3）操作要点：

①主料处理：挑选优质的小米，除去沙石、谷壳。清洗干净，在水中浸泡12h左右，使米粒含水饱满。将浸泡过的小米磨成浆，倒入带有搅拌器的配料罐中。

②辅料处理：将优质的红枣、香菇、藕洗净，红枣去核后与藕和香菇一起放入蒸煮锅中蒸煮20min，再放入打浆机中打成浆。将干芝麻磨成粉。

③配料：将小米浆和红枣、香菇、藕的汁液与芝麻粉、红糖在配料缸中充分搅拌，使之混合均匀。

④均质：将混合好的料液打入胶体磨中进行均质，使微粒达到50μm左右，这样可以增加料液的黏度，减少沉淀，得到均匀的混合物，有利于干燥，并可改善产品的口味。

⑤蒸煮：将均质后的物料打入蒸煮锅中，加热至50℃左右，并保温一段时间，使产品熟化。

⑥干燥：为了使产品在食用时能保持良好的复水性，采用薄膜滚筒干燥器，料液浓度65%左右，滚筒转速为9r/min，压力为0.4MPa。

⑦粉碎：将干燥后的产品进行粉碎，粉碎粒度最大不超过5mm。

⑧包装：将粉碎后的产品采用真空包装形式进行包装，每袋500g。

（七）绿豆制粉的加工

绿豆制粉的产品种类繁多，这里主要介绍绿豆营养粉和绿豆百合营养粉的加工工艺。

1.绿豆营养粉

（1）原料：绿豆、添加α-淀粉酶、脱氢醋酸钠、大豆磷脂、氯化钠、复合蛋白酶。

（2）生产工艺：绿豆原料→精选→原料干热处理→溶粉浆（制淀粉浆、制蛋白浆）→酶解（蛋白酶、淀粉酶）→浓缩→喷雾干燥→真空干燥。

（3）操作要点：

①干热处理：对经除杂晾干的绿豆原料用90℃左右的干热空气处理3h，处理结束后绿豆应产生浓浓的豆香。

②溶粉浆：粉碎干热处理的绿豆，得绿豆粉；将绿豆原料粉溶于不高于50℃、pH6.8~7.2的去离子水中，原料:水=1:3.0~1:3.5。剧烈搅拌20min左右，静置30 min。上层溶解部分得蛋白清液，收集下层不溶于水部分得淀粉浓溶液。

③酶解：

第一，绿豆淀粉的酶解：调节淀粉浆的浓度为22%，再加0.1%氯化钠，用纯碱调pH6.2~6.4，添加高温细菌α-淀粉酶150IU/g，在85℃~90℃进行保温液化约30min，待DE值为18左右时结束液化，然后降温至65℃，向水解液中加入2%的新鲜麸皮（要求糖化酶活大于2400 IU/g），保持物料温度62℃~65℃进行糖化大约3h，DE值为30左右为止，对浸提液趁热过200目筛，获得淀粉水解液。

第二，蛋白溶液的降解：向蛋白溶液加入0.35%脱氢醋酸钠（防止降解时感染细菌）、大豆磷脂（HLB值10~12）0.03%及2.4%氯化钠，加热煮沸10min进行杀菌，然后降温至55℃左右加入复合蛋白酶（胰蛋白酶:木瓜蛋白酶=1:1），蛋白酶活为320IU/g，以干净、新鲜、干热处理的麸皮为载体，调节含水量为55%，适度压紧物料降解36h左右，以氨基氮/总氮为55%为止。用适量的70℃水浸提降解的多肽、氨基酸3次，对浸提液趁热过200目筛，获得蛋白降解液。

④浓缩：将绿豆淀粉水解液和蛋白水解液分别送到单效升膜蒸发器进行水分蒸发，使水解液的质量浓度达到18%左右。

⑤干燥：将蛋白浓缩液和淀粉浓缩液用高压泵送入喷雾干燥器中进行干燥。物料保持60℃左右送入干燥塔，进风温度控制在140℃~150℃，塔体温度控制在85℃~90℃，排湿温度控制在80℃左右，成品水分控制在5%~6%。

⑥真空包装：将绿豆营养粉进行真空包装即成为成品。

2.绿豆百合营养粉

（1）原料：绿豆、大米、百合粉、葡萄糖。

（2）生产工艺：原料筛选→清洗、干燥→熟化→粉碎→调味→感官评价→指标测定→成品。

（3）操作要点：

①首先对原料绿豆和大米进行筛选、清洗。

②原料经清洗后需要烘干后再磨制成粉，烘箱温度及烘烤时间对原料的特性很重要。烘箱温度控制在100℃~140℃，烘烤时间10~45min。

③粉碎到所需要的颗粒细度过90目筛的绿豆粉制成的绿豆营养粉冲调后颗粒小，口感很舒适且没有粗糙的感觉，对应的磨粉机电机最佳转速为12000r/min。

④加入百合粉、葡萄糖进行调味。

⑤对绿豆百合营养粉进行感官评价，测定其营养成分、理化指标和微生物指标。

⑥原料的粉碎程度不同，原料粉粗细度会不同，经冲调后，口感差别较大。磨粉机的电机转速决定了原料的粉碎程度，一般来说粉碎程度越细，口感会越细腻，但生产成本和对设备的要求也越高。

四、加工典型案例

（一）燕麦食品

用燕麦加工的粉状产品主要有燕麦营养粉和燕麦复合营养粉。

1.燕麦营养粉

燕麦营养粉是以高蛋白裸燕麦为主要原料，辅加大豆、白砂糖、胡麻、芝麻、小茴香等，通过科学配方、加工精制而成。

（1）生产工艺：原料精选→去皮、脱茸毛→清选→蒸煮、烘、炒→粉碎→磨粉→配料→包装→成品。

（2）操作要点：

①去皮、脱茸毛、清洗：以裸燕麦为主要原料，由于其籽粒上包被有茸毛，可采用立式塔形砂辊碾米机对其进行处理。生产率为120~130kg/h，通过处理可完全脱去燕麦籽粒上的茸毛，并可脱去约5%的皮，效果较好。将上述处理的燕麦利用清水进行清洗，以去除其他杂质。

②蒸煮、烘炒：蒸煮和烘炒是燕麦熟化，即彻底α化的两个重要步骤，同时也能起到灭菌作用。通过这两个环节，主、辅料可完全熟化，并能快速破坏其酶的活性，减少酶的分解产物，克服异味。如果有条件可采用膨化机膨化代替上述处理，效果会更好。

③磨粉、配料、蒸煮、烘炒后的主、辅料按照一定的比例进行调配后，通过

磨面机进行磨制，细度要求达到80目以上。

④包装：采用软塑料复合包装袋进行包装。将磨制好的燕麦营养粉包装于250g或400g包装袋中，然后利用封口机封口即为成品。

2.燕麦复合营养粉

在燕麦中添加大豆14%、花生仁3%、芝麻3%，经过炒熟混合磨成粉，再添加25%的白糖，就制成了燕麦复合营养粉。

其生产工艺为：燕麦、大豆、芝麻和花生仁→清理→水洗→炒熟→混合粉→粉碎→复合粉→配料→包装→成品。

（二）荞麦食品

用荞麦加工的粉状（片状）产品主要有荞麦粉和苦荞营养麦片。

1.荞麦粉

荞麦粉加工的原料是荞麦种子或荞麦米。

（1）生产工艺：原料→清理→水分调节→脱壳（荞麦壳）→分级→脱皮（荞麦糠）→粉碎→筛理→成品。

（2）操作要点：

①清理：荞麦原料的粒度差直接影响脱壳效果。若荞麦粒度差较大，可采用分粒加工。清洗工序根据原料含杂情况，采用筛理、去石、风选、磁选和计量等工序。

②水分调节：水分高利于增加皮层纤维的韧性，防止皮层过度破碎而影响荞麦粉的质量，但又不能使荞麦配乳水分过高，以免降低配乳强度及增加成品水分含量。常见的工艺条件下，荞麦水分含量17%~19%，润麦15~20min，必要时采取喷雾着水装置，以确保较高的脱壳率。

③脱壳：荞麦的脱壳率不仅受荞麦水分高低的影响，而且还受脱壳设备胶辊轧距、硬度、速差等诸多因素的影响。通过脱壳工序，可以防止荞麦混入面粉成品中，有效降低荞麦粉中重金属及灰分的含量，提高荞麦粉的精度和食用品质。根据工艺要求，一般一次脱壳率保持在70%~80%。如对荞麦粉白度有特殊要求，可在现有的工艺流程中增加漂白处理工序。

2.苦荞营养麦片

（1）生产工艺：原料检查→预处理→调浆→糖化、预糊化→干燥→粉碎→原麦片、植脂末→混合→计量包装→装箱→营养麦片。

（2）操作要点：

①原料检查：原料进厂时按原料验收标准验收，经检验合格方可允许入库和使用。对粉料，其细度应在100目筛网的通过率为80%，细度会影响搅拌时的胀润，直接影响预糊化和原料的利用率。

②预处理：称取粉料加入干粉搅拌机充分混合均匀，混合时间约20min，称取增稠剂加适量水，在高速搅拌机中以1400r/min速度打至无粒状物即可，约10min。

③调浆：调料槽中放入定量水，开动搅拌桨边搅边加入已混匀的粉料和浆料。为提高原料吸水胀润效果，搅拌用水以35℃温水为宜，搅拌浓度以浆料具有一定黏稠度和较好流动性为宜，加水量控制在原料的60%~70%，搅拌时间10~15min，均匀后将浆料泵进胶体磨使浆料细化均匀，备用。

④糖化预糊化：当浆料输送至蒸汽辊筒干燥机蓄料槽积累到一定量时，干燥机表面温度通常在140℃以上，即产生糖化和预糖化反应，糖化反应可改善原麦片的色泽和口感；预糖化有利于干燥成形，提高原片产量和热能利用率。

⑤辊筒干燥：这是生产中最关键的工序，它直接影响原麦片的色香味形和干燥效果。操作的要领是掌握好转速与温度之间的关系，干燥时蒸汽压力控制在0.40~0.50MPa，滚筒转速为1~1.3r/min。根据麦片颜色深浅，调整转筒速度，如深则调快，浅则调慢。烘烤后麦片应厚薄均匀，色泽呈浅棕黄色，对个别烤焦麦片应及时除掉。

⑥粉碎：先在输送带上挑出有黑点、焦黄、焦黑的麦片，将大的进行碎化处理，麦片经输送带送至细碎机细碎，细碎机筛网有5目和10目供选择。

⑦混合：称取原麦片、白糖、植脂末倒入干粉搅拌机中，时间4~5min，混匀后放入储料桶中备用。

⑧计量包装：包装要求封线平直均匀、封口紧密、质量准确，包装中应经常校准包装机。单包重量控制在29.5~30.5g。外包装用激光喷墨机将日期打好，然后每袋装入20小包。

（三）大麦食品

用大麦生产的粉状（片状）产品主要有普通大麦粉（片）和大麦膨化粉。

1.普通大麦粉（片）

（1）生产工艺：大麦原料→清理→脱壳颖果分离→碾皮→研磨筛理→碎麦→加水→蒸烘→压片→烘干→调味→包装→成品。

（2）操作要点：清理采用小麦加工的常规设备，脱壳和颖果分离采用燕麦片加工设备，碾皮采用卧式或立式砂辊碾米机。研磨筛理采用"1皮、1渣、4心"工艺。碾皮后制粉，大麦粉质量好；需要时可生产珍珠状大麦米；需制取大麦片时，用精碾大麦米或经"1皮"破碎后的碎麦通过水热处理后压片，干燥后水分为10%~16%。

2.大麦膨化粉

大麦膨化粉按照其工艺与配料可以分为纯麦型、混合型、保健型和代乳型等几种。

纯麦型：以大麦为主料，加上15%的蔗糖。或者按照蔗糖与甜味倍数的计算，用甜味剂代替10%的蔗糖，制成低糖型。常常作为早餐冲调食品或其他原料的半成品。

混合型：以大麦和其他豆类、谷物等混合物料为主料，再添加其他辅料。产品用途同纯麦型产品。

保健型：在纯麦型和混合型基础上，配有具有保健作用的米仁、百合、茯苓等食药兼用的物料以及人体必需的矿物质、维生素、氨基酸或其他营养强化剂。其产品常常作为营养保健食品和调节人体某些生理功能的功能性食品。

代乳型：在纯麦型和混合型基础上，添加婴幼儿生长发育所必需的营养成分和矿物质、维生素或其他营养强化剂。其产品常作为婴幼儿冲调食品，或用作加工婴幼儿冲调食品，或用作加工婴幼儿食品的原料半成品。

（1）生产工艺：主料（大麦或大麦粉）→拌和混料→进机膨化→膨化颗粒→粉碎→膨化粉→混匀筛粉→干燥杀菌→无菌冷却→计量包装→抽样检验→成品。

（2）操作要点：原辅料必须符合国家颁布的各类原辅料的质量标准和卫生要求。配方选定应具有针对性，符合营养平衡的科学计量要求。物料清理，须按各类物料的加工特性，如籽粒需要去皮、提胚和精制。物料粉碎后的粒度一般粒径为1~3mm。芝麻颗粒较小，须单独炒制后与膨化颗粒混合后一起粉碎。蔗糖预先粉碎过80目筛，在70℃温度下烘1.5h，随后和入膨化粉中。用量较少的调味配料或营养强化剂，为使和入均匀，须先与少量糖分或膨化粉和匀后再加入。如鱼肝油胶丸，须溶入熬制后冷却至70℃以下的豆油中然后再和入。主料控制水分以12%~17%为宜。水分高，膨化温度下降，熟化达不到要求，产品质地粗糙；水分低，膨化温度过高，颗粒色泽焦黄还有苦味。膨化物料颗粒粒度要适宜，一般为16~30目。膨化操作时，物料进机均匀、机速适中，停止或生产结束时，须及时把机内的物料清刷干净，以免物料冷却后在机内堵塞。膨化后产品颗粒度为100~150目。应注意控制搅拌匀质机的转速和运行时间，以便充分均匀地混合物料。产品水分含量应小于5%。

（四）高粱食品（湿法制粉）

1.生产工艺

高粱籽粒→除杂组合筛→脱壳机→吸风分离器→清理筛→洗粒机→热绞龙→圆筒仓→溜筛→净粒→制粉→烘干→成品。

2.操作要点

高粱籽粒先进入除杂组合筛机，去掉杂质和沙石，再进入脱壳机和吸风分离器将高粱壳分开，然后进入清理筛再次清理，清理之后的净粒进入洗粒机进行淘煮和甩干。经水煮50s后，进入热绞龙加热蒸炒30min，进入5个铁皮圆筒仓润粒，再进入溜筛除余杂，最后通过风选入磨。入磨水分21%~23%，温度40℃左右。经过这样的加热热水处理，高粱籽粒的皮层和胚乳容易分离，皮层不易破碎，有利于加工。籽粒洗得干净，还可溶解部分单宁和色素，也可使淀粉糊化，食用时绵软可口。

五、杂粮面条的加工

（一）制作方法

根据面条形成原理分类，机械加工面条可以分为亚碾法和挤压法两种。压碾法是指添加一定比例杂粮的小麦粉在和面机的搓揉下形成具有面筋结构面团，然后对面团进行熟化、延压轧片、切条、干燥（或冷冻）、包装等工序。挤压法则是通过挤压机内强烈的摩擦、剪切作用使物料熟化，形成均匀、紧密的组织结构。挤压法加工过程中淀粉熟化和老化对面条的最终品质有主要影响，挤压时的原料含水量、进料量、挤压温度是挤压技术关键。在杂粮面条制备的过程中，杂粮粉预处理对面条品质产生主要影响。

（二）生产工艺

原辅料准备→预处理→拌和→熟化→压片和复合压片→切条。

（三）操作要点

1.原辅料准备

配方中各组分的原料粉按质量标准验收，少数采购的辅料添加剂也要经过复查核对，确保质量符合要求。由于原辅料添加剂种类较多，性能各异，保管贮藏特点不同于单一品种，应放置有序，防潮防湿，随时密封袋口。

2.预处理

在杂粮面条制作过程中，杂粮粉预处理对面条品质产生重要影响。杂粮预处理工艺一般采用自然发酵和预糊化。自然发酵可以改变杂粮中淀粉颗粒的化学成分及无定形区的结构，从而改变面条品质；预糊化工艺能够提高淀粉分散性、水合速度、黏度和膨胀性，从而改善杂粮面条品质。

3.拌和

使水分渗透粉粒内部，使杂粮粉中所含非水溶性蛋白质吸水膨胀，相互粘连，逐步形成具有韧性、黏性、延伸性和可塑性的粉料，为压片、切条成形准备条件。理想的和面效果应是料坯呈散豆腐渣状的松散颗粒，水分均匀，不含生粉，手握成团，轻揉易散，色泽一致，具有良好的可塑性和延伸性。达到这种程度，才能使操作中面皮不粘辊，具有较强的结合力，减少酥断条，使面条具有一定的韧性、光泽。一般拌和时间为5~10min。

和面质量的好坏，直接影响其他工序的操作和产品质量，是面条生产过程中的重要环节。和面时面粉、食盐和其他辅料要按比例定量添加；面团中的加水量应根据不同质量的面粉进行调节，加水量根据面粉的湿面筋含量确定，在不影响压延成形的前提下，应尽量增加用水量，以使蛋白质充分吸水而形成高质量的面筋网络，和面结束时，面团呈松散的小颗粒状，手握可成团，轻轻揉搓能松散复原，且断面有层次感。

加水量因粉体类别而略有差别。加水量过多，面团流动性高，给轧面带来困难，加水量过少，面筋不能充分水化，影响面筋网络结构。实际加水量，一般为干粉重量的27%~31%。面筋含量高或含水率低的原料粉，应多加一点水，反之则加少一点。加水量要求一次加准、加足，最好不要在和面中途加水，也不要中途加粉。

加工过程中应使用软水，pH应在7.0±0.2。如果使用硬水，硬水中钙、铁、镁、锰等金属离子与蛋白质结合会使面筋失去延伸性，与淀粉结合会使面制品变色，不利于保存。

4.熟成

经过拌和的面团，须经过熟成工序，使面团进一步成熟。即把拌和的湿粉放置一段时间，消除面团在搅拌过程中产生的内应力，促进水分子最大限度地渗透到原料粉内部，水分得到均匀分布，面筋充分形成，进一步水合作用形成网络组织，改善面团的工艺性质。熟成时间的长短关系到熟成的效果，熟成的时间越长，面筋网络形成的越好，熟成时间为15~20min，必须与前后工序配套衔接，灵活掌握。熟成可以在拌粉机内进行，也可以放置在容器中，还可以在常用的熟化机中进行。熟化机的转速控制在10r/min以内，机内贮料控制在2/3以上。

5.压片和复合压片

杂粮面条类制品的组成成分中，均含有某一杂粮的膨化粉，且为主要成分。由于膨化粉结构疏散，颗粒膨松，与其他粉料混合后不易黏合，难以密实，整体性差，而压片的目的是把经过拌和及熟成的"熟粉"，通过压片机初压成两片面片，再通过两道压辊将两片面片复合延压。在反复压片和复合压片过程中，进一步组成细密的面筋网络结构，压成符合规定厚度的面片，从而提高面片的内在质量。压片和复合压片是杂粮面条生产过程中的重要环节，初压面片的厚度一般不低于4mm，以保证经过反复压片后，所得的面片密实、光洁，要求最终制成的面片厚薄色泽均匀，平整光滑，无破边、破洞和气泡，具有足够的韧性和强度。对不合格的面片，要及时进行回机。

6.切条

完成复合压片的面片即可进入下一道切条工序（指挂面）或切条折花工序(指方便面)。此工序直接关系到产品的外观质量。由切条机或切条折花机完成切轧成条，要求切出的面条平整光滑，无毛刺、无疙瘩、无油污。切条质量关键是面刀，要保证面刀具有较高的机械加工精度，生产前要调试好面刀的啮合深度，两根齿辊的轴线要平行，运行时无径向跳动。

(四) 加工实例

1.优质杂粮面条

(1) 原料：面粉、玉米、荞麦、芝麻、黑豆、藕粉、红小豆、黄豆。

(2) 操作过程：

①选用面粉和优质杂粮原料，将杂粮原料清洗后自然风干待用。

②将杂粮按配比混合磨粉，获得杂粮粉，杂粮粉过60~80目筛。

③按配比将杂粮粉与面粉，适量加水混合，用以调整面团至合适的柔韧度。

④用和面机慢慢搅拌，然后用压面机按常规方法生产加工制成面条。

⑤将湿面条干燥即成优质的杂粮面条。

2.纤体杂粮面条

(1) 原料：芹菜、燕麦、荞麦、玉米和面粉等。

（2）操作过程：

①选用新鲜芹菜洗净后，用消毒水浸泡5min后清水漂洗干净晾干，然后用榨汁机榨取芹菜汁后过滤备用，芹菜汁的贮存时间为4~6h，保存温度不宜超过20℃。

②将燕麦、荞麦、玉米原料进行清理，干燥后粉碎，过筛。

③将芹菜汁45kg、燕麦10kg、荞麦粉9kg、玉米粉10kg、面粉25kg混合搅拌均匀成面坯。

④将面坯通过常规方法置入压面机或挂面机加工制成面条。

⑤将湿面条干燥即成优质的纤体杂粮面条。

3.彩色杂粮面条

（1）原料：普通面粉及荞麦、大麦、黑米和玉米等任一种杂粮。

（2）操作过程：

①将杂粮进行清理、干燥后粉碎，过筛，将各组分充分混合。

②将分散均匀后的物料投入真空和面机和面，温度24℃±1℃。

③将50g水、蔬菜汁400g、荞麦粉200g、燕麦粉100g、面粉700g混合搅拌均匀成面坯。

④将面片用圆刀切成面条，包装，冷藏保存。

4.绿色杂粮面条

（1）原料：面粉、荞麦、燕麦和蔬菜（豌豆）等。

（2）操作过程：

①挑选优质饱满的豌豆洗净晾干后切成碎块放入榨汁机中加水榨汁，取液体过滤。过滤后的豌豆汁以及水的混合液体备用，豌豆汁的贮存时间为4~6h，保存温度不宜超过12℃~18℃。

②将燕麦、荞麦进行清理、干燥后粉碎，过筛。

③将杂粮粉与豌豆汁加水在和面机中搅拌和成面团。将和好的面团用压面机压成面片。

④将面坯通过常规方法置入压面机或挂面机加工制成面条。

⑤将湿面条干燥即成优质的绿色杂粮面条。

第三节 杂粮米的加工

杂粮是天然无公害食品，制米是杂粮加工的主要方式之一，杂粮米可改善产品的适口性，使杂粮主食化，对于增进人们健康，提高杂粮的附加值具有重要的意义。杂粮米产品有高粱米、小米（粟米）、大麦米、燕麦米和荞麦米以及营养干吃面等。

一、加工工序

以各种杂粮为原料，杂粮米的加工工序：砻谷→砻下分离→碾米→产品整理。

（一）砻谷

在杂粮加工过程中，去除粮粒颖壳的工序叫做脱壳，俗称砻谷，用以脱壳的机械称之为砻谷机。高粱、粟、皮大麦、燕麦、荞麦的籽粒都有颖壳保护，制米过程中需要进行碾米去皮，这样可以降低能量消耗，并且提高产量、出米率及成品米的质量。

根据脱壳时粮粒的受力状况和脱壳方式的不同，脱壳方法一般有挤压搓撕脱壳、端压搓撕脱壳和撞击脱壳三种。

1.挤压搓撕脱壳

挤压搓撕脱壳是指粮粒两侧同时受到两个具有不同运动速度的工作面的挤压、搓撕作用而脱去颖壳的方法。在挤压力和摩擦力的共同作用下，粮粒的颖壳产生拉伸、剪切、扭转等变形，这些变形统称为搓撕效应。当搓撕效应大于颖壳的结合强度时，颖壳就被撕裂而脱离颖果，从而达到脱壳的目的。挤压搓撕脱壳的设备主要有对辊式砻谷机、辊带式砻谷机等。目前最常使用的是对辊式橡胶辊筒砻谷机，简称胶辊砻谷机。胶辊砻谷机具有产量高、脱壳率高、出碎率低等良好的工艺性能，是目前脱壳设备中较好的一种，在国内外得到广泛的使用。

2.端压搓撕脱壳

端压搓撕脱壳是指粮粒两端同时受到两个不等速运动工作面的挤压、搓撕作用而脱去颖壳的方法。在撞压力和摩擦力的共同作用下，颖壳被破坏，从而达到脱壳的目的。典型的端压搓撕脱壳设备是砂盘砻谷机。砂盘砻谷机的基本构件是两个直径相同的金刚砂浇铸砂盘，它们上下叠置，上砂盘固定，下砂盘转动。工作时，粮粒受到两砂盘的挤压、剪切、搓撕、撞击和摩擦等作用而将颖壳撕裂脱去，达到脱壳的目的。

3.撞击脱壳

撞击脱壳是指高速运动的粮粒与固定工作面发生撞击而脱去颖壳的方法。借助机械作用力而加速的粮粒，以一定的入射角冲向静止的物体表面，在两者相撞的一瞬时，粮粒的一端受到较大的撞击力和摩擦力的作用，当这些作用力超过粮粒颖壳的结合强度时，颖壳被破坏，从而达到脱壳的目的。典型的撞击脱壳设备是离心砻谷机。离心砻谷机的基本构件为高速旋转运动的金属甩盘和固定在它周围的冲击圈。工作时，粮粒在离心力和撞击力的作用下颖壳被破坏，使粮粒得以脱壳。冲击圈有金刚砂质和胶质两种。金刚砂质冲击圈使用寿命长，但对粮粒的损伤大；胶质冲击圈对粮粒的损伤小，但易磨损，使用寿命短。

（二）砻下物分离

经砻谷机脱壳以后的物料是已脱壳粮粒、未脱壳粮粒和颖壳的混合物。

颖壳密度小、体积大、摩擦系数大、流动性差，如不及时将其从砻下物中分离出来，会影响后道工序的工艺效果以及前道工序中的产品质量。因此，脱壳以后的物料需进行谷壳分离且要求最大限度地分出谷壳。谷壳在悬浮速度方面与果仁有较大的差异，因此，一般都是采用风选的方法将谷壳从砻下混合物中分离出来。谷壳经风选分离后需进行收集，这也是加工过程中不可忽视的一道工序。收集谷壳不但要求把全部谷壳收集起来，而且要使排放的空气达到规定的含尘浓度指标，以免污染空气，影响环境卫生。收集谷壳的方法主要有重力沉降法和离心沉降法两种。重力沉降法利用沉降室收集谷壳，壳、气两相流进沉降室后体积突然扩大，风速降低，谷壳及大颗粒尘屑便依靠自身的重力逐步沉降下来，从而达到谷壳收集的目的。离心沉降法利用离心分离器收集谷壳，壳、气两相流进离心分离器内，谷壳在离心力和重力的共同作用下沉降下来，从而达到谷壳收集的目的。

由于砻谷机机械性能及粮粒结构等因素的限制，粮粒经砻谷机一次脱壳处理不能将谷壳全部脱去，因此经砻谷机脱壳并进行谷壳分离后的物料，是已脱壳谷粒与未脱壳谷粒的混合物，称为谷糙混合物。谷糙混合物中的大部分是已脱壳的谷粒，少部分是未脱壳的谷粒，根据碾米工艺的要求，必须对谷糙混合物进行分离，以分出纯净的已脱壳粒，将其送入碾米工序进行去皮，未脱壳粒则返回砻谷机继续脱壳。

未脱壳谷粒和已脱壳谷粒具有不同的粒度、密度、容重、摩擦系数、悬浮速度和弹性等。这些物理特性的差异是进行谷糙分离的重要依据。由于谷粒和糙米物理特性的不同，使谷糙混合物在运动过程中发生了自动分级，即谷"上浮"、糙

"下沉"，这给谷糙分离创造了十分有利的条件。利用谷糙混合物的自动分级特性，借助适宜的机械运动形式和装置即可将谷和糙进行分离。目前，常用的谷糙分离方法有筛选法、比重分离法和弹性分离法三种。筛选法是利用谷粒和糙米间粒度的差异性及自动分级特性，借助具有合适筛孔和运动形式的筛面进行谷糙分离的方法。比重分离法是利用谷粒和糙米相对密度的不同及自动分级特性，在工作面板上进行谷糙分离的方法。弹性分离法是利用谷、糙弹性的差异性及自动分级特性而进行谷糙分离的方法。

（三）碾米

碾米是应用物理（机械）或化学的方法，将粮粒表面的皮层部分或全部剥除的工序。粮粒的皮层组织含有较多的粗纤维，直接食用会妨碍人体的正常消化且食用品质不佳，因此，常需要通过碾米工序将粮粒的皮层去除。但在粮粒的皮层中含有较多的营养成分，如粗脂肪、粗蛋白、矿物质、维生素等，将皮层全部去除的同时，也会大量损失这些营养成分。因此，在加工过程中应根据原粮的情况，适量保留皮层，不仅对供给人体所需营养成分有利，而且可以提高成品出率。粮粒的皮层比较光滑，韧性较强，与胚乳之间有着一定的连接力。碾米的实质，就是在保证米粒完整的前提下，应用一定的外力来破坏胚乳与皮层之间的连接力，使皮层从胚乳籽粒表面除去。碾米的方法可分为机械碾米和化学碾米两种。

1.机械碾米

机械碾米是运用机械设备产生的作用力去除皮层，所使用的机械称为碾米机。碾米机的主要工作部件是碾辊，根据碾辊轴的安装形式，可将碾米机分为立式碾米机和横式碾米机两种。立式碾米机多采用砂辊（臼）和铁辊，横式碾米机则采用砂辊、铁辊和砂铁结合辊。另外，碾米时糙米经喷雾着水等方法增加少量水分，以润湿米皮增大摩擦力，提高碾米效果的碾米方法叫水碾米。

机械碾米按作用力的特性不同，分为擦离作用和碾削作用两种。擦离作用亦称"摩擦擦离作用"。在碾米机的碾白室内，米粒与碾米机构件之间和米粒与米粒之间的相对运动，使之产生相互间的摩擦，当强烈的摩擦作用深入到米粒皮层的内部，使米皮沿着胚乳的表面产生相对滑动，并被拉伸、断裂，直至与胚乳分离。摩擦擦离碾米必须在较大压力的摩擦下进行，因小压力下的滑动摩擦，只能对米粒表皮起光洁作用。其所需的摩擦力应大于米粒皮层的抗拉力和米皮与胚乳的结合力，而小于胚乳自身的结构强度，这样才有利于剥离皮层，保持米粒完整。碾削作用是在碾米机的碾白室内，借助高速运动的、坚硬锐利的密集金刚砂粒的锋刃削除米粒表皮。为了防止因碾削过深，损伤胚乳而产生碎米的不良后果，金刚砂碾米机内的压强不宜过大，金刚砂粒度也不宜过粗。为使碾削均匀，金刚砂辊筒应具有较快的线速，同时要使米粒有足够的翻动机会。碾削碾米的特点是机内压力小，产生的碎米少，适合碾削强度较弱、表面干硬的粮粒。

2.化学碾米

化学碾米有溶剂浸提碾米和利用纤维酶分解皮层两种方法。溶剂浸提碾米是先用米糠油软化糙米皮层，再在米糠油–乙烷混合液中碾白的生产工艺。溶剂浸提碾米虽然具有碎米少、米温低、米粒呈色好等优点，但投资大，成本高，乙烷溶剂来源、损耗及残留问题不易解决，因此一直得不到推广。而利用纤维酶分解皮层，不经碾制即可使皮层脱落。这种方法更有利于保持米粒完整，进一步提高出米率。化学碾米虽然在世界上已有不少国家进行研究，但由于成本高，经济效益较差，在实际生产中还未能得到很好的应用。化学碾米的许多问题还有待于进一步探索和研究。

(四) 产品整理

经碾米机碾制成的米粒，其中混有米糠和碎米，而且温度较高，这些都会影响成品质量，同时也不利于成品米的储藏。因此，出机米粒在包装前必须使其含糠率和碎米率符合质量标准，使米温降到利于储存的范围。产品整理主要包括擦米、凉米、成品米分级、抛光、色选等工序。

1.擦米

擦米的主要作用是擦除黏附在米粒表面上的糠粉，使米粒表面光洁，提高成品的外观色泽，同时也利于成品米的贮藏和米糠的回收利用。擦米与碾米不同，因为米粒强度较低，故擦米的作用不应强烈，以防止产生过多的碎米。现今绝大多数的米厂已不再单独配置擦米设备，往往是利用多机碾白的后道铁辊喷风米机在对米粒进行碾米去皮的同时，使米粒表面黏附的米糠除去，得到表面光洁、含浮糠少的米粒。

2.凉米

凉米的目的是为了降低米温，以利于贮藏。凉米一般都在擦米之后进行，并把凉米与吸除糠粉有机地结合起来。降低米温的方法很多，如喷风碾米、米糠气力输送、成品输送过程中的自然冷却等。

3.除碎

在碾制过程中或多或少地会产生一定的碎米，成品米除碎的方法主要包括筛选法和精选法两种，相应的设备包括白米分级平转筛和滚筒精选机等。

4.抛光

抛光实质上是利用水和热的作用使米粒表面的淀粉凝胶化，使米粒表面晶莹光洁、不黏附糠粉、不脱落米粉，从而改善其贮存性能，提高其商品价值。部分杂粮米制米在抛光时会添加上光剂，例如小米，因其颗粒小，水分很容易渗透到米粒内部，使米粒结构疏松，在抛光时容易产生更多的碎米。通常上光剂是以水溶性蛋白为主要成分，配以一定量的糖类与可溶性淀粉等食用级添加剂。

5.色选

色选是利用光电原理，从大量散状产品中将颜色不正常的或受病虫害的粮粒以及外来夹杂物检出并分离的方法，色选所使用的设备为色选机。色选机是利用物料之间存在色泽差异进行分选的，其将光强差值信号做放大处理，当信号大于预定值时，控制系统会驱动高压气流喷射阀开启，瞬时喷出的高压气流将物料吹出，此为不合格产品；反之，气流喷射阀不启动，说明检测的物料是合格产品，由另一出口排出。

二、制米实例

(一) 高粱米的加工

高粱作食用，一般是将高粱碾制成高粱米。总体来说高粱碾米生产工艺过程主要包括：清理与分级→碾米→成品整理→副产品整理等工序。

1.原粮清理

高粱中一般含有沙土、石子、铁屑及草籽等杂质，本身还夹有一定数量的颖壳。对于高粱来说，清除的重点是去壳和去石。对于并肩石，如不清除，就会影响设备效率，降低成品质量。而对于高粱壳，如不清除，不仅影响成品质量，更会影响食用价值。常用的清理设备一般有筛选（如振动筛、平面回转筛）、风选、磁选、去石、比重分选等设备。

2.脱壳

高粱的颖壳和种仁结合较松，颖壳较易脱落。所以，在高粱加工过程中，一般不专门设置脱壳设备。高粱生长条件差时，往往会产生包壳高粱和一些未成熟粒。这种高粱如经清理，颖壳尚未脱掉就进入碾米工序，将会影响成品质量，因此一些加工厂仍然置备脱壳设备。脱壳设备，一般采用胶盘脱壳机，其主要工作部件由左、右两片平行胶盘组成。其中一片固定不转动，另一片随主轴旋转。工作时，粮粒由安装在固定胶盘上的进料斗进入两盘之间，利用旋转盘的作用，使高粱脱壳。

原粮经除壳设备后，须加强吸风及时将壳清除。原粮经带吸风装置的振动筛吸出灰尘，经第一层筛面6~8孔/50mm清除大杂，第三层筛面用23孔/50mm，筛上为小碎粒，筛下为小型杂质，第二层筛面为20孔/50mm，筛上籽粒经磁选设备进入去石设备除石。如带壳高粱含量较多且包壳粒很多，则须经除壳设备后方可进入米机碾制，以利分级和提高产品纯度。

3.分级

对于因自然成熟条件不足等因素造成的粒度差异大的原粮，为保证碾白时精度均匀，应采用分类加工的方法，将原粮按籽粒大小分开后进行单独加工。大粒饱满，籽粒强度好，可按照强度好的条件进行加工，达到精度要求；而小粒高粱，则大多因不饱满而显得皮厚且籽粒强度低，易碎，这就必须区别对待进行加工。一般来说，分出的小粒数量较少，为10%左右。分出的大、小粒，不可能单独同时进行加工，而是集中一段时间对小粒单独进行加工。这就需要调整设备的运转特性和操作措施，使机器的作用适应小粒米的强度条件。

高粱的分级，一般用筛选设备，将大、小粒分级。分出的大粒高粱直接去碾米，分出的小粒高粱要单独贮存，然后集中加工。也有将小粒高粱作为工业用粮和饲料。分级设备，一般采用平面回转筛、振动筛，配备相应的筛孔。

4.碾米

针对高粱果皮种皮的特点，碾米过程分两个阶段进行，即粗碾和精碾。粗碾是要求碾去高粱的外果皮，同时也对一部分未脱壳的籽粒起脱壳作用，以出现红白为标志。精碾，则是在粗碾的基础上进一步将种皮、糊粉层碾去，以出现等级规定的精度要求的乳白色为标志。

常用的碾米设备一般有两种类型，一种是立式金刚砂碾米机，一种是横式金刚砂碾米机。它们均采用多道出白的方法，立式金刚砂碾米机为5~6道碾白，横式金刚砂碾米机一般为三机出白。

5.成品整理

成品整理，主要是清除成品中的糠、碎米以及混入的少量颖壳。不设擦米室的碾米机，碾出米的表面黏附细糠，米色浑浊，表面无光，需要在成品打包前用擦米机擦去米粒表面的细糠，以增加成品的外表感官效果，保证成品质量。擦糠设备可使用一般的擦糠机即可。筛孔选取1~0.5mm。

从成品中除碎，一般用配置20~22孔/50mm的溜筛或用配置23孔/50mm的平面回转筛除去碎米。用风选器分离出混入成品中的颖壳，其风选器吸口风速为5~6m/s。

6.副产品整理

副产品整理是指在清除的米糠中，为防止因筛面的破损而造成糠中含碎米，甚至含整米现象，对分离出的糠进行整理的过程。将其中的碎米，分别按大、中、小各种规格进行提取，按不同的使用价值将其充分利用。一般采用20孔/50mm、32孔/50mm、48孔/50mm三种规格的筛孔分选大碎、小碎和糠。设备一般采用密闭的圆筛。在筛面的排列顺序上，可按先小后大的方法进行。

（二）粟米的加工

由粟制成小米，须经过清杂、脱壳、碾米、成品整理等工序。原粮在清杂过程中，经过振动筛、吸风、去石和除磁后，将各类杂质清除出去，然后进入砻谷机脱壳及吸壳，经谷糙分离后，进入米机碾白。各道工序中，应视情况设置吸风除尘设备，以清除灰尘、轻型杂质和脱下来的壳、糠等。

1.原粮清理

粟中含有与其他原粮一样的有机杂质和无机杂质，其中以形状和粒度与粟比较接近的并肩石和草籽（谷莠子）最难清理。这种杂质对加工过程和成品小米的质量影响较大，须经单独的设备或装置专门处理。

粟的清理方法和设备，基本上与高粱清理相同。主要清理设备有振动筛（或不带吸风的简易振动筛）、比重去石机和风选器等。振动筛除杂，一般用配置8~10孔/英寸（2.54cm）的编织筛网清除大杂质，用配置的筛网清除小杂质和草籽。用比重去石机清除并肩石时，要控制好风量，去石筛板的料层厚度控制在10~12mm。风选器主要用以清理粟壳等轻杂质，因粟的悬浮速度为7~8m/s，粟壳的悬浮速度为2~3m/s，因此，设计风选器时，要求通过料层的风速为4~6m/s。

2.脱壳

粟经过清理后，须将颖壳脱掉才能进行碾米。粟的壳含有较多的人体不能消化的粗纤维，如不经脱壳而直接送入米机碾制，则对保证精度的一致性和成品的出品率都会产生影响。脱壳后的种仁称糙小米。粟脱壳后，一般采用风选器，将粟壳吸走，而不采用筛选设备进行粟糙分离。脱壳的要求为在经过脱壳设备作用后，应在尽量少出碎米的前提下，提高脱壳效率，要求脱壳效率达95%~98%，产生碎米小于5%。

目前粟的脱壳设备，大多是胶辊砻谷机，它具有脱壳效率高、生产碎米少、操作维护较方便等特点，是脱壳过程中的定型设备。采用3~4道砻谷机连续脱壳，使最后的脱壳率达到98%以上。也有的地区采取"一甩两砻"的，即先经甩谷机而后连续由胶砻脱壳的方法。因此，一般在砻谷后不再设置谷糙分离的工序，而直接在吸完壳后，由米机精碾。若采用二道胶砻连续脱壳，或采用"一甩一砻"脱壳的，应设置选糙工序。选糙设备宜采用重力选糙机，采用谷糙分离平转筛效果不够理想，因为粟的整齐度不如稻谷好。

脱壳过程是整个工艺中的一个关键工序。脱壳率的高低，将直接决定进入碾米机的糙米纯度。因为粟在砻谷机脱壳后，经过吸壳，就直接进入碾米机，也就是说，经过砻谷机的连续脱壳作用后，粟应以净糙的形态出现在最后一台砻谷机的出口。如在进入碾米机的糙米中还含有一部分谷粒的话，由于粟粒光滑，不可依靠碾米机的碾削作用，将这部分谷粒连壳带种皮都碾去，成为符合规定精度的小米，除非采取增加外部压力的强制碾白措施，但这会引起碎米增加和其他米粒精度过碾的结果。因此，工艺上对进入碾米机的糙米，应尽可能减少谷子含量。根据经验，对于加工三等小米的质量要求来说，若砻谷机的最后脱壳率超过98%，则在经碾米机碾制后，成品的纯度就能得到保证。

3.碾米

经砻谷后所得的糙米，表面尚有皮层（米糠层，即种皮），食用时会影响蒸煮和消化。同稻谷在砻谷脱壳后的糙米一样，也需要经过碾米机将糠层碾除。常用的碾米设备有两种：一种是立式截锥形砂白米机，二机出白，头机转数可采取1000r/min，间隙4~6mm，米筛孔为0.5mm×15mm，砂辊粒度用36号；第二台降低转数50r/min，砂辊粒度用40号，米筛孔用0.4mm×15mm，通过外部压力的调节，达到符合规定精度要求的成品小米。另一种是横式砂辊米机，采用"一砂一铁"的工艺组合，碾白室间隙6~8mm，米筛孔为0.5mm×12mm~0.6mm×12mm。

4.成品整理

碾制出的成品中，尚含有一些细糠、谷粒和碎米。为保证成品质量，提高其纯度，必须将细糠、谷粒及超过规定含量的碎米清除。一般采用振动筛，其第一层筛面的筛孔为24孔/50mm，用以清除脱壳的谷粒；第二层筛面用48孔/50mm，其筛上物为成品，筛下物为碎米和细糠。通过整理，应使成品达到所需求的质量标准。

（三）大麦米的加工

大麦是世界上最古老最可靠的粮食作物之一，也是谷物食品中的全价营养食品之一。在日本和朝鲜，大麦米常与大米混在一起食用，作为大米代用品。德国生产的珠形大麦米，远销欧洲及世界其他地区。珠形大麦米用来做汤，加入调料可制成膨化食品和速食早餐食品。

1.原粮清理

大麦中含有尘芥、沙石、草籽、异粮粒和磁性杂质等，其清理方法与小麦的清理方法基本相同。常用的清理方法有：风选法、筛选法、比重分选法、精选法、磁选法、表面处理等，相应的设备主要有风选器、圆筒初清筛、振动筛、平面回转筛、比重去石机、打麦机、滚筒或碟片精选机、磁选器等。

一般清理作业工序为：原料大麦→初清→筛选→风选→分级去石→精选→磁选→打麦→筛选→风选→净大麦。

2.脱壳

由于皮大麦在成熟时果皮会分泌出一种黏性物质，将内、外颖紧密地粘在颖果上，因此在脱粒时无法使它们分离，在脱壳时如采用一般的胶辊砻谷机等也很难脱去皮壳。大麦脱壳多采用碾削的方法进行，脱壳设备的主要工作部件为横式金刚砂辊筒，一般选用较大直径（700mm）、较长长度（1600mm）、有较高圆周速度（21~22m/s）的金刚砂辊筒。大麦在辊筒与托板之间、筛板与筛板之间受到碾削、摩擦作用脱下外壳，碾出的糠皮通过筛孔排出。经脱壳后的物料采用吸风分离装置清除谷壳，以便碾米。

3.碾米

由大麦碾成的大麦米分为大麦米和珠形大麦米两种。大麦米是脱去麦壳以后的大麦粒，经碾米机粗碾或精碾后得到的完整米粒；珠形大麦米则是先将脱壳大麦粒切断，按大小分级，再分别送入碾米机中碾制成圆球形珠形大麦米，这种米的出品率为67%。

清理脱壳后的净大麦在碾制前一般需进行着水润麦，使皮层具有适宜的水分含量，并与胚乳产生一定的位移，从而使其在碾麦时具备良好的适性。经着水润麦后，净麦的含水量一般为15%。大麦的碾制通常采用横式或立式砂辊碾米机。经清理、脱壳和润麦后的净麦，进机后通过砂辊的切削和麦粒之间以及麦粒与碾白室外壁之间的相互摩擦碾去麦皮。

4.成品整理

若加工珠形大麦米还需对大麦米进行抛光。抛光采用铁辊抛光机，大麦米进入抛光室后，在水和抛光辊摩擦作用产生的自热条件下，大麦米表层的淀粉产生凝胶化，形成一层极薄的凝胶层，从而产生明显的珍珠蜡光。

碾麦后的大麦米经筛选设备进行分级。一般采用筛孔孔径分别为2.5mm、2.0mm和1.5mm的白米分级平转筛，将大麦米分成粒度不同的3种规格。大麦米的出米率：皮大麦为70%~75%，裸大麦为80%~85%。

(四) 荞麦米的加工

荞麦营养丰富且对心血管疾病有着独特的预防和治疗效果，因此，荞麦米、荞麦面和荞麦茶等已成为深受欢迎的药膳食品。用荞麦壳制成的枕头、床垫等，对促进人体血液循环、增进睡眠也有明显的效果。国产荞麦在国际市场上以"粒大、皮薄、面白、粉多、筋大、质优"而享有盛誉，是我国的传统出口产品。

1.原粮清理

荞麦原料的清理除杂工艺与一般的粮食加工清理工艺基本相同，通过筛选、风选、比重去石、精选、磁选等，清除荞麦中的各类杂质及其他粮谷类杂质，通过打麦，清理荞麦的表面。除杂设备采用圆筒初清筛、振动筛、吸风分离器、比重去石机等去除大、中、小、轻杂和并肩石。打麦可选用卧式打麦机、擦麦机、刷麦机等打麦设备。

一般清理作业工序为：原料荞麦→初清→筛选→风选→去石→精选→磁选→打麦→筛选→风选→抛光→净荞麦。

2.分级

荞麦的粒度范围大，必须先按大小进行分级，使荞麦粒度均匀一致。在分级工艺设计中，若产量较大，可以选用制粉设备中的高方平筛作为分级设备；产量较小时，可以选用平面回转筛、高效振动筛等作为荞麦分级设备。为保证小产量时荞麦的分级数量，可以采用2次或3次分级。加工产量较大时，不同粒度的荞麦分别进入不同的脱壳系统同时进行脱壳加工；加工产量较小时，则采用同一套脱壳设备，经过调整工艺参数，在不同的时间段对不同粒度的荞麦分别进行加工。

3.脱壳

荞麦加工工艺的重点是荞麦脱壳。荞麦脱壳和其他谷物脱壳不大相同，由于荞麦呈锥形三面体状，外壳有凸出的棱，只要通过较轻的挤压搓撕作用撕裂三瓣壳中的一瓣，种子就能从壳中释放出来。当荞麦分级正确，砻谷机参数选择正确时，外壳就能在不被完全破坏的情况下开口，从而与种仁分离。砂盘荞麦脱壳机是应用较早的荞麦脱壳机，它依靠两砂盘之间的相对转动，对荞麦外壳进行研削和搓撕，从而达到脱壳的目的。此设备生产出的荞麦仁碎粒较多，荞麦皮破碎也较多。撞击荞麦脱壳机是利用荞麦原料和设备内撞击圈之间的撞击作用，达到荞麦皮壳分离的目的。此设备产量大，荞麦皮完整率高，荞麦仁完整率也较高，但是，荞麦仁棱角损伤率较高。胶辊砻谷机也可以用于荞麦脱壳。此设备通过具有速差的两个橡胶滚筒同时相向转动，对荞麦进行挤压搓撕，从而达到使荞麦脱壳的目的。

经脱壳设备脱壳后的物料由吸风分离器分出荞麦壳后，用谷糙分离平转筛或撞击谷糙分离机进行分离，分出的未脱壳荞麦返回粒度较小的脱壳系统继续脱壳，已脱壳种仁进入碾米工序加工。

4.碾米

荞麦果实脱壳后得到的种子是加工荞麦米、糁和粉的原料。因为荞麦的壳实际上是木质化后的果皮，因此，荞麦碾米主要是碾去种皮、珠心层和糊粉层。又由于荞麦籽粒结构较疏松，所以一般采用砂辊碾米机进行荞麦米去皮。

5.成品整理

去皮后的荞麦米经筛选除碎后称重包装，即得到荞麦米产品。

(五) 燕麦米的加工

燕麦原粮有两种，一种是带壳燕麦，另一种是不带壳燕麦，因而它们的加工方法也各不相同。国外的燕麦品种一般为带壳燕麦，国产燕麦主要为不带壳的裸燕麦，又称裸麦或莜麦。裸麦是我国特有的古老燕麦品种，我们的祖先通过长期育种培育，把野生带壳燕麦培育成为不带壳的高产优质栽培燕麦。我国生产的裸燕麦多为无公害、绿色产品，而且其营养成分和医疗保健作用均好于国外的皮燕麦，是加工燕麦食品的优质原料。

1.原粮清理

由于壳燕麦长度上的特征，使它与一般的普通杂质、异种粮等具有较大区别，所以其清理较容易，一般使用初清筛、振动筛、去石机等就可以把一般杂质除去，利用滚筒精选机可以把异种粮粒清除掉。我国生产的裸燕麦原粮中含杂较多且难以清除，特别是所含的野生苦荞和0.5%~3%的带壳燕麦更难清除。燕麦清理通常采用一般清理、特种清理和多次清理相互结合。一般清理即指对普通杂质的清理，如使用初清筛、振动筛、去石机等常用设备进行清理。特种清理需根据不同对象采用不同的专用设备，对于壳燕麦的清理可采用滚筒精选机或巴基机，其中以巴基机的效果较为理想。

2.脱壳

由于燕麦壳较光滑，与麦仁又结合紧密，因而一般采用离心撞击砻谷机进行脱壳。该设备利用高速旋转甩盘的离心力加速麦粒，使燕麦籽粒以较高的速度撞向冲击圈，从而使麦壳与麦仁分离。脱壳后的混合物料经筒形吸风分离器吸净谷壳，剩下的脱壳燕麦和未脱壳燕麦混合物，经巴基机或滚筒精选机进行谷糙分离。

3.蒸制

由于燕麦胚乳质地较松脆、易碎，碾米时为了降低碎米率，并增进产品风味，在去皮前应先经蒸煮烘干，使胚乳的黏结力增强。清理、脱壳后的燕麦放置在蒸制器中，在110℃~120℃的温度下，蒸几分钟，然后用干燥机烘干至含水量9%~10%为宜。设备可选用布勒公司燕麦热处理专用设备，用蒸汽加热的蒸炒锅、远红外热处理设备等。

4.碾米

燕麦碾米一般选用砂辊喷风碾米机。

5.成品整理

去皮后的燕麦米经筛选设备除去碎米，即为蒸制燕麦米。

三、加工典型案例

(一) 精制小米制品

1.原粮选择

精制小米的加工工艺，应根据被加工原粮的特性及将要达到的质量指标来确定。首先要分析小米及相关产品的物理特性，而后要考虑谷子生长、收购特点、杂质种类及含量和环境因素等。因此工艺设计除针对性地选配了砻谷、选粮和碾米等设备外，要重点强调清理和分级。

2.生产工艺

精制小米的生产工艺为：原粮→进料→振动筛→去石机→砻谷机→小米选糙筛→谷糙分离筛→砂辊米机→小米清理筛→铁辊米机→小米分级筛→成品→包装。

3.操作要点

(1) 清理部分：采用3道风筛结合的清理设备，更好地清除原粮中所含的杂质。振动清理筛选用配有垂直吸风道的TQLZ型振动清理筛，是根据粟谷（谷子）的特点，使其既不堵塞筛孔，又能有效地清除掉大杂、轻杂以及瘪谷、稗子等异种杂粮。实际的筛面为：第一层为8目×8目，净孔规格为2.53mm；第二层为14目×14目，净孔规格为1.44mm，能留住小米，筛出小杂和沙粒。风道的吸口风速为7m/s，能清除轻杂及稗子等轻质异粮。

分级去石机小米中沙石很难淘洗干净，不仅影响人们的食欲，也降低了小米的质量。因此，结合现在的原粮情况，在工艺中安排了2道TQSX型吸式去石机，选用了有精选功能的双层去石机，去石筛板为5.5目×4.7目/cm，能有效地使石、粟分级，确保小米中不含沙石。若选用冲板鱼鳞孔去石筛面，则要求鱼鳞孔的凸起高度为1mm，凸起长度在12mm以上。

（2）砻谷部分：采用"脱壳→糙碎分离→选糙"三步工序来完成。

①脱壳：采用差动对辊的胶辊砻谷机能使粟谷脱壳。脱壳时单位辊长流量不大且料流很薄，使得粟谷脱壳产量不大，脱壳率低且对胶辊磨损较大，需要外加很大的辊间压力。因此，在砻谷机的选配上采用了并串结合，同时修改了传统砻谷机的运行参数，控制线速在40m/s左右，线速差在5m/s左右。改变以上参数后，减小了脱壳运动载荷和辊间压力，砻辊胶耗也明显下降，粟谷的脱壳率提高了30%，砻谷机的脱壳率达到95%以上。

②糙碎分离：糙米进碾米机前，增加一道糙碎分离工序，是本工艺的一大特点。由于小米具有粒度小、油性大的特点，进米机前的物料若含有一定量的糙碎和糠皮，则严重影响碾米效果和物料的流动。因此，增加糙碎分离设备，既能提出糙碎和糠皮，又能二次吸走未清除的谷壳，克服了砻谷机谷壳含粮的问题，同时还能二次去石，除掉前面漏网的沙石，使最后成品小米纯净度高、质量好。

③选糙：粟谷的粒度不均匀且粒度太小，绝对偏差值不大，因此必须采用重力式谷糙分离筛。它可利用粟谷和小米的密度不同，由相互不同的摩擦力，在双向倾斜、补充振动的分离板上进行谷糙分离。这种重力分离机的效果受谷糙粒度差别的影响很小，但单位工作面积的产量比按粒度差别分离的平转分离筛要小得多，因此，必须配备多层分离且保证进料均匀一致。

3.碾米和分级部分

小米的碾制与大米完全不同。小米的粒度小、油性大，压力稍大极易形成糠疤或油饼，使得小米在碾制过程中绝不能增高温度，碾米室的压力也只能保持很小，电流仅上升5~8A。同时，胶辊间距稍大，易产生漏米现象；稍小，又极易堵塞筛孔，使排糠不畅，产生闷车和米中含糠过大。因此，采用多机轻碾（3台碾米机）和2道分级的工序，保证了低温碾米和筛出糠粉。

①碾米机：碾米机仍然采用砂、铁组合，考虑到高精度的小米粒度更小，米糠的油性很大，有些小粒会穿孔或堵塞筛眼，影响出米率。因此，碾米机的碾白室内要增强翻滚，减少挤压作用，同时加强喷风和吸糠，形成低温碾米，尽量避免油性物质结疤成块，影响碾米机的正常工作和成品米的品质。

②分级筛：在碾制过程中，虽然注意了上面所提到的问题，但还是有很少的糠疤和部分堵塞筛眼现象。对此，增强了分级筛的作用，采用具有风选效果的MJZ型分级筛，第一层筛面清除糠，第二层筛面去除碎米，通过垂直风道吸走糠粉。实际的筛面配置为：第一层9目×9目，净孔规格2.16mm；第二层22目×22目，净孔规格1.05mm。在第一道碾米机的后面，由于糠粉含量大，配置一台分级筛，第二台分级筛安装在最后，确保成品米的质量。

（二）精洁免淘小米

1.生产工艺

精洁免淘小米的生产工艺为：原粮→风选→筛理→去石→磁选→砻谷→分离→1碾→2碾→分级→抛光→分级→包装→成品。

2.操作要点

（1）调整风量：由于谷子颗粒小，密度也较其他粮食低，在清杂风选时，一定要密切注意风量，按照生产情况调整好风量，切不可麻痹大意，否则达不到理想的清理效果。

（2）去石：精洁免淘小米的质量指标中，不允许有沙石，因此去石工序十分重要。谷子中的沙石，一定要在砻谷前去除干净，一旦沙石混入小米中，将很难去除干净。

（3）砻谷与碾米：谷子颗粒小，使得胶辊间距相应变小，操作中一定要密切注意两辊间的摩擦力，摩擦力过大会加快胶辊的磨损，应以采用双道砻谷为宜。由于小米不耐碾磨，碾米时压力要适当，操作中宁可压力小些，否则米粒碾屑增加，碎米增加，出米率降低。

（4）抛光：抛光工序对加工清洁免淘小米非常重要。小米糠粉含蛋白质与脂肪较高，黏性较大，出糠阻力大，容易堵塞筛板孔眼。所以，抛光机的刷辊要有反吹风机构，这样可提高刷米清糠的效果。小米抛光时所添加的上光剂，对提高小米的光洁度和日后的贮存保鲜有着十分重要的作用。上光剂最适宜的添加量为米重的1%~1.5%（上光剂水溶液），上光剂的添加可采用打滴、喷雾或打滴与喷雾相结合的方式。一般来说，采用打滴与喷雾相结合的方式较好，它可使上光剂溶液与小米最大限度地混合均匀。

（5）包装：包装对增加产品的保鲜期也有一定的作用。包装袋采用密封性能优良的PE/PET复合膜彩印加工而成，每袋净重1kg，这种包装主要用于国内零售。用于超市销售和外销的免淘小米，先用真空袋包装，外加彩印袋，形成双袋包装。

(三) 即食燕麦米

1.原粮

不带壳燕麦（即裸燕麦或莜麦）。

2.生产工艺

即食燕麦米的生产工艺为：燕麦麦粒→风力振动筛→密度分离筛→去石筛→打毛机→窝眼分离机→巴基分离机→蒸煮烘干→成品。

3.操作要点

（1）清杂：用风力选机器和密度选机器共同组合清理方式进行。风力选机器的工作原理是，基于物料组成几何尺寸差异及悬浮速度不同进行筛选和风选。密度选机器的工作原理是，按颗粒不同密度进行分选。其作用是除去外形大小差不多但密度不同的异杂物，例如密度小的空壳和瘪壳，同时能去掉一部分密度大的沙石和带壳裸燕麦。

（2）去石：根据麦粒与沙石密度等方面的差异，把物料所含沙石全部除去。

（3）打毛：通过物料与物料和物料与设备间相互表面摩擦，将裸燕麦表皮绒毛打磨掉，同时打磨去小部分麦粒表皮，使其表面清洁光亮。

（4）去荞：去除苦荞是很关键的步骤之一，它直接关系到产品质量，因为在燕麦片产品中不允许存在苦荞。去荞机由一组"一小二大"三个窝眼滚筒机组成，小窝眼机收集苦荞，放过燕麦粒；大窝眼机收集燕麦粒放过大杂，从而达到分离燕麦粒和带壳燕麦粒之目的，其工作原理是根据物料长度进行分离。

（5）除壳：国产裸燕麦由于人工杂交或自然野生杂交，会有部分退化麦粒产生，其中一部分会带壳。国内燕麦片加工厂在加工过程中没有脱壳工艺和设备，因此，这一小部分带壳麦粒的去除对于燕麦片加工厂而言非常麻烦。本流程选用3

型巴基机进行燕麦粒去壳。

（6）蒸煮烘干：利用常压或低压高温法进行蒸煮，蒸煮后燕麦粒进入履带烘干机，用热风把燕麦粒水分烘干到10%以下。蒸煮烘干的目的是灭菌、杀虫和酶钝化。

（7）冷却包装：通过自然空气风冷方法使蒸煮过的裸燕麦米水分和温度下降，以达到技术标准所规定的指标，然后包装成一袋50kg或25kg的成品燕麦米。

四、杂粮营养米的加工

（一）制作方法

杂粮营养米即将谷物杂粮按照营养的配比，经过挤压膨化工艺加工，重新造粒，生产出的纯天然、高营养、多品种的谷物系列食品，是一种新型的营养主食。它克服了普通杂粮口感差、不易消化的缺点，具有营养全面、方便、易熟、口感细腻的特点，其外观形状、强度和普通大米相似，也可以通过改变配方，从而得到适合各种人群需要的品种，如普通大众型、中老年型、儿童型，孕妇型和特殊病患专供型等。

（二）生产工艺

杂粮营养米加工过程包括原料清理、分级、粉碎、过筛、混合调质、挤压成形、切割成形、干燥、冷却、成品整理等工序，其生产工艺如下：

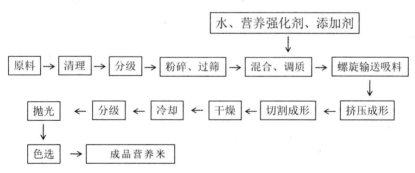

（三）操作要点

1.原料清理、分级

（1）初清：主要采用筛选、风选或风筛结合，借助静止或运动的筛面进行筛选，清除原料中比较容易清除的杂质，如稻秆、杂草种子等，并加强风选以清除大部分灰尘。

（2）除稗：清除原粮中所含的稗籽粒，以减少其对成品品质的影响。由于稗子与谷粒的大小不同，多采用筛选的方法分离，最有效的是高速除稗筛，它利用高速振动的筛面，按谷稗籽粒大小不同，使谷、稗分开。

（3）去石：清除原粮中所含的并肩石，并肩石是指混入原粮中粒形、大小与稻谷粒相似的杂质，并肩石用筛选法不能除去，必须采用专门的去石工序才能有效清除，通常采用吸式密度去石机和吹式密度去石机。

（4）磁选：清除稻谷中的磁性杂质，如铁钉、螺丝帽等铁件，磁选安排在初清之后，摩擦或打击作用较强的设备之前。常用磁选设备有溜管吸铁装置、吸铁箱、永磁滚筒和电磁式磁选机等。

经过以上的清理工序后，若想获得质量良好的营养米，可在稻谷清理之后按粒度与密度不同进行分级，分级首先按厚度的不同，采用长方孔筛进行，再按长度和密度的不同，使用碟片精选机、密度分级机等进行分级。

2.粉碎、过筛

原料在经过清理除杂和分级后为使其能均匀混合，应利用粉碎机将各种杂粮原料分别进行机械粉碎，粉碎的目的是对一些固体物料施加外力，使其分裂成尺寸更小并符合生产加工要求的颗粒。粉碎后的颗粒物料大小要符合营养米加工要求。

3.混合、调质

按设定的比例将原料和营养强化剂或添加剂与一定量的水加入到调质器中进行充分混合，调质器中通入蒸汽和水，在搅拌器的搅拌下使各种配料混合均匀并使淀粉糊化到一定程度，混合均匀的物料再通过螺旋输送喂料机匀速、定量地送入高温高压的挤压系统中。

4.挤压成形

挤压膨化主要是通过对物料高温高压的膨化方式，改变物料结构从而实现其性质的改良，物料在挤压机内停留时间宜为10~20s，其核心设备是挤压机。挤压机具有压缩、混合、混炼、熔融、膨化、成形等功能。

5.切割成形

膨化的物料从模孔挤出后，由紧贴模孔的旋转刀具切割成形或经牵引至切割机，制成外观形状、强度与普通大米相似的米粒。在这一工序中，切刀转速将会影响产品米粒的形状，必须控制好切刀转速，并与主机转速配合，得到合适的米粒形状。

6.干燥和冷却

经过挤压和切割后，高水分、高温度的产品既不能贮存也不能进行加工，必须经过干燥除去水分，然后进行冷却。干燥和冷却的目的是使产品水分含量降低到14%。干燥是营养米生产的关键技术之一，干燥条件的合理控制对营养米的品质有显著改善。过强的干燥条件容易使营养米表面壳化，复水速度降低，风味变差；过弱的干燥条件则会延长干燥时间，降低生产效率，得到的产品质量较差。冷却过程实际也是一种热交换过程，使用的热交换介质通常是室温空气，利用空气和谷粒之间进行热交换，达到降温、冷却的目的。

7.成品整理

分级、抛光和色选属于成品整理的工序。分级是根据成品质量要求，分离出超出标准的碎米。可利用粒度的不同进行分级，将多余的碎米去掉就得到所需的营养米。分级的设备主要有溜筛、分级回转筛、滚筒精选机。抛光是对营养米进行精加工的一道工序，使产品清洁光亮，改善和提高成品的口味、新鲜度和商品率，更可提高产品的贮存性能，保持米粒的新鲜度。色选是利用米粒的表面颜色的差异，即色差进行鉴别、精选、提纯的工艺过程，其作用是剔除异色米粒、异色的颗粒状杂质，获得完好的、纯净的、具有本品种固有色光的米粒。色选由色选机完成，色选精度应大于99.5%。

(四) 加工典型案例

1.苦瓜杂粮米

(1) 原料：大米、小米、荞麦、燕麦、大豆、苦瓜和魔芋等。

(2) 操作过程：

①将各种原料进行清理、干燥后粉碎、过筛。

②原料比例，按照大米粉29%~31%、小米粉18%~22%，荞麦、燕麦粉13%~16%，大豆粉2%~4%，苦瓜粉6%~8%，魔芋精粉0.5%~2%，将各种原料送入搅拌机中搅拌，并加入水，使配料的含水量在36%左右进行混合均匀。

③将调质后的物料加入挤压机，物料在经过挤压机的输送、压缩、剪切等作用下，再经切割成与大米形状、大小相似的米粒。

④将制成的米粒送入烘箱中，烘干使水分降至13%，再自然冷却，使水分降至11%，即可包装贮存。

2.高营养杂粮米

(1) 原料：大米、玉米、黄豆等。

（2）操作过程：

①将各种原料进行清理、干燥后粉碎、过筛。

②按照大米粉40%、玉米粉50%、荞麦和黄豆粉10%的比例，根据不同需要加入各种营养素，如钙、铁、锌、硒等，将各种原料混合均匀。

③将混合均匀后的配方粉加入调制器，同时添加质量被封闭为28%~30%的水，进行调质。

④将调质后的物料加入挤压机，物料经过挤压机的输送、压缩、剪切等作用过程，在挤压机模板处切割成米形。

⑤将制成的米粒送入烘箱中，烘干使水分降至13%，再自然冷却，使水分降至11%，即可包装贮存。

3.紫薯杂粮米

（1）原料：紫薯、魔芋、大米、高粱、燕麦和荞麦等。

（2）操作过程：

①将各种原料进行除杂、去石等工序清洗干净，干燥后粉碎、过80目筛。

②按照紫薯粉30%、魔芋精粉2‰、大米粉25%、高粱粉20%、燕麦粉12%和荞麦粉12.8%的比例，称取各种原料，混合均匀。

③将混合均匀后的配方粉加入调制器，同时添加质量被封闭为25%~35%的水，进行调质。

④将调质后的物料加入挤压机，物料在经过挤压机的输送、压缩、剪切等作用过程，在挤压机模板处切割成米形。

⑤将挤压成形后的杂粮食品按一定厚度装入恒温鼓风干燥箱，设定干燥箱的热风温度为60℃，干燥至最终产品水分为8%~12%。

4.五谷杂粮重组营养米

（1）原料：玉米、大米、小麦、大麦、荞麦、黑豆、绿豆、红薯和山药等。

（2）操作过程：

①将各种原料进行除杂、去石等工序清洗干净，干燥后粉碎，过80目筛。

②按照玉米粉56%、大米粉25%、小麦粉6%、大麦粉4.5%、荞麦粉1.2%、黑豆粉4%、绿豆粉0.7%、红薯粉2.2%和山药粉0.4%的比例，称取各种原料，并混合均匀。

③将混合均匀后的配方粉加入调质器，同时添加质量百分比为18%的水，进

行调质。

④将调质后的物料加入单螺杆挤压机。单螺杆挤压机的模板选用32孔的椭圆孔模板，物料经过单螺杆挤压机的输送、压缩、剪切等作用过程，在单螺杆挤压机模板处切割成米形。

⑤将挤压成形后的杂粮食品按1.2kg/m²的厚度装入恒温鼓风干燥箱，设定干燥箱的热风温度为60℃，风速为0.5m/s，干燥至终产品水分为8%~12%。

第四节　杂粮饮料和调味品的加工

杂粮的营养成分十分丰富，含有多种维生素、氨基酸和一些有益的微量元素，并有一定的药用和保健价值，可作为药食同源的食品原料，因此，利用杂粮可加工成饮料品和具有一定保健功能的调味品。

一、饮料品的加工

用杂粮加工饮料品，不但保持了杂粮的营养成分和功效，而且提高了杂粮的口感，满足了人们对杂粮的食用要求，也扩大了消费者对饮料种类的选择范围。

（一）生产工艺

杂粮饮料的加工一般以各种谷物杂粮为主要原料，可以加工成单一品种饮料，也可以用几种原料结合制成复合饮料。其生产工艺：原料选择→浸泡→漂洗→破碎→糊化→酶解→接种、发酵→调配→均质→灌装→杀菌→成品。

（二）操作要点

1.原料选择、浸泡、漂洗

挑选籽粒饱满、无腐烂的原料，除去原料中的灰尘杂质。采用适量的清水浸泡原料，使原料软化，这样能够降低磨浆时的能耗，以便后继的磨浆或粉碎操作。对于一些质地坚硬的杂粮原料，采用单纯的水浸泡无法软化其组织，因此可采用稀碱液浸泡，同时稀碱液能有效除去由低分子链脂肪酸所产生的不良气味。一般采用0.1~0.5mol/L氢氧化钠作为浸泡液，用水量约为原料质量的3~5倍，浸泡时间约6h。浸泡后用流动水冲洗除去残留碱液。

在生产时进行焙烤处理可增加成品杂粮饮料的烘烤香味。方法是将洗净的杂粮沥干水分，然后根据原料的性质，采用适当的烘烤时间和温度进行处理。以玉米为例，将玉米粒置于烤箱中铺开，温度控制在170℃，随着焙烤的进行，玉米逐渐发生爆裂，此时每隔5min搅拌1次，直至玉米全部烤成焦褐色的半发泡状。小米则只需小火炒香即可。焙炒时必须注意不能太糊，以免造成不良风味和颜色。

2.破碎

杂粮原料的破碎可以采用磨浆或粉碎的方式。磨浆是在原料中加入一定量的水，采用磨浆机将杂粮磨成浆汁。粉碎则采用相应的粉碎机对杂粮进行多次重复粉碎，以获得较细的杂粮颗粒。原料的破碎处理不仅能使原料中可溶性物质溶出，而且有利于原料进一步的酶解处理。

3.糊化

有些杂粮含有丰富的淀粉成分。淀粉在常温下不溶于水，但当温度达到53℃以上时，淀粉逐渐发生糊化作用。杂粮饮料生产中，采用80℃~100℃时加热15min进行糊化处理。淀粉的糊化作用有利于酶解。

淀粉的糊化作用会受到一些因素的影响，如淀粉的种类和颗粒大小、食品中的含水量、一些添加剂（糖类、脂类、食盐等）会影响糊化；在pH4~7的酸度范围内对糊化的影响不明显，当pH高于10.0后，随着酸度降低糊化作用会加速。

4.酶解

（1）液化：杂粮糊化后，必须经过液化。淀粉颗粒的结晶结构对于酶作用的抵抗力强，淀粉糖化酶无法直接作用于生淀粉，必须加热生淀粉乳，使淀粉颗粒吸水膨胀并糊化，破坏其结晶结构。淀粉乳糊化后，黏度很大，流动性差，搅拌困难，也影响传热，难以获得均匀的糊化结果，特别是在较高黏度和大量物料的情况下操作有困难。液化是利用液化酶使糊化后的淀粉水解为糊精和低聚糖，使糊化后的淀粉乳黏度大为降低，流动性增高，暴露出更多可被糖化酶作用的非还原性末端，从而为糖化创造有利条件。糖化使用的葡萄糖酶和麦芽糖酶都属于外切酶，水解作用从底物分子的非还原末端进行。

在杂粮饮料生产中，淀粉的液化采用耐高温α-淀粉酶进行液化。杂粮饮料的工业生产中，将α-淀粉酶先混入淀粉乳中，加热，淀粉糊化后立即液化。α-淀粉酶是水解淀粉最强的酶，对于淀粉具有很强的催化水解作用，能将淀粉很快水解成糊精和低聚糖，使淀粉乳的黏度急速降低，流动性增高。将浆液的pH调为6.2±0.2，加入α-淀粉酶制剂，其用量为100U/g，同时加入0.2%~0.25%氯化钙作为酶活性剂，在70℃~90℃下作用30~60min，再将浆液加热煮沸进行灭酶。

（2）糖化：在生产某些杂粮饮料尤其是发酵型杂粮饮料时，为使淀粉能被微生物利用，还需要进一步将糊精转化为葡萄糖，即淀粉的糖化。将液化后淀粉液引入糖化锅中，调节到适当的温度和pH值，添加需要量的糖化酶制剂，保持2~3天，达到最高的葡萄糖值，即得糖化液。保持糖化锅的温度，并用搅拌器进行适当的搅拌，避免发生局部温度不均匀现象。糖化的温度和pH值，决定于所用糖化酶制剂的性质。不同的糖化酶制剂需要与不同的糖化温度和pH值相匹配。根据酶的性质选用较高的温度，可加快糖化速度，降低感染杂菌的危险。选用较低的pH值，糖化液的色泽较浅。加入糖化酶之前要注意先将温度和pH值调节好，避免酶活力受不适当的温度和pH值的影响。随着糖化反应的进行，pH值会随之改变，可以根据反应的进行不断调节pH值。

当糖化反应达到最高的葡萄糖值以后，反应即刻停止，否则，一部分葡萄糖会重新发生复合反应结合生成异麦芽糖等复合糖类，葡萄糖值趋于降低，尤其是在较高的酶浓度和底物浓度的情况下更为显著。与液化酶不同，糖化酶不需要钙离子。糖化酶制剂的用量决定于活力的高低，活力高则用量少。具体来说，在生产杂粮饮料时，将液化好的浆液冷却至50℃，调节pH至5.0，加入糖化酶制剂，其用量为80~100U/g，对应时间为30min到数小时，糖化结束后，将糖化液加热80℃，保持20min，酶活力基本消失。

5.接种、发酵

生产发酵型杂粮饮料时，需要介入菌种进行发酵。一般常采用喜热乳杆菌和保加利亚乳杆菌以1:1或喜热链球菌和保加利亚乳杆菌以1:1的比例，接种量为5%~10%。接种完毕，在42℃±1℃条件下发酵6~8h，再于4℃下存放一段时间进行后熟作用，最终酸度达到0.8%~1.0%即可。

6.调配

杂粮饮料中常加入一定量的白砂糖、柠檬酸以调节其口感。另外，杂粮饮料中应加入一定量的稳定剂以保证杂粮饮料的稳定性，常用的稳定剂有羧甲基纤维素钠、阿拉伯胶、黄原胶、琼脂等。可选择几种稳定剂搭配复合使用，如将黄原胶与琼脂以1:1的比例添加到杂粮饮料中。

7.均质

将调配好的杂粮饮料加热到45℃~55℃，然后利用均质机在15~30MPa压力下进行均质处理，也可利用胶体磨进行处理。根据情况可采用一次均质或两次均质处理。若采用两次均质，则第二次均质压力一般比第一次高一些，如第一次压力为20MPa，第二次为30MPa.

8.灌装、杀菌

杂粮饮料经过均质后立即进行灌装、封口，然后在120℃下杀菌15min左右经过冷却即为成品。

（三）生产设备

加工杂粮饮料的主要设备有粉碎设备、糊化设备、糖化设备、发酵设备、均质及杀菌设备等。

1.球磨机

根据杂粮饮料原料粉碎要求，应用微粉碎机。球磨机就是典型的微粉碎机，其主要原理是利用钢球下落的撞击和钢球与球磨机内壁的研磨作用，将物料粉碎。

锥形球磨机的结构组成如图6-4-1所示，其主要工作部件是转筒，转筒两头呈圆锥形，中部呈圆筒形，转筒由电动机驱动的大齿轮带动，做低速旋转运动。转筒内装有许多作为粉碎媒体的直径为2.5~15cm的钢球或磁性钢球。在原料入口处装置的球直径最大，沿着物料出口方向，球的直径逐渐减小；与此相对应，被粉碎物料的颗粒也是从进料口顺着出料口的方向由大变小。从入口处投入的物料，随着转筒的旋转而做旋转运动，由于离心力作用和钢球一起沿内壁面上升，当上升到一定高度时便同时下落。这样，物料由于受到许多钢球的撞击而被粉碎。此外，钢球与内壁面所产生的摩擦作用，也使物料被粉碎。粉碎后制品逐渐移向出口被排出。这类机具适用于谷物类及香料等物料的粉碎加工。

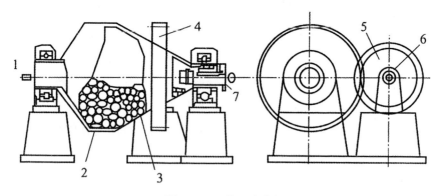

图 6-4-1　锥形球磨机

1.原料入口　2.转筒　3.磁性钢球　4.大齿轮　5.小齿轮　6.出料口　7.电动机

2.糊化锅

糊化锅（图6-4-2）是淀粉糊化和液化的设备，可用来进行一些谷物杂粮的糊化、液化和煮沸作业工序，也可以用于麦芽糖化醪的煮沸。糊化锅的顶盖为弧形或锥形，锅外形为圆柱形，锅底为球形或圆锥形，这种设计保证料液循环和热传导良好。糊化锅的中心靠近锅底处装有桨式搅拌机，转速分为快、慢两挡。快速挡的转速为30~40r/min，用于物料与水的搅拌混合；慢速挡的转速为6~8r/min，用于加热保温时推动醪液，且可防止物料固形物的粘锅、沉积和结底，提高传热效果。锅下设有传动装置。锅底设有夹套，可通蒸汽间接加热，夹套蒸汽压力为0.3~0.6MPa。锅内底部有时装有冷却蛇管，可对煮沸醪液进行部分冷却，以控制与麦芽醪液混合时的温度。锅顶盖上装有一根升气管，升气管靠近下部有一环槽，用以收集管内壁的冷凝水，将其引入下水道，免得冲淡料液。煮醪时，开启升气管内的圆形风挡，以排除蒸汽；在保温时关闭，以减少由于空气流通时带走热量而使液面的温度降低。当糊化锅用于麦芽汁煮沸时，其容量与煮沸锅相等。小型工厂的糊化锅容积大都为10~15m³。

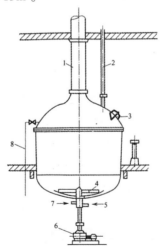

图 6-4-2 糊化锅

1.升气管 2.下料管 3.入孔 4.搅拌器 5.余气进口 6.减速器 7.蒸汽进口 8.水管

3.糖化锅

糖化锅主要用于加热和煮沸糖化醪，使淀粉和蛋白质进行分解，并与已糊化的辅料醪混合，维持醪液在一定的温度，使醪液进行淀粉糖化。

糖化锅的结构形状和糊化锅相似，如图6-4-3所示，顶盖为弧形或锥形，锅身为圆柱形，锅底分为球形底和平面底两种。最适用的是用蒸汽加热的球形底的锅。这种锅上有回顶形盖，盖上伸出直立的管子。球形底的中央有活门，用以放出糖化醪，锅的下部有搅拌器，锅体材质宜用不锈钢，为了节省建造糖化槽的钢材，改善料液循环，锅身圆筒部分的直径与高度之比应为2:1。糖化锅的容量与糖化槽相等。糖化锅的保温措施比糊化锅好，因为锅壁和锅底保温效果较好，糖化锅大部分时间处于保温状况。排气筒中的风挡也处于常闭状态，只有当混合醪温度超过正常时，才偶尔开启降温。为了将糖化锅中的醪液加热，对于带蒸汽夹套的糖化锅，蒸汽压力可以达到2.5个大气压，而对于带蛇管的糖化锅，则可达5个大气压。锅上应安装压力表、安全阀和放出冷水的冷凝罐。

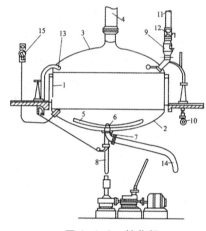

图 6-4-3　糖化锅

1.圆柱体部分　2.球形锅底　3.球形锅顶　4.排气筒　5.搅拌叶　6.排料孔　7.醪液出口阀　8.搅拌轴　9.预糖化器　10.混合器　11.投料管　12.闸门　13.醪液入管　14.排料管　15.温度记录仪

（四）加工典型案例

1.大麦茶

（1）原料：取材于大麦和麦芽经过烘烤制成大麦茶、大麦咖啡等。烘烤造成淀粉的高温糊精化，半纤维减少，糖则焦糖化，还原糖和氨基酸之间互相反应形成类黑精（食品褐变的主要产物），从而产生黑色和风味，籽粒产品的酸度使溶解度增加。

（2）生产工艺：大麦→烘焙→破碎→浸提→过滤→调配→灌装→杀菌→冷却。

（3）操作要点：

①原料大麦的处理及烘焙：除去大麦中杂质，洗净、晾干。采用（320℃±

5℃）烘焙，大麦表层呈现茶褐色并具有浓郁的大麦焦香味时，停止烘焙约30min。

②破碎：将烘焙的大麦破碎，破碎度控制在40目。

③浸提：采用二次浸提，浸提温度70℃左右。采用H-168活性炭静水器处理过的水，用水量为大麦∶水为1∶15，时间15min。

④过滤：粗滤后，再用板框过滤器进行精滤。

⑤调配：为了防止有效成分的氧化，调配时加入0.1%的脱氧抗坏血酸。

⑥灌装：采用自动灌装机进行灌装，控制灌装量，液面距包装容器顶部应留出一定的空隙，灌装温度85℃。

⑦杀菌：高压高温（121℃）杀菌，时间5min。

2.大麦糖浆

大麦糖浆的生产是以大麦和10%的麦芽为原料，在各种外加酶制剂的作用下，经过糖化将大麦中的淀粉分解为以麦芽糖为主的糖类，将大麦中不溶性蛋白质降解为低分子肽和氨基酸，所得大麦汁的糖类组成、可溶性氮含量及其他微量成分和全麦芽汁很接近。为便于包装盒运输，常将其真空浓缩为固形物含量70%~75%的浓缩大麦糖浆。

大麦糖浆在食品工业中应用最主要的是作为啤酒酿造的液体辅助，添加量可达20%~50%。此外，它还可作为生产配制型大麦饮料、发酵大麦饮料和果味啤酒的主要原料。优质的大麦糖浆有利于制造高质量高浓度麦汁。高浓度麦汁几乎都是通过添加高糖低营养的辅料制备，这些辅料不存在或很少存在含氮物质，因此辅料的加入实际上降低了非糖营养物质的比例，尤其降低了细胞增殖所需的酵母甾醇和α-氨基氮的含量，抑制了酵母的生长和发酵。大麦糖浆的成分与麦汁接近，与其他辅料相比具有显著的优越性。此外，随着大米等谷物价格的上涨，啤酒成本也会相应提高，大麦糖浆作辅料已被广泛应用。酶法生产大麦糖浆的工艺技术如下：

（1）原料：大麦、α-淀粉酶（或麦芽）、木瓜蛋白酶（或细菌蛋白酶）。

（2）生产工艺：

①大麦中β-淀粉酶的提取工艺流程：大麦→磨碎→加水→加复合酶→调pH→升温并保温→过滤→β-淀粉酶滤液→待用。

②大麦糖浆的全酶法制备工艺流程：

大麦→磨碎→加水调匀→调pH→加热及加入α-淀粉酶→液化→冷却→调pH→加入β-淀粉酶滤液→调pH→加入木瓜蛋白酶→调温并保温→加热→抽滤→浓缩。

③大麦糖浆的传统制备工艺流程：大麦→粉碎→加水混合→调pH→保温至液化完全→调pH→调温度→添加细菌蛋白酶和麦芽→糖化完全→过滤→浓缩。

（3）操作要点：

①β-淀粉酶的提取：大麦磨碎的粉碎度为7目，加3倍的水，调pH为6.0，加入复合酶0.3%升温至45℃，保温4h。

②大麦糖浆的全酶法制备：工艺中加3倍的水调匀，调pH为5.5，加热温度为85℃。加入提抽的β-淀粉酶糖化，调pH为6.0后，再加入0.3%木瓜蛋白酶，调温度为45℃，保温1h后再加热至75℃，保持3min。

③大麦糖浆的传统制备：工艺中水和料液比1:4，pH为2.0，温度95℃。当液化完全时，pH为5.5~5.8，温度控制在55℃~60℃，同时添加细菌蛋白酶和10%的麦芽，至糖化完全。

3.大麦啤酒

啤酒是以大麦为主要原料，经过发芽、糖化、发酵而酿造成的发酵酒。它含有3%~5%的酒精，又含有二氧化碳，适于做清凉饮料。啤酒营养丰富，有"液体面包"之称，是蛋白质、氨基酸、脂肪、糖类、维生素等营养物质的综合体，又有爽口的口味，是一种深受人们喜欢的全球性饮料。

（1）原料：大麦、水、大米或玉米。

（2）生产工艺：大麦→发芽→粉碎→糖化→过滤→麦汁煮沸→酒花分离→麦汁沉淀→发酵→冷却→前发酵→后过滤→灌装→杀菌→成品。

（3）操作要点：

①麦芽制备：

浸麦：精选后的大麦按腹径大小分别投料浸麦，浸麦度达到40%~50%，腹径在2.5mm以上，浸麦时间要达到68h以上。浸麦水温应控制在14℃~18℃。洗麦后第二次进水时每1m³浸麦添加0.3kgNaOH使麦皮色素溶出，不可使用石灰水或漂白粉，否则会造成麦汁制备过程麦芽汁pH升高和麦芽酶活性降低。在浸麦时保证有20min/h的通风时间，有利于胚芽萌发。断水期间给大麦喷雾，利于控制麦芽温度，并且有利于胚芽溶出的代谢物淋出和麦芽通氧。

发芽：将带水入发芽箱的麦芽先摊平，堆积麦芽升湿至8%时，通入湿风以排除CO_2和调节麦芽温度。发芽第1天和最后2天麦芽通风的回风比例占75%，新鲜风占25%，第2至第4天回风和新鲜风应各占50%。麦层湿度保持在15%~18%。麦芽水分跟踪2天，当浸麦度不足48%时，第3天喷雾补水1~2次以补足水分。麦层翻拌前4天每8h翻一次，后2天每12h翻一次，以保证发芽均匀。

干燥：麦芽干燥可分为三个阶段。第一阶段为40℃升温到55℃，时间为13h，为排潮阶段；第二阶段为55℃升温到88℃，时间为3.5h，称为烘干阶段；第三阶段为85℃保持2h，为焙焦阶段。干燥水分控制：排潮完毕为10~12g/100g；烘干完毕为5~8g/100g；焙焦完毕为3~5g/100g。

②麦芽及辅料的粉碎：将麦芽和辅料（大米或玉米）进行粉碎的目的是增加原料与水及酶类的接触面积，以利于可溶性物质的浸出及酶促反应的进行。麦芽粉碎控制辊间距离，使麦皮破而不碎，而内容物粉碎效果较好。

③糖化作用：就是将麦芽中的可溶性物质浸出，同时在大麦分泌的各种酶的作用下，将不溶性物质分解为可溶性物质，最后成为一定浓度的麦芽汁。糖化过程就是制麦汁的过程。

糖化方法可分为煮出法和浸出法两大类。煮出法又分为一次和二次煮出法，我国大多数工厂生产淡色啤酒几乎都采用二次煮出法。其操作程序是：将辅料1/3的麦芽粉，按1:7加45℃的温水，在糊化锅内混均，升温至100℃。同时，麦芽与水按1:4的比例在糖化锅内混匀，于45℃~55℃条件下保温30~90min，然后将糊化醪泵入糖化锅，与糖化醪混合，使温度达到65℃~68℃，维持一定的反应时间，至糖化醪反应时，再取部分糖化醪泵入糊化锅第二次煮沸，然后再打回糖化锅，使糖化醪温升至75℃~78℃静置10min。

④过滤：过滤的目的是将糖化后的麦芽汁和麦糟分开，以得到较为清亮的糖液，即麦芽汁。

⑤麦汁煮沸、添加酒花及酒花分离：为了使麦汁达到规定的浓度，需要经过煮沸，以去掉多余的水分，煮沸的同时还起到杀菌作用。煮沸时每100L麦汁可添加酒花160~200g，使酒花所含的有效成分溶解在麦汁中。煮沸时，浓度为7%~12%的麦汁煮沸80~100min（不超过120min）。当麦汁煮沸至规定的浓度时，分离并除去酒花糟。

⑥麦汁沉淀及冷却：麦汁沉淀的目的是除去煮沸过程中产生的热凝固物，然后使麦汁迅速降温至发酵适宜的温度5℃~7℃，避免杂菌污染。冷却时麦汁吸收一定数量的氧气，有利于酵母菌的繁殖。

⑦前发酵（主发酵）：啤酒的发酵，是麦芽汁的可发酵性物质在酵母分泌的酒

化酶系的作用下，转化为酒精及其他芳香成分的过程。

前发酵因所使用的酵母不同，可分为上面发酵和下面发酵。我国的啤酒厂多采用开放式的下面发酵法，起始温度为5℃~7℃，最高温度为7℃~10℃，发酵时间为6~12天。12°的啤酒，其发酵度不低于56%。

⑧贮酒（后发酵）：后发酵是在低温下、密闭的酒桶中进行的。其目的是使CO_2能溶解于酒液中，并达到饱和，后发酵还能使酒液澄清，改善风味。后发酵的起始温度为10℃左右，罐压为107.8~117.7kPa，维持5天，然后进入低温贮酒罐，罐压维持78.4~98.1kPa，温度保持0℃~2℃，一般贮存7天左右。

⑨过滤、灌装、杀菌：为了进一步除去酒液中的悬浮微粒，使啤酒清亮透明，富有光泽，贮存期满的啤酒经过过滤再进行灌装。啤酒的灌装主要有桶装和瓶装两种方式，目前已发展罐头盒式的包装。

啤酒装桶或装瓶后直接出厂投入市场者，称为生啤酒。装瓶后的生啤酒若经巴氏灭菌（60℃~62℃，20~30min）处理的，俗称熟啤酒。熟啤酒稳定性强，故存放期可长些，但色泽较深，风味也不及生啤酒鲜美。

4.苦荞麦茶

（1）原料：苦荞麦、阿斯巴甜、柠檬酸。

（2）生产工艺：苦荞麦→清洗→蒸煮→烘干→焙烤→破碎→浸提→过滤→调配→杀菌→装罐→成品。

（3）操作要点：

①清洗：将苦荞麦进行多次水洗，除去附着其中的砂土、杂物等。

②蒸煮：按苦荞麦:水=1:（1.2~1.5）的比例，浸泡12h，100℃蒸煮3min，使苦荞麦淀粉充分糊化。

③烘干：将蒸煮后的苦荞麦在60℃~70℃条件下，热风干燥约8min，至含水量18%左右。

④焙烤：180℃焙烤约10min，至苦荞麦表面（脱皮后）出现焦黄色。

⑤破碎：将焙烤后的苦荞破碎，破碎粒度以18~40目为宜。

⑥浸提：采用60℃~70℃温水，按苦荞麦:水=1:（10~15）的比例，浸提30~60min。

⑦过滤：将浸提液粗滤后，再进行精滤或超滤。

⑧调配：用低热值甜味剂阿斯巴甜调甜度，使其甜度相当于蔗糖含量8%~

10%，加柠檬酸0.1%~0.2%，调pH4.0。

⑨杀菌：加热至80℃，趁热灌装于瓶中，在85℃~90℃热水中保温20~30min。

5.大豆荞麦饮料

（1）原料：苦荞麦、黄豆、枸杞、山楂。

（2）生产工艺：大豆荞麦饮料的工艺路线如下：

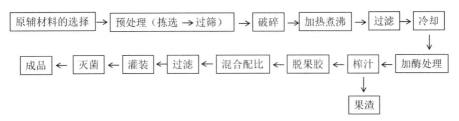

（3）操作要点：

①原辅料的选择和预处理：挑选颗粒大、均匀饱满、颜色光亮、无虫、无霉斑、新鲜无腐烂的原料，并去除原料中的沙石、草等杂质，将苦荞麦、黄豆、枸杞和山楂进行清洗。

②破碎：分别将苦荞麦、黄豆、枸杞和山楂进行破碎。其中苦荞麦采用粮食专用加工的粉碎机进行粉碎。黄豆、枸杞和山楂则采用湿法粉碎，粒度调节范围在3~6mm，破碎时按黄豆:水=1:2，枸杞、山楂则按照果:水=1:1混合，水质应符合饮料生产用水的标准。

③加水煮沸：将粉碎好的苦荞与水，按1:3的比例，同时进入煮沸锅中煮沸30min，将黄豆与水按1:5的比例磨浆后煮沸30min。

④过滤：将煮沸好的苦荞液、黄豆浆分别进行过滤。

⑤冷却：将过滤后的苦荞麦汁、黄豆汁分别进行冷却。

⑥加酶处理：将已经破碎的山楂迅速加热至85℃~90℃，然后迅速降至45℃~50℃，加入一定量的果胶酶，比例是每吨山楂250mL。果胶酶先与水混合后再均匀地加入到破碎的山楂中，酶处理时间为30~150min。要求物料搅拌均匀、温度稳定。

⑦榨汁：采用裹包式榨汁机，分别将山楂、枸杞进行磨碎过滤，最大榨汁压力为2MPa，过滤分离后所剩的副产品为果渣，过滤去渣后剩下的是果汁。

⑧脱果胶：将山楂升温到50℃，保持1~3h，加入果胶酶，使酒石酸能很快且极易沉淀，山楂汁得到澄清。

⑨混合配比，采用高压均质的方法，即16~18MPa、70℃~80℃进行二次均质。将苦荞麦汁、黄豆汁、山楂汁、枸杞汁，分别按10:7:4:2的比例混合。

⑩过滤：按比例混合后，再进行一次过滤。

⑪灭菌。灌装后迅速进行杀菌。杀菌温度95℃，保持20min，即为成品入库，库房内安置降温设施。

二、调味品的加工

（一）杂粮醋的加工

1.制作方法

杂粮醋的制作方法主要有蒸料发酵法、一般固态发酵法和生料发酵法。

（1）蒸料发酵法：

①生产工艺：粉碎、调料→蒸料、冷却→拌曲、发酵→下盐及后熟→淋醋→陈醋→灭菌。

②操作要点：

粉碎、调料：原料粉碎为粗粉，粉状占50%左右，加水量按主料100%计算。翻拌后浸润，冬季13~14h，夏季8~10h，再拌入麸皮、谷壳，再按主料加水100%（即蒸前水全部加足），拌匀装锅。

蒸料、冷却：待上汽均匀圆气后，常压蒸1h，焖1h出锅（0.15MPa，40min）。取出放冷，加水80%（按主料计），降温至20℃左右（夏季低于室温2℃~3℃）。

拌曲、发酵：加麸曲、酵母液、醋酸菌液，拌匀入缸，压实加盖，以无毒聚乙烯薄膜封好，保持室温20℃左右，冬季不低于15℃，夏季不高于25℃，进行糖化和酒精发酵。入缸3天后，当品温上升至36℃左右时，进行倒醅，再压实加盖，发酵3天。糖化酒化6天后，酒精含量达到6.5%~7.0%，醅温应掌握在37℃~39℃，不得超过40℃，室温25℃~30℃。每天倒缸1~2次，使醋醅松散，以供给足够氧气，加快醋酸菌繁殖。醋酸发酵约经20~24天，醅温开始趋于下降，每日取样化验，至36℃，醋酸发酵结束，测定醋醅酸度。

下盐及后熟：下盐方法是按醋醅的2%~5%加入食盐，夏季用盐多些，冬季用量可以适当减少。先将食盐一半撒在醋醅上，用平铲翻起上半缸拌匀，放另一缸内，次日再把余下的食盐拌入剩下半缸醋醅内。加盐后放置2天，即为成熟。食盐对醋酸菌抑制能力强，含1%即能使醋酸菌停止活动。如加盐不及时，醋酸被分解，酸度下降，则会造成烧醅。后熟是把没有完全变成醋酸的酒精及中间产物，进一步氧化成醋酸，可以增加出率，同时进行酶化，对香味及色泽也有改善。

淋醋：用水将成熟醋醅的有用成分溶解出来得到醋液。小厂可用淋缸，大厂可水泥淋池，加二淋醋超过醋醅10cm左右，浸泡10~16h，开始放醋。初流出的混浊醋液可返回淋醋缸（池），至澄清后放入储池。头淋醋放完，用清水浸泡放出二淋醋备用。醋醅残醋量不超过1%。如以头淋醋套头淋醋为老醋，二淋醋套二滩醋三次为双醋，较一般单淋醋质量为佳。

陈酿：有两种方法。一是醋醅陈酿（先储后淋），将下盐成熟后的醋醅在缸内砸实，食盐盖面，土泥和盐卤调成的泥浆封缸面，15~20天后倒醅1次，再行封缸。一般放1个月左右，即可淋醋。或用此法储存醋醅，待销售旺季淋醋出厂。二是成品陈酿（先淋后储），将新醋储于缸、池、罐等容器内，夏季30天，冬季2个月以上，可得到香味醇厚、色泽鲜艳的高醋。

灭菌：陈醋或新淋醋液应于85℃~90℃维持50min灭菌。但灭菌后，应迅速使之降温（一般灭菌器应配有冷却装置），并加防腐剂，澄清2~4天后方可出厂。

（2）一般固态发酵法：

①原料处理：先将原料粉碎，与谷糠混合均匀。在料上进行第一次加水，随翻随加，使水与原料充分拌匀吸透。

②蒸料：润水完毕，装锅上蒸1h（0.15MPa，40min）。蒸熟后，将熟料取出放在干净的拌料场上，过筛，基本上消除团粒，同时翻拌及排风冷却。

③添加麸曲及酒母：熟料要求夏季降温至30℃~33℃，冬季降温至40℃以下，再进行第二次撒入冷水，翻拌1次，再次摊平。将经粉碎的麸曲铺于面层，再将经搅匀的酒母均匀地撒上，然后进行1次彻底翻拌，即可装入缸内。入缸醋醅的水分含量以60%~62%为宜。

④淀粉糖化及酒精发酵：醋醅入缸后，摊平，一般每缸装醋醅160kg左右，醅温24℃~28℃。缸口盖上草盖，室温保持在28℃左右。当醅温上升至38℃时，进行倒醅，一般不应超过40℃。倒醅方法是每10~20个缸留出一个空缸，将已升温的醋醅移入空缸内，再将下一缸倒在新空出的缸内，依此将所有醋醅倒一遍。再经过5~8h，醅温又上升到38℃~39℃，再次倒醅1次。此后，正常醋醅的醅温38℃~40℃，经过48h后逐渐降低，每天倒醅1次。至第5天醅温降至33℃~35℃，表明糖化及酒精发酵已告完成。此时测定醋醅的酒精含量达到8%左右。

⑤醋酸发酵：酒精发酵结束后，每缸拌入粗谷糠（砻糠）10kg左右及醋酸菌

种子8kg。拌和粗谷糠（砻糠）及醋酸菌种子的方法，采取上下分拌，先将粗谷糠及醋酸菌种子一半撒在缸内，用双手将上半缸醋醅进行拌匀，倒入空缸内；再将余下的一半粗谷糠及醋酸菌种子加入下半缸醋醅内，拌匀，合并成一缸。加入粗谷糠（砻糠）醋酸菌种子后，第1天醅温不会很快升高，第2~3天醅温就会很快升高，这时醅温最好掌握在39℃~41℃，一般不应超过42℃。每天倒醅1次。约经12天左右，醅温开始趋于下降，每天取样测定醋酸含量。冬季掌握醋酸含量在7.5%以上，夏季掌握在7%以上，而醅温下降至38℃以下时，表明醋酸发酵结束，应及时加盐。

⑥加盐及后熟：醋酸发酵完毕，立即加盐。一般每缸醋醅夏季加食盐3kg，冬季只需1.5kg。加盐方法是先将食盐一半撒在醋醅上，用长把铲翻拌上半缸醋醅，拌匀后移入另一缸中；次日再把余下的一半食盐拌入剩下的下半缸内，拌匀，合并成一缸。加盐后，再放置2天，即为后熟。

⑦淋醋：淋醋设备小型厂用缸，大型厂用耐蚀涂料的水泥池。淋醋采用淋缸三套循环法。如甲组淋缸放入成熟醋醅，用乙组淋缸淋出的醋倒入甲组缸内浸泡20~24h，淋下的称为头醋；乙组缸内的醋渣是淋过头醋的头渣，用丙组缸淋下的三醋放入乙组缸内，淋下的作为套二醋；丙组淋缸内的醋渣是淋过二醋的二渣，用清水放入丙组缸内，淋出的就是套三醋。淋完丙组缸的醋渣残酸仅0.1%，可用作饲料。

⑧陈酿：陈酿有两种方法。一是醋醅陈酿，将加盐后熟的醋醅移入院中缸内砸实，上盖食盐一层，用泥土封顶，放置15~20天，中间倒醅1次再次封缸。一般存放期为1个月，即行淋醋，但在夏季还需防止烧醅现象的发生。二是将醋液放在院中缸内或坛子内，上口加盖，陈酿时间为1~2个月。此法当醋酸含量低于5%以下时容易变质，不宜采用。陈酿后质量显著提高，色泽鲜艳，香味醇厚。

⑨灭菌及配制成品：头醋通过管道入澄清池里沉淀，并调整质量标准，除现销产品及高档醋不需添加防腐剂外，一般食醋均应加入0.1%的苯甲酸钠作为防腐剂。生醋用蛇管热交换器进行灭菌，灭菌温度在80℃以上。最后定量装坛封泥，即为成品。每100kg甘薯粉或米粉能产5%醋酸含量的食醋700kg左右。

（3）生料发酵法：

①选择原料：生产使用的原料杂粮必须选好，以确保产品的质量。

②粉碎：用磨粉机进行粉碎，粉碎终点为原料能通过50目筛。要求醋醅既膨

松又能容纳一定水分及空气。

③前期稀醪发酵：生料的糖化与酒精发酵，采用稀醪大池发酵，按主料比例每100kg加麸皮20%、麸曲50%、酵母10%，一并倒入生产池内，翻拌均匀，曲块打碎，然后加水65%。入池温度为14℃~16℃（否则各种有机酸生成量增多，酒精的生成量减少），根据季节温度，24~36h后，把发酵醪表层浮起的曲料翻倒1次。翻倒的目的是防止表层曲料发霉变质和有助于酶的作用。待酒醪发起后，每日打耙，最少2次。一般发酵5~7天，酒醪开始沉淀，糖化已基本结束。再经大约1天发酵，感官鉴定呈淡黄色，无长白现象，品尝有点微涩、不黏、不过酸。理化检验，酒精含量一般在5%~6%，当增酸幅度在1.2%以下时（按醋酸汁），稀醪发酵即告完成。

④后期固体发酵：前期发酵完成后，立即按比例加入辅料。根据季节不同焖24~48h，然后将料搅拌均匀，先用铁锨翻拌均匀后，用翻醅机将醅料拌匀，即为醋醅。然后接入人工培养的醋酸菌种子或不接种，任野生醋酸菌自然繁殖，前者对抑制杂菌有作用。用聚乙烯薄膜盖严，再过1~2天开始每天翻倒1次，并用竹竿将聚乙烯薄膜撑起，给以一定量的空气。头4~5天支竿不宜过高，因为此阶段是醋酸生成期，如聚乙烯薄膜撑起过高，酒精容易挥发，影响醋酸生成量。第1周醅温控制在40℃左右，使醋醅的温度稳定上升。当醋醅温度达40℃以上时，可将薄膜适当支高，使温度继续上升，但不宜超过46℃。这一阶段为乳酸生长最旺盛阶段。据有关资料介绍，醋酸菌繁殖最适温度为39℃，乳酸菌最适温度为45℃，食醋的风味中乳酸占很重要的部分，醋酸发酵掌握适当醅温，可提高食醋的色、香、味和清亮程度。

醋酸发酵后期醅温开始下降。由于季节不同，一般醅温在34℃~37℃。此时，竹竿支起薄膜的高度要低，防止高温跑火。当酒精含量降到微量时，即可按主料的10%加盐，以抑制醋酸过度氧化。加盐后再翻1~2次后，将醋醅移出生产室，存在池内或缸内压实，根据条件储存，时间1~6个月，每隔一段时间要翻倒1次。如无存放条件，也可随时淋醋。

⑤熏醅：将部分成熟醅子进行熏醅。熏醅采用煤火熏醅与冰浴熏醅两种。煤火方法是将缸连砌在一起，内留火道，把成熟的醅子放入缸内用煤火熏醅，每天翻1次。熏醅温度最低为80℃，1周可熏好。颜色乌黑发亮，熏香味浓厚，无焦煳气味。水浴方法是将大缸置于水浴池内，水温保持在90℃，熏醅时间10天左右。

将未熏过的醋醅所淋出的醋汁浸泡熏醅，淋出的醋即为熏醋。

⑥淋醋：把成熟的醋醅装入淋缸内，每套装醅按主料计算为300kg左右，放水浸泡时间可长达12h，短则3~4h，但需泡透。醋醅泡透即可开始淋醋。淋醋采取套淋法，清水套三醋，三醋套二醋，二醋套头醋。

2.加工设备

（1）原料输送装置：

①带式输送机：

结构组成：带式输送机是一种具有挠性牵引构件的运输机械，主要由环形输送带、驱动滚筒、张紧滚筒、张紧装置、装料斗、卸料装置、托辊和机架等组成，如图6-4-4所示。

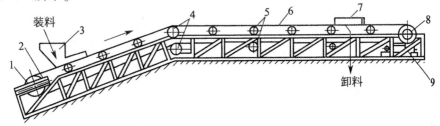

图6-4-4 带式输送机

1.张紧滚筒 2.张紧装置 3.装料斗 4.改向滚筒

5.托辊 6.环形输送带 7.卸料装置 8.驱动滚筒 9.驱动装置

工作原理：带式输送机工作时，环形输送带作为牵引及承载构件，绕过并张紧于两滚筒上，输送带依靠其与驱动滚筒之间的摩擦力产生连续运动，同时，依靠其与物料之间的摩擦力和物料的内摩擦力使物料随输送带一起运动，从而完成输送物料的任务。物料从装料斗进入输送带上，通常被运送至输送机的另一端，当需途中卸料时，可在相应位置另设卸料器。

作为具有牵引和车载功能的构件，输送带应具有强度高、挠性好、质量轻、延伸率小、吸水性小、耐磨性好的特点。驱动装置包括电动机、减速器、驱动滚筒等，在倾斜式输送机上还设有制动装置。驱动滚筒是传递动力的主要部件，常为空心结构，其长度略大于宽带。驱动滚筒呈鼓形结构，即中部直径稍大，用于自动纠正输送带的跑偏。托辊用于承托输送带及其上面的物料，避免作业时输送带产生过大的挠曲变形，托辊分为上托辊（即载运托辊）和下托辊（即空载托辊）两种。

在带式输送机中，张紧装置输送带具有一定的延伸性，稳定传递动力，输送带与滚筒间需要足够的接触压力，避免出现打滑现象。张紧装置的作用就是通过保持输送带足够的张力，从而确保输送带与驱动滚筒间的接触压力。常用的张紧装置有重锤式、螺杆式和压力弹簧式等。带式输送机有途中和末端抛射两种卸料形式，其中末端抛射卸料只用于松散的物料。途中卸料装置常用犁式卸料挡板，成件物品一般采用单侧卸料挡板，颗粒物料可采用双侧卸料挡板。

机具特点：带式输送机结构简单，适应性广；使用方便，工作平稳，不损伤被运输物料；输送过程中物料与输送带间无相对运动，可输送研磨性物料；输送速度范围广（0.02~4.0m/s），输送距离长，输送能力强，能耗低。但输送带易磨损，在输送轻质物料时易形成飞扬。

②螺旋式输送机：螺旋式输送机属于直线型连续输送机械，适用于需要密闭运输之物料，如粉状和颗粒状物料。根据输送形式，螺旋输送机分为水平螺旋输送机和垂直螺旋输送机两大类。

结构组成：水平螺旋输送机如图6-4-5所示。水平螺旋输送机主要由机槽、转轴、螺旋叶片、轴承及传动装置等主要构件组成。物料从一端加入，卸料出口可沿机器的长度方向设置多个，用平板闸门启闭，一般只有其中之一卸料，传动装置可装在槽体前方或尾部。

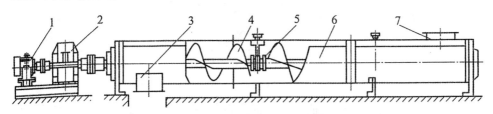

图6-4-5　水平螺旋式输送机

1.电动机　2.减速器　3.卸料口　4.螺旋叶片　5.中间轴承　6.机槽　7.进料口

工作原理：螺旋输送机利用旋转的螺旋，将被输送的物料在封闭的固定槽体内向前推移而进行输送。当螺旋旋转时，由于叶片的推动作用，同时在物料重力、物料与槽内壁间的摩擦力以及物料的内摩擦力作用下，物料以与螺旋叶片和机槽相对滑动的形式在槽体内向前移动。物料的移动方向取决于叶片的旋转方向及转轴的旋转方向。为平稳输送，螺旋转速应小于物料被螺旋叶片抛起的极限转速。

机具特点：水平螺旋输送机的结构紧凑，便于在中间位置进料和卸料，呈封闭形式输送，可减少物料与环境间的相互污染，除可用于水平输送外，还可倾斜安装，但倾角应小于20°。由于输送过程中物料和机壳及螺旋间都存在摩擦力，易造成物料的破碎及损伤，不宜输送有机杂质含量多、表面过于粗糙、颗粒大及耐磨性差的物料。水平螺旋输送机功率消耗较大，输送距离一般在30m以内，过载能力差，需要均匀进料且应空载启动。

（2）物料粉碎装置：

①锤式粉碎机：锤式粉碎机是利用快速旋转的锤刀对物料进行冲击粉碎，广泛用于各种中等硬度物料，如玉米等中碎与细碎作业。由于各种脆性物料的抗冲击性较差，因此，这种粉碎机特别适用于脆性物料。

结构组成：锤式粉碎机主要由转子、锤刀等组成，如图6-4-6所示。

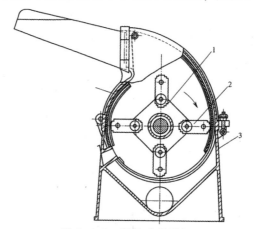

图6-4-6　锤片式粉碎机

1.转子　2.锤刀　3.机壳

工作原理：锤式粉碎机主轴上有钢质圆盘或方盘转子，盘上装有可摆动铰接锤刀。当主轴以800~2500r/min的转数在密封的机壳内旋转时，刀片在各种不同的位置上，能够以很大的冲击力将物料粉碎。加入到粉碎机中的物料，首先与锯齿形的冲击板撞击，已经被粉碎的物料，通过机壳的格栅网孔排出。未被粉碎的物料，被筛网阻载，再次受锤刀冲击粉碎。如遇到坚硬不能粉碎的物料（如铁件螺帽、铁钉等），由于锤刀系活动地悬挂在盘上可以摆动而让开，可避免损伤机具，当然锤刀要受到较大的磨损，甚至损坏筛网。如遇有坚硬的物料，可再次或多次冲击粉碎。粉碎的物料，连续穿过机内的筛网排出。

机具特点：锤式粉碎机能量消耗低，结构紧凑，构造简单，作业效率高，可作粗碎或细碎，应用广泛。

②对辊式粉碎机：

结构组成：对辊式粉碎机主要由两个直径相同的圆柱形辊筒组成，如6-4-7所示。

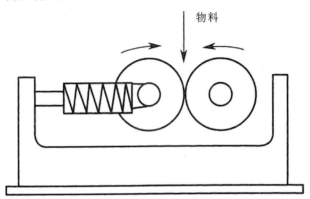

物料

图 6-4-7　对辊式粉碎机

工作原理：如图6-4-8所示，对辊式粉碎机工作时，两个辊筒以相反的方向旋转，产生挤压力和剪切力将物料粉碎。辊筒表面有光面和带波纹的两种。物料从辊筒间的空隙加入。两辊间的距离称为开度。凡物料颗粒小于开度的，可经过空隙漏出。当要求产品较细时，可以提高辊筒表面的圆周速度，达8~10m/s，也可使两辊筒间存在有15%~20%的转速差，这样可以调节辊筒的开度。另外在可移动的轴承上，还装有弹簧，所以，当物料中混有较大块或较硬的物料时，弹簧能稍微移动一点，使大块或硬的物料得以通过，以免使辊筒表面受到损伤。

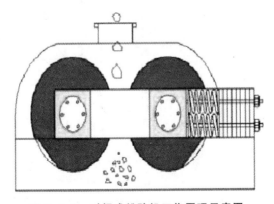

图 6-4-8　对辊式粉碎机工作原理示意图

机具特点：对辊破碎机显著的特点就是结构简单、工作可靠、动力消耗小，广泛应用于粉碎颗粒状物料的中碎或细碎的作业中。

（3）液化及糖化罐：制醋工艺中"液化"，通常是指"酶法液化通风回流"和"液态深层制醋"两种工艺中的工序名称，将淀粉浆液加入α-淀粉酶、氯化钙、碳酸钙、水后经搅拌，再经85℃~92℃加热，经取样检验，认定液化完全，最后缓加热至100℃，达到灭菌目的后马上冷却至63℃±2℃的全过程就是液化。"糖化"是将液化后经过灭菌、冷却至63℃±2℃的糊化醪，加入麸曲糖化3h，然后待糖化醪冷却到27℃后，即完成。液化罐和糖化罐设备基本相同，可以单用，也可使用一种设备先液化后糖化。

①液化罐：液化罐可以用厚度为3~4mm的钢板制成，直径1.5m，高12m，容积21m³，罐内置有搅拌器，其中心轴上安装3挡横叶板，搅拌器以2.2kW电动机转动。缸边近底部通入直径为2.54cm的蒸汽管至罐的中心部，下边钻两排孔径4mm的小孔，使蒸汽分布均匀。与液化罐相比，糖化罐内安装了一套蛇形冷却管，用直径2.51cm、长20m自来水管制成，如图6-4-9所示。

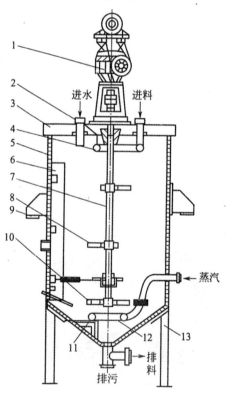

图 6-4-9　液化罐的结构

1.传动装置　2.填料箱　3.传动钢架　4.进料环管　5.罐体　6.挡板
7.轴　8.桨式搅拌器　9.罐耳　10.桨式搅拌器　11.搁脚　12.蒸汽环管　13.支架

②糖化罐：糖化罐主要由罐体、搅拌系统、蒸汽导入管、冷却盘管和温度测量计等组成，如图6-4-10所示。

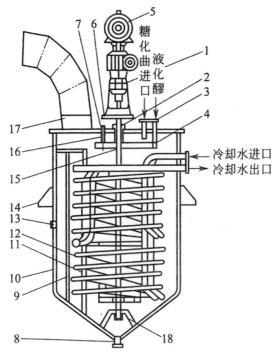

图 6-4-10　糖化罐的结构

1.传动装置　2.填料密封　3.法兰接管　4.进料环管　5.电动机　6.传动钢架

7.入孔盖　8.放料管　9.蛇管支架　10.罐体　11.桨式搅拌器　12.冷却蛇管

13.温度计插管　14.罐耳　15.轴　16.钩形螺栓　17.排气管　18.底轴承

（4）酒精发酵罐：酒精发酵罐罐体为圆柱形，底和盖均为碟形封头（底）或锥形结构，由于食品卫生需要，用4mm不锈钢材料制成，柱面上有温度计斜插管、取样口、冷却水下进口和上出口，若容积为10m³以上，圆柱面上部还应设置入孔，以利于操作和设备维修；上封头中心有洗涤液入口，上面还设料液和酵母入口、二氧化碳气体排出口、上入口及压力表安装口；下封头中心为发酵酒精液出口兼洗涤液排放口；罐的支腿亦应对称布置在下封口圆周边处，如图6-4-11所示。

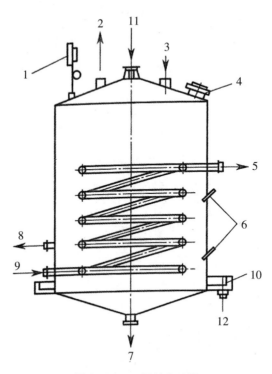

图 6-4-11　酒精发酵罐

1.压力表　2.CO_2 排气口　3.料液和酒母入口　4.入孔　5.冷却水出口　6.温度计
7.发酵液和污水排出口　8.取样口　9.冷却水入口　10.喷淋水收集槽　11.喷淋水入口　12.喷淋水出口

　　酒精发酵罐的罐体为圆柱形，底盖和顶盖为锥形和椭圆形。为了回收CO_2气体和它所带的部分酒精，发酵罐应采用密闭式。罐顶装有入孔、视镜、CO_2回收管、料管、接种管、压力表及测量仪表接口管等。罐底装有排料口和排污口，罐身上下部有取样口和温度计接口。对于大型发酵罐，为了便于维修和清洗，往往需在罐底装有入孔，中小型发酵罐多采用罐顶喷水淋于罐外壁面进行膜状冷却；对于大型发酵罐，罐内装有冷却蛇管或者冷却蛇管和罐外壁喷洒联合冷却装置，还有采用罐外列管式冷却方法。为了避免发酵车间的潮湿和积水，要求在罐体底部沿罐体四周设置集水槽。水力洗涤装置主要为一根水平安装的洒水管，两端弯曲段装有喷嘴，管壁上均匀地开有一定数量的小孔，通过活络接头与固定供水管相连。工作时，洗涤水从两头喷嘴处以一定的速度喷出形成反作用力使排水管自动旋转，均匀地喷洒在罐壁、罐顶、罐底上。

　　发酵罐高压水力喷射洗涤装置在水平分配管道基础上增加一直立分配管，洗涤水压较高。直立分配管上喷水管孔安装于罐的中央，水流喷出时高速喷射到罐体四壁和壁底，可使喷水管以48~56r/min的速度自动旋转，一次洗涤过程需5min。

（5）醋酸发酵池：醋酸发酵池外观呈圆柱形。一般容积为30m³，高2.45m，直径4m。距池底15~20cm处设一竹篾假底，把池子分成两层，其上装料发酵，假底下盛醋汁，紧靠假底四周设直径10cm风洞12个，对称排列于池周围。喷淋管上开小口，回流液体用泵打入喷淋管，在旋转过程中把醋汁均匀淋浇在醋醅表面，醋酸发酵池可用水泥建造，在内壁用白瓷砖砌成或用其他耐酸蚀无毒涂料做涂层，以防腐蚀和保证食醋卫生无污染。其结构组成如图6-4-12所示。

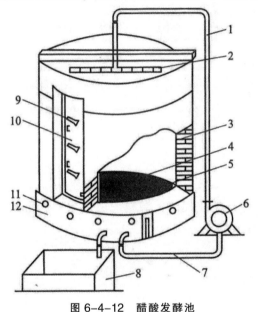

图6-4-12 醋酸发酵池

1.回流管 2.喷淋管 3.水泥池壁 4.支架 5.假底 6.水泵 7.醋汁管
8.储醋池 9.温度计 10.出渣口 11.通风洞 12.醋汁层

（6）制醅机：制醅机俗称下池机，是将成曲粉碎、拌和盐水及糖浆液成醅后进入发酵容器内的一种机器，由机械粉碎、斗式提升及绞龙三个部分联合组成。此机大小选择可根据各厂所采用的发酵设备来决定。绞龙的底部外壳需特制成一边可脱卸的，便于操作完毕后冲洗干净，以免杂菌污染。制醅机结构组成如图6-4-13所示。

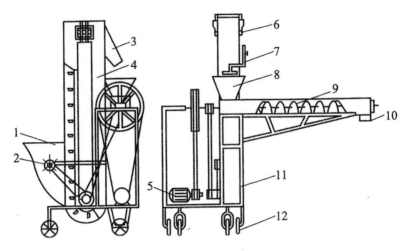

图 6-4-13　制醋机

1.成曲入口　2.碎曲齿　3.升高机出口　4.升高机　5.电动机　6.升高机调节器
7.盐水管及糖浆液管　8.入料斗　9.螺旋拌和器　10.出料口　11.铁架　12.轮子

3.加工典型案例

（1）高粱醋：通常制作高粱醋的主料为高粱的籽粒和麸皮，辅料为稻壳和谷壳。高粱的籽粒经过磨碎、浸泡、蒸熟、加水冷却后，与以大麦、豌豆为原料制作而成的大曲混合，进行糖化发酵、酒精发酵后再取固态醋酸发酵，经过熏醅、醋醅、陈酿等工艺，最后成为高粱醋。

①原料：

制曲原料：大麦70%、豌豆30%。

制醋原料：高粱100kg、大曲62.5kg、麸皮73kg、谷糠73kg、食盐5kg、香辛料0.05kg。

②生产工艺：高粱醋的生产工艺路线如下：

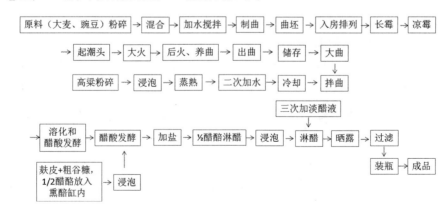

③操作要点：

大曲的生产：大曲的生产包括原料处理、制曲及曲的培养等过程。

原料处理：将大麦和豌豆磨碎后混合。冬季粗粉占40%，细粉占60%，夏季粗粉占45%，细粉占55%。

制曲：将曲料压制成砖块型，便于堆积、运输和储存。现已使用压曲机成形，将粉碎后的原料装进压曲机进料口，自动装入曲模，机械压制成曲坯。曲坯含水率36%~38%，每块质量3.2~3.5kg。要求曲坯厚薄一致，四周饱满无缺，外形平整。

曲的培养：曲的培养主要包括入房排列、长霉、凉霉、起潮头、大火、后火、养曲、出曲等步骤。

入房排列：调节曲室温度在15℃~20℃，夏季气温较高，应将室温尽量降低。曲房地面铺上粗谷糠，将曲坯搬置其上，侧放排列成行，坯间隔2~3cm，行距3~4cm，每层曲坯上放置芦苇秆，并撒上粗谷糠，上面再放一层曲坯，两层曲坯间隔15cm，排成"品"字形。

长霉：入室曲坯稍风干后，即在曲坯上面及四周盖上预先喷湿的麻袋保温，冬厚夏薄，夏季水分蒸发快，可在上面洒些凉水，然后将曲房门封闭，温度逐渐上升，一般经1天左右即开始在曲坯表面出现白色霉菌菌丝。夏季约经36h，冬季约经72h即可升温到38℃~39℃。在操作上控制醅温缓慢上升，使长霉良好。如果醅温上升到要求温度，而曲坯表面长霉尚未好，则可缓慢揭开部分麻袋，进行散热，适当延长数小时，使长霉良好。

凉霉：曲坯醅温升到38℃~39℃时，需打开曲房门窗，以排除潮气和降低室温，揭去曲坯上保温材料，上下曲坯翻倒1次，同时改为堆积成3层，拉开曲坯排列的间距。凉霉开始温度28℃~32℃，冬季凉至23℃~25℃。时间2~3天，每天翻曲1次，第一次翻曲增加一层，第二次再增加一层。

起潮头：在凉霉2~3天后，曲坯表面不黏手时，即封闭门窗，进入潮头阶段。入曲室后第5~6天起，曲坯开始升温，醅温上升到36℃~38℃后，进行翻曲，抽去苇秆，曲坯由5层增加到6层，间距5cm，曲坯排成"人"字形，每1~2天翻曲1次。此时每日放潮2次，昼夜开窗2次，醅温两起两落，曲坯醅温由38℃逐渐升高到45℃~46℃。这大约需要4~5天。

大火（高温阶段）：此阶段通过开闭门窗来调节曲坯醅温，使其保持在44℃~46℃高温条件下7~8天，不可超过48℃，不能低于28℃~30℃。每天翻曲1次。

后火：曲坯日渐干燥，醅温逐渐下降，由44℃~46℃逐渐到32℃~33℃，直至曲块不再升温为止；时间3~5天。

养曲：后火期后有10%~20%曲子的曲心部位留有余水，宜用低温来蒸发。采用外温保持32℃，醅温28℃~30℃，使曲心残余水分继续蒸发。此时曲间距缩小至3.5cm。

出曲：大曲制成后，叠放成堆，曲间距离1cm，防止发热，要放置于阴凉透风处，晾数天，以利储存。

大曲醋的生产：大曲醋的生产需经原料处理、加曲、淀粉糖化和酒精发酵、醋酸发酵、成熟加盐、熏醅和淋醋、陈醋、成品等过程。

原料处理：将高粱粉碎，增加发酵效率和糖化率。取粉碎的高粱100kg，加50kg的水搅拌，浸泡数小时，夏季摊开，冬季堆丘，然后打碎团块，开启后分层上料，待全锅上汽后蒸2h左右，以无生芯为标准。蒸熟后入缸内，加沸水225kg拌匀后焖20min，使高粱颗粒充分吸水，然后短时间内冷却至25℃~26℃。

加曲：将蒸熟的高粱冷却后，每100kg高粱加62.5kg磨细的大曲粉，搅拌均匀，送入酒精发酵缸内，再加入冷开水65kg搅拌，入缸温度在20℃~24℃，该温度要根据季节做调整。一般冬季稍高，夏季稍低。

淀粉糖化和酒精发酵：入缸后进行糖化和酒精发酵，在发酵第3天，发酵温度达30℃，第4天发酵至最高峰，即主发酵完毕。用塑料薄膜封闭缸口，盖上草垫，使之不漏气，继续进行后发酵，温度逐渐下降，发酵时间共为18~20天。酒精发酵前3天每天开耙1次，3天后用塑料薄膜密封，在18℃~20℃下保持15天以上进行后发酵。

醋酸发酵：向制得的酒醪中加入麸皮和谷糠，置于缸内进行醋酸发酵，发酵第3天，经过3次翻拌，温度达到43℃~45℃的新鲜醋酸为"醋酸菌种"。加入缸内，置于中心，缸口盖上草盖，静置12h左右，温度上升到41℃~45℃，每天早晚各翻拌1次，直到第3天及第4天发热，第5天开始退热，第8天即成醋。

成熟加盐：发酵成熟的醋醅，醋酸含量可达到8g/100mL以上。加食盐27.35kg，既能调味，又能抑制醋酸菌的过度氧化。

熏醅和淋醋：取1/2醋醅置于熏醅缸内，用文火加热，温度为70℃~80℃，缸口盖上瓦盆，每天翻拌1次，静置4天出醅，成为熏醅，熏后醋酸成红褐色。将另1/2的醋醅，加入一次淋醋后的淡醋液，再补足冷水为醋醅质量的2倍，浸泡12h，就可以淋醋，直至醋液全部淋出，淋出的醋液加入香辛料并加热至80℃左右，放到熏醋中，浸泡10h后再进行淋醋，即得熏醋，也叫新醋。每100kg高粱控制淋出醋约为400kg，余下淋出淡醋液，作为下一次醋醅浸泡用。

陈醋：原醋储存于室外缸内，除下雨和刮风挑盖缸外，一年四季日晒夜露，夏季烈日暴晒，冬季醋缸提冰。静三伏移动陈酿，9~12个月，即得陈醋。

成品：酿成的陈醋经过纱布过滤，除去浮物杂质，即可装瓶作为成品醋出售。

④产品特点：

色泽：黑色泽或红棕色。

气味：有特殊清香气味，无不良气味。

滋味：酸味醇厚，稍有甜味，不涩。

形态：不浑浊、无沉淀、质浓稠。

（2）荞麦醋

①原料：苦荞粉10kg、麸曲50kg、醋酸菌种子（新鲜醋醅）30kg、麸皮105kg、酒母液1kg、食盐2~5kg、谷糠125kg，水500~600L。

②生产工艺：荞麦醋的生产工艺为荞麦→预处理→稀醪糖化→酒精发酵→固态醋酸发酵→下盐→陈酿→灭菌→灌装→成品。

③操作要点：荞麦醋的操作过程包括预处理、稀醪糖化及酒精发酵、固态醋酸发酵、下盐、淋醋、陈酿、灭菌和包装等。

预处理：除去荞麦中的杂质、沙粒、草等，并清洗沥干粉碎。

稀醪糖化、酒精发酵：粉碎后的苦荞与麸皮、麸曲、酒母液和35℃的水在缸内拌匀，维持温度30℃左右，保持24~26h后进行搅拌，此时会产生少量气泡，以后每天至少搅拌2次，5天后产生淡黄色醪液，用塑料薄膜密闭缸口，使之不漏气。再经3~5天，醪液开始澄清，酒度达6%~7%（V/V）。

固态醋酸发酵：酒精发酵后拌入谷糠和醋酸菌种子（新鲜醋醅），此时进行醋酸发酵阶段，室温保持在28℃。发酵第3天温度上升到38℃~39℃，进行循环淋浇使醅温降至34℃~35℃，这样"以温定浇"，保持醅温不超过38℃~39℃，每天进行1次，10天后测酸达到5%，倒醅1次，然后继续进行醋酸发酵，淋浇保持醅温到22℃~23℃，当酸度达7%时发酵结束。

下盐：醋酸发酵结束后待醅温下降至35℃左右时，拌2%~5%的食盐，以抑制醋酸菌的生长，避免烧醅等不良现象发生。下盐后每天倒醅1次，使醅温接近于室温，下盐后的第2天即可淋醋。

淋醋：将醋醅放在淋缸中，加二淋醋超过醋醅10cm右，浸泡10~16h，开始放醋，刚开始流出的混浊液可返回淋醋缸，至澄清后放入储池。头淋醋放完，用清水浸泡放出二淋醋备用。淋醋后醋醅中的醋酸残留量以不超过0.1%为标准，或当醋液醋酸含量降到5g/100mL时为止。

陈酿：醋液陈酿有两种方法。一是醋醅陈酿（先储后淋），成熟醋醅在缸内砸实，食盐盖面，塑料薄膜封顶，15~20天后倒醅，再进行封缸，一般放1个月左右即可淋醋，这种方法在夏季因容易发生烧醅现象而不宜采用；二是成品陈酿（先淋后储），将新醋放入缸内，夏季30天，冬季2个月以上，但这种方法要求酸度在5.5%以上为好，否则也会变质。

灭菌、灌装：醋液陈酿后加热灭菌、灌装。灭菌温度80℃~90℃，并在醋液中加0.05%~0.1%的苯甲酸钠，以免生霉。

④产品特点：

感观：色泽深褐，无沉淀。

滋味：有食醋特有的清香味，酸味浓厚，稍带甜味。

（3）小米陈醋：小米的营养丰富，含淀粉72.8%、蛋白质7%、脂肪15%，另外还含有丰富的矿物质和各种维生素，利用小米为原料可生产保健型小米醋。

①原料：小米、大麦、陈曲和水等。

②生产工艺：小米陈醋的生产工艺为麦芽制备→浸米→蒸熟→冷却→上淋→放淋→发酵→封缸→压榨→灭菌→成品。

③操作要点：小米陈醋生产操作的步骤有麦芽制备、浸米、蒸熟、冷却、上淋、放淋、发酵、封缸、压榨灭菌等。

麦芽制备：通常是每50kg小米配大麦9kg。将大麦用水浸泡，控制温度在28℃~32℃，使大麦发芽，在发芽过程中每天翻动两次，待麦芽长达1.5cm时即可使用，注意麦芽不能长出绿叶。

浸米：选取粒度饱满、质量均匀的小米，放入缸内，加冷水浸泡，水量高出米面10cm，大约3h，米粒吸饱水分，捞出米清水洗干净，控干水分。

蒸熟：将小米置于锅内蒸熟，蒸制时不能加盖，防止水汽流入米中，使米发黏。加米要分3次，每次待到全面上汽后再加，在蒸料的中间要加1次温水，每50kg小米加水12kg，加水前将米翻拌均匀。米粒不发黏，无硬芯即为蒸熟。

冷却：米蒸熟后，立即将其摊开散热，冷却至室温，迅速将碾成糊状的麦芽糊加少许水和米混合均匀。

上淋：在有保温层的淋缸内将米和麦芽糊的混合物放入，缸上加盖以保持缸内温度均匀。在淋缸下面加热，使缸内温度达到70℃~80℃，保持12h。

放淋：上淋后保持一段时间，当米花漂浮在缸上，即可放淋，否则不能淋。头淋放出后，经6h左右开始第二次放淋，头淋和二淋要混合，加水量要根据成品的质量要求而定。

发酵：混合的头淋和二淋放入缸内，利用周围微生物的落入而进行自然发酵，一般要经过3天，发酵时间需要7天。发酵期间料品温度自然上升，但不能超过40℃，发酵结束温度下降，产生甜味，并逐渐有醋的醇香味。

封缸：发酵结束后，每缸放入4kg陈曲后封缸。在此期间，控制温度不能低于18℃，也不能高于40℃，缸内温度尽量保持在20℃~30℃，以免破坏乳酸菌从而影响发酵。大约封缸100天即可形成醋。

压榨灭菌：利用压榨的方法提取小米醋，一般进行两次压榨，按照比例要求将两次压榨得到的醋液进行配置后，放入锅内，加热到80℃~90℃进行灭菌，无菌灌装得成品醋。

④产品特点：

色泽：琥珀色。

气味：具有食醋特有的清香味，无异味。

形态：澄清，浓度适当，无悬浮物及沉淀物。

（二）杂粮酱油的加工

1.制作方法

（1）生产工艺：原料→原料处理→接种制曲→发酵→压榨→生酱油→杀菌→过滤→配制→成品酱油。

（2）操作要点：

① 原料处理：若所用杂粮为麦类原料时，一般要经过焙炒，使淀粉糊化，增加色泽和香气，同时杀灭附在原料上的微生物，焙炒后物料的含水量减少便于粉碎。焙炒后的原料焦煳粒不超过5%~20%，投水下沉，生粒不超过4~5粒。若所用的杂粮为豆类，如黑豆、绿豆等，则应将豆类浸泡至发胀并且外皮无皱纹为止，沥干后装入蒸锅，常压或加压蒸熟，一般常压蒸2~3h，焖2h出锅，压力147~

196kPa，时间40min，以蒸至熟透而不烂为标准，出锅后堆于拌料台散热。

②制曲：种曲制备是生产酱油的一个重要环节。既可采用自然界野生微生物，用传统方法生产酱油曲，也可采用适当条件下由试管培养菌种经逐级扩大培养而成。利用试管培养菌种，菌种培养成熟后利用三角瓶扩大培养，优良的种曲能使曲菌充分繁殖，直接影响酱油曲的质量，影响酱醪的成熟速度和成品的质量。

利用自然界野生微生物，采用传统方法生产酱油曲，一般在春末夏初制作较好。自然法制作的曲霉活力低，原料利用率低，但由于微生物种类多，成品风味佳。利用天然制曲的方法是，待原料冷却至80℃左右，将原料与干面粉拌和，拌匀后装入竹匾中，中间薄，四周稍厚，每竹匾约装12~13kg，放入曲室制曲，保持室温25℃~28℃，24h左右醅温逐渐上升，如超过40℃，敞门通风散热同时翻曲一次，温度过高，往往有杂菌繁殖，曲料会发黏产生酸。自然法制曲时间一般为6~7天。

采用竹匾或曲盘接种的方式制曲，方法是待曲料冷却至40℃左右即可接种，将三角瓶种曲散布于曲料中，翻拌均匀，使曲种与曲料充分混合，接种量一般为0.5%~1.0%。接种完毕，装入盘内，先用柱形堆叠，室温维持在28℃~30℃，干湿相差1℃。培养16h左右，当醅温达34℃左右，曲料面层稍有发白及结块时，进行第一次翻曲。翻曲后堆叠方式改为十字形堆叠，室温继续维持在28℃~30℃，翻曲后4~6h，当醅温又上升到36℃时，再进行第二次翻曲。每翻完一盘，盘上加盖灭菌草帘一张。第二次翻曲后，温度管理以醅温为主，醅温控制在36℃左右。再培养50h左右揭去草帘，继续培养1天作为后熟，使菌种繁殖良好，全部达到黄绿色，此时即可作为酱油曲种。

③发酵：发酵是先将成曲拌入多量的盐水，使之成为浓稠的半流动状态的混合物，称为酱醪；或将成曲拌入少量的盐水，使呈不流动状态的混合物，称为酱醅，将酱醪或酱醅装入缸、桶或池内，然后进行保温或不保温，利用微生物所分泌的酶，将酱醅中的物料分解、转化，形成酱油独有的色、香、味、体成分，这一过程实际上是由于微生物的生理作用所引起的一系列复杂的生物化学变化的过程。杂粮酱油的发酵一般采用老法，即依靠日晒夜露，虽然酱醅成熟时间极长，一般需要1年左右，但是制作的酱油色泽风味俱佳，这种发酵方式一般采用大缸，可盛150kg左右的原料，将制作的成曲倒入缸内压实，加入20%盐水（约为大豆的2.5倍），让盐水逐渐吸入曲料内，在日晒夜露期间，要防止雨水进入，隔一段时间要搅动酱醅一次，发酵时间一般要6个月以上，经过夏天晒露也要3个月，直至

全部酱醅呈现滋润的黑褐色，有浓厚的酱香味时，即达成熟阶段，这种酱油的质量最佳。

④压榨（抽油）：将成熟的酱醅加入相同数量、浓度为20%的盐水混合成酱醪后浸泡1天，灌入布袋内，用杠杆或木质压榨机进行压榨，也有采用浸出法抽滤，方法是在成熟酱醅缸内加入适量的盐水，插入细竹编好的竹筒，利用汁液压力渗入筒内，这样抽取的母油，也称生抽油。

2.加工设备

酱油加工设备主要有原料粉碎设备、旋转式蒸煮锅、真空吸料装置、制曲设备、刮板式输送机、杀菌设备、板框式压滤机、浓缩锅、发酵设备、包装机等。

（1）真空吸料装置：真空吸料装置是一种依靠在系统内建立起一定的真空度而在压差作用下将被输送液料从一处或多处送至多处或一处的简易流体输送设备，对于一些带有固体块、粒的料液尤为适宜。真空吸料装置在液料输送过程中，液料不通过结构复杂、不易清洗的部件，避免了液料通过泵体而带来的腐蚀、污染、清洗等问题；由于物料处于抽真空的储罐内，比较卫生，同时把物料组织内的部分空气排除，减少了成品的含气量；此外，可直接利用系统真空作为动力，简化了动力装置。但真空吸料装置输送距离近、提升高度有限、效率较低，只适合于黏度较低的液料输送。

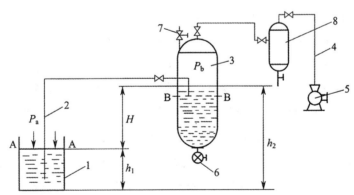

图 6-4-14 真空吸料装置

1.输出槽 2.管道 3.输入罐 4.管道 5.真空泵 6.叶片式阀门 7.阀门 8.分离器

如图6-4-14所示，真空泵将输入罐3中的空气抽去，造成一定的真空度。由于罐3与相连的槽1之间产生了一定的压力差，物料即由槽1经管道2送到罐3里。罐3上有一阀门7用来调节罐的真空度及罐内液位高度。真空泵5与分离器8相连，分离

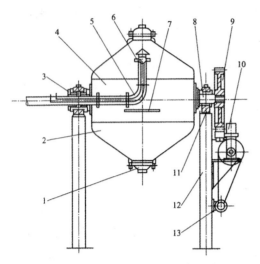

图 6-4-15　旋转式蒸煮锅

1.锅盖　2.锥形封头　3.空心轴　4.锅体　5.排气管
6.喷水阀　7.蒸汽管　8.实心轴　9.驱动齿轮
10.减速机　11.轴承座　12.支柱　13.电动机

器8再与罐3相连。罐内抽出的空气有时还带有液体，因此先在分离器分离后再进入真空泵中抽走。物料从罐3排出的方法有间歇和连续两种。间歇出料法需要首先破坏罐3的真空度，然后将料液从阀门6卸出。连续出料法在保持罐3内工作真空度的情况下通过排料泵或叶片式阀门6连续排出，要求旋转阀门出料能力与管道2吸进罐3中的流量相同。

（2）旋转式蒸煮锅：如图6-4-15所示，旋转式蒸煮锅由锅身、支柱、旋转装置及水力喷射器等部分组成。转锅轴位于支架的轴承内，支柱则固定在水泥地脚上。水力喷射器配用离心水泵，利用高速水流从喷嘴喷出，锅内形成减压，水分在低压下蒸发吸收热量，使曲料冷却。转锅的上端设有投料口、出料口，并另外装置输送机。

蒸料方法：曲料润水完毕后，停止转锅旋转，开始蒸料。先排除进气管中的冷凝水，以免开始蒸料时，发生局部原料水分过高现象，影响蒸料效果。然后排除锅内空气，如空气未排尽，则空气本身被加热而产生压力，使锅内形成虚假的气压，会降低蒸料温度及蒸料效果。当排气管连续喷出蒸汽时，关闭排气阀，使锅内压力升高，压力升到0.03~0.05MPa时，再打开排气阀，务必排净冷空气。然后关闭排气阀，继续通入蒸汽，使压力快速上升，达到所要求的压力后，立即关闭进气阀。加压蒸煮的压力，一般为0.18~0.20MPa，维持3~5min。在蒸料的过程中，转锅不断旋转，蒸毕，开启排气阀，先将压力放掉，然后关闭排气阀，开动水泵，供给水力喷射器冷却水，进行减压冷却，使醅温逐渐下降到需要的醅温时，即可出料。

（3）制曲设备：如图6-4-16所示，矩形通风曲池建造简单，可用木材、钢管、水泥板、钢筋混凝土或砖石等材料制成。曲池可建成地下式或地面式，一般长度8~10m，宽度1.5~2.5m，高0.5m左右。曲池底部的风道有些斜坡，以便下水，通风道的两旁有10cm左右的边，以便安装用竹帘或有孔塑料板、不锈钢等制作的假底，假底上堆放曲料。

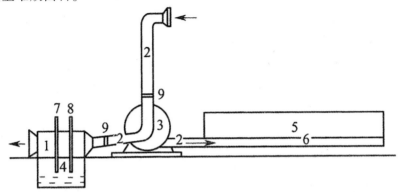

图6-4-16　矩形通风曲池（曲箱）制曲示意图

1.温度调节器　2.通风管道　3.通风机　4.储水池

5.曲池　6.通风假底　7.水管　8.蒸汽管　9.阀门

（4）列管式热交换器：如图6-4-17所示，列管式热交换器一般用作液体类的加热杀菌。列管式热交换器有钢制的圆筒形外壳，壳内平行装置很多的钢管（称为管束），管束装在壳体的两端管板上（花板），管外还有顶盖，用螺钉紧固在外壳上，在管板与顶盖之间为分配室，其中用隔板隔成数个小室，此外尚有使蒸汽冷凝用的真空桶、离心水泵、喷嘴循环水槽等。

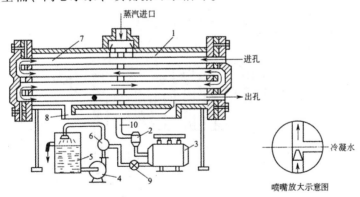

图6-4-17　列管式热交换器

1.列管式加热器　2.冷凝水排除器　3.真空桶　4.离心泵

5.循环水槽　6.喷嘴　7.加热列管　8.加热室　9.止逆阀　10.回汽管

操作开始前，先开动离心泵，使循环水槽内的水不断循环流动，水经过喷嘴6

处时，因射流的作用，使管道内造成真空，形成一定的压力差，从而使止逆阀9开启，排除了真空桶内部分不凝结气体及冷凝水。如此不断进行，真空桶内形成减压状态，它又通过冷凝水排除器与上端换热器的回流管相连接，所以，加热室内也产生负压状态，但其真空度较真空桶内真空度略低。在此同时可开启泵，将料液送入列管内，使其循环，将管内空气全部排出，当加热室的真空度达到0.042~0.044MPa时，可以送入加热蒸汽。加热后残留下来的蒸汽及冷凝水，通过冷凝水排除器到达真空桶内，为了防止冷凝水进入真空桶后，由于压力降低而再次汽化，影响离心水泵的效率，所以在真空桶外喷淋冷水降温。

（5）板框压滤机：如图6-4-18所示，板框压滤机是由许多块滤板和滤框交替排列而成，板和框都用支耳架在一对横梁上，可用压紧装置压紧或拉开。滤板和滤框数目由过滤的生产能力和悬浮液的情况而定，一般有10~60个，形状多为正方形，其边长在1m以下，框的厚度为20~75mm。过滤机组装置将滤框与滤板用过滤布隔开且交替排列。借手动、电动或油压机构将其压紧。框的两侧覆以滤布，滤板的作用是支撑滤布并提供滤液流出的通道。滤板又分成洗涤板和非洗涤板。为了辨别，常在板框外侧铸有小钮或其他标志。每台板框压滤机有一定的总框数，最多达60个，当所需框数不多时，可取一盲板插入，以切断滤浆流通的孔道，后面的板和框即失去作用。

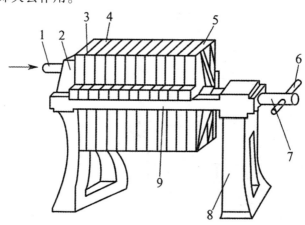

图 6-4-18 板框压滤机

1.悬浮液入口 2.左支座 3.滤板 4.滤框 5.活动压板
6.手柄 7.压紧螺杆 8.右支架 9.板框导轨

滤浆由滤框上方通孔进入滤框空间，固体颗粒被滤布截留，在框内形成滤饼，滤液则穿过滤饼和滤布流向两侧的滤板，然后沿滤板的沟槽向下流动，由滤板下方的通孔排出。排出口装有旋塞，可观察滤液流出的澄清情况。如果其中一块滤板上的滤布破裂，则流出的滤液必然浑浊，可关闭旋塞待操作结束时更换。当滤框内充满滤饼时，其过滤速率大大降低，或压力超过允许范围，此时应停止进料，进行滤饼洗涤。在洗涤板的左上角的小孔，有一与之相通的暗孔，专供洗液输入之用。此孔是洗涤板与过滤板的区分之处。在组装时必须按顺序交替排列，即滤板→滤框→洗涤板→滤框→滤板。过滤操作时，洗涤板仍起过滤板的作用，但在洗涤时，其下端出口被关闭，洗涤液穿过滤布和滤框，全部向过滤板流动，并从过滤板下部排出。洗涤完后除去滤饼，清理后重新组装，进入下一循环操作。板框压滤机的操作压力一般为0.1~1MPa。

3.加工典型案例

（1）红小豆酱油：

①生产工艺：红小豆酱油的生产工艺为原料选择→清洗→浸泡→蒸煮→接种→制曲→发酵→淋油→杀菌→调配→成品。

②操作要点：

清洗、浸泡、蒸煮：选择红小豆、黄豆比例3:5，清洗后混合浸泡，沥干水分后置于蒸锅内蒸制。

接种：将蒸熟的原料冷却到40℃，加入4%面粉和4%的米曲霉菌种，混合均匀。

制曲：拌好的曲料置入成曲池。控制制曲温度为28℃~32℃，相对湿度在90%以上，制曲24h。在制曲过程中每隔4h进行2~3次翻曲，待曲料疏松、孢子有曲香，无异味即可。

发酵：将成曲加盐水混合均匀，装入发酵容器内，恒温发酵。酱醅含水率为60%，盐水浓度为12%，发酵12~15天。当酱醅红褐色、有光泽不发乌、柔软、松散、有酱香时，即为成熟酱醅。

淋油：酱醅转入淋油池，保温85℃~90℃浸泡后淋油。

（2）黑豆酱油：

①原料：黑豆50kg、面粉7.5kg、曲种适量、食盐5kg。

②生产工艺：黑豆酱油的生产工艺为原料选择→清洗→浸泡→蒸煮→接种→制曲→发酵→淋油→杀菌→调配→成品。

③操作要点：

黑豆预处理、浸泡、蒸煮：选取质量上乘的黑豆清洗除尘，加入3倍水混合浸泡3h，捞出，保持104℃蒸2h。

接种、制曲：将蒸好的黑豆冷却至40℃左右与面粉和曲种混合拌匀，在29℃~32℃条件下制曲，经过8~10h，温度升高至38℃时，翻曲通风，保持料温33℃左右，经过16~18h培养后出现菌丝体并有香气时，进行第2次翻曲，保持室温26℃~28℃，料温不超过40℃，继续培养30h，布满白色菌丝体再继续培养24~148h即得成曲。

发酵：将曲料洗霉，继续发酵6~7h，待白色菌丝体长出，豆曲有香味时将曲移入缸内，按料盐水比例1:1.8搅拌均匀，缸口用纱布封好，经过90天日晒夜露发酵成为成熟酱醪。

淋油：发酵缸内加入80℃热水，浸泡3天，待酱醪全部上漂，进行淋油，剩渣加水泡3~4天。

暴晒、沉淀、过滤、澄清、杀菌：淋出的酱油暴晒10~15天，沉淀、过滤、澄清4~5天后再进行巴氏杀菌，加热温度为65℃~70℃，维持3min，最后无菌灌装，入库。

（3）豌豆面酱：

①原料：豌豆面粉、盐、曲霉、水。

②生产工艺：豌豆面酱的生产工艺过程为豌豆面粉、水→拌和→蒸熟→冷却→种曲→接种→入池升温→保温发酵→磨细→杀菌→成品。

③操作要点：

制曲：用拌和机将豌豆面粉和水充分拌和，每100kg豌豆粉加水30kg左右，使其成细长条形或蚕豆大小颗粒，然后及时放入常压蒸锅中，当最后一包碎面块入蒸锅后，面层予以翻拌，待全部冒气后即可。出锅后通风冷却至40℃，然后接入米曲霉种曲0.3%~0.496%，拌匀摊开保持38℃~40℃培养45~60h即可。

制酱：将14波美度的盐水加热至65℃左右，同时将面糕曲堆积或升温至45℃~50℃，第一次盐水用量为面糕曲的50%，用制醪机将曲与盐水充分拌匀，入发酵容器。此时要求醪温达53℃以上，面层用再制盐加盖，醪温维持在53℃~55℃，发酵7天；发酵完毕，再第二次加沸盐水；最后利用压缩空气翻匀后，即得浓稠带甜味的酱醪液。酱醪成熟后，用螺旋出酱机在发酵容器内直接将酱醪磨细同时输出，磨细的面酱再通过1cm的筛子过滤。过滤后加热灭菌即得成品。

④产品特点：

色泽：黄褐色。

香气：具有面酱香，无其他不良气味。

滋味：甜味而鲜，咸淡适口、无酸、苦、焦煳或其他异味。

形态：黏稠适度，无霉花，无杂质。

（三）杂粮酒的加工

我国酒类品种多，工艺复杂多样。如白酒主要以高粱、大米等为原料，用曲花作糖化剂和发酵剂，再利用固态蒸酒技术制得的一种蒸馏酒，其酒精含量较高，具有独特的芳香和风味。

以酒精含量高低分类，则酒精含量在41%~65%的白酒称为高度白酒；酒精含量在41%以下的白酒称为低度白酒。白酒除了直接饮用外，还可用来浸泡中草药制成药酒。

1.制作方法

以杂粮类为原料的白酒，高粱酿酒用的是高粱籽实。按品质可分为梗高粱和糯高粱两种。其中，梗高粱直链淀粉含量多，具有很强的吸水性，易糊化，出酒率高。白酒制曲如果不以小麦为原料，而改用大麦、荞麦时，一般要添加20%~40%的豆类。常用的是豌豆，以补充蛋白质数量不足并增加曲块的黏结性，有助于曲块保持水分，从而适宜微生物的生长繁殖。

2.生产工艺

以杂粮类为原料制作白酒的生产工艺为：原料→粉碎→配料→润料→蒸煮→冷却→加曲、加酒母→加水→加香醅混合→入池发酵→出瓶蒸馏→白酒。

3.操作要点

（1）中温曲的制作：

①原料配制：将大麦60%和豌豆40%（按质量）混合后粉碎，要求通过0.95mm筛孔的细粉占20%~30%。加水拌料，使水分含量达36%~38%，用踩曲机将其压成曲坯，移入曲房。曲坯入房后以干谷糠铺地，上下3层，以苇秆相隔，排列成"品"字形。曲间距3~4cm，一行接一行，无行间距。苇秆上沾染着许多大曲中的有益微生物，可起部分接种作用。

②上霉：中温大曲上霉阶段明显。曲坯入房后，将曲室调至一定温度。冬季

12℃~15℃，春、秋两季15℃~18℃，夏季也要尽可能保持在这个温度。将曲块表皮风干6~8h后，用喷壶少洒一点冷水，覆盖苇席，再喷水，使苇席湿润，令其徐徐升温，缓缓起火。冬季控制在72~80h，使曲间温度上升至38℃，则可上霉良好。如曲间温度超过38℃~40℃，应立即揭开苇席缓缓散热；温度下降后，为防止起潮，需再覆盖苇席，继续培养至90%以上曲坯上霉良好。夏天，因升温较快，需36~40h就达到38℃，因此，曲表皮的菌丝、霉点较少。

③晾霉：曲坯表皮上霉良好时，揭开苇席，开窗防潮，使曲皮干燥，然后翻曲。第一次翻曲，由3层翻成4层，中间以苇秆相隔，成"品"字形排列，曲间距3~4cm。曲间温度翻曲后在28℃~32℃时，关窗起火。昼夜温度两起两落，窗户两启两封。2~3天，将曲温度加热至32℃~36℃，再降至28℃~32℃，再把曲块由4层翻成5层。

④起潮火：应提前一天做好准备，将曲间温度加热到38℃，待曲块由5层翻成6层时，抽去苇秆，将曲块摆成"人"字形。保持1天后，再由6层翻到7层，中间空出火道。

⑤大火：由潮火至热曲的顶点温度为44℃~46℃，开始进入大火期。昼夜温度两起两落，窗户两启两封。7~8天，热曲顶点温度保持44℃~46℃，晾曲降温限度保持28℃~30℃，大火期每天翻曲1次。

⑥后火：由大火热曲的顶点温度为44℃~46℃逐步下降，直至曲块自身不发热，但曲心仍有余热，然后再加外温，保持热曲升温，顶点温度为32℃~33℃。晾曲降温限度28℃~30℃，需5~6天。

⑦养曲：曲心稍有余热，加温使曲块保持32℃~33℃，晾曲降温至30℃，维持3~4天。总培养期24~25天，不超过28天。

（2）蒸馏：采用卧式或立式蒸馏釜设备，采用间歇蒸馏工艺，先将酒醅贮池中，用泵泵入蒸馏釜。其中，卧式蒸馏釜装酒醅100个，立式装70个。通蒸汽加热进行蒸馏。初蒸时，保持蒸汽压力292.27kPa，出酒时保持49~147 kPa。蒸酒时火力要均匀。

4.加工典型案例

（1）青稞黄酒：青稞含丰富蛋白质、脂肪、碳水化合物和较丰富的矿物质以及人体所需的氨基酸和维生素，是一种很好的酿酒原料。用青稞代替大米酿制黄酒，青稞黄酒富含多种氨基酸、维生素及矿物质等成分，营养丰富，是一种深受广大消费者喜爱的饮料酒。

①原料：青稞、黄酒、活性干酵母、液化酶、根曲霉、糖化酶、水。

②生产工艺：青稞→精选→粉碎→蒸煮→液化→冷却→加曲（根霉曲、糖化酶）→糖化发酵→压榨过滤→煎酒→冷却→澄清→过滤→勾兑→细滤→装瓶→杀菌→贴标→入库。

③操作要点：

原料：青稞要求颗粒饱满，无杂质、霉烂、虫蛀、变质等现象，淀粉含量在60%以上，水分14%以下。

清洗：原料经过精选后要求清选干净，除去泥沙等杂质，清洗用水为50%~55%的热水，清洗后要求沥干。

粉碎：原料青稞的粉碎度为3~5瓣，要求细粉越细越好。

蒸煮：采用夹套式蒸煮罐进行蒸煮，料水比1:3，蒸汽压力为0.15~0.20MPa，时间60min，然后加入耐高温的液化酶进行液化，液化程度采用碘液法进行测定。液化结束后进行冷却降温。

加曲：待温度降至32℃~35℃时即可加曲，加黄酒活性干酵母时必须提前按要求复水活化，待温度降至20℃~22℃时入堆进行糖化发酵，并将酸度调到0.2左右。

入罐条件：料水比1:3.5，入罐温度18℃~20℃，前期发酵不得超过32℃，发酵期为28~30天。要求在发酵过程中必须严格控制酸度、温度、酒度等，以防发酵酸败。发酵结束后用模式冲汽压滤机进行压榨过滤，使发酵醪中的酒和糟粕分离。

煎酒：煎酒的目的是用过加热的方法，将生酒中的微生物杀死和破坏残存的酶，以使黄酒的成分基本上固定下来，并防止成品酒发生酸败，还可以促进黄酒的老熟和蛋白质凝结，防止黄酒混浊。煎酒温度控制在85℃~90℃，约30min后冷却。

澄清：由于黄酒在发酵过程中原料所含的淀粉、脂肪、蛋白质等大分子物质未被全部降解为醛、酸、醇等低分子化合物，残存的糊精、不溶性蛋白质等密度较轻的悬浮物在酒的储存过程中会产生浑浊或沉淀等现象。如果发酵异常，再混入较多的金属离子，不仅影响酒的风味，而且混浊或沉淀会反复产生，所以在澄清阶段一定要选用最有效的澄清剂进行澄清。

（2）糜子黄酒：

①原料：黍米、酒母、块曲。

②生产工艺：糜子黄酒生产工艺过程为烫米→浸渍→煮糜→糖化发酵→压榨→澄清→过滤→装瓶成品。

③操作要点：

烫米：因黍米颗粒小而谷皮厚，不易浸透，所以黍米洗净后先用沸水烫20min，使谷皮软化开裂，便于浸渍。

浸渍：烫米后，待米温降到44℃以下，再进行浸米。若直接把热黍米放入冷水中浸泡，米粒会"开花"，使部分淀粉溶于水中而造成损失。

煮糜：浸米后直接用猛火熬煮，并不断地搅拌，使黍米淀粉糊化并部分焦化成焦黄色。

糖化发酵：将煮好的黍米放在木盆（或铝盘）中，摊凉到60℃，加入麦曲（块曲），用量为黍米原料的7.5%，充分搅拌均匀，堆积糖化1h，再把醅温降至28℃~30℃，接入固体酵母，接种量为黍米原料的0.5%，拌匀后落缸发酵。落缸的醅温根据季节而定。总周期为7天。

④产品特点：

色泽：黑褐色。

气味：香味独特，具有焦米香。

滋味：味醇正适中，微苦而回味绵长。

形态：澄清，无沉淀，不浑浊。

第七章 种子加工机械化技术

第一节 概 述

种子加工是种子工作的重要环节，是实现种子商品化、标准化的重要手段，同时，也是提高种子质量和科技含量，实现农业增产增收和服务三农的重要措施。实现种子加工机械化，不仅减轻劳动强度，提高劳动效率，也有利于种子的贮存和运输，增加种子在市场上的销售竞争能力。

种子收获后需要经过一系列的加工才能成为商品应用于农业生产。收获后的种子含水量很高，很快就会发芽或者霉变；脱粒后籽粒中含有各种各样的杂质，需要清除；为了提高种子的抗病保苗效果，需要对精选后的种子进行药物处理；为了满足机械播种的需要，有些种子需按尺寸分级；为了提高种子的商品化程度，对加工后的种子要计量包装。此外，还有些种子，如蔬菜种子、牧草种子等，需要进行丸粒化处理等，所以，种子加工机械化技术包括的范围很广。本章主要按照谷物种子的加工来介绍种子加工机械化技术，主要内容有：

一、种子干燥

使用各种方法降低种子的含水率，使其达到可以安全储存要求的过程称为种子干燥。此外，一些蔬菜种子加工后要用铁罐或各种塑料袋包装，要求含水量更低，需要采用一些特殊的机具和工艺才能完成。

二、种子清选、精选和加工

通过各种机具清除掉混入种子中的各种杂质，并根据需要按种子外形尺寸的大小分级，达到提高种子质量的目的的过程称为种子精选。用单机对种子处理为种子清选；种子经过干燥、精选、包衣和计量包装成为合格商品的过程，统称为种子加工。加工只能提高种子的净度，而不能提高纯度。

1.种子精选

（1）尽可能去掉不需要的掺杂物，如杂草种子和惰性物质，以及未成熟的、破碎的、退化、遭受病虫害或机具损坏的种子。

（2）按种子大小分类。

2.种子处理

用保护性的药品或其他方法对种子进行处理，即拌药或包衣。

3.种子包装

根据储存调运或临时要求，将加工后的种子包装成不同规格。

三、种子加工成套设备

种子加工成套设备是指将种子加工的各个环节的专用设备连接起来组成的一个流水线，是能够完成种子全部加工要求的加工设备及其配套、附属装置的总称，由各种单机、输送系统、控制系统、除尘系统、集中除杂系统、平台支架等部分组成。

被加工的种子，从喂入到出成品种子，全过程连续作业，一般称为种子加工线。

根据种子加工线的规模和设备运行的需要，建设的种子加工厂厂房，同种子加工设备一起，形成了种子加工厂。

种子加工厂有称量、卸车、初清、烘干、复清、精选、计量、包装、药物处理及贮藏等功能。

第二节　种子加工的技术原理

一、干燥的基本原理

种子干燥是利用种子内部水分不断向外表面扩散和表面水分不断蒸发来实现的。种子表面水分的蒸发，取决于干燥介质中水蒸气分压力的大小。介质中水蒸气分压力和种子表面间的水蒸气分压力之差是种子干燥的推动力，它的大小决定了种子表面水分蒸发速度。

种子干燥过程中，表面水分蒸发，破坏了种子水分平衡，其表面含水率小于内部的含水率，形成湿度梯度。由于湿度梯度而引起水分向含水率低的方向移动，这种现象叫做湿扩散。种子受热后，表面温度高于内部温度，形成了温度梯度，它使水分随着热源方向由高温处移向低温处，这种现象叫做热扩散。

温度梯度与湿度梯度方向一致时，种子中水分热扩散和湿扩散方向一致，加速种子干燥而不影响干燥效果和质量。若温度梯度和湿度梯度方向相反，使种子中水分热扩散和湿扩散以相反的方向移动时，影响干燥速度。若加热温度较低，种子体积较小，对水分向外移动影响不大。若温度较高，热扩散比湿扩散进行得强烈时，种子内部水分向外移动的速度低于种子表面水分蒸发的速度，反而把水分往内迁移，造成种子表面裂纹等现象。

种子干燥大多采用空气做介质。为了使种子水分蒸发和扩散，需要供给一定的热量。所需热能可以利用自然空气本身的热量，也可以补充加热。

种子干燥常用的方法有：自然晾晒、向种子中通入不加热的空气强制种子脱水、向种子中通入加热空气强制种子脱水等方法。在这些方法中，只有采用加热空气强制种子脱水的方法叫做种子烘干。在种子烘干过程中，加热空气（即气流）是一个最重要的因素，它的作用有：一是提供足够的热量使种子中的水分蒸发出来；二是把从种子中蒸发出的水分带走。

为了保证在烘干中种子发芽率不降低，联合国粮农组织规定种子受热温度不能超过43℃。

二、清选的基本原理

1.按种子外形尺寸进行筛选

一般种子有长、宽、厚3个尺寸。长孔筛是按种子的厚度尺寸进行分选，圆孔筛是按种子宽度尺寸进行分选，窝眼筒是按种子长度尺寸进行分选。筛孔尺寸选择对于杂质的除净率和种子的获选率有极大的影响。通常正确选择原则是底筛让小杂通过，让种子留在筛面上，底筛尺寸越大，小杂除去越多，种子质量提高，但是种子淘汰量增加。中筛主要用于除大杂，让好种子通过筛孔，而大杂留在筛面上到尾部排出。中筛孔越小，大杂除去越多，有利于成品质量提高，但获选率下降。上筛主要用于除特大杂质，便于种子流动和筛面的均匀分布。常用种子筛孔选取范围：中筛，小麦长孔3.6~4.0mm，水稻长孔3.2~3.8mm，玉米圆孔11~12mm，大豆圆孔8.0~8.5mm；下筛，小麦长孔1.9~2.2mm，水稻长孔1.7~2.0mm，玉米圆孔5.5~6.0mm，大豆长孔4.5~5.0mm。影响筛选质量的主要因素有孔形及尺寸的正确选择、喂料的均匀性、料层的厚度（通常料层控制在5~10mm）、筛面的倾角、箱体的振动幅度和频率等。

2.按种子的空气力学特性进行风选

物料的飘浮速度是气流风选过程中的一个重要因素，与种子的质量、形状、位置和表面特性有关。在气流中，种子与杂质的运动可分为3种情况：

（1）当物料的飘浮速度小于气流速度时，物料顺着气流方向运动。

（2）当物料的飘浮速度大于气流速度时，物料靠自身重力落下。

（3）当物料的飘浮速度等于气流速度时，即悬浮状态。风选是利用气流速度低于种子的飘浮速度而高于种子中轻杂的飘浮速度，使轻杂质顺气流运动，而种子落下，从而达到清选目的。

3.按种子密度进行重力选

试验证明，物料在机械振动和气流作用下，其颗粒会按物理特性（密度、粒径）的差异，在垂直方向自动形成有序排列，即分层。当粒径相同而密度不同时，振动和气流均使密度大的种子沉于底层，密度小的处于上层，只有充分分层后，下层较重的颗粒向台面高边移动，上层较轻颗粒向台面低边移动。

种子按密度不同清选包含两个步骤：

（1）喂入到工作台面的混合物料在铅锤面内分层，使较重种子位于底层，较轻的种子位于顶层。

（2）不同层面的种子沿着不同方向的工作台面达到出料口，从而达到分离效果。

第三节　种子加工的工艺流程

种子加工工序和流程的选择取决于种子的种类、掺杂物的性质和类别以及要求达到的质量。

一、加工工序

种子加工工序按选择要求可分为3类。

（一）主要工序

主要工序包括：预清选→干燥、清选→长度分选（窝眼选）→比重分选→分级、种子包衣→称重（或定数）包装。

1.预清选（初清）

除掉特大杂物，以便进一步干燥或清选。使用一台设备完成风选和筛选。

2.干燥

自然干燥或机械干燥。烘干部分加工能力及烘干热源的选择，主要应考虑种子基地的规模和当地的气候条件。热源可烧油、烧煤或用电。

3.基本清选

风选、宽度或厚度筛选，淘汰轻杂、大粒及瘦小粒种子。

4.长度分选

窝眼筒清选机，除长杂（正分选）或除短杂（逆分选）。

5.重力（比重）分选

重力清选机台面有三角形台面和矩形台面。三角形台面上重种子（重杂）走过的路径远，适用于小生产率、清除重杂为主的小粒种子清选；矩形台面上轻杂和中间混合料走过的路径远，适用于大生产率和谷物种子清选。

6.种子分级

精选后种子按大小（宽度、厚度或长度）进行分级。可用整筒式圆筒筛分级机（长孔或凹窝圆孔）或窝眼筒分级机。主要用于玉米种子分级。

7.种子包衣

用不同剂型种衣剂，严格控制药种比。

8.称重包装

采用半自动化或全自动化设备进行计量包装。

（二）特殊工序

特殊工序包括：脱粒→除芒→刷种→脱绒。

1.脱粒工序

分别采用玉米脱粒机、稻麦脱粒机、牧草种子脱粒机、茄果类取籽机等。

2.除芒工序

水稻、大麦、牧草等除芒，利用主轴高速转动时拨棍与静拨棍搓擦作用进行除芒。

3.刷种工序

甜菜、胡萝卜、带芒牧草等种子去壳、除芒后，需抛光种子表面或打开种子结团。

4.脱绒工序

棉籽表面有8%~12%短绒，应采用化学脱绒（稀硫酸脱绒和泡沫酸脱绒）、机械脱绒进行脱绒。

（三）辅助工序

辅助工序包括：除尘→输送→贮存→杂质收集→安装检修台→选用电气控制系统。

涉及的主要工序有：输送工序、除尘工序、贮存工序、杂质收集工序、安装检修台、选用电气控制系统等。

（四）加工工序的选择

加工工序应保证加工后的种子质量和较高的获选率。

（1）根据加工对象和使用对象制定必要的加工工序。

（2）保证加工质量的稳定性。

（3）重视除尘系统排放气体质量和加工噪音控制。

（4）综合考虑种子加工厂的设备布置形式。

二、工艺流程

（一）基本流程

种子加工的基本工艺过程如图7-3-1所示。

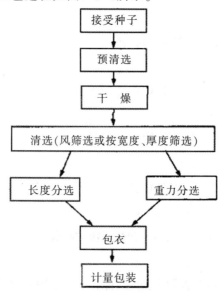

图 7-3-1　种子加工的基本工艺流程图

（二）工艺流程典型案例

1.玉米种子加工工艺流程

为了保证种子的质量，我国生产经营玉米种子的公司都是采用直接收玉米穗的办法，所以在加工过程中须注意以下原则：

（1）要考虑用哪种办法把玉米穗的水分降至最佳脱离水分（18%），用烘干室还是人工晾晒后再用烘干机，工艺上是采用一次干燥还是两次干燥。

（2）脱粒机是必需的。

（3）玉米种子的加工可以不用窝眼筒清洗机进行长度选。

（4）玉米分级不要过细，一般的分级方法有：一是选用长孔筛分出圆扁粒，然后再分别用圆孔筛分出大小粒，可分出四级。这种方法不仅能满足国内的需要，同时也能适应国际市场的需求。二是按宽度分三级的，也完全可以适应国产玉米精密播种机的要求。

（5）干燥设备能力大于加工设备的能力，需要配置金属仓。金属仓分储存干燥前高水分种子和干燥后种子的两种，前者应当有通风装置，便于延缓种子发芽、霉变的时间；后者主要是用来协调生产周期。

（6）由于国产种衣剂成膜时间长，目前还不能连续作业，包衣后的种子只能用人工直接接袋。

（7）包衣后的种子不能与未包衣的种子使用同一台计量秤，以防种子转为商品粮（饲）后造成人畜中毒。

（8）玉米种子加工工艺流程如图7-3-2所示。

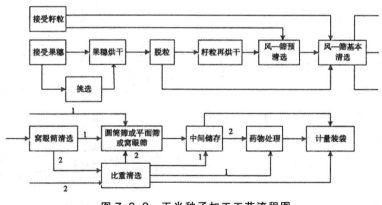

图 7-3-2 玉米种子加工工艺流程图

2.稻、麦种子加工工艺流程

稻、麦种子属于中型籽粒，水稻又分杂交稻和常规稻两种。水稻种子的表面坚硬粗糙，常规稻种子往往带芒，需要用除芒机先除芒，否则无法进行下面的工序，而杂交水稻种子中，那些很瘪的籽粒依然有很强的杂交优势，仍然是好种子。

稻、麦种子加工工艺流程如图7-3-3、图7-3-4所示。

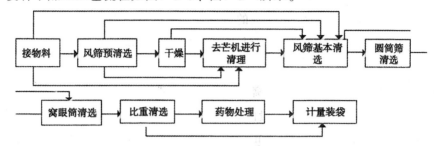

图 7-3-3　水稻种子加工工艺流程图

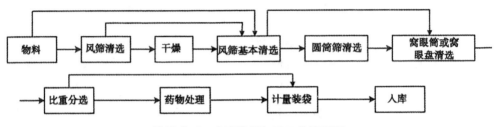

图 7-3-4　小麦种子加工工艺流程图

第四节　种子加工的主要设备

一、初清和精选分级机械

（一）初清机械

初清机械是用来去除种子中的大杂和轻杂，为后续烘干、精选、入仓等做好必要的准备。为了改善种子的流动性，提高烘干效率和减少热能消耗，初清机已成为和烘干机配套使用必不可少的机械。

种子加工中常见的初清机有筛式初清机、气流式初清机、旋轮式初清机等。

1.筛式初清机

（1）结构组成：筛式初清机是稻麦种子加工常用的机型，采用鼠笼筛、气流

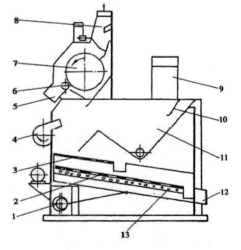

图 7-4-1　筛式初清机

1.偏心轴　2.下筛　3.上筛　4.径向风机　5.长杂管
6.排杂辊　7.鼠笼筛　8.进料口　9.吸风管
10.风道调节板　11.沉降室　12.出粮口　13.清筛球

振动等多种基本形式组合的风筛结构。由鼠笼筛、排杂辊、径向风机、吸风管、沉淀室、上筛、下筛、清筛球等主要部分组成，如图7-4-1所示，鼠笼筛为编织网圆筒，用来分离比种子尺寸明显大的长杂物。

（2）工作原理：种子混合物由进料口下落至鼠笼筛上方时，长杂物受低速回转的编织筛网阻挡而不能穿过筛孔，被抛向一侧后在长杂管排出，种子则因尺寸比筛孔小得多而能顺利地两次通过筛孔。由筛孔下落的种子和轻杂物在气流作用下分离。气流由径向风机产生，由于空气在风机整个宽度方向分布均匀，清选能力较弱。种子的漂浮速度大，不能被气流带走而下落至上筛，漂浮速度小的轻杂物则被吹至轻杂物沉淀室。沉淀室的断面积大，气流速度小，促使轻杂下沉，而尘土则随气流从吸风管排出。经过气流清选的种子下落至平面振动筛上，振动筛由上筛、下筛组成，分别用以清除大杂和小杂。小杂在下筛筛下收集，种子则在出粮口排出。下筛下方设有清筛球，工作时，清筛球随筛架振动而不断跳动撞击筛面，清除筛孔中的物料，防止筛孔堵塞。

2.开式初清机

（1）结构组成：开式初清机主要由喂料斗、喂入辊、第一风道、第二风道、沉降室、重力平衡门等组成，如图7-4-2所示。

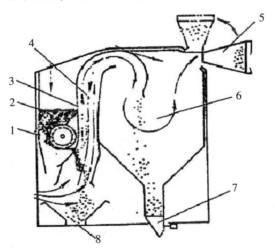

图 7-4-2 开式气流初清机

1.喂入辊 2.喂入斗 3.第一风道 4.第二风道

5.排风口 6.沉降室 7.重力平衡门 8.重物料排出口

（2）工作原理：开式初清机工作时，种子通过双风道中气流对物料进行初清，种子、轻杂、尘土分别在重物料排出口、重力平衡门和排风口流出。

3.鼠笼式初清机

（1）结构组成：鼠笼式初清机主要由两个鼠笼筛、喂入辊、吸风道、沉降室、闭风器等组成，如图7-4-3所示。

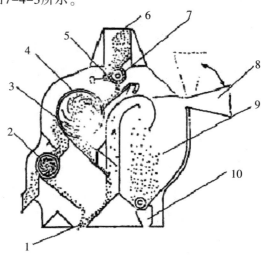

图 7-4-3　鼠笼筛气流初清机

1.重物料排出口　2.第二鼠笼筛　3.吸风道　4.第一鼠笼筛

5.控制器口　6.喂料口　7.喂料辊　8.排风口　9.沉降室　10.闭风器

（2）工作原理：鼠笼式气流初清机工作时，种子通过两个鼠笼筛和一个吸风道对物料进行初清，种子、轻杂和尘土分别在重物料排出口、闭风器和排风口流出。

4.旋轮式初清机

（1）结构组成：旋轮式初清机主要由集粮斗、锥形风道、喂料斗、风机、旋风分离器和风动叶轮等组成，如图7-4-4所示。

（2）工作原理：旋轮式初清机工作时，风动叶轮位于锥形风道的下方，由上升气流带

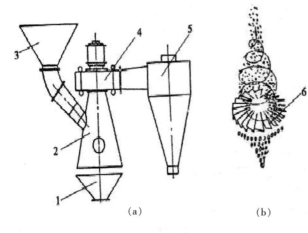

（a）　　　　　（b）

图 7-4-4　旋轮式初清机

1.集粮斗　2.锥形风道　3.喂料斗

4.风机　5.旋风分离器　6.风动叶轮

动回转时，把由喂料斗下落的物料撒开。其叶片又能托住细长杂物，使细长物料处于最大迎风面的位置，从而获得最大的气流作用力，在叶轮上部浮起。由于锥形风道口中气流速度不断加大，细长杂物与其他轻杂物能顺利地随气流上升，通过风机进入旋风分离器。重物料、长大杂物和尘土分别在集粮斗、旋风分离器下方和上方排出。

（二）精选分级机械

精选分级是指种子初清后的进一步清选、精选和分级，所采用的精选分级机往往是指上述三个工序的组合。常用的精选分级机械主要有风筛式清选机、重力式精选分级机、复式精选分级机、圆筒筛分级机、窝眼筒分级机等。

1.5XF系列风筛式清选机

（1）结构组成：5XF系列风筛式清选机主要由驱动装置、清选筛、喂料装置和风力除杂系统等组成，如图7-4-5所示。

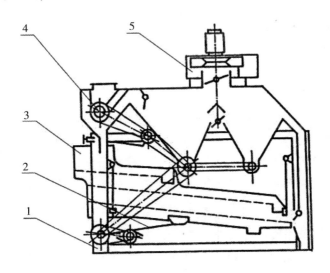

图 7-4-5　5XF 系列风筛式清洗机结构示意图

1.机架　2.驱动装置　3.清选筛　4.喂料装置　5.风力除杂系统

（2）工作原理：谷物通过进料机构，经过进口吸风道吸除轻杂质和灰尘后，落到筛架第一层筛面上。草秆、草屑、泥块等杂质沿筛面流到大杂出口处排出。其余物料穿过筛孔落到第二层筛面上，物料中的杂质沿第二层筛面流到中杂排出口排出；较干净的谷物穿过第二层筛孔落到第三层筛面上并沿筛面排出。同时经出口吸风道再次吸除轻杂质泥沙，杂草种子等细小杂质则穿过第三层的筛孔从底板上流到小杂排出口排出。

（3）机具安装：

①5XF系列风筛式清选机的安装形式有两种：一种是高架式安装，另一种是平卧式安装。高架式安装是把主机安装在钢制机架或钢筋水泥机座上面，只有这样，提升机的安装和接杂余口不需要挖地坑，但建筑物高度增高，投资较大。平卧式安装，是把主机平卧在水泥地面上安装，不需要机架和机座，但提升机的安装和接杂余口均须挖地坑，建筑物高度不需要太高，可减少投资。

②无论采用哪种安装形式，要求整机必须水平。地脚螺栓紧固要牢靠。

③根据安装条件图，提前局部加厚处理安装位置的水泥基础。

④该机在生产线上配套安装时，可以和其他机器平行排列，纵向"一"字形排列，首尾相接的90°拐弯排列等。无论哪种布局，均要保证良好的操作方便条件。

⑤安装后要向各润滑部位加注必要的润滑油，调整皮带的松紧度，检查各电器是否按规定接通。

⑥空车运转1h后，检查电机温度，检查各连接部分是否松动，确认无误时方可进行轻负荷试车，8h后经过考核运转正常再慢慢加大喂入量，直到满负荷为止。

（4）机具操作：

①作业前检查调整：第一，检查各部位技术状况是否正常，紧固部分是否松动。第二，检查并加添各部润滑油。第三，检查各线路及电控装置、仪表是否完好。第四，检查喂料贮存仓是否有种子。第五，用手工筛或试验机测出被选种子所需上、中、下三层筛子孔眼规格后更换筛子。第六，检查加工线上的设备和机器夹缝中的异物及不同品种的种子是否已经清除。

②操作规程：第一，开机。开机前应先按一下电铃，发出开机号令；若是配套在生产线上使用，必须从后面的设备开始，逐一向前开机启动。单机启动，先开空机，等运转正常时开始喂料。第二，关机。当种子加工结束或其他原因需要关机时，必须是先停止喂料再关机。

③调整：第一，喂料量的调整。根据被选种子的比重和杂余的大小试调喂入量，将籽粒饱满杂余较少的大麦，不得超过4t/h，玉米和小麦不得超过5.2t/h。对于杂余较多的种子需要相应减少喂入量。第二，筛子频率的调整。在达到预定清选目的的情况下，频率调得越低越好，可以延长机具的使用寿命，但遇到松散、余

杂较多的物料时，频率要适当调高，一般要求400次/min左右为宜。第三，气力的调整。观察轻杂出渣口，排出的好籽粒不得超过0.5%，超过时应调整控制器把手减少气力，但不能调得太小，太小时轻杂清除不干净。

④维护保养：第一，清理。根据工作情况，停机后及时清理设备上的尘土和油污，放出除尘器布袋中的尘土。更换被清选的品种时要用专用气力吹除管把筛面和设备各夹缝中的异物、种子吹除干净。第二，检查紧固。检查各连接部分的螺丝是否松动，如有松动，必须紧固。检查各铆制件和焊接部分有无松动和脱焊现象，如有要及时修理。第三，润滑。根据润滑要求，必须按时、按量进行润滑，各润滑部分不得缺油，也不能加得太多，溢出来的油和黄油嘴上的油，注油后必须擦干净。

（5）机具用途：5XF系列风筛式清选机的主要特点是结构紧凑、性能可靠，筛选效率高、单位面积处理量大、噪音小。该机主要用于各种谷物和棉花种子及豆类、瓜子和核果类作物、葵花籽、甜菜、各种蔬菜种子和牧草籽的清选和分级，既能单机使用，又能设置在种子加工成套生产线上配套使用。

2.5XZ-1.0型重力式种子精选机

（1）结构组成：5XZ-1.0型重力式种子精选机主要由机架、上料、振动台、风选、振源等组成，如图7-4-6所示。其中，机架由机座、T形横梁、纵梁、支架等组成；上料部分由喂料斗、上料管、降料筒、进料箱、配料室等组成；振动台包括台体、钢网筛、格板、挡板、排种槽、调节手柄等组成；风选部分由风机、主吸气道、支气管、回料管、控制手柄、风压表等组成；

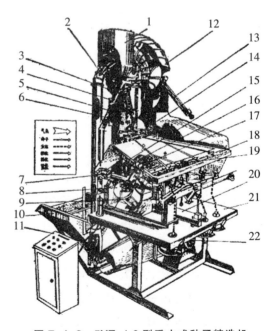

图7-4-6　5XZ-1.0型重力式种子精选机

1.降料筒　2.上料管　3.软管　4.风压表　5.进料箱
6.n形支架　7.减振环　8.偏心块　9.振动电机
10.喂料斗　11.操纵台　12.主吸气道　13.风压调节手柄
14.配料室　15.台体　16.钢网筛　17.格板　18.排种槽
19.挡板　20.纵梁　21.机座　22.风机

振源部分由电机、偏心块、减振环、减振棒、支架等组成。

（2）工作原理：5XZ-1.0型重力式种子精选机工作时，由于偏心块的作用，使电机产生振动，通过减振环、减振棒的控制，使分离台按照一定方向往复运动。台面上的种子和杂质由于比重不同、受力情况差异而被分离。凡干瘪种子和杂质，由于比重较小，临界速度小，在气流的作用下，被气流吹起，在台面上呈沸腾状态，成阶梯式往下移动。好种子籽粒饱满，比重大，临界速度大，不能被气流吹起，但减少种子与台面间的摩擦力，使种子沿着台面向上滑动。种子质量越好，比重越大，所产生的惯性力越大，向上滑动的越快。质量较轻的种子，比重较小，所受的惯性力较小，向上滑动也较慢，这样即可把好坏种子分开。

（3）机具使用：

①安装：精选机安装前，应按装箱单检查各部件和备件等是否齐全。仔细检查密封罩、吸风管、气力输送装置等有无裂缝、漏气现象。如完整无缺，方可按以下要求进行安装：第一，精选机安装在室内。固定之前，用水平仪将机座纵向、横向调平。第二，吸风管道各部件连接处应严紧、无漏气现象。第三，各操作手柄应转动灵活。第四，全部紧固件不得有松动现象。第五，拆除固定板，装上减振支柱。第六，将红颜色或蓝颜色液体精确地注入"U"形压力计"0"位置。其一端与大气相通，另一端固定在吸风管的测压口上。第七，接好动力线和照明线。

②空车试运转：第一，精选机安装好后，应进行30min空车试运转，并能满足以下要求：启动容易，分级台振动均匀，机身平稳，各运转部件不得有碰卡和出现异常声响。第二，振动电机和风机电机的转速应符合说明书上的技术参数规定。第三，连接件与紧固件空车试运转后应重新紧固。第四，电机、风机等运转部件不得有不正常的磨损。第五，轴承温度不得超过50℃。

③使用调整。该机在使用中必须按以下程序进行：第一，打开照明灯，启动电机，使风机开始转动，关闭主吸风道阀门。然后再启动振动电机，使振动台振动。第二，调整分离台体内部风压，在选小麦、水稻、高粱等种子时，可将风压表水柱调到120°~140°左右。选大豆、玉米等大粒种子时，可将风压表调到160°左右。然后慢慢打开喂料斗闸门，使待选种子均匀地提升到降料筒。第三，上料管与进料箱的调整。当发现上料管下部种子落地时，应适当调小上料管底部套管，使其与地面间隙减小。如进料箱发生堵塞时，可将拉紧弹簧放松或者减少进料，

这要看分级台面种子层厚度大小而定。如种子层厚说明上料过多，可调整喂料活门，如种子层很薄，进料箱又被堵塞，可减小弹簧拉力。第四，振动方向角的调整。如分离效果不好时，可将振动方向角适当调整，将振动电机抬高，振动方向角减小；反之，加大振动方向角。第五，振幅调整。种子在台面相对运动慢，可将振动电机两端的偏心铁夹角调小，增加分级台摆幅。第六，排种槽调节板的调整。在好种子出口发现混有轻杂，可以调小好种子挡板之间的距离，扩大回料挡板间距；反之，在回料口中，发现好种子过多，可以扩大好种与轻杂两挡板间距，减小回料挡板间距。第七，停机。先空转10分钟，将机体内残留种子清除，然后关闭风机，照明灯，最后关闭振动电机。

④维护保养：第一，清选机最好安装在坚实的水平平台上，因作业中的灰尘较多，可做一个布袋套在风机排尘口处，将灰尘导引至下风口，以利于作业。第二，作业时，启动风机将谷物上足后，关闭风机，启动振动电机，使籽粒铺满振动台面，再启动风机上料，进行各部位调整，实践证明此方法非常有效。第三，更换种子时，一定要将机内残存的种子清理干净，可在排空后再让机器运转3~5min。第四，每次作业前应检查各部紧固螺栓是否松动，转动是否灵活，如有不正常声音，应在排除后才可使用，并对各润滑点进行润滑。第五，发现气流不足时，除风机旋向不对时，也可能是底筛被灰尘堵塞，解决办法是拆下底筛，用汽油清洗后再用布擦干即可。第六，每次作业结束后，应进行清扫和检查，并及时排除故障。第七，清选机不用时，应妥善保管。一是彻底清扫机器后，启动机器空转，排除各部残存的杂物；二是进行检查和修理，使机器恢复到完好状态；三是切断电源，卸下外部电缆线；四是将易丢失、易损坏的零件拆下保管；五是有条件的应将机器安装在室内，若安装在室外，应做一帆布罩将机器罩上，以防风吹、日晒及雨淋。

⑤故障排除：

第一，分级台无种子输入。其原因有：一是料斗闸门堵塞；二是闭风箱拉力弹簧拉力太大；三是进种槽入口堵塞；四是风机转速不够；五是输送管道漏气。应做准确调整。

第二，风压低，调不上去。其原因有：一是风机转速不够；二是风机、吹风管道漏气；三是风压调节机构失灵；四是"U"形压力计两端入口堵塞。应做准确调整。

第三，回送管道不回种子。其原因有：一是出种槽回送种子出口开度太小或堵塞；二是回送管道漏气；三是风压太低。应做准确调整。

第四，种子向分级台纵向较高的一侧集中。其原因有：一是分级台纵向倾角小；二是风压低；三是振幅大。应做准确调整。

第五，机身振动。其原因有：一是安装精选机的地面不平，或不坚实；二是风机叶轮黏土过多，引起静不平衡。应做准确调整。

第六，异常响声。其原因：一是紧固件松动；二是各调整手柄没有锁紧；三是风机叶轮与机壳相碰引起响声。应做准确调整。

第七，风机出风口有种子吹出。其原因有：一是吹风管节流开度太大；二是支管节流阀开度太大。应做准确调整。

（4）机具用途：5XZ-1.0型重力式种子精选机主要适用于小麦、大麦、玉米、水稻、燕麦和高粱等作物种子在完成预清或基本清选或按其长、宽、厚分级后，进一步按种子的比重分级，将剩余在种子中有病虫害、发霉变质或未完全成熟的种子分离出来，并把合格的种子分成两个等级。经过此机精选后的种子，无论在千粒重、发芽率、纯度、净度等方面都有显著提高，对未经过初选的谷物同样也起到良好的分级作用。

3.5XZ-3.0型重力式精选机

（1）结构组成：5XZ-3.0型重力式种子精选机主要由风机、振动机构和工作台等组成，如图7-4-7所示。

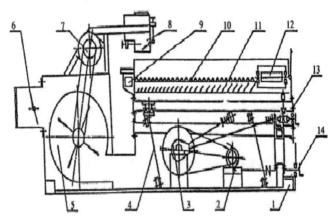

图 7-4-7　5XZ-3.0型重力式种子精选机结构示意图

1.机架　2.电动机　3.驱动装置　4.弹片　5.风机　6.风量调节板　7.电动机

8.进料吸尘器　9.瘪籽排出口　10.工作台面　11.鱼鳞均风板

12.出料口　13.工作台倾角调整板装置　14.频率调整装置

（2）工作原理：5XZ系列重力式种子精选机工作时，通过升运器将种子输送大进料吸尘器中，将种子中的细小杂质、灰尘除去。除去轻细杂的种子送到往复振动筛上，散布在具有纵向和侧向倾斜的筛面上。通过筛面的往复振动和风机吹向筛面由下而上的风力，比重大的种子沉于种子层底部，比重小的种子浮于种子层表面。在筛子振动惯性力作用下，比重大的种子沿着工作台面输送到筛面尾部，比重小的种子沿着工作台面的倾斜方向送到筛面的前部瘪籽排出口。

（3）机具使用：

①安装：第一，机座要与地面结合平稳，机身要保持水平，地脚螺栓要紧固可靠。第二，根据安装要求，提前处理好安装位置的水泥基础。第三，此机可以和其他机具平行排列，且保证操作的方便性。第四，安装后，要向各润滑部位加注必要的润滑油，调整皮带的松紧度，检查各电路是否按要求接通。第五，空车运转1h后，检查电机温度，检查各连接部分是否松动，确认无误后，方可轻负荷试车，8h后经过考核运转正常再慢慢加大喂入量直到工作台面全部布满种子，达到满负荷为止即额定小时产量。

②操作规程：

第一，选种前的检查。一是检查各部位技术状况是否正常，紧固件是否有松动。二是检查并加添润滑部位的润滑油。三是检查各线路和电控装置、仪表是否完好。四是检查工作台面是否有杂物或其他工具。五是检查喂料仓是否有种子。六是检查加工线路各设备和夹缝中的异物及不同品种的种子是否已清除。

第二，开机。一是开机前先按响电铃。二是若是配套生产线，必须从后逐机向前一一启动。单机启动，预先进一部分物料到工作台面，再开机。需要注意的是：物料一定盖满工作台面，不允许有露底现象，防止气流短路，影响轻重物料的分层。

第三，关机。当种子加工完成或因其他原因需要停机时，必须先停止前面的设备，等喂料口不下料，工作台面上的物料不要全排空就可关机，下次开机无需重新调整。

第四，调整。一是料量的调整。控制台料量的大小有两个调整部位，一个是喂入口进料量，另一个是尾部的出料口料量。两者料量控制的大小都直接影响工作台面上料量的多少，而工作台面上的料量大小却会影响分离质量。由于料量大小与分离质量的关系是由谷物本身质量和机器设计生产能力所决定的，且要求料量大小应均匀，喂入应连续不断，无波动和冲击。为了达到物料的最佳分离，必须进行料量调整。调整时，喂入量应尽可能降低一些，而不低于保持筛面被物料全部覆盖的最小量，最大喂入量以台面轻重物料等到全部分离为标准。

在生产线清选作业时，喂入量是一定的，这是因生产线在设计时匹配的设备生产能力所决定的，正常的工作时不需要再调整，要调整的是出料控制装置。它的调整方法是，先拧松平衡块上的顶丝，移动平衡块，待工作台面上的料量达到理想作业质量时，再拧紧平衡块上的顶丝，此时，自动装置开始工作，如图7-4-8所示。

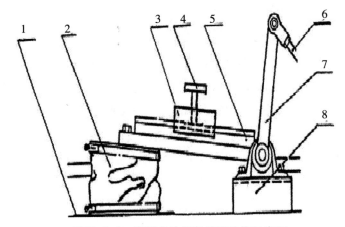

图7-4-8　出料自动控制装置结构示意图

1.工作台　2.帆布袋　3.平衡块　4.顶丝　5.杠杆　6.连杆　7.活动臂　8.支柱

二是风量的调整。撒开风量控制把手的固定旋钮，上下移动风门把手，观察工作台面上物料的沸腾情况，要求工作台面上的物料最好为"小沸腾"，如同小火煮粥一样，不能让上来的气流冲破"沸腾泡"，冲破了会使种子跳起，破坏了物料的分层；但也不能使"沸腾"太小，太小了，会使物料滞留在台面上，移动缓慢，物料也得不到分层，影响种子清选质量，同时增加了工作台面的负载，使机器过早疲劳，缩短使用寿命。

三是振动频率的调整。应根据被选物料的情况来调整，调整原则是：在满足加工要求的同时，应采取较小的振动频率，对松散瘪籽多的物料，频率可调高一点，通常情况下，以400~450次/min为宜。调整方法是：用转速表测量主轴转速，若需要调整，可旋转无级变速把手来实现，即右旋增大频率，左旋减少频率。

四是纵向（尾端）高度调整。纵向高度是决定物料从比重选的喂入端到卸料端的流动率。尾端升起越高，流动率越大，物料通过台面的时间越短；反之，物料通过台面的时间越长，分离就越干净。高度调整后形成的纵向倾斜角一般为

1.5°~2°为宜，调整方法是顺时针转动把手为升高尾部高度，增大倾斜度，逆时针转动把手为降低尾部高度，减少倾斜度。

五是侧向倾斜角度的调整。侧向倾斜角度是指重力式清选机工作台面高低的高度差，高度差与倾斜角度成正比关系，即高度差越大，倾斜角也越大。增加倾斜角度，会使物料流向工作台面的低侧，降低倾斜角度会使物料流向工作台面的高侧。一般情况下，当倾斜角度接近最大时，分离效果最佳。但也不能将倾斜角度调得过大，倾角太大会使部分好种子漂流到瘪籽里去，反而会降低获选率。调整方法是要与纵向倾斜角的调整同时进行，在纵向高度升到一定高度时，再降低出料一侧的尾端高度，至此，双向的倾斜角度也就调出来了。

上述几个部位的调整是密切相关的，每调整一个部位同时要兼顾其他几个部位的调整，即这几个调整必须同时进行。

（4）机具用途：5XZ-3.0型重力式种子精选机是集风选、比重选为一体的组合式机型，是以工作台面纵横向倾角的调节，通过风量、振动频率的无级变速及自动回流系统相结合的设计原理，将不同比重的种子物料进行精选和分类，适用于小麦、玉米、水稻、高粱等作物种子及各种蔬菜种子精选加工。

4.5XF-1.3A型复式种子精选机

（1）结构组成：5XF-1.3A型复式种子精选机主要由气力输送、风选、筛选、窝眼筒和传动等部分组成，如图7-4-9所示。

（2）工作原理：5XF-1.3A型复式种子精选机工作时，种子和杂物经过料斗底部出口闸门和八角橡胶棍，均匀连续排入第一吸风道。

（3）机具使用：

①使用前的检查和固定：

第一，技术状态的检查：检查机具的完好性，更换、修复损坏变形零件；紧固各部分松动螺

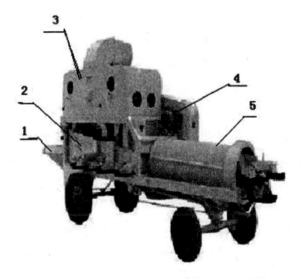

图7-4-9 5XF-1.3A型复式种子清选机结构示意图
1.气力输送部分 2.筛选风选部分
3.风选部分 4.电机 5.窝眼筒

栓，全面润滑各润猾点。

第二，选择工作场地：该机最好在室内进行作业，工作时摘掉出风弯头，用通风管道把排出气流引向室外或专设的沉降室中，注意排风管道阻力不可过大。由于条件限制必须在室外作业时，最好安放在避风处。出风口需加一个气阻较小的布袋，长度不小于1.5m，以便收集"尘杂"（要注意：如不及时清理"尘杂"会影响精选效果）。室外风速大于3级时，应考虑安装防风屏障。

第三，机器的固定：机器进入场地，四轮应用楔形垫木固定，并调整机架纵向、横向的水平（用水平仪检验），否则机器歪斜作业，负荷不均，将会影响精选效果。

第四，开车试运转：机器固定后，接通线路并试运转。开车试运转前必须做到：一是检查电机运转方向。二是查看大小齿轮啮合间隙是否变动。三是查看下筛是否安装，如未安装严禁开动机器，以防刷子装置损坏。四是用手搬动传动皮带轮，看有无运转障碍。五是按传动路线逐级挂接皮带，然后再开车进行试运转。

②筛片及窝眼滚筒选择：

第一，筛片。筛孔规格对于选种质量影响很大，应根据各种不同的作物品种严格选择筛片规格。"筛片规格"的选择原则如下：一是上筛筛孔应保证"大杂"全部被筛除；较好的种子能全部通过，选出物不大于5%。二是下筛筛孔应能保证好"种子"留在筛面上，"小杂"被除，选出物不大于10%。三是工作筛片的筛孔规格，要比"样筛"筛孔尺寸大0.1mm（指宽度或直径）。

应注意：在选择筛孔规格时，应根据种子的"净度要求"而灵活掌握。

第二，窝眼滚筒。滚筒窝眼直径也具有多种规格，以适应不同种子的需要。但它的数量要比筛片少得多，往往用一种规格的滚筒来分离多种作物；但它的分离效果只是对一种作物最有效。如5.6的窝眼筒是用来分离小麦中的短杂的，对其他麦类如大麦、燕麦等也有效。因此，一般机器出厂时，如无特殊要求，只配带5.6的标准窝眼筒。

当作物不需进行长度分离时，可将小齿轮轴上爪形离合器分离，停止窝眼筒转动，以减少动力消耗。

③机器的调整：

第一，风机转速的调整。根据清选的作物选择适当的风机转速。选玉米、大豆、豌豆等大粒种了时，可将风机调到1100r/min。选小麦、水稻、高粱等种子时，可将风机转速调到900r/min。如按种子长度清选时，可将活动滑板盖到筛选器种子出口处。如不需按长度清选，可将活动滑板盖在筒选器进口处。

第二，前、后吸风道风量的调整。开机后应空转5min，待机具运转正常后，首先将前吸风道风量控制手柄，放在指针刻度盘3左右，后吸风道风量控制手柄放在指针刻度盘1上。然后慢慢地加大喂入量，使其达到功效为止。最后，对预定的风量略加调整。

在调整前吸气道风量时必须保证：一是重杂质由下口落到地面；二是种子和轻杂质能够被提升到前沉积室；三是轻杂质能够被送入中沉积室；四是最轻杂质由风机排除。

在调整后吸气道风量时必须保证：一是好种子不能被提升；二是一些小粒和轻杂质能被吸到后沉积室；三是轻杂质能够被吸到中沉积室；四是最轻杂质能够随风机排除。

第三，V形槽工作边高度的调节。V形槽工作边高、低都直接影响精选效果。如果短杂质出口发现好种子多，可将工作边缘调高。如在种子出口发现短杂质多，可将工作边缘调低。

第四，十字轴高度的调整。如果种子从排种槽溢出，上调十字轴。反之，如果种了从排种槽飞出，可下调十字轴。

第五，敲击锤和筛刷的调整。敲击锤和筛刷是保证上下筛不被堵塞，因此，在调整时要视种子在筛面上的运动情况而定。种子在筛面上堵塞，要加大敲击力，上调筛刷。当种子跃离筛面，应减小敲击力，下调筛刷。

④常见故障排除：

第一，喂料斗及风选器的故障。故障原因及排除方法如下：

一是喂料活门不能固定在一定位置上。其原因是活门杠杆弹簧定位夹折断或弹力不足，需要重新焊制定位夹簧片。

二是喂料斗两侧进料不均。其原因是喂料口一侧被杂物堵塞，喂料斗滑板歪斜，喂料辊不滚动造成的。应及时清除杂物，校正喂料斗活门。

三是风量调节杆不能固定在一定位置。其原因是手柄根部摩擦片松动，应紧固手柄根部圆盘上的两个螺钉。

四是在前排料活舌处种子流出偏向一边。其原因是由前风量调节板倾斜引起的。应打开上盖，调正紧固闸板固定夹。

五是风选器振动，噪音过大。其原因是杂物进入风选器，风机叶片松动，轮毂松动，造成风机轴下面的张紧轮润滑不良。应停机检查风机内部有无故障，给张紧轮轴加注润滑油。

六是风力不足不能提升种子。其原因是风机未达到规定转速，排风阻力过大。应按处理作物品种正确挂结皮带，调整皮带紧度，降低打滑率，以减少排风管阻力。

第二，筛选器故障。故障原因及排除方法如下：

一是上筛筛孔被种子堵塞。上筛振动不足，丧失自清能力，应加大筛锤敲击力。

二是种子集中于上筛一侧。其因是机器横向不水平，前风道调节板歪斜，室外作业风力过大。应调正机器水平，检查风量调节板状态，增设挡风屏障。

三是种子在下筛筛面流动缓慢，种子由筛箱溢出。其原因是由于筛箱振动频率不足，行程过小造成的，应调整皮带位置及张紧度，使筛箱达到420次/min的振动频率，检查木拉杆、减振器、筛箱底部槽钢的技术状态。

四是筛箱横向振动过大。其原因是由减振器橡胶硬度不均，橡胶开脱，筛箱位置不正引起的，应检查减振器状态，必要时更换，还应调正筛箱位置。

五是下筛筛面堵塞。其原因是由下筛筛面变形，筛刷过低或刷毛压倒引起的。应修复筛子，使之恢复平正；调整筛刷托轮高度，必要时更换筛刷。

六是后吸风道对瘪粒分离效果不好。其原因是后筛筛面底部堵塞，后风量调节板歪斜，后吸风道两侧空隙不一致，后筛导轨漏风所致。此时应检查后筛以及后风量调节板状态，消除缺陷，使后筛筛面上的种子全面"沸腾"。

第三，筒选器及传动部分故障。故障原因及排除方法如下：

一是种子排料口发现米粒、碎粒。其原因是V形槽接口位置过高。应逆时针转动调整手柄，降低槽口高度。

二是机架剧烈振动，筒选器噪音过大。主要是由于机架变形、传动件变位，平衡配重变位、滚筒定位不正、传动费力等引起的。应仔细检查机架，滚筒传动部位有无变形，重新调正、紧固滚筒锥齿轮定位螺钉。检查托轮及滚筒前支持轴套技术状态。检查偏心轴平衡配重的位置。

三是后排料槽排种缓慢，种子从上面溢出，后排料槽排种太快，种子从上面飞出。其原因是十字架太低或太高所致。十字架高，后排料槽摆幅过大，种子从上面飞出，应将十字架下调。十字架太低，后排料槽摆幅过小，种子从上面溢出，应将十字架上调。

（4）机具用途：5XF-1.3A型复式种子精选机通过风选、筛选、窝眼选，清除种子中的重杂、轻杂以及病弱、虫蛀的种粒，适用于小麦、水稻、高粱、豆类、胡麻、油菜、牧草等种子及颗粒状物体进行精选、分级。通过更换筛片、窝眼筒规格能精选不同种类的农作物种子；有窝眼精选装置，能够去除种子中的短杂或长杂；适应性强、精选净度高。

二、干燥机械

种子干燥机械主要有风送设备、承受物料的容器、物料翻动、输送装置及湿度控制系统等。

（一）固定床成批循环式干燥机

1.结构组成

为了提高干燥的均匀性，缩短干燥周期，通常采用成批循环式干燥机。成批循环式干燥机主要由圆形仓体、通风仓板、热风室、扫仓绞龙、下输送绞龙、提升器、上输送绞龙、均布器、风机、加热器等组成，如图7-4-10所示。一般仓体采用金属波纹结构。直径为4~12m，大的可达16m以上。仓板由筛网或穿孔金属板组成。仓板下方空间为压力室。

2.工作原理

谷物从进料斗进入，由升运器、上螺旋输送器送到均分器，均匀地散布到通风仓板上面，直到所要求的谷层厚度为止。然后开动风机，把经加热的空气压入热风室，热风从下而上穿过谷层，由排气风机排出机外。需要翻动谷物时，开动扫仓绞龙、下螺旋输送器、升运器、上螺旋输送器、均分器，下层谷物被提升均匀地撒在谷物上（原批上层谷物），依次不断地间歇翻动，使上、下层谷物调换，达到干燥均匀

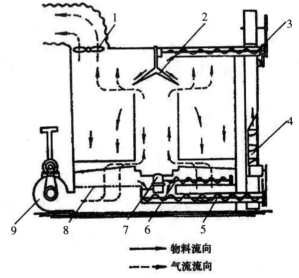

物料流向
- - - 气流流向

图7-4-10　谷物循环干燥机

1.排风机　2.均分器　3.上螺旋输送器　4.升运器
5.下螺旋输送器　6.扫仓螺旋推送器　7.箱体
8.通风仓板　9.通风机

的目的，翻动次数依谷物含水率而定。一般翻动1~3次即可达到干燥要求。干燥后根据需要可以关掉热源，鼓入常温空气对谷物进行冷却。卸料时，由布置在地板上的扫仓绞龙将谷物扫入地板下面的卸粮绞龙而后送出仓外贮存筒仓。

（二）固定床整仓干燥机

固定床整仓干燥机如图7-4-11所示。工作时，干燥介质在风机吹送下从仓底压力通风室向顶部流动，与谷物产生湿热交换，随着干燥过程的进展，干燥区由底部向上移动（图中所示干燥区已由底部移到中部的情况，在干燥区的下部谷物的水分与进来的介质基本上达到水分平衡），在干燥区扩展到整个干燥室之前，风机要连续运转。

固定床整仓低温慢速干燥时，由于干燥区上移缓慢，容易使上层谷物发生霉变，为此谷物的水分不能太高，如稻麦类应低于20%，玉米籽粒应低于25%。但低温慢速干燥，谷物不会过热出现"爆腰"现象，且干燥过程管理简单，谷物装卸次数最少，能有效利用干燥气流的热量，因此使用较普遍。

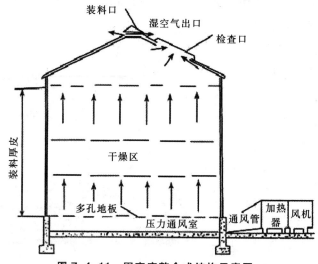

图 7-4-11　固定床整仓式结构示意图

（三）塔式干燥机

1.结构组成

塔式干燥机其主体是一个垂直安装的方塔，高达十几米。塔内装有角状气道，按气道的形状、尺寸、进排气道排列不同有整体式（图7-4-12）和组合式（图7-4-13）两种形式。

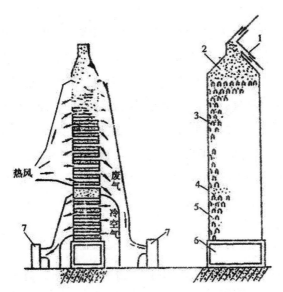

图 7-4-12　整体式塔式干燥机示意图

1.回粮管　2.贮粮段　3.烘干段　4.隔离段　5.冷却段　6.排粮段　7.风机

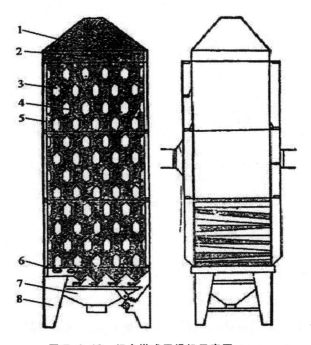

图 7-4-13　组合塔式干燥机示意图

1.谷物　2.限位器　3.进气管　4.排气管　5.干燥箱体　6.调整口　7.振动排粮装置　8.机座

2.工作原理

塔式干燥机工作时，喂入装置将湿种子提升到塔顶，由顶部螺旋绞龙将种子均匀地撒布在整个塔的宽度。湿种子靠自重从上而下流动，由于干燥介质（热风）管道与湿空气（冷风）排出管道交替排列，层层交错，湿种子自重往下流动时，先接触到热风管，再接触到排气管。接触温度由高到低，每粒种子得到相同处理，干燥均匀。由于接触高温气流的时间很短，多次遇到低温，因此可用较高热风温度。

塔式干燥机一般采用连续干燥方式，属快速高温干燥法。热气最高温度视种子品种不同可以调整，一般以70℃左右为宜。而种子温度为38℃~40℃。降水率由种子喂入与排出速度决定。

（四）滚筒干燥机

1.结构组成

滚筒干燥机主要由滚筒、托辊、电机、齿圈、变速箱等组成，如图7-4-14所示。主要工作部件是滚筒筒体上装有两个滚筒，由托辊支撑定位，在筒体偏中的部位有一个大齿圈。电机通过变速箱及变速箱上的小齿轮带动大齿轮转动，从而带动整个滚筒旋转。

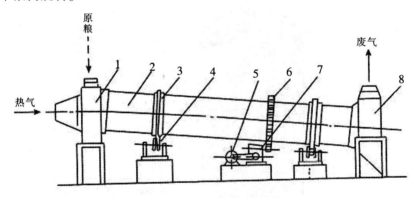

图7-4-14　滚筒干燥机结构示意图

1.头罩　2.滚筒　3.滚圈　4.托辊　5.电机　6.齿圈　7.变速箱　8.尾罩

2.工作原理

滚筒干燥机工作时，种子和干燥介质都通过头罩进入滚筒，滚筒旋转其内壁上的抄板将种子带起到滚筒的上部，并撒布下来，与通过滚筒的干燥介质（热气流）接触受热干燥。废气及烘干后的种子都通过尾罩分别排出。

滚筒式干燥机属连续高温快速干燥机，用于干燥种子时，要特别注意热气流温度、加热时间以及种子温度。此机型广泛用于稻谷产区。

（五）干燥机的过热装置

目前我国谷物干燥加热采用的能源有煤、柴油、煤油、稻糠、玉米芯、农林牧残余物、太阳能以及电能（远红外线）等。

种子干燥所用的热空气是由烟道直接加热空气或通过热交换器间接加热空气获得的。烟道气直接加热是指用气体、液体和固体燃料燃烧后得到的高温燃烧气体，经过与空气混合后直接与被干燥的种子接触；热交换器间接加热是指为了避免污染，燃烧的气体不直接接触被干燥的种子，而是通过热交换器间接加热空气接触种子。

提供烟道气（或热气）的供热装置常用有燃气煤炉、煤气发生炉、燃油装置、热交换器等。

1.直接加热空气的固体炉灶

固体燃料的燃烧炉灶（即手烧炉），主要由炉门、炉箅、炉膛、沉降室、烟囱、冷空气调节门、混合室、火花扑灭器等组成，如图7-4-15所示。火花扑灭器是倾斜交错安放的两排槽钢，火花与之相撞受阻挡而被熄灭或反射回沉降室。烟道气进入混合室与冷空气混合，其温度可由冷空气调节控制，达到所需的温度后由管道输出，烟道气飞灰在沉降室沉降。

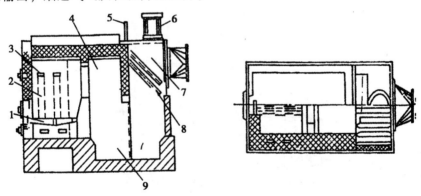

图7-4-15　直接加热空气固体炉灶结构示意图

1.炉箅　2.炉膛　3.补充热气直管　4.燃尽室　5.冷空气调节门
6.烟囱　7.混合室　8.火花扑灭器　9.沉降室

2.液体燃料燃烧炉

液体燃料燃烧炉主要是以石油制品为燃料的热风炉，其主要部件为燃油器，根据燃油器不同可分为喷枪式、蒸发式和旋杯式等几种（图7-4-16）。

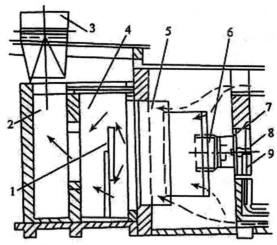

图 7-4-16　液体燃料燃烧炉结构示意图

1.反射板　2.烟道气管　3.通往风机的空气管　4.混合室

5.导向壳　6.燃烧室　7.钢板　8.喷嘴　9.燃烧管

（1）喷枪式燃油器：

①结构组成：喷枪式燃油器以柴油为燃料，主要由电动机、油泵、喷油嘴、油压调节装置、自动点火和熄火装置、助燃风机和风量调节装置等组成，如图7-4-17所示。

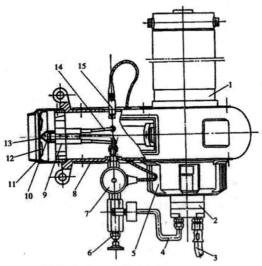

图 7-4-17　喷枪式燃油器结构示意图

1.电动机　2.油泵　3.输油软管　4.油泵出油口　5.助燃风机

6.调节阀组合　7.电磁阀　8.点火变压器　9.喷油嘴组合

10.喷油嘴　11.扩散口　12.稳焰器　13.点火棒　14.高压线　15.光敏管组合

②工作原理：工作时，柴油通过油泵产生一定的工作压力，经油嘴喷出雾化并与助燃风机送来的空气混合点火，直至完全燃烧。

（2）蒸发式燃油器：

①结构组成：蒸发式燃油器以煤油为燃料，主要由电磁泵、电磁阀、燃烧盘、稳焰器、扩散口、点火和熄火装置及温度自动调节装置等组成，如图7-4-18所示。

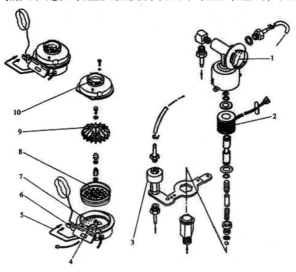

图 7-4-18　蒸发式燃油器结构示意图

1.三通管　2.电磁泵　3.电磁阀　4.点火装置　5.油管
6.熄火装置　7.石棉网　8.燃烧盘　9.稳焰器　10.扩散口

②工作原理：工作时，煤油由电磁泵输入石棉网，由于煤油挥发性强，通过点火电阻丝点火，在燃烧盘燃烧，因燃烧盘的温度升高促使石棉网的煤油加快蒸发，干燥机的风机开始运转打开了点火装置的风门，使煤油与空气成分混合，达到完全燃烧（此时火焰呈现黄白色）。供油量是通过自控装置控制电磁阀和电磁泵的工作频率来调节的。

（3）旋杯式燃油器：

①结构组成：旋杯式燃油器以黏度比较大、不易雾化的重柴油为燃料，主要由旋杯、风机、前涡流盖、导风嘴、油管、电机等组成，如图7-4-19所示。

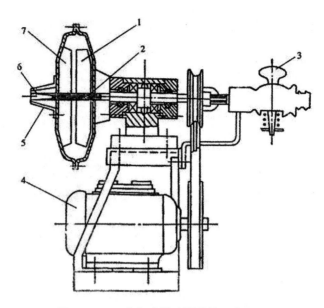

图7-4-19　旋杯式燃油器结构示意图

1.风机　2.油管　3.油路开关　4.电机　5.导风嘴　6.旋杯　7.前涡流盖

②工作原理：工作时，燃油经过油管滴至旋杯内，旋杯以高速旋转（转速为7000r/min），使燃油形成薄膜，且在中压风机（风压为1765Pa）的配合下，实现了雾化，点燃后直至完全燃烧。

三、加工输送机械

种子输送机械可分为斗式、输送带式、刮板式和螺旋式。常用的是斗式和输送带式；刮板式和螺旋式由于易损伤种子，所以很少用。

（一）带式输送机

带式输送机又称胶带输送机，是以输送胶带作为承载输送物料的主要工作部件，是种子加工常用水平或倾斜的装卸输送机械。

胶带输送机根据其使用特点，可分为固定式和移动式两类。移动式主要用来完成物料装卸干燥。固定式主要是用来完成固定输送线的物料输送任务，它必须根据具体条件和输送要求进行专门设计与装配。

1.结构组成

带式输送机主要由输送带、托架、传动轮、传动装置及张紧装置等组成，如图7-4-20所示。

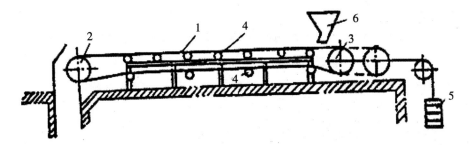

图 7-4-20　带式输送机结构示意图

1.输送带　2.驱动鼓轮　3.张紧轮　4.托架　5.张紧重物　6.进料斗

2.工作原理

带式输送机作业时的牵引力是通过传动滚筒与胶带之间的摩擦力来传递的，种子由进料斗进入输送带上，并被输送至输送机的另一端。若需要在输送带的中间部位卸料，可另设卸料口。

3.机具特点

带式输送机的主要特点是工作可靠、管理方便、平稳、噪声小，不损伤被输送物料，物料残留量少，在整个长度上都可以装料和卸料，设备价格低，输送量大，输送距离远，动力消耗低，但难于密封，工作时，种子中的粉尘容易飞扬。

(二) 螺旋输送机

螺旋输送机通常叫绞龙，是一种利用螺旋叶片的旋转推动种子沿着料槽运动并卸到要求地点的输送设备。

1.结构组成

螺旋输送机主要由装料斗、料槽、绞龙叶片和卸料口等组成，如图7-4-21所示。

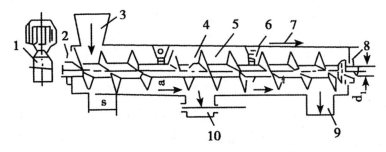

图 7-4-21　水平螺旋输送机结构示意图

1.驱动装置　2.首端轴承　3.装料斗　4.轴　5.料槽
6.中间轴承　7.中间装料口　8.末端轴承　9.末端卸料口　10.中间卸料口

2.工作原理

螺旋输送机工作时，叶片在槽内旋转，使加入料槽的种子由于本身重力及其对料槽的摩擦力作用，沿着料槽向前移动，完成水平、倾斜和垂直的输送任务。对于高倾角和垂直螺旋输送，为产生足够的离心力，必须使螺旋叶片具有较高转速，所以叫快速螺旋输送机。而水平和低倾角螺旋输送，不必有较高转速，则叫低速螺旋输送机。在种子输送中常用低速螺旋输送机。

3.机具特点

螺旋输送机的主要特点包括：

（1）优点：

①结构紧凑，可以挂在天花板上，也可以放在地面上，占用空间小。

②构造简单，旋转构件和轴承较少，工作可靠，维护操作方便，成本较低。

③能多点进料和卸料，进料和出料的机构简单。

④输送是可逆的，对一台输送机可以同时向两个方向输送物料（可集向中心或远离中心）。

（2）缺点：

①由于种子与螺旋及料槽和种子间的搅拌，使单位功耗较大，同时易引起种子的破碎，故较少用它来输送成品种子。

②对超载较为敏感，进料不匀，易造成堵塞现象。

③叶片和料槽磨损较快。

（三）斗式提升机

斗式提升机是用于垂直提升物料的直立输送设备。一般可分为离心卸粮提升机、强制卸粮提升机和内在式卸粮提升机三种类型。

离心卸粮提升机是利用一连串都形成环形带篮子，依靠离心的作用，在料斗转到上滚轮时将其盛放的种子倒出来。皮带的转速、上滚轮的大小及输送机顶部卸粮的设计对减少种子的损伤都是非常重要的，这种提升机在每批种子运送结束时要检查其料斗、顶部和底滑脚中的种子是否全部清除干净（尤其在需要高度较高的物料输送的情况下）。斗式提升机是一种价格不高、构造简单、经济实用的物料提升设备，其结构如图7-4-22（a）所示。

强制卸粮提升机由转动在链轮上的两条链条和之间的料斗构成。顶部的料斗翻转过来，将料斗中的种子全部倒入卸料口，其结构如图7-4-22（b）所示，由于料斗翻转较慢，机械损伤保持在最低限度。

内在式卸粮提升机也是慢速度的强制卸粮提升机。内在式提升机的料斗在底部时重叠在一起，并在底滑脚的内部进料。料斗在顶部倒转过来，将种子卸入顶部内的粮箱之中，是轻缓慢装卸的最好方式，如图7-4-22（c）所示。主要缺点是造价高，占地面积大。

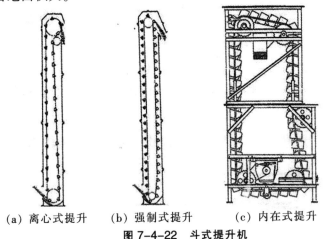

（a）离心式提升　　（b）强制式提升　　（c）内在式提升

图7-4-22　斗式提升机

1.结构组成

斗式提升机主要由上、下两个皮带轮、皮带、等距离固定于皮带上的料斗和外罩等组成，如图7-4-23所示。

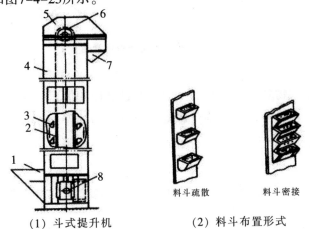

（1）斗式提升机　　　　　　（2）料斗布置形式

图7-4-23　斗式提升机结构示意图

1.装料斗　2.牵引带　3.料斗　4.机壳　5.机头　6.鼓轮　7.出料口　8.张紧装置

2.工作原理

斗式提升机工作时，动力由转动机构带动皮带轮旋转，带动料斗由下方或侧面舀取物料，将物料运送到上方。当料斗翻转时，把物料抛出，物料经出口流入下一个工作部件。

3.机具特点

斗式提升机结构紧凑（横向尺寸小），提升高度大（可达45~60m），生产效率高，工作平稳，能量消耗少，维修和操作方便。

（四）溜槽

溜槽用以输送、分配物料，起着设备之间的连接及调节工艺流程等作用。

1.结构组成

溜槽主要由受料料斗、垂直加速段、溜槽体和出料弯口等组成，如图7-4-24所示。

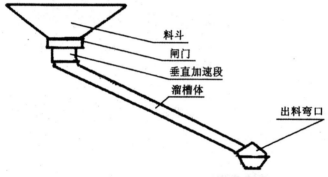

料斗
闸门
垂直加速段
溜槽体
出料弯口

图 7-4-24　溜槽结构示意图

2.工作原理

溜槽工作时，物料凭借自身的重力，通过溜槽的加速、导向，使物料沿溜槽下滑至出料口。在整个物料运动过程中，没有人的操作和控制，完全靠物料的重力下滑。

3.机具特点

溜槽是不消耗功率的设备。溜槽时时刻刻与物料接触、碰撞，致使其磨损量很大。

四、包衣机械

种子包衣技术是科技含量高、增产效果明显的农业实用技术，我国从20世纪90年代就开展了试验、示范、推广工作，取得了较好的经济效益和社会效益。应用该技术的机具为种子包衣机。

1.结构组成

种子包衣机主要由药筒和供药系统、喂料斗、计量药箱、雾化装置、搅拌装置、传动装置、支架等组成，如图7-4-25所示。

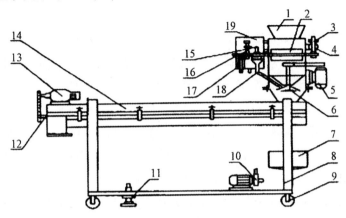

图 7-4-25　种子包衣机结构示意图

1.进料漏斗　2.种子量杯　3.限位杆　4.限位调节装置　5.电动机　6.甩盘

7.药箱　8.机架　9.脚轮　10.药泵　11.辅助支撑　12.绞龙　13.减速机

14.包衣箱体　15.药剂定量杯　16.液面高度调节器　17.液药管　18.药嘴　19.上药箱

2.工作原理

种子包衣机工作时，种子经进料漏斗，流入种子量杯，然后进入处理箱体，同时药剂由药泵送至上药箱内，经过药剂定量后，也流入处理箱体，在甩盘高速离心力作用下，药剂得到均匀雾化，有效地附着在种子表面，初步形成了包衣体，种子进入包衣箱体后进一步获得包衣处理，被绞龙进一步拌和包衣，最后送到出料口。

3.机具特点

（1）采用计量泵供给药液，外槽轮定量供给种子，可实现泵和外槽轮同步转动，保证精确、稳定的种药比，减小种药差系数。

（2）通过改变计量泵的供药量，可大范围地调节种药比，使用调节方便，投入种衣剂精确。

（3）通过药液雾化盘使种衣剂进一步超细雾化，既解决了雾化喷头堵塞问题，又有利于雾化的种衣剂与种子均匀接触。

（4）种子抛撒盘使进入混合室的种子呈伞状下落并与被超细雾化的种衣剂充分接触，减少漏包，提高种子包衣质量。

（5）清洁装置自始至终对包衣机进行不断地清洁，不需清机即可进行品种转换，省时省工。

（6）整机采用全封闭结构，可有效减少种衣剂的浪费和对环境的污染。

4.机具使用

（1）场所选择：正确地使用和保养种子包衣机，能够最大限度地发挥机器的效能，保证包衣质量，延长机器使用寿命，确保人身安全。所以，作业时除了遵守包衣机说明书要求和有关技术规范外，还要选择合理的加工场所。在室外作业时应避免污染周围办公区和生活区；在室内作业时，必须通风良好。有条件的地区，可安装通风排毒设施或采取单独隔离措施，同时对操作人员进行安全教育，配备防护用具。安装包衣机时，必须保证机身水平、牢固，并考虑种子的提升及包衣后的计量、封包等工序进行必要的合理布局。

（2）配比调整：在种子包衣机正式开始工作之前，要调整种子和药液的科学配比，若不符合要求，应根据所差数额重新调整，直到符合要求为止。调整方法有：一是通过改变料斗上的配重块在平衡杆上的位置，调节料斗翻动；二是更换药勺或调整药勺角度来实现。

（3）操作规程：机器安装要严格按照操作程序。使用前首先进行空机试运转，检查机器有无噪声，轴承是否发热，药液系统有无渗漏（可先用清水试机），如有故障应及时排除。空运转5~10min后，包衣机各系统运转正常，即可进行包衣作业。

影响包衣效果的主要因素：一是生产率。如果在配套的清洗机、提升机和计量、包装工序相匹配的情况下，应尽量使用较高的生产率，使清洗、包衣作业在较短的时期内完成。考虑目前大多数的清洗机效能较低（一般为1.5~3吨），可采用两台清洗机和一台包衣机配套使用，或清洗机、包衣分开进行。通常采用后一种作业方式。二是药、种比例的调整。一般机器说明书都有详细的说明，可按说明书进行，应该注意的是，一旦药、种比例确定，在包衣过程中不要任意改变生产率，否则，会造成药、种比例的变化。

五、包装机械

（一）结构组成

种子包装和其他物料包装一样，通常由动力机、传动部分和包装执行部分组成。后两个部分是基本组成部分，又可以分成以下几个装置：

（1）种子的供送与计量装置：该装置完成将成品仓内的种子送至包装袋并准确计量的功能。

（2）包装执行装置：该装置完成封口、粘贴、标牌、标志等包装操作。

（3）成品输送装置：用于从包装机上卸下成品袋或罐，定向排列和输出。

（4）传动和控制装置：它由机、电、气、液等多种形式的传动装置以及各种自动控制、手动控制装置构成，以实现既定包装动作、包装过程控制、包装参数控制等功能。它是现代包装机的重要组成部分。

在中小型种子加工生产线上，多采用人工装袋计量，缝口机封口缝标签等简单方式，生产效率较低，工人劳动强度较大，但设备投资很低。

（二）种子包装机械（打包机）

我国的包装机械起步较晚，但发展迅速，已生产出饲料行业、粮食行业及种子行业通用的包装机械系列产品。这里以常用的自动称重的CFKB系列打包机为例，介绍其构造原理和工作过程。

CFKB系列打包机由机械自动定量秤、夹袋机构、缝口机和输送机构组成，如图7-4-26所示。它的生产工艺流程是：料仓接口→自动定量秤定量；人工套袋→气动夹袋→放料→输送→人工引袋→缝口→割线→输送。

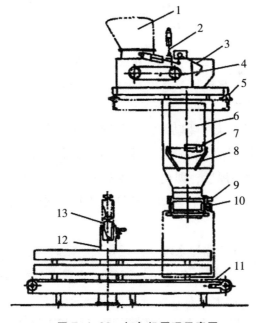

图 7-4-26 打包机原理示意图

1.成品仓 2.加料活门 3.断料斗 4.双速皮带供料机 5.减震器 6.计量斗
7.排料门气缸 8.排料门 9.计数器 10.夹带机构 11.输送带 12.缝口机架 13.缝口机

1.机械自动定量秤

（1）结构组成：机械自动定量秤主要由机架、给料系统、杠杆称量系统、喂料斗、称料斗、装包筒、电器及气动控制部件等组成，如图7-4-27所示。

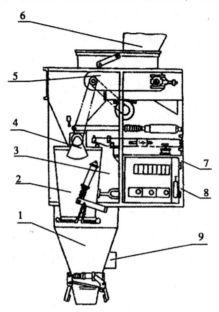

图7-4-27　机械自动定量秤

1.装包筒　2.称料斗　3.杠杆秤量系统　4.喂料斗　5.给料系统
6.成品贮料斗　7.电气控制部分　8.气动控制部分　9.电磁针

①给料系统：给料系统由驱动滚筒、从动滚筒、给料皮带以及调节机构等组成。电机通过减速器使驱动滚筒旋转，带动给料皮带输送物料。给料皮带上部设有可调刮板用以控制料层厚度，即调节给料速度（称量速度）；给料皮带下部安装有毛刷和集灰斗，可对皮带进行自清。从动滚筒具有张紧机构，可用来调节给料皮带的张紧度。

②杠杆称量系统：杠杆称量系统由接近开关、砝码、游砣、阻尼装置、标尺、横梁框架及十字簧片等组成，如图7-4-28所示。它也是利用杠杆原理进行工作的。杠杆的臂比为1:5，用十字簧片代替常规衡器采用的棱柱、刀承结构，不存在磨损和位置偏移，因而提高了计量可靠性、稳定性和重复性。当称料斗内的物料达到规定重量时，十字簧片变形，横梁左端上移（图7-4-27），使接近开关接合，通过电器、气动控制元件关闭喂料斗门。刻度标尺每格分度值为100g，游砣用于

平衡空间料柱（接近开关闭合时重量已达到规定值，但喂料斗门至称料斗间尚有一段料柱，称为空间料柱）及消除系统误差，可无级调节。

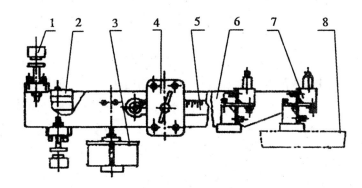

图 7-4-28　杠杆称量系统

1.接近开关　2.砝码　3.阻尼装置　4.游砣　5.游标卡尺　6.横梁　7.十字簧片　8.称料斗

③喂料斗：喂料斗的作用是利用称料斗放料时接收皮带连续输送来的物料，是每次称量的中间环节。下设大小喂料门，大进料开时种子迅速落入，内侧的门上开有两个直径40mm的孔，用以添秤。

④称料斗：称料斗为下料迅速，斗的形状设计成倒锥形，下料为双开式，由气缸推动摇臂动作，摇臂一端装有平衡块，可使称料斗处于平衡状态。称料斗上还设有稳定机构，防止大进料时物料冲击称料斗而剧烈摆动，影响计量精度。

⑤装包筒：装包筒呈锥形漏斗状，其下部设有夹袋机构，夹袋机构采用弹簧拉紧的四连杆机构，可将料袋夹紧，防止装料时的冲击力将料袋冲脱。装包筒下部的装袋口部位为双层结构，外层有管口与风网相连，能自动吸风，使袋内存气及周围粉尘排出。

⑥电器、气动控制及计数装置：电器及气动控制元件用以完成包装过程的各个动作，采用常规控制元件，维修简单，调整方便。计数装置采用预选电磁计数器，可预置包数，打包至预定数时即自动停机。

（2）自动称量秤的称量过程：

①贮存料阶段（大进料）［图7-4-29（a）］：称料斗放料时喂料斗门关闭，此时给料皮带连续向喂料斗输入贮存料。将喂料斗门关闭延时继电器调节至4s，则贮存料约为额定称量的60%。4s以后喂料斗大进料时打开，物料迅速落入称料斗。皮带输送量大小（即称量速度）可用调节刮板控制。

②二段进料（中进料）［图7-4-29（b）］：经喂料斗缓冲均匀地直接进入称料斗，使称料斗因大进料冲入后的摆动得以稳定。如此进料直到额定称量的95%。由时间继电器调整到全部称量过程总时间的前2s左右，小门迅速关闭。

③三段进料（小进料）［图7-4-29（c）］：给料皮带继续喂料，经小门上的两个长40mm孔形成两条料柱落下添秤。到达额定称量时，横梁摆动，接近开关闭合，使喂料斗大门迅速闭合，称量过程结束。同时进入下一循环新的贮存料阶段。

④放料阶段［图7-4-29（d）］：当大小门全部关闭及称量达到额定称量同时，称料斗下料门迅速打开，已经精确称量的物料落入包装袋中。料卸尽后下料门迅速关闭，并自动开始下一循环的工作。

该秤采用三段进料，称量过程稳定，精度较高。

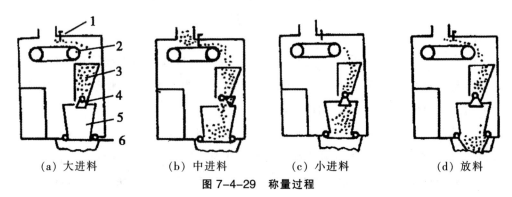

（a）大进料　　　（b）中进料　　　（c）小进料　　　（d）放料

图7-4-29　称量过程

（3）自动定量秤的使用：自动定量秤使用不当，将造成计量不准，称量速度慢，甚至无法正常工作。因此，必须注意以下几点：

①自动定量秤安装就绪后，必须进行游砣初始位的校验。先将横梁两侧游砣移到"零"位，进行试称，待各部分正常后在砝码架上加额定称重的砝码，然后连续称取五包，用校验秤称重，记取五包重量的算术平均值作为称得物料的实际重量，用此重量减去额定称重（如40kg标准包装），所得数即为空中料柱重量。此时将横梁两侧游砣向称料斗方向移动（由标尺读出），以抵消空中料柱重量。这样便可正式计量打包。

②更换种子品种，改变额定称重时，必须按上述步骤进行校验。正常工作时，每个班次须复查成品袋重量。

③初次工作时，须反复调整时间继电器和调节刮板，调整原则是使大进料时称料斗内的料达到额定称量的60%，中进料时的料达到额定称量的95%（即称料

斗呈稍微欠重状态)。

2.缝口机

CFKB系列打包机上配备的缝口机如图7-4-30所示。它由底座、机身、丝杆、立柱、回转架、缝纫机头和电机等组成。

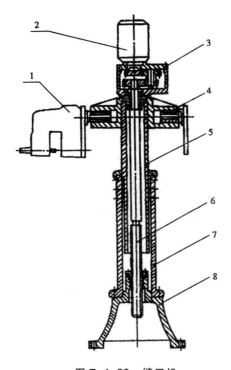

图 7-4-30　缝口机

1.缝纫机头　2.电机　3.减速器　4.回转架　5.立柱　6.丝杠　7.机架　8.底座

工业缝纫机头由一台0.6kW电机驱动，需要转动时松开紧固螺丝，转动回转架后再固定。缝口操作前应调节针距，以适应缝袋和输送机皮带速度的要求。缝纫机头的启动、停止由电控箱控制，输送机上设有一个行程开关，缝好的袋子碰击行程开关，可使缝纫机割线自动停机。

缝纫机头固定在回转架上，回转架与立柱连为一体，立柱内有一丝杠，由ZDY12-4型锯形转子电机通过减速箱驱动，这样，缝纫机头和回转架便可以20mm/s的速度上下移动，以适应不同高度包装袋的缝口需要。

3.输送机

输送机主要由电机、驱动滚筒、从动滚筒、输送皮带、传动链条等组成。驱动滚筒用两对锥齿轮带动，为两个呈90°排列的平带轮，两条输送带间即为90°的槽沟，与成品袋底部形状相适应，从动滚筒下部有张紧机构，用来调节整个皮带的张紧度，两条输送皮带长度上的微小差异可由皮带托辊调节，电机通过减速器、传动链条和另一对锥齿轮把动力传给驱动滚筒。工作时，输送带将称好装满的袋子稳定地送至缝口机进行缝口（运袋和缝口二者速度配合一致），袋子缝口后继续运至机尾卸下。

4.电脑控制包装机

我国生产的电脑控制的包装机有CDH88-4和TDBB型。它们都是采用单片微机控制打包机的各机构，利用传感器感应各运动部件（给料门、夹袋机构、袋包运输机等）的运动位置。这种控制可靠性好，精度高，电控电路简单，是目前自动化程度比较高的机型。